地理信息系统理论与应用丛书

地理信息服务导论

崔铁军 等 著

科学出版社

北京

内 容 简 介

地理信息服务是近年来的热点研究领域，是一门前沿交叉学科。本书全面介绍地理信息服务的产生、发展过程、服务模式、技术体系、结构框架和关键技术，重点讨论实时空间定位技术、数字通信技术和地理信息技术集成方法，探讨地理信息网络服务体系结构、功能、数据传输策略和应用开发环境，论述移动环境下地理信息服务终端的嵌入式硬件、嵌入式操作系统和嵌入式地理信息系统特点、要求及相关实现方法，最后介绍地理信息服务集成平台及其在经济建设中的应用。

本书条理清晰、叙述严谨、实例丰富，既适合作为地理信息系统专业或相关专业本科生、研究生教材，也可供从事信息化建设、信息系统开发等有关科研、企事业单位的科技工作者研究开发及阅读参考。

图书在版编目(CIP)数据

地理信息服务导论/崔铁军等著. ——北京：科学出版社，2009
（地理信息系统理论与应用丛书）

ISBN 978-7-03-024525-0

Ⅰ.地… Ⅱ.崔… Ⅲ.地理信息系统 Ⅳ.P208

中国版本图书馆 CIP 数据核字(2009)第 066755 号

责任编辑：韩 鹏 刘希胜/责任校对：刘小梅
责任印制：钱玉芬/封面设计：王 浩

科学出版社 出版
北京东黄城根北街 16 号
邮政编码：100717
http://www.sciencep.com

源海印刷有限责任公司 印刷
科学出版社发行 各地新华书店经销

*

2009 年 5 月第 一 版 　开本：787×1092 1/16
2009 年 5 月第一次印刷 　印张：21 1/2
印数：1—3 000 　字数：488 000

定价：58.00 元

（如有印装质量问题，我社负责调换〈路通〉）

本书其他作者名单

郭 黎　张 斌　崔红军

王玉海　吴正升　汪永红

序

目前，传统的测绘技术已经被数字化测绘技术所取代，并且正在向以提供综合地理空间信息服务为核心的信息化测绘技术转变。地理空间信息服务的网络化、大众化和普适化正在成为主要的服务方式，也是测绘科学技术研究要解决的主要问题，得到学术界和产业界的普遍关注，已经取得了许多可喜的成果。崔铁军教授集十年研究成果撰写的《地理信息服务导论》一书，可以说是这些成果的集中体现，可喜可贺！

《地理信息服务导论》的作者，从 20 世纪 90 年代末就开始"汽车自动导航系统"项目研发，研制了汽车自动导航系统硬件，开发了嵌入式地理信息系统（EGIS）软件，制定了导航地理数据生产标准，设计了数据生产软件，实现了利用全球定位系统（GPS）接收机的实时空间定位技术和 GIS 技术的集成，可以组成集 GPS 与 GIS 于一体的各种电子导航系统，而且针对 GIS 数据量大、计算复杂、移动环境下的硬件资源受限制等情况，研究了 GIS 功能裁减方法和地理信息数据压缩算法，并建立了有效的空间数据索引机制，成果在推广使用中收到了良好的效果。所以，此书的出版是理论与实践相结合的产物，具有丰厚的理论与实践基础。

《地理信息服务导论》一书系统介绍地理信息服务的产生和发展过程、实时空间定位技术及其集成应用、数字通信技术，论述地理空间数据的获取及其网络化管理、分发和应用服务，移动环境下的地理信息服务平台及其与地理信息服务的集成，并列举应用实例，体现多学科交叉融合的特点，内容丰富，实用性强，有重要参考价值。

该书书名为《地理信息服务导论》，我理解作者的用意。实际上，地理信息服务是一个十分广阔的领域，涉及多个学科、多种技术，技术集成复杂、数据量大且实时传输要求高，该书只是地理信息服务领域的一个"引子"，给该领域的研究留有很大的空间，还有很多问题需要研究，特别是随着网格技术的发展，地理信息网格服务还面临许多新问题，需要更多的人来研究解决。

从项目研究、实验、应用到该书的撰写，崔铁军教授花了十年时间，可谓"十年磨一剑"，这种精神在当前学术浮躁的情况下值得称赞！期盼年轻的学者们在踏实研究的基础上，出版更多的这类著作，共同推动地理信息服务的发展。

王家耀

2008 年 8 月

前　言

地理信息服务是国民经济和国防建设重要的基础信息保障。传统地理信息服务有两种任务：一是提供地球上任意点的空间定位数据；二是提供区域乃至全球的各种比例尺地图。随着遥感（RS）、地理信息系统（GIS）和全球定位系统（GPS）的广泛应用及通信技术的迅猛发展，测绘服务步入数字化、集成化和网络化的新阶段。地理信息应用从传统的国防建设、国民经济建设应用拓宽到大众公共服务和个人地理信息服务。

现代地理信息服务的任务除提供传统的各种比例尺的纸质的网络图外，增加了基于存储介质的数字产品（数字地图）服务和基于计算机网络的地理信息服务等新的模式。这种建立在计算机技术、网络技术、空间技术、通信技术以及地理信息技术基础上的现代网络地理信息服务，改变了早期以地图为载体的地理信息传递模式，大大缩短地理空间数据生产者与地理信息用户之间的距离，实现了地理信息服务的实时性。

地理信息网络化服务是把实时空间定位技术（惯性导航定位、无线电定位导航、GPS、北斗卫星导航和移动通信定位）、地理信息系统、移动无线通信技术（无线电专网、蜂窝移动通信和卫星通信）、计算机网络通信技术以及数据库技术等现代高新技术有机地集成在一起，实现地理信息收集、处理、管理、传输和分析应用的网络化，在网络环境下为地理信息用户提供实时、高精度和区域乃至全球的多尺度地理信息，对移动目标实现实时动态跟踪和导航定位服务的系统。

作者从1999年开始参与国家发展计划委员会"产业化前期关键技术与成套装备研制开发项目——汽车自动导向系统"的研制，开发了汽车自动导向系统硬件和嵌入式地理信息系统，制定了导航地理数据生产标准，并研制了生产软件，实现了利用GPS接收机的实时空间定位技术和GIS的空间地理信息技术的集成，可以组成GPS+GIS的各种电子导航系统。通过对计算机硬件、操作系统和地理信息系统功能进行裁剪和地理信息数据进行压缩处理并建立有效的空间索引机制，解决了GIS计算复杂、数据量大、在移动环境下的硬件资源受很多限制的难题。该项成果已经在国内推广使用，并取得了良好的效果。

针对在应用中用户提出车辆监控的需求，我们在移动终端增加了通信系统，利用现代通信技术将目标的位置和其他信息传送至地理信息服务中心，在地理信息服务中心数据库的支持下，解释获得的数据信息，进行事务性处理，在地理信息服务中心进行地理信息匹配后显示在监视器上，应答服务请求。地理信息服务中心还能够对移动目标的准确位置、速度和状态等必要的参数进行监控和查询。同时，系统是双向工作的，地理信息服务中心将命令信息通过数字通信发往终端接收设备，必要时地理信息服务中心可遥控终端接收设备，甚至直接操纵移动目标，从而有效地进行调度和管理。

车辆导航/监控系统的应用对地理空间数据需求越来越强烈，迫切需要现势性好、精度高和大范围的地理空间信息。为了满足社会需求，必须改变既有的地理空间数据生产模式、技术方法和地理空间数据传输模式，使其从集中式孤立单位生产模式转变为网络化社会化生产模式，从基于存储介质的数字产品（数字地图）服务分发传输转变为基于计算机网络的现代地理信息服务的新模式。目前我国高精度、大区域的地理空间数据属于保密产品，地理空间数据生产、传输和使用有严格的保密等级限制。再者，地理空间数据生产需要投入大量的人力物力，必须受到知识产权保护。如何在保证数据绝对安全和数据生产者知识产权的条件下，在网络环境中建立一个多层次面向服务的系统？这正是作者近几年的研究内容。系统在研制过程中已经考虑到数据包将来在网络上如何保密传输的问题，采用了自主研发的网络通信协议，传送的数据包格式将具有独立和严格的保密性，最大限度地防止失泄密的发生。

作者近十年的教学与科研积累为本书的撰写奠定了坚实的基础，指导一批博士和硕士在该领域做了大量研究工作。例如，许志海（硕士和博士）关于车辆导航研究，张凌（硕士）、刘爱龙（硕士）、李玉（硕士）、张振辉（硕士）、邹方磊（硕士）和汪永红（博士）关于嵌入式地理信息系统方面的开发研究；郭黎（硕士和博士）、刘秋生（硕士）和张威（硕士）关于多源数据集成与融合方面的研究；夏启兵（硕士）、吴正升（硕士和博士）和高伟（硕士）关于地理空间数据库和地理空间数据引擎方面的研究；孙大鹏（硕士）关于无线通信和卢松杰（硕士）关于有线通信方面的开发研究；姚慧敏（硕士和博士）、肖圣海（硕士）、张玉杰（硕士）关于地形三维可视化方面的研究；李庆田（硕士）关于 GPS 道路数据采集方面的研究；段莉琼（硕士）关于道路最短路径分析方面的研究；和万礼（硕士）关于基于 XML 地理信息服务方面的研究；李懿麟（硕士）关于基于 Internet 网络地理信息分发方面的研究；张利（硕士）关于遥感图像处理方面的研究；胡艳（硕士）、张斌（硕士）、王玉海（博士）和陈应东（博士）关于地理信息服务框架结构、数据压缩和数据传输策略方面的研究等。还需要说明的是，本书在编著过程中吸收了大量国内外有关论著的理论和技术成果，书中仅列出了部分参考文献，未公开出版的文献没有列在书后参考文献中，而在正文当页下方作了脚注，这里向所有文献作者致谢。

参加本书写作的有郭黎、王玉海、张斌、吴正升、汪永红和崔红军等，其中，郭黎负责第 5 章多源地理空间数据集成；王玉海负责第 7 章地理空间数据网络传输策略；张斌负责第 8 章地理信息网络服务平台；吴正升负责第 4 章地理空间数据获取与分布式管理；崔红军和汪永红负责第 9 章地理信息移动服务平台；其他章节由崔铁军负责。全书由崔铁军最终定稿。在本书撰写过程中，刘灿由、王豪和蔡畅等协助完成了初稿校对等工作。对此，作者向他们表示衷心的感谢。

地理信息服务是一项涉及多专业、多用户、多数据的综合性研究课题，需要一个强大而又有效的硬件环境、软件环境和海量多尺度地理空间数据支持，利用现代通信技术实现多类数据的快速传输，解决和研究实时空间定位、一体化数据管理、集成化系统设计以及空间数据可视化等技术难题。但由于本人水平有限，再加上地理信息服务技术还处在不断发展和完善阶段，书中错误在所难免，希望相关专家学者及读者给予批评指正。

值此成书之际,作者要感谢解放军信息工程大学测绘学院训练部和地图学与地理信息工程系领导的支持,感谢课题组成员董延春、陈应东、姚慧敏和历届博士生、硕士生在地理信息服务研究方面所作出的不懈努力。本书的撰写得到科学出版社朱海燕和韩鹏编辑的热情指导和帮助,在此表示衷心的感谢。

作　者

2008 年 8 月于郑州

目　　录

序
前言
第1章　绪论 1
　1.1　地理信息服务概念 1
　1.2　地理信息服务结构框架 12
　1.3　地理信息服务关键技术 18
　1.4　本书主要内容 20
第2章　实时空间定位技术集成 23
　2.1　惯性导航系统 23
　2.2　无线电导航技术 26
　2.3　卫星定位系统 27
　2.4　移动通信基站定位 34
　2.5　实时空间定位技术集成 42
第3章　数字通信技术集成 49
　3.1　移动数字通信 49
　3.2　有线通信技术 64
　3.3　通信平台的集成构成 78
第4章　地理空间数据获取与分布式管理 80
　4.1　地理空间数据产品种类 80
　4.2　遥感影像几何纠正 82
　4.3　GPS道路数据获取与处理 86
　4.4　地理空间数据分布式管理 90
　4.5　地理空间元数据 95
第5章　多源地理空间数据集成 102
　5.1　多源地理空间数据产生根源 102
　5.2　多源地理空间数据集成理论 110
　5.3　多源地理空间数据集成方法 124
　5.4　多源地理空间数据集成平台 130
第6章　地理信息网络服务体系结构 133
　6.1　地理信息网络服务发展现状和趋势 133
　6.2　Web Service框架 141
　6.3　Web GIS Service 147
　6.4　地理信息网络服务体系结构和安全策略 156

第7章 地理空间数据网络传输策略 … 164
7.1 数据网络传输策略 … 164
7.2 图像数据的网络传输策略 … 169
7.3 地理空间矢量数据传输策略 … 185
7.4 地理空间数据传输策略 … 204

第8章 地理信息网络服务平台 … 208
8.1 地理信息网络服务平台用户群体 … 208
8.2 地理信息网络数据层功能 … 211
8.3 地理信息网络代理层功能 … 213
8.4 地理信息网络服务层功能 … 214
8.5 地理信息网络服务平台组件 … 218

第9章 地理信息移动服务平台 … 222
9.1 定位监控终端 … 222
9.2 自主定位导航终端 … 229
9.3 地理信息移动服务终端 … 251

第10章 移动目标位置服务平台 … 258
10.1 移动目标位置服务平台框架结构 … 258
10.2 位置轨迹数据时空管理 … 265
10.3 移动目标监控平台 … 269
10.4 移动目标位置服务通信协议 … 272

第11章 地理信息服务应用 … 276
11.1 公安信息系统 … 276
11.2 物流信息系统 … 289
11.3 城市综合管网信息系统 … 313
11.4 智能交通与交通信息服务 … 323

参考文献 … 327

第1章 绪 论

1.1 地理信息服务概念

1.1.1 地理信息服务产生

自古以来，人类在认识世界和改造世界过程中，所接触到的信息中有80%以上与空间位置有关。人们在社会活动中必须实时回答"在哪里"和"周围是什么"两个与人类生活劳动息息相关的基本问题。因此，传统地理信息服务有两种任务：一是提供地球上任意点的空间定位数据；二是提供区域乃至全球的各种比例尺地图。

1. 实时定位技术的发展

实时回答"在哪里"。我们的祖先很早依靠观测天体（恒星、日、月、行星等）相对于地平面的高度（仰角）与相对于北向的方向角来确定位置和方向。随着指南针的发明产生了指南车，利用计算车轮和测量方向（航位推算）的方法确定自己的位置，至今航位推算方法仍是惯性导航系统（Inertial Navigation System，INS）中的基本理论。由于计算车轮测量距离和指南针测量角度存在误差，航位推算不可避免存在误差积累问题，因此，不能满足远距离或长时间航行以及高精度导航定位的要求。

实时定位问题真正的解决是在无线电技术发明之后。人们利用电磁波传播的三个基本特性：①电磁波在自由空间沿直线传播；②电磁波在自由空间的传播速度是恒定的；③电磁波在传播路线上遇到障碍物时会发生反射。把量算距离变成测量无线电传播时间差，利用三个已知点坐标和距离的空间后方交会可以解算出移动目标的位置。这种技术最早应用于近海导航，在沿海岸线建立一定数量的无线电导航站，如罗兰C导航台。由于大地和海洋对无线电波的吸收和地球曲率的影响，电波的传送距离受电台功率的限制，这种方式的导航距离受到一定的限制。

自1957年人类发射第一颗卫星开始，1958年美国海军就着手卫星定位方面的研究工作，研制了子午仪卫星导航系统（Transit），并于1964年正式投入使用，并显示出巨大的优越性。把无线电定位基站由地面搬到空间，这不仅大大扩展了定位的覆盖范围，也提高了定位精度。由于该系统卫星数目较少（5或6颗）、运行高度较低（平均1000km），从地面站观测到卫星的时间间隔较长（平均1.5h），因而它无法提供连续的实时三维导航。为了克服子午仪卫星导航系统存在的缺陷，满足军事部门和民用部门对连续实时和三维导航的迫切要求，1973年美国国防部制定了全球定位系统（Global Positioning System，GPS）计划。历经约20年，于1993年全部建成。GPS是新一代精密卫星导航和定位系统，不仅具有全球性、全天候、连续的三维测速、导航、定位与授时能力，而且具有良好的抗干扰性和保密性。GPS以较好的定位精度、定位速度和定位可靠性及广域覆盖面成为空间定位的一种最好的航天技术。该系统的研制成功成为美国导航技术现代化的重要标志，被视为20世纪继阿波罗登月计划和航天飞机计划之后的又一重大科技成就。美国政府取消了SA和AS技术之后，民用实时定位精度达到了15~25m的水平。GPS通过对定位数据处理，可以在短时间内使定位精度达到厘米级，长时间观测下可以达到毫米级。随着全球定位系统的不断改进和软硬件的不断完善，应用领域正在不断地开拓，目前已遍及国民经济各个部门，并开始逐步深入人们的日常生活。

鉴于导航定位对于军事具有决定性的作用和广泛的民用前景，苏联（现为俄罗斯）从20世纪80年代初开始建设与美国GPS系统相类似的GLONASS卫星定位系统。欧盟也一直在积极运作GALILOE卫星导航定位系统。我国于2000年年底成功地发射了第一代"北斗一号"导航卫星系统，这标志着我国已经具备了自主空间定位能力，技术发展已进入实用化自主开发阶段。

随着科学技术和武器装备的发展，卫星定位技术在军事上应用的安全性受到挑战。无线电通信的发明催生了移动通信。随着移动通信技术的发展，在陆地上建立了蜂窝式移动通信基站，人们利用这些基站通过复杂的数学模型，对移动通信网络数据进行精密计算，得出移动通信终端的经纬度坐标。这种基于移动通信基站的移动终端（手机）的定位功能，是当代移动增值业务中最具吸引力的业务，成为移动通信应用发展的新方向，也是第三代移动通信研究的一个重要方面。虽然目前移动通信终端的定位精度还达不到卫星的定位精度，但移动目标定位的成本和实用性比卫星定位具有较大优势。

2. 地理信息技术的发展

回答"周围是什么"最有力的工具是地图。地理（地球）空间信息以地图形式在纸介质上表示已有几千年的历史。地图出现甚至要早于文字。地图是地理空间信息的主要载体和传播工具。地图是一门古老的学问，从人类文明开始时就产生，但不管时代如何改变、科技如何进步，地图仍深深地影响着人类世界的每一个环节，而且是有增无减。

地理信息是描述地表形态及其所附的自然、人文地物特征和属性的总称，是地球系统各圈层物质要素存在的空间分布和时序变化及其相互作用的信息总体，具有定位、定性、时间和空间关系等特征，是人们认知世界、利用自然不可缺少的媒介。它在国民经济、军事国防、科学研究和公众服务中发挥越来越重要的作用，其应用的范围不断扩大。

随着计算机技术及其在信息领域的应用，地图由传统的模拟地图向数字化地图转变，数字地图与位置相关的社会信息（属性数据）相结合，用离散且有拓扑关系的坐标点串来描述点、线、面、体各种地理空间信息，出现了解决与空间信息有关的数据获取、编辑、显示、存储、转换、传输、管理、统计、分析与应用等问题的地理信息系统（Geographic Information System，GIS）。GIS的载体是用来表示地理空间实体的位置、形状、大小及其分布的数据。GIS的最基本特征是空间位置，它能把各种信息同地理位置结合起来，综合利用地图学、地理学、几何学、计算机等科学，将各种应用对象的应用技术融合为一体。GIS在应用领域的发展沿着两个方向：其一仍是在专业领域（如国土、测绘、规划、军事、地学）的深化，由数据驱动的空间信息管理系统发展为模型驱动的空间决策支持系统；其二就是作为空间平台和其他信息技术相融合，通过分布式计算等技术实现和其他系统、模型及应用的集成而深入到行业应用中。

地理信息系统是基于计算机技术和网络通信技术的解决与地球空间信息有关的数据获取、存储、传输、管理、分析与应用等问题的空间信息系统。其技术优势在于它集地理（地球）数据采集、存储、管理、分析、三维可视化显示与输出于一体的数据流程，在于它的空间分析、预测预报和辅助决策的能力。

随着计算机网络通信技术产生、数据处理能力提高、体积和重量减少，地理信息系统正朝多维动态化、网络化、智能化和微型化的方向发展。多维动态化就是顾及三维空间（X, Y, Z）和时间（T）的三维动态 GIS，这是城市规划、资源开发利用、环境监测与治理、海洋、地矿、军事等领域的需求。网络化就是建立基于 Client/Server（客户机/服务器）结构的 GIS，使用户能在其终端调用服务器的数据和程序，或者通过互联网发展 Internet GIS 或 WebGIS，实现地理数据的远程互操作和互运算，并进行空间联机分析处理（Spatial Online Analytical Processing，SOLAP）和空间数据挖掘（Spatial Data Mining，SDM）。智能化就是要总结应用领域专家（或专业用户）的知识，研究知识的表达和基于知识的推理，以提高 GIS 辅助决策的智能化程度，或利用从空间数据库中挖掘的知识来支持遥感解译的自动化和空间分析的智能化、微型化。GIS 微型化主要运行在移动计算终端，一般由嵌入式微处理器、外围硬件设备、嵌入式操作系统以及用户的应用程序四个部分组成。嵌入式 GIS 是嵌入式系统的应用系统，是按特定的应用目的传统 GIS 裁剪。

3. 通信技术的发展

实现实时定位技术与地理信息技术集成的关键技术是数字移动通信技术。大多数地理信息服务应用中，如指挥调度、灾害应急系统、智能交通等，都要求空间数据和实现现场数据（位置、图像和地理信息等空间数据）与中心（服务器端）进行海量、实时、双向的信息交换。通信网络的实时性、可靠性和稳定性是系统集成成败的关键。

通信技术有两个规模相近的主要分支，即无线数据通信和由 Internet 等组成的高速有线通信。目前这两种关键技术正开始结合，构成一套无缝的无线通信系统，把无线通信的能力推到世界的各个角落。

1) 无线移动通信

蜂窝移动通信是无线移动通信的一种，其核心是频率复用，即多个用户共用一组频率，同时多组用户在不同的地方仍使用该组频率进行通信，从而大大地提高了频率的利用率。近几年，数字移动通信取得了令人鼓舞的飞跃发展，GSM（Global System of Mobile Communication）成为全球最成熟的数字移动电话网络标准之一。GSM 系统集中了现代信源编码等技术，同时引入了大量的计算机控制和管理，具有高频谱效率，安全性、稳定性好，集成度高，容量大，开放性接口，抗噪声性能力强，业务灵活，覆盖范围广，容易实现全国联网，小区无扰及漫游性能好，移动业务数据可靠率高等优点。

随着 GSM 系统向高速电路交换数据（HSCSD）和通用分组无线业务（General Packet Radio Service，GPRS）以及提高数据传输速率的 GSM 扩展（EDGE）等制式发展，数据传输速率将由 9.6Kbps 提高到 384Kbps 的水平，加上无线应用协议（WAP）

的实施，移动通信将可以与目前Internet互联，构成固定形式与移动形式并存的通信网络。以码分多址（Code Division Multi Access，CDMA）技术为基础的数字移动通信系统被称为第三代移动通信系统。它由扩频、多址接入、蜂窝组网和频率再用等几种技术结合而成，含有频域、时域和码域三维信号处理的一种协作，因此具有抗干扰性好、抗多径衰落、保密安全性高的特点。

集群通信系统是专用调度的移动通信系统，其特点是"频率公用"，即系统内用户共同使用一组频率。用户每次建立通话前首先向调度台提出申请，调度台将搜索到的空闲信道分配给该用户。集群通信为用户提供的基本业务有语音通信、保密语音通信、数据及状态信息传输。它具有多种呼叫接续方式，如移动台到移动台、移动台到调度台双向、有线接续等，呼叫类型有单呼、组呼、全呼，有无线互连呼叫。因此，利用集群通信的多种工作方式可以组建灵活的车辆监控系统。

2) 有线移动通信

为了更加便宜有效地处理和传送数据、语音和图像信息，电信网正由传统的电路交换网向基于IP的分组网转移。基于IP的分组网采用TCP/IP协议使得不同网络间的连接大大简化，而宽带IP网的巨大网络带宽和流量使信息流量大大增加，可以满足不同业务和大量用户的要求，这一点为海量的空间数据（特别是影像数据）的网上传输提供了可能。因此我们有可能处理更大的空间数据集、更高空间分辨率的遥感图像、更复杂的空间模型和地学分析，有可能得到更精确的显示及数据可视化的输出。

局域网（LAN）使得同一建筑内的数十甚至上百台计算机连接起来，使大量的信息能够以$10^8 \sim 10^9$ bit/s的速度在计算机间传送。广域网（WAN），尤其是Internet的迅速普及使得全球范围内的数百万台计算机连接起来得以进行信息交换，改变了人们传统的获取、处理信息的方式。随着计算资源的网络化，拥有个人计算机或工作站的广大用户，迫切需要共享或集成分布于网络上丰富的信息资源，以廉价获得超出局部计算机能力的高品质服务，并逐步实现计算机支持的协同工作。因此，在多个资源上进行分布式处理就变得越来越迫切。从简单的数据共享到多个服务的先进系统，大量的计算转移到了网络环境下的各种资源和个人桌面。分布式计算时代初露端倪，分布计算成为影响当今计算机技术发展的关键技术。

3) 卫星移动通信

卫星移动通信是在卫星通信、蜂窝移动通信、数字交换、传输技术以及计算机技术基础上发展起来的一种新的通信体制和通信业务。它把卫星通信网与地面通信网相结合，建成全球或区域性的"无缝隙"通信网络，能使任何人在任何时间、任何地点，以任何通信方式与任何人通信的理想变成现实。

4. 微电子技术的发展

近几年来，微电子技术及计算机技术迅猛发展，计算机、GPS接收机越来越小。手持电脑、GIS数据和GPS有机的结合产生了具有地理信息快速查询和导航的手持电子车载地图导航仪。它的最大优点是体积小、重量轻、耗电量少、携带方便，非常适合野外的需要。

5. 地理信息服务的产生

地理信息技术的发展把地图变成计算机可以识别和处理的数字，不仅保留传统地图的特色，而且进一步延伸了地图分析应用的功能，成为为其他信息系统的重要组成部分。但没有空间实时定位技术，人们无法及时知道自己的位置，数字地图无法发挥其效益。反之，即使知道自己的空间位置，如果没有地理信息系统的支撑，也无法知道相关位置和周围地理空间环境。只有把实时定位技术所获取的空间位置与地理信息系统通过通信技术的有机集成，才能构成了完整的地理信息服务。

现代的地理信息服务是把实时空间定位技术（GPS 和北斗卫星导航系统）、地理信息系统、移动无线通信技术、计算机网络通信技术以及数据库技术等现代高新技术有机地集成在一起，实现地理信息收集、处理、管理和传输的网络化，为地理信息用户提供实时、高精度的区域乃至全球的各种比例尺地理信息，对移动目标实现实时动态跟踪及导航定位服务的系统。计算机技术、实时空间定位技术、网络通信技术、无线通信技术以及地理信息技术的发展，改变了早期以地图为载体的地理信息传递模式。这种新模式大大开拓了地理信息系统的应用空间，从传统军事、国民经济建设应用拓宽到大众公共服务和个人地理信息服务，随时随地（Anytime、Anywhere、Anything）为用户提供连续的、实时的和高精度的自身位置和周围环境信息。

1.1.2 地理信息系统面临问题

1. 数据生产和更新问题

地理空间数据是地理信息服务的基础。全球卫星定位系统的应用、各种专业地理信息系统、数字区域和数字城市建设对地理空间数据需求越来越强烈，迫切需要现势性好、精度高和大范围的地理空间信息。基础地理数据的生产主要由测绘部门承担。近十年来，测绘技术取得了前所未有的进步，基本实现了由常规大地测量技术向以卫星定位技术为主的复合测量技术的转变，解析摄影测量技术向数字摄影测量技术的转变，手工地图制图技术向数字地图制图技术的转变。测绘数字化建设形成了全面发展的势头，为测绘实现跨越式发展奠定了良好的基础。

但也应该看到，由于在我国高精度的地理空间数据还是保密产品，大众用户生产、使用地理空间数据的权限受一定的限制。一方面，地理空间数据的生产专业性很强，需要投入大量的人力和财力，有技术力量的部门受人力物力的限制所生产的地理数据难以满足用户的现势性需要，主要表现有两个方面：一是除本国的基本比例尺地形图，能提供国民经济建设和军事使用的其他地理信息产品既比较少又很不完善；二是未能很好解决包括基本比例尺地形图在内的地理信息现势性问题。再加上地理信息技术的标准化工作相对滞后，生产采用了异构的地理信息生产环境，导致不同系统之间无法进行有效的互操作，以致造成各种信息资源被存放在相互孤立的不同生产者手中，地理信息资源不能有效共享，从而使得地理信息资源的整体利用率较低，这些因素导致了众多的"信息孤岛"。另一方面，国家和军事测绘部门所生产的基础地理信息数据侧重于地貌、道路、水系、植被和境界等社会基础要素表达，很少涉及其他专业要素，也没有能力为其他专业部门生产数据。

地理信息是其他专业信息系统（主要包括土地、资源、环境、规划、房产等，专业化公司如电信、电力等）的重要组成部分。但在其他专业信息系统中，往往需要 GIS 的部分功能。社会专业部门为建立本部门的专业地理信息系统，不得不投入巨资生产地理空间数据，不可避免地造成数据生产费用的重复投资。再者，随着社会发展进步，社会基础性建设加快，地理空间数据更新频率增大，地理空间数据的维护需要大量的专业人员和投入大量费用，以至于各专业部门维护数据困难，系统无法使用，出现了建得起用不起的现象。

目前，各个测绘部门地理空间数据库处于分散状态，孤立存放在各个单位，没有统一管理。地理空间矢量数据库还是以文件方式存放，数据的一致性和安全性存在很大隐患。大地控制点数据、重力场、磁场、航空航天遥感图像、各种比例尺矢量地图数据和专题图数据等彼此孤立，没有统一集成和融合处理，存在着精度和一致性问题。

解决这些问题的核心是基础地理数据生产和管理的网络化。在网络环境下建立分布式地理空间数据库，主要解决地理空间数据生产过程中数据资源共享问题。在网络数据安全机制和共享运营机制环境下实现数据提交、交换、申请、发布和使用的一体化，使用户能够在保障系统及数据安全的前提下，透明地获取或使用平台所提供的任何空间及非空间数据，实现数据更新维护实时化，提高数据的现势性。

2. 传统的地理信息系统面临问题

传统的地理信息系统是指具有特定功能的、相互间有机联系的许多要素构成的一个整体。用户在开发自己的专用信息系统时，即使仅仅用到整个系统 10% 的功能，用户也必须购买和维护整套 GIS 系统，这不仅造成项目建设资金的增加，也给其他专业信息系统的安装维护带来困难。

GIS 是一门交叉学科。GIS 工程开发、数据维护和系统操作需要专业性很强的技术人员。由于 GIS 技术人才培养数量满足不了社会的需求，以至于某些部门投入大量的人力和财力所建的系统，因缺少 GIS 技术人员维护而处于瘫痪，直接影响到地理信息产业发展的进程。

传统的 GIS 是一种集中式的软件系统，系统的开发多是基于具体、相互孤立和封闭的平台。就使用上来说，从基本的数据采集、组织、存储、管理到复杂的空间分析、信息查询与地图输出都集中在单一的操作环境下，因此其数据共享与信息交换十分困难，被称为"信息孤岛"。

从数据存储方式的发展上讲，地理数据经历了文件存储、图形和属性分开存储、独立数据库存储、商业数据库存储四个发展阶段，其发展动力一方面是网络计算和应用发展的需求，另一方面是 GIS 本身一直在追求如何更好地集中、统一管理空间和属性数据。由于 GIS 数据涉及图形和属性两种性质不同的内容，因此即便使用商业数据库进行数据管理，也需要进行复杂的设计和实现，所以异构环境下数据之间的互操作也成为地理信息应用系统集成的技术难点和系统运行的瓶颈。

从体系结构的发展上讲，地理信息系统软件经历了单机环境、C/S 体系和 B/S 体系三个发展阶段，但鉴于 GIS 本身的一些特点，每次体系结构的提升都使 GIS 软件面临着巨大的难题,如大数据量的传输和分布式计算的稳定性、可靠性以及网络负载的平衡、数据库的长事务处理等。基于上述原因,GIS 软件系统的发展往往滞后于主流软件应用系统体系结构发展,使 GIS 与其他应用系统的集成成为技术难点和系统运行瓶颈。

按照传统的地图产品分发机制分发地理空间数据,已远远不能满足社会信息化的需求。用户希望通过网络使用空间数据和 GIS 功能。用户可以向远程的地理信息服务发出请求并提供请求参数,远程的服务中心处理用户请求,并将结果返回给用户。以数据为中心,重点研究空间数据的采集、存储、检索、操作和分析,生成并输出各种地理信息的地理信息系统,在网络环境下也难以担当重任,主要表现在:

(1) 数据组织方面。各个地理空间数据采用的软件、数据格式、数据存储和数据处理方法有着很大的差异,并且在数据语义上难以统一,系统处于一个相对封闭、孤立的状态,信息交换和共享十分困难,满足不了地理信息服务要求。

(2) 体系结构方面。随着各行各业、各个部门不断地建立与维护自己的 GIS 系统,数据维护费用太高,以至于系统无法运行。因系统体系结构的差异,各个部门系统之间进行数据交换和信息集成存在很大困难。

(3) 功能方面。实际的空间信息应用通常需要结合领域知识和业务需求,单一的分析功能来解决某些分析决策问题时往往力不从心,GIS 缺乏对功能的建模能力,与业务模型集成的手段有限、层次不高。

(4) 服务模式方面。由于空间信息表达和处理的特殊性和复杂性,GIS 从其诞生初始起就仅关注于空间信息本身,忽略了和其他信息的融合,服务模式单一,导致 GIS 系统至今仍然相对独立于其他应用系统。

3. 地理信息数据交换共享面临问题

网络通信技术发展与应用为解决"信息孤岛"问题提供了必要条件。人们一直在思索如何解决传统的地理信息系统所访问的地理信息资源共享问题,在保护数据安全和知识产权的前提下,将在地理上分布、管理上自治和模式上异构的数据源有机地集成在一起,使 GIS 用户能够透明地获取任何空间数据,以及处理空间数据的功能和方法,通过数据服务和功能服务两种形式实现将最有用的信息,用最快捷的方法和最低的成本送给最需要的用户。但是高精度的地理空间数据在我国属于保密产品,地理空间数据的使用有严格的保密限制。同时,地理空间数据的生产需要投入大量的人力和物力,并带有生产者的知识产权。在保护数据安全和知识产权条件下,地理空间信息分发与服务应是在网格服务、宽带传输和超大规模数据存储等网格支撑环境基础上建立的一个多层次的地理空间应用服务体系。它应具有以下几个特点。

(1) 信息安全性。地理空间信息作为一种重要的国家和社会资源,逐步向社会开放与共享的同时,面临着信息本身、信息使用以及传播过程等方面的安全问题,特别是在地理信息网络服务中显得更为突出。数据生产者与数据使用者之间的网上传输,必须解决数据传输的安全。在地理信息服务中,应用可扩展标记语言(eXtensible Markup Language,XML)技术集成不同来源的空间数据,在中间层的服务器上对从后端数据层取得的数据进行 XML 转换和提取,然后使用标准的格式传送到客户端,这种传统(商用)的地理信息服务模式的最大优点是解决了空间数据的共享问题。其缺点是数据安全得不到保障。因此，空间数据传输保密只有在空间数据格式上加密。GIS 开发者可以通过二次开发平台将网络上提供的数据下载到本机占为己有，再通过其他途径传播出去。如何解决地理信息服务中数据的安全和共享之间的矛盾是地理信息服务研究的重点。

(2) 开放性、互操作性和分布性。在异构环境下使用户能够屏蔽软硬件平台的差异，实现用户间的访问、不同应用和数据源之间的直接通信以及对分布的源数据和应用程序进行协同处理。

(3) 广泛的客户访问范围。在网络内任意一个 Internet 节点用户都可以同时访问。

(4) 良好的可扩展性和平台独立性，很容易与其他信息服务进行无缝集成，透明地访问地理空间数据。

4. 地理信息系统向地理信息服务的转变

地理信息系统到地理信息服务发展过程需要经历以下转变：

(1) 从面向数据到面向服务。传统的地理信息系统以数据为中心，重点研究空间数据的采集、存储、检索、操作和分析，生成并输出各种地理信息。系统的各个组成部分相互协作，完成空间数据各项处理功能，系统各个功能部分接合度高。地理信息服务要求地理信息系统由面向数据转变为面向服务，将地理信息系统拆分成若干完成特定功能的服务，这些服务可以独立存在，需要时可以任意组合，以适应地理信息系统集成的要求。

(2) 从面向数据重用到面向功能重用。传统的地理信息系统面向数据的重用，包括数据格式转换以及基于简单要素接口规范的互操作，封闭 GIS 系统间仅仅通过数据连通，无法实现进一步的 GIS 功能集成和互操作。地理信息服务要求面向服务的重用，不仅要求数据的重用与集成，而且要求功能的重用与集成。

(3) 从面向数据转换格式标准到面向服务接口标准。数据格式转换标准是传统地理信息系统实现空间数据共享的主要方式。基于数据格式转换的空间信息共享方法局限于数据的共享，随着网络技术的发展和 GIS 功能在各应用领域的渗透，不仅要求能够实现空间数据的共享，而且能够实现分布式环境中 GIS 功能的共享。基于接口规范的互操作方式为 GIS 数据和功能的共享提供了有效的解决方案，国际标准化组织地理信息技术委员会 ISO/TC211 和开放地理空间信息联盟（The Open Geospatial Consortium，OGC）对 GIS 互操作的理论框架和接口规范进行了大量的研究，经过近十年的努力，完成了众多接口实现规范和抽象规范，为 GIS 共享和互操作做出了极大贡献。

(4) 从面向专业用户到面向大众用户。到 20 世纪 90 年代后期，特别是数字城市概念提出以后，GIS 应用不再只是面向局部和少数人群，而是成为涉及居民生活、政府管理、商业娱乐等众多方面的大众型应用。传统的地理信息系统要求使用者具有一定的专业知识，具有一定的知识门槛，普通用户难以使用空间数据，造成空间数据和非空间数据的割裂。随着网络的发展，要求地理信息系统能够在网络上像提供非空间信息一样提供空间信息，让大众都能够像使用普通信息一样容易地使用空间信息。地理信息服务将空间信息的复杂性封装起来，通过接口以用户容易理解的方式提供服务。

1.1.3 地理信息服务的模式

目前,地理信息服务主要有四种形式:一是提供各种比例尺的纸质地图;二是提供存储在各种介质上的数字产品(数字地图);三是在计算机网络环境下为用户提供地理信息数据和功能,使用户能直接通过网络对地理空间数据进行访问,实现空间数据和业务数据的检索查询、空间分析、专题图输出、编辑修改等 GIS 功能;四是嵌入式 GIS 与 GPS 有机集成各种手持/车载地图导航仪,存储了详尽的道路信息,并有人们出行需要的道路分析功能。

1. 基于 Internet 和 Web Service 的地理信息服务模式

此种模式最大的优点在于不受地域限制,全球范围内的用户均可享受其服务。目前,国内外已经有许多提供地理信息服务的网站。该服务模式,从技术角度讲,相对比较成熟,但是在商业运营方面还存在一些不足之处。

2. 基于无线通信和移动终端的地理信息服务模式

随着无线通信网络以及移动终端设备的不断发展,近年来,越来越多的移动通信商家开始结合其他的内容服务(新闻、游戏等)向用户提供地理信息服务,主要服务内容为基于地图的空间信息查询,如查询行车路线、寻找最近的宾馆饭店等。由于此种类型的服务是基于无线通信和移动设备的,所以,用户可以随时随地享受信息服务。由于移动通信有着广泛的用户群,并且已经具有良好的商业运营模式,所以,尽管基于无线通信和移动终端的地理信息服务还处于发展初期,但这将成为地理信息服务的主要模式。

3. 以位置服务为主的地理信息服务模式

近年来兴起的基于位置的服务(Location Based Service,LBS)成为地理信息服务的又一个新领域。其应用主要针对车辆和个人,可以分为监控和导航两大类。车辆监控广泛应用于公安、银行、出租车等行业;个人监控主要应用于老人和小孩。LBS 往往会与基于无线通信的内容(包括地理信息)服务相结合。

4. 提供数字产品方式的地理信息服务模式

目前,主要常见的有两种方式向用户提供数字化的地理信息产品。一种方式是专业的数字产品机构(测绘部门)通过 Internet 提供诸如数字正射影像图、数字高程模型、数字栅格地图和数字矢量地图等,它具有一套健全的数据分发模式;另一种方式是向公众提供普及型产品——电子地图光盘等。

1.1.4 地理信息服务的技术体系

从空间信息服务的整个流程来看,可以将其技术体系划分为地理信息获取技术、地理信息处理技术、地理信息传输技术、地理信息终端技术及地理信息表现技术(刘岳峰，2004）。

1. 地理信息获取技术

数据的快速获取与更新是制约 GIS 发展的瓶颈。空间数据的快速获取与更新是空间信息服务的关键，因为，在信息服务中，必须做到信息的现势性。空间数据更新包括遥感和 GPS 外业调查等技术在内的多种手段。

2. 地理信息处理技术

空间信息的采集、编辑、编码、压缩、管理、分析计算等均可以认为是地理信息处理技术。可以归纳为两个最重要的技术，即地理信息系统软件技术和地理空间数据库技术。在地理信息服务中，对地理信息的快速和海量处理能力尤其显得重要。

3. 地理信息传输技术

目前，信息传输最重要的两个技术分别为计算机网络和无线通信网络，包括网络的带宽、容量等性能指标及相关协议标准等。在地理信息服务中，由于要传输大量的空间数据和图形图像数据，对计算机网络和无线通信网络的性能指标和相关协议标准提出了更高的要求。

4. 地理信息终端技术

地理信息服务接收终端除了 PC 终端以外，另一个是移动终端。移动终端大致分为自主导航式、监控式和导航监控混合式三大类。自主导航式终端硬件主要由定位单元、信息处理单元、存储单元和显示单元组成，软件功能主要包括：多尺度地图显示、信息查询、路径规划和行驶导航等。监控式终端硬件主要由定位单元、信息处理单元和通信单元组成，软件主要功能是将终端所获取的位置和其他信息通过通信送至监控中心，监控中心可对移动目标进行各种信息的监控和查询，对移动目标进行实时动态跟踪。通信选择面向公众和行业提供不同的解决方案，并可依据用户需求提供灵活的系统组合框架。导航监控混合式除了具有自主导航和监控两种功能外，地理信息和其他信息的实时传输服务是其重要功能。移动终端的信息服务将逐步成为该产业的重要生长点，与位置有关的服务将占有重要比重。

5. 地理信息表现技术

地理信息表现技术主要实现地理信息快速、直观、生动地向用户表达出来，并向用户提供友好的交互手段。相比专业的 GIS 应用来说，在地理信息服务中，地理信息的表现技术更为重要，并必须充分考虑用户心理。例如，①界面简洁明了，并且具有一定的趣味性，使用户对该系统具有信心和产生兴趣；②操作简单，无须花太多时间就可以掌握系统的使用方法；③在 GIS 原理和功能的表达上，某些计算机术语应该通俗化，以易于用户接受；④系统应该实时给用户的操作作出响应，尽量缩短用户的等待时间等。因此，系统必须从界面设计、辅助帮助、屏幕动画、信息的动感表现、操作风格等方面满足用户要求。在移动终端上的信息表现技术更需要进一步的研究。由于移动终端设备的各种性能指标往往远低于PC终端，除了对硬件设备的要求外，对终端软件（多数为嵌入式GIS系统）提出了更高的要求。

1.1.5 地理信息服务的应用领域

地理空间信息服务是支持地理空间信息网络集成和应用共享的平台，由地理空间信息获取处理系统及通信网络系统、基础性地理空间信息资源、地理空间信息标准规范体系和政策法规，以及相应的组织体系组成。

目前，地理信息服务的应用大致可以归纳为以下几个大的领域。

1. 电子政务中的地理信息服务

电子政务与地理信息服务的密切关系是很容易理解的。在电子政务中，往往需要提供各级政府所管辖的行政空间范围，以及所管辖范围内的企业、事业单位甚至个人家庭的空间分布，所管辖范围内的城市基础设施、功能设施的空间分布等信息。另外，政府各职能部门也需要提供其部门独特的行业信息，如城市规划、交通管理等。电子政务中的信息服务（地理信息服务是其中一个重要的组成部分）主要目的是加强政府与企业、政府与公众之间的联系与沟通。

2. 电子商务中的地理信息服务

在电子商务中，企业往往需要向客户（企业或个人）提供销售、配送或服务网点的空间分布等空间信息，同时允许客户在电子地图上标注自己的位置或输入门牌号等信息，这样可以准确定位客户的位置。为了使电子商务得以高效实施，企业往往还配备相应的信息管理系统，以对客户、销售点、配送中心、服务网点等信息加以管理，并可以实现最近配送点搜索、路径规划、配送车辆监控等功能。电子商务中的地理信息服务是以提高电子商务的效率、增加销售额和降低成本为主要目的。

3. 面向公众的综合地理信息服务

面向公众的综合地理信息服务向公众提供与之衣食住行密切相关的各类地理信息，如购物商场、旅游景点、公共交通、休闲娱乐、宾馆饭店、房地产、医院、学校等的空间查询服务。从服务的空间范围来说，有的覆盖全国，有的覆盖全省，有的覆盖某个地区，也有的覆盖某个城市。面向公众的综合地理信息服务正在以迅猛的速度发展。

4. 辅助支持政府和企业决策的综合地理信息服务

政府和企业在进行决策时，往往需要地理信息系统作为辅助支持的工具。比如，企业往往非常关注经济状况、投资资讯、合作对象、企业形象、产品宣传、市场分析、客户分布、交通信息，以及其他相关信息；政府部门非常关注基础设施、交通信息、投资环境、行业分布、企业信息、经济状况、房地产、人口分布等信息。

1.2 地理信息服务结构框架

构建地理信息服务结构体系，必须考虑到我国现有的地理空间数据的生产和服务机制。目前，基础地理信息产品（包括大地控制点数据、重力场、磁场、航空航天遥感图像、各种比例尺矢量地形图数据和专题图数据）主要生产者是国家测绘部门和专业测绘公司。基础地理信息产品主要的用户是国家政府部门（土地、资源、环境、规划、房产等）、专业化公司（电信、电力等）和公众服务。地理空间信息从数据生产到应用整个流程来看，可以将其技术体系划分为信息获取、处理、管理、分发、传输、表现以及与其他系统集成应用等阶段。构建地理信息服务网络化平台框架，必须考虑到整个流程。地理信息服务网络化平台可划分为地理空间数据获取与分布式管理、多源空间数据集成、地理信息网络服务、地理信息移动服务、移动目标位置服务以及地理信息服务集成应用等部分（图1.1）。这些部分不是孤立的，而是相互联系的，通过网络连接成有机的整体，形成一个完整的地理信息服务网络化共享平台。这些部分之间的界限如何界定，有待于在实践中逐步完成。

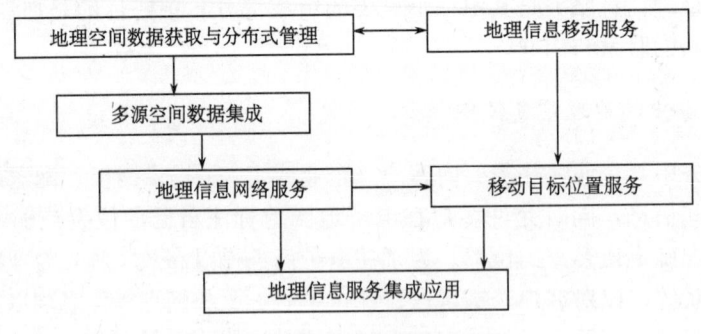

图1.1 地理信息服务结构体系

1.2.1 地理空间数据获取与分布式管理

在分布式地理空间数据库管理系统支持下基础地理数据（正射影像图、数字高程模型、像素图或纸质地图、矢量地理信息数据）生产与管理是地理信息服务基础。

在网络环境下地理空间数据分布式生产与管理应由以下四部分功能组成。

（1）基础地理信息数据生产与管理，主要完成正射影像图、数字高程模型、像素图或纸质地图和矢量地理信息数据网络化生产与管理。遥感数据处理、多元数据融合处理和数字高程模型建立是三个重要模块。遥感数据处理由遥感信息获取、图像信息处理、影像地图制作、遥感信息数据库建设等组成；多元数据融合处理主要完成从各个渠道收集的地理信息数据的集成和融合处理，各种地理信息产品的格式、符号和结构的转换及整理；数字高程模型建立主要从等高线和离散高程点生成不规则三角形和规则格网高程模型。

（2）专题数据加工，依据矢量的基础地理信息，根据收集采集的专题数据（林业、水利、土地、房产、环境、交通等），制作各种需求的专题数据。

（3）公众服务信息采集与编辑处理，利用 GPS 外业数据采集公众服务信息，建立公众服务信息数据库。由 GPS 外业数据采集终端、数据处理等组成。

（4）虚拟地理环境加工处理，在基础地理信息和遥感图像基础上，加工处理数字高程模型数据、各种纹理数据和制作各种三维符号，为地形三维可视化或虚拟地理环境提供必要的服务。

支撑这些技术的核心是基础地理数据生产和管理的网络化。在计算机网络环境中建设分布的地理空间数据库。

1.2.2 多源地理空间数据集成

空间数据多源性的产生和表现主要可以概括为以下几个层次：①多语义性。GIS 研究对象的多种类型特点决定了地理信息的多语义性。对于同一个地理信息单元，在现实世界中其几何特征是一致的，但是却对应着多种语义，如地理位置、海拔高度、气候、地貌、土壤等自然地理特征；同时也包括经济社会信息，如行政区界限、人口、产量等。不同 GIS 解决问题的侧重点也有所不同，因而会存在语义分异问题。②多时空性和多尺度。GIS 数据具有很强的时空特性。一个 GIS 中的数据源既有同一时间不同空间的数据系列，也有同一空间不同时间序列的数据。不仅如此，GIS 会根据系统需要而采用不同尺度对地理空间进行表达，不同的观察尺度具有不同的比例尺和不同的精度。③获取手段多源性。获取地理空间的数据的方法多种多样，包括来自现有系统、图表、遥感手段、GPS 手段、统计调查、实地勘测等。这些不同手段获得的数据的存储格式及提取和处理手段都各不相同。④存储格式多源性。GIS 应用系统很长一段时间处于以具体项目为中心孤立发展状态，很多 GIS 软件都有自己的数据格式。⑤空间基准不一致。不同来源的空间数据有着不同的坐标参考体系和不同的投影方式。这使得 GIS 的数据共享问题变得尤为突出。

多源地理空间矢量数据集成是把不同来源、格式、比例尺、多投影方式或大地坐标系统的地理空间数据在逻辑上或物理上有机集中，从而实现地理信息的共享。集成后的地理空间数据仍然保留着原来的数据特征，并没有发生质的变化。目前，实现多源数据集成的方法大致有三种：数据格式转换方法、数据互操作方法、直接数据访问方法。

1. 数据格式转换方法

格式转换模式是传统 GIS 数据集成方法。在这种模式下，其他数据格式经专门的数据转换程序进行格式转换后，复制到当前系统中的数据库或文件中。这是目前 GIS 系统数据集成的主要办法。目前得到公认的几种重要的空间数据格式有：ESRI 公司的 Arc/Info Coverage、ArcShape Files、E00 格式，Autodesk 的 DXF 格式和 DWG 格式，MapInfo 的 MIF 格式，Intergraph 的 dgn 格式，等等。数据转换模式主要存在的问题有三个：①由于缺乏对空间对象统一的描述方法，从而使得不同数据格式描述空间对象时采用的数据模型不同，因而转换后不能完全准确表达源数据的信息；②这种模式需要将数据统一起来，违背了数据分布和独立性的原则；③如果数据来源是多个代理或企业单位，这种方法需要所有权的转让等问题。

2. 数据互操作方法

数据互操作模式是 Open GIS Consortium（OGC）制定的规范。OGC 是为了发展开放式地理数据系统、研究地学空间信息标准化以及处理方法的一个非盈利组织。GIS 互操作是指在异构数据库和分布计算的情况下，GIS 用户在相互理解的基础上，能透明地获取所需的信息。OGC 为数据互操作制定了统一的规范，从而使得一个系统同时支持不同的空间数据格式成为可能。根据 OGC 颁布的规范，可以把提供数据源的软件称为数据服务器（Data Servers），把使用数据的软件称为数据客户（Data Clients），数据客户使用某种数据的过程就是发出数据请求，由数据服务器提供服务的过程，其最终目的是使数据客户能读取任意数据服务器提供的空间数据。OGC 规范基于 OMG 的 CORBA、Microsoft 的 OLE/COM 以及 SQL 等，为实现不同平台间服务器和客户端之间数据请求和服务提供了统一的协议。OGC 规范正得到 OMG 和 ISO 的承认，从而逐渐成为一种国际标准，并将被越来越多的 GIS 软件以及研究者所接受和采纳。目前，还没有商业化 GIS 软件完全支持这一规范。

3. 直接数据访问方法

直接数据访问指在一个 GIS 软件中实现对其他软件数据格式的直接访问，用户可以使用单个 GIS 软件存取多种数据格式。直接数据访问不仅避免了繁琐的数据转换，而且在一个 GIS 软件中访问某种软件的数据格式不要求用户拥有该数据格式的宿主软件，更不需要该软件运行。直接数据访问提供了一种更为经济实用的多源数据集成模式。

目前使用直接数据访问模式实现多源数据集成的 GIS 软件主要有两个，即：Intergraph 推出的 GeoMedia 系列软件和超图公司研制的 SuperMap 系列软件。GeoMedia 实现了对大多数 GIS/CAD 软件数据格式的直接访问，包括：MGE、Arc/Info、Frame、Oracle Spatial、SQL Server、Access MDB 等。SuperMap 2.0 则提供了存取 SQL Server、Oracle Spatial、ESRI SDE、Access MDB、SuperMap SDB 文件等的能力，在以后的版本中将逐步支持对 Arc/Info Coverage、AutoCAD DWG、MicroStation DGN、ArcView 等数据格式的直接访问。

1.2.3 地理空间数据网络服务

系统总体结构（图1.2）按照网络分布式多层体系结构的思想建立。系统从结构上由数据层、代理层和用户层构成，各个层次由专用的内部局域网组成。数据层包括地理信息数据、共享数据、业务专用数据、用户数据、审计数据以及资源信息数据等系统中的所有数据。代理层由资源管理器、数据服务代理和应用服务器等组成。用户层通过代理层间接对数据层进行访问，其中用户层通过应用服务器与代理层进行数据交换，代理层通过数据服务代理访问数据层。

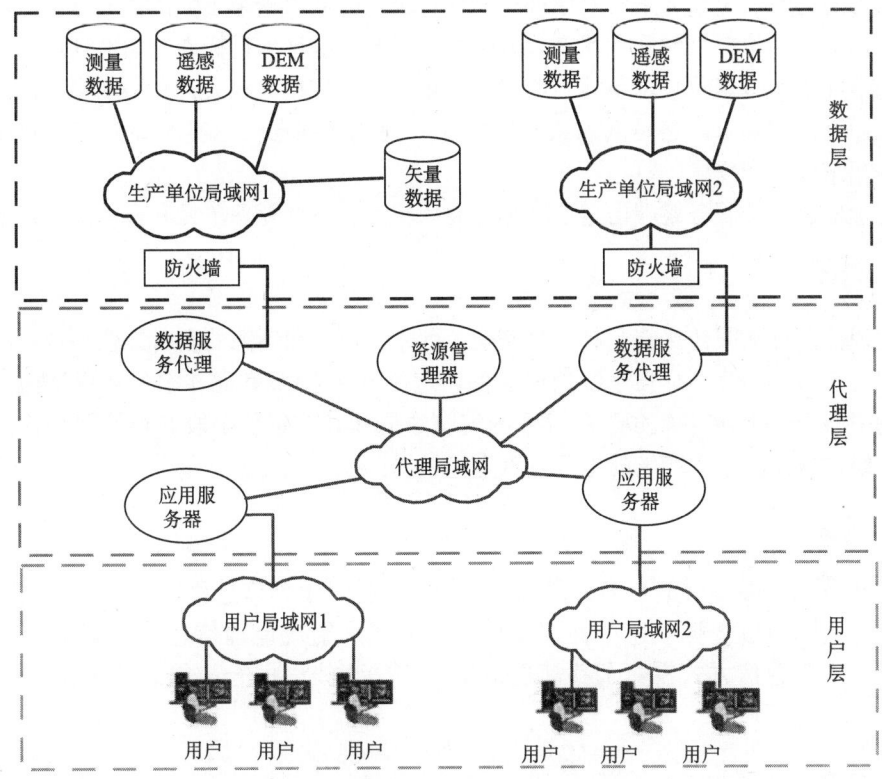

图 1.2 地理空间数据网络服务体系结构

数据层：数据包括已建和在建的各类地理空间数据库、各种信息处理设备、各种存储设备（大型磁盘阵列等）、各种空间信息获取仪器，它们通过多种通信方式实现物理连接。

代理层：管理整个系统的网络、设备、服务运行状况，对外服务的授权情况，并记录运行日志，及其授权变动审计信息。它主要由系统资源管理、系统用户管理、数据服务代理和应用服务代理四个部分组成。

用户层：提供一个地理空间信息集成应用环境，即在上述空间信息服务层的基础上，面向各个具体 GIS 应用需求，结合各自的地理空间信息使用模式和使用特点，提供相应的标准和协议、实用软件功能服务等，建立地理空间信息处理与信息服务集成环境。

数据层在内部办公专网、代理层在服务专网、用户层在政府外网或互联网、内部办公专网和代理层在服务专网之间逻辑隔离，代理层在服务专网和政府外网或互联网之间物理隔离。应用服务器与用户层之间采用 PKI 体系解决身份认证和数据安全传输的问题，用户通过应用服务器进行作业的提交以及获得相应的服务。

1.2.4 地理信息移动服务终端

现代交通手段扩展了人们的活动空间，人们行动节奏加快，也令空间、方位信息的及时获得显得更加重要起来，对地理空间信息服务的需求越来越强烈：一方面需要掌握移动目标的空间位置、时间和状态；另一方面需要了解移动目标周边的地理环境。在移动环境下实现实时定位技术与地理信息技术集成的小型化（嵌入式）移动导航终端正好满足人们这两种要求。它是嵌入式 GIS 技术、现代无线通信、实时导航定位和计算机技术等相结合的产物。

地理信息移动服务终端由定位单元、通信单元、信息处理单元和显示单元组成。

1. 定位单元

地理信息移动服务终端须有一个安全、可靠、稳定和动态的实时定位平台，而且设备终端要小型化。为了加强系统的可靠性，定位可用 GPS 和北斗卫星双模结构。它是将终端中 GPS 系统接收定位卫星发来的定位数据和其他定位手段获得的移动目标定位数据，经过数据融合后产生的地理位置坐标数据。

2. 通信单元

移动服务终端具有整合多种通信平台能力，针对地理信息移动服务要求的信号覆盖范围，我们可以选择上述一种或几种通信方式来组成地理信息移动服务终端的通信单元。常用通信方式有：①移动通信平台；②无线电电台；③北斗定位卫星的通信系统。

3. 信息处理单元

移动服务终端的核心是一个信息处理器，它负责各种信息的处理，包括输入输出控制、位置计算、电子地图显示、地图检索、基于矢量地图数据的路径分析和查询检索等功能。为了移动服务终端的小型化，需要对计算机硬件、操作系统和地理信息系统功能进行裁减。信息处理单元由嵌入式硬件、专门的嵌入式操作系统和嵌入式地理信息系统组成。嵌入式硬件性能突出表现在处理器速度较低和存储器容量较小，往往需要对地理数据进行压缩处理并建立有效的空间索引机制。嵌入式地理信息系统主要功能有地图多比例尺显示，图形放大、缩小、漫游，地名查询，道路查询，路径选取。

4. 显示单元

地理信息移动服务终端显示单元有两种方式：一种是利用已有的显示设备（如电视机），将电子地图等信息通过视频转换在电视设备上显示，其优点是节省了硬件成本和安装空间，缺点是不能用触摸屏操作，需要外加一个遥控设备；另一种是真彩液晶带触摸显示屏幕，其不仅显示细腻清晰、色彩逼真，而且可直接在显示屏幕操作。

地理信息移动服务终端主要有三种功能。

1) 监控功能

地理信息移动服务终端作为监控系统的移动终端，将获得被监控车辆的地理位置和一些附加信息（如速度、方向等），然后通过无线通信网，把信息传到监控中心，并通过中心监控软件，在监控中心的电子地图上显示出来，从而达到监控的目的。另外，该系统还应该能及时地把车辆上人为产生的状态，如报警信息等，送到监控中心。报警是为移动目标出现意外情况而设置的。当移动目标发生意外，如遭劫、车坏、迷路等，可以向处理中心发出求助信息。处理中心由于知道移动目标的精确所在，可以迅速给予帮助。监控中心可对移动目标进行各种信息的监控和查询，对移动车辆进行实时动态跟踪。同时，也可以将一些监控中心的指令通过通信单元传送到终端用户。

2）自主导航功能

系统可以实时地显示移动物体所在位置，从而进行辅助导航，也可以根据目标位置和移动目标当前位置自动计算和显示最佳（最短和最优）路径（从出发地到目的地按用户要求来计算最优路径和最短路径）和行驶导航（提示司机道路两侧信息、拐弯信息、目的距离等车辆行驶信息），引导驾驶员最快地到达目的地。

3）地理信息外业采集功能

地理空间数据的实时更新是地理信息服务的重要内容。社会经济的快速发展，带动了社会要素日新月异的变化。外业数据采集是地理空间数据更新维护的主要手段。地理信息移动服务终端可以将变化的地理空间信息通过通信单元实时传递到地理空间数据库管理中心，实现地理数据更新的实时化。

分布式地理空间数据获取与管理、地理空间数据网络服务和地理信息移动服务终端构成了网络化和一体化的地理空间信息收集、处理、存储、管理和分发的地理信息服务体系。

1.2.5 移动目标位置服务平台

通过移动目标监控系统，人们可以全面、实时和动态掌握移动目标的位置信息和环境信息等态势，这对应急调度的成功显得尤为重要。移动目标位置服务平台通过移动服务终端所获取的多源位置轨迹数据进行有效的管理和发布，主要功能有以下几个方面：

1. 位置轨迹数据融合处理

平台接收来自各种通信平台传送的各种实时动态空间定位系统所获取的移动目标的定位信息，并通过逐级处理和融合，形成统一的移动目标位置轨迹数据。

2. 位置轨迹数据存储管理

位置轨迹数据具有空间和时间二维特征，为了对移动目标移动时的位置、时间、速度和状态进行有效的管理和快速查询，往往采用时态数据模型对其描述，在时态数据库管理系统的支持下对其进行管理。

3. 分布式多级用户的分发

位置服务中心是双向工作的，服务中心将位置信息通过数字通信发往服务对象的终端接收设备，必要时中心可遥控终端接收设备，甚至直接操纵移动目标，从而有效地进行调度和管理。关键是按不同级别授权建立分级分发机制和一个多级网络化的移动目标位置轨迹数据分发体系。

1.2.6 地理信息集成与应用

地理信息集成与应用主要包括定位系统、地理信息网络服务、数字通信系统、移动服务终端、移动位置服务中心和固定服务终端六大部分，实现地理空间数据收集、处理、存储、管理和分发的一体化和网络化，构建完整的地理信息服务体系，为各部门专业信息应用系统的开发建设提供基础平台。地理空间信息服务基础平台是地理空间信息服务走向产业化发展的关键技术之一，在国民经济和国防建设中有利于实现地理空间信息共享，发挥地理空间信息效益，降低用户开发难度，提高开发效率，避免重复投资，节省经费，减少系统和数据维护成本等。

1.3 地理信息服务关键技术

1. 地理空间数据网络传输保密技术

地理空间数据是国家保密产品，数据生产者与数据使用者之间的网上传输，必须解决数据传输的安全。网络环境下不管是数据服务还是功能服务，都由多个计算机协同来完成，而计算机之间的协同必然频繁地进行数据交换。现有系统均采用 XML 等公开格式实现数据共享和交换，无法保障数据安全。主要存在三个问题：①XML 格式容易理解和解密。虽然有些系统在数据传输过程中采用加密措施，但到达客户端后仍然是以 XML 格式释放出来。②网络传输效率低。基于 XML 的文档消息传输无法直接保存二进制数据，在发送端和接收端都需要进行二进制数据和字符数据之间的转化。③空间矢量数据经过 XML 描述转换为字符数据会增加一定的数据量。研究自主的网络数据通信协议和数据粒度、数据压缩、并行数据传输、缓冲区和渐进式传输等数据网络传输策略，对解决海量地理信息数据在网络上实时传输和数据安全问题具有重要意义。

2. 多源地理空间数据无缝集成

数据所有者所提供的地理空间数据，由于空间数据的获取途径多种多样，应用目的不同，获取时间不同以及作业员的素质良莠不齐，数据生产选用的地理信息系统平台和数据库不同，造成了空间数据的多语义性、多时空性、多尺度性、存储格式的不同以及数据模型与存储结构的差异。这些差异导致了多源空间数据的产生，为数据服务和数据共享带来不便。不同数据源、不同数据精度和不同数据模型的地理数据集成，其实质就是将在地理上分布、管理上自治、模式上异构的数据源有机地集成在一起，使 GIS 用户能够透明地获取任何空间数据，以及处理空间数据的功能和方法。通过数学基础转换、数据模型与分类分级统一和数据格式转换，实现多源数据的格式、图幅、比例尺与图层无缝集成。

3. 地理空间信息多级网格搜索技术

空间信息多级网格的划分是指按不同经纬网格大小将全球、全国范围划分不同粗细层次的网格，每个层次的网格，在范围上具有上下层涵盖关系，将不同比例尺层次的空间信息以一个一体化的数据库进行统一存储与管理（李德仁等，2003）。每个网格以其中心点的经纬度坐标来确定其地理位置，同时记录与此网格密切相关的基本数据项。落在每个网格内的地物对象记录与网格中心点的相对位置，以高斯坐标系或其他投影坐标系为基准，并根据实际地物的密集程度确定所需要的网格尺度，同时在此网格划分的基础上建立网格元数据库来详细说明网格的数据类型、数据源等内容。基于这种思想建立的存储机制有利于地理空间信息的快速检索和信息获取，同时也很适合网格计算的原理。根据数据网格结构与网格计算相结合，按不同层次的网格建立分布式的空间数据组织模式，包括网格层次数据和网格内部数据的存储。充分考虑网格计算的特点，研究空间信息多级网格结构与网格计算技术结合的最佳方案。按地理空间信息多级网格的划分思想，空间目标存在两级索引：网格间索引和网格内部索引。

4. 地理空间数据的无损压缩

基于互联网带宽的限制和人们对海量地图数据快速传输、显示的要求，出现了许多矢量数据压缩算法。无损压缩算法是指压缩前和解压缩后数据完全一致。目前大多数的矢量数据压缩算法都是有损的，通过提取特征点来达到压缩数据的目的，其算法以牺牲一定的几何精度为代价，存在数据不可复原的缺点。研究矢量数据的无损压缩算法就成为GIS应用领域中一个亟待解决的问题。

5. 移动环境通信网络

地理信息移动服务离不开移动通信技术，移动终端的移动性可能导致通信系统访问布局的变化和资源的移动性。无线网络在不同时间可用的网络条件（如带宽、费用、延迟以及服务质量等）是变化多端的，与固定网络相比更容易出现网络阻塞故障，计算平台的可靠性较低；移动通信的频率资源有限，不可能在局部范围内容纳大量的用户；同时，移动通信比较容易受到磁场的干扰，与网络的断接状态不可预测，也给移动计算带来潜在的不可靠性。建立无缝、高效和可靠数字通信系统来传递海量的地理信息数据是地理信息服务的关键。

6. 地理空间信息服务规范

参照OGC标准，将网格地理空间信息服务的实现规范分为以下几类。

（1）核心服务规范：它们是不考虑应用领域的通用接口，用以支持其他应用领域服务的服务，包括坐标转换规范、目录规范、服务注册规范等核心基础。

（2）网络制图服务规范：这些规范使得Web上不同类型的空间信息可以进行动态查询、存取、转换和综合等处理，包括地图服务规范、地理特征服务规范、信息图层服务规范和网络注册服务规范等。

（3）位置服务规范：定义了位置应用服务与公共的移动终端、无线平台、IP平台、移动位置确定系统集成在一起的各种标准接口。

（4）地理信息融合服务规范：该服务将地址、地方名称、坐标、图像上的点、描述性方向等各种与空间位置相关的信息融合进一个综合管理框架，能够支持查找、发现和共享非地图格式的空间信息。

7. 系统集成技术

集成是英语 integration 的中译文，它是指在线的连接、实时的处理和系统的整体性上的有机结合。美国海军退役上将，曾任参谋长联席会议副主席的威廉·欧文斯最早提出"系统集成"理论，并著有《拨开战争的迷雾》一书。系统集成是一门工程技术，同时也是一门艺术。它包括系统工程、软件集成、综合集成等。综合集成是工程技术向现实生产力转化的重要工具和方法，其实质是把科学理论与经验知识结合起来，人脑思维与计算机分析结合起来，发挥综合系统的整体优势。集成的目的是建立一体化、最优化的大系统。

系统集成不是产品的集成，不是软件，不是网络，它涉及多种技术、多种产品与多家供应商。它是按照用户的需求，对多种产品和技术进行剪裁，恰当合理地选择相关技术和策略，最佳地选择和配置各种软件和硬件资源，以构成满足用户要求的信息系统的一体化解决方案，使系统的整体性能最优，在技术上具有先进性，实现上具有可行性，使用上具有灵活性以及可扩展性等。

系统集成就是按照用户的需求，在开放系统环境下利用标准化的系统元素，进行一体化的系统设计与实现的技术与策略。只有在实现了硬件和软件集成、数据和信息集成、技术和管理集成、人和组织机构的集成基础上，才能建成一个集成了用户功能需要的完整系统。

系统集成的内容有以下几个方面。

(1) 系统运行环境的集成。将不同的硬件设备、操作系统、网络通信系统、数据库管理系统、开发工具以及其他系统支撑软件集成为一个应用系统，形成一个统一协调运行的应用平台，用户可共享系统软件/硬件资源，也称软硬集成。

(2) 信息的集成。从信息资源管理出发进行全系统的数据总体规划，分布分析和应用分析，统一规划设计数据库单位，使不同部门、不同专业、不同层次的人员，在信息资源方面达到高度共享，也称数据/信息集成。

(3) 应用功能的集成。在运行环境和信息集成的基础上，按照用户要求建设一个满足用户功能需求的完整的系统，也称系统集成。

(4) 技术集成。为保证用户的功能集成任务能够顺利完成，就需要有足够的技术保证，需要多方面的高级技术人员参加和有关专家学者的技术咨询，也称技术/管理集成。

(5) 人和组织的集成。主要包括：协同工作、良好的人机界面、人工智能与专家系统的引入、用户与研制部门技术人员的密切合作等。

上述五个方面的集成互为依赖、不可分割，其中信息的集成是核心，应用功能的集成直接影响系统效率和质量，系统运行环境的集成和技术的集成决定系统建成后的技术水平、运行效率以及系统的生命周期，而人和组织机构的集成是关键。

1.4 本书主要内容

地理信息服务是涉及多专业、多用户、多数据的综合研究课题，它需要一个强大而又有效的硬件、软件和空间信息环境支持。这其中包括：多种软件系统的综合使用、多类型数据的快速传输、多用户的工作方式。根据社会对地理空间信息服务的要求，综合利用遥感、地理信息系统和卫星定位三大技术的特长，集无线通信、卫星通信、有线通信和自动控制的优势，以嵌入式GIS为移动地理信息服务终端，基于位置的多级多目标的网络服务平台和地理信息服务平台，实现移动目标的导航定位、指挥管理监控网络化和一体化。在重大自然灾害监测与评估、资源环境调查与国土资源保护和社会公共安全等方面为国家、各级政府、科研及公众服务提供一个硬件、软件和地理空间信息综合的集成化平台。这种集成化环境可以将多种数据集中在一起实现共享，特别是网络化的数据传送方式可以快速有效地将数据传送到各用户，也提供了一个多种空间信息数据获取方式与地理信息管理系统融为一体的应用集成环境。根据地理信息服务开发过程中主要涉及的内容，本书的主要内容及组织结构如下：

第1章简要介绍地理信息服务产生、发展、服务模式、技术体系和应用，探讨地理信息服务结构框架和关键技术。

第2章主要介绍实时空间定位技术，包括惯性导航系统、无线电定位导航系统、卫星定位导航系统、移动通信定位系统，及其它们的集成。

第3章介绍数字通信技术，主要包括移动通信、有线网络通信和GPS、GIS与通信技术集成。

第4章主要介绍地理空间数据获取和更新、遥感图像处理方法、车载GPS道路测量数据处理方法以及分布式地理空间数据管理系统。

第5章重点讨论多源地理空间数据产生的原因，以及多源地理空间数据集成的理

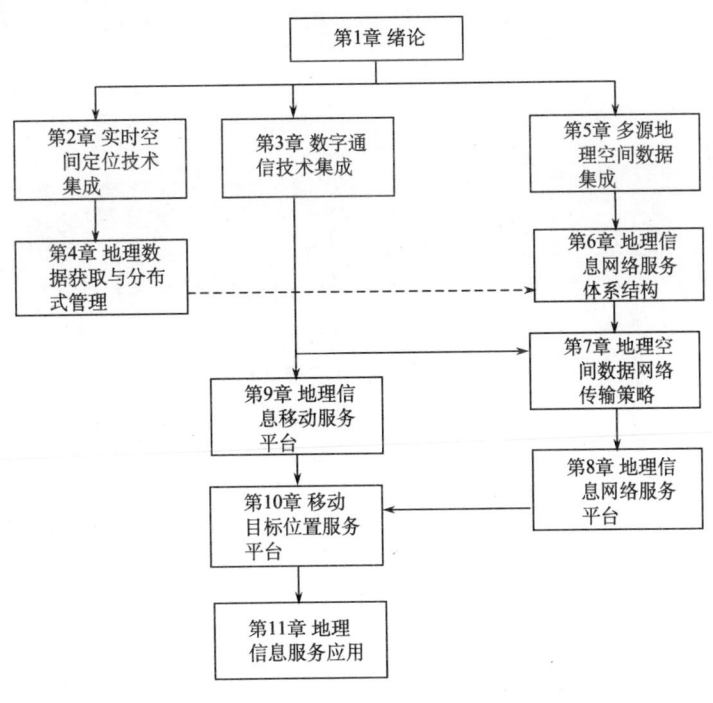

图1.3 阅读结构

论、方法和平台。

第6章探讨地理信息网络化服务体系结构、功能、设计策略和开发环境。

第7章主要介绍空间数据在网络环境下数据传输的策略和数据压缩方法。

第8章重点讨论地理信息网络化服务的应用开发环境。

第9章讨论移动环境下地理信息服务平台，包括嵌入式硬件组成、嵌入式操作系统和嵌入式地理信息系统。

第10章重点介绍移动目标位置服务的集成方法。充分利用移动通信、卫星通信、专网通信和互联网的优势，将数据中心与各分中心按不同级别授权，组成一个多级的、先进而实用的移动目标位置服务系统。

第11章简单介绍地理信息服务在国民经济建设和国防建设中应用。

地理信息服务涉及定位、通信和地理信息科学等多专业，为了让读者更好地阅读本书的内容。图1.3给出了本书的阅读路线，供读者参考。

第 2 章 实时空间定位技术集成

空间定位技术是人类认识世界和改造世界的重要工具之一。实时空间定位主要分为惯性导航系统（Inertial Navigation System，INS）和无线电导航定位两种。惯性导航系统是一种不依赖于任何外部信息、也不向外部辐射能量的自主式导航系统。特别是近几年随着微电子技术、光电技术和微机械技术的发展，生产出了低成本、高可靠、抗振动、抗冲击、小体积、轻重量的微型固体惯性器件，大大提高了惯性导航系统的精度和性能。无线电导航是通过测定无线电波从发射台到接收台的传播时间或相位和相角来进行定向定位的，克服了惯性导航误差随时间积累的问题。现在一般将无线电导航分为陆基导航和星基导航两种。本章 2.1 节主要介绍惯性导航系统，2.2 节介绍无线电导航系统，2.3 节介绍全球卫星定位，2.4 节探讨移动通信手机定位系统，2.5 节研究这些系统的集成。

2.1 惯性导航系统

2.1.1 惯性导航系统工作原理

惯性导航系统的基本工作原理是以牛顿力学定律为基础的，通过测量载体在惯性参考系的加速度，将其对时间进行积分，获得飞行器瞬时速度和瞬时位置数据，且将其变换到导航坐标系中，就能够得到在导航坐标系中的速度、偏航角和位置信息等。陀螺仪和加速度计是惯性导航（或制导）系统中的两个关键部件。

1. 陀螺仪

陀螺仪是感测旋转的一种装置，又称角偏差接收器，其作用是为加速度计的测量提供一个参考坐标系，以便把重力加速度和载体加速度区分开，并可为惯性系统、火力控制系统、飞行控制系统等提供载体的角位移和角速率。随着科学技术的发展，人们已发现有 100 种以上的物理现象可被用来感测载体相对于惯性空间的旋转。从工作机理来看，陀螺仪可被分为两大类：以经典力学为基础的陀螺仪（通常称为机械陀螺）和以非经典力学为基础的陀螺仪（如振动陀螺、光学陀螺、硅微陀螺等）。

2. 加速度计

加速度计又称比力接收器，它是以牛顿惯性定律作为理论基础的。在运动体上安装加速度计，用它来敏感和测量运动体沿一定方向的比力（运动体的惯性力与重力之差），然后经过计算（一次积分和二次积分）求得运动轨迹（运动体的速度和所行距离）。测量加速度的方法很多，有机械的、电磁的、光学的、放射线的等。按照作用原理和结构的不同，惯性系统用加速度计可分为两大类，即机械加速度计和固态加速度计。

（1）机械加速度计。机械加速度计大致包括力反馈摆式加速度计、双轴力反馈加速度计和摆式积分陀螺加速度计等。

（2）石英挠性加速度计。这是力反馈摆式加速度计的一种，是在液浮摆式加速度计基础上发展起来的新一代加速度计，其组成包括挠性杆、摆组件、力矩器、信号器等。这两者的力学原理是相同的，所不同的是，挠性加速度计敏感加速度的摆组件不是悬浮在液体中，而是由具有细颈的挠性杆所支承，并且是用整块石英玻璃把细颈和摆锤连在一起加工而成。与金属挠性杆相比，采用熔凝石英挠性杆的好处是：热胀系数低、摆组件随温度变化小，因而标度因数误差小。石英挠性加速度计较第一代液浮摆式加速度计的改进是：无支承摩擦力矩、对温控要求较低、结构简单、工艺性好、制造成本较低。

（3）固态加速度计。这类装置包括振动加速度计、表面声波加速度计、静电加速度计、光纤加速度计以及硅微机械加速度计等。

近年来随着微电子技术、光电技术和微机械技术的发展，微电子惯性器件也迅速发展起来。这种惯性器件以硅为基片材料，用半导体集成电路生产中的光刻和各向异性刻蚀技术进行微加工，生产出低成本、高可靠、抗振动、抗冲击、小体积、轻重量的微型固体惯性器件。微型陀螺仪主要包括微型机械陀螺仪和微型光学陀螺仪两类，在体积、重量和成本方面较传统的刚体转子陀螺仪都有很大程度的降低；微型加速度计主要是微机械硅加速度计，由于采用了压电石英晶体材料，提高了加速度计的温度稳定性和使用寿命。单个微型固体陀螺尺寸小于 1mm，民用市场上的精度指标为：带宽 60Hz，分辨率 0.10mg/s，陀螺漂移 10mg/h。硅微加速度计的尺寸可以达到 1mm，偏置稳定性（补偿后）为 20mg（－100～750C），分辨率为 2mg（60Hz 带宽），目前精度性能还在进一步提高。由于这两种微型固体惯性器件体积都非常小，因此，可以在一块很小的芯片上制作出由多个陀螺和加速计构成的微型惯性测量组合，实时提供运动载体的位置、速度和姿态信息。这种微型惯性测量组合具有成本低、体积小、重量轻、功耗小、寿命长、可靠性高和环境适应能力强等优越性，是惯性技术今后的主要发展方向。虽然目前这种设备的精度还不理想，存在的问题是这种系统由于微型惯性传感器精度较低，不能满足高精度导航系统的指标要求，但是从其综合指标来看具有很大的发展潜力，随着微米/纳米技术的不断提高，其精度必然将得到进一步提高。

2.1.2 惯性导航系统的组成与分类

惯性导航系统由惯性测量装置、控制显示装置、状态选择装置、导航计算机和电源等组成。惯性测量装置包括三个加速度计和三个陀螺仪，又称惯性导航组合。三自由度陀螺仪用来测量飞行器的三个转动运动；三个加速度计用来测量飞行器的三个平移运动的加速度，指示当地地垂线的方向。三个陀螺仪用来测量运载器的三个转动运动的角位移，指示地球自转轴的方向。计算机根据测得的加速度信号，对测出的加速度进行两次积分，计算出飞行器的速度和位置数据。控制显示器显示各种导航参数。

组成惯性导航系统的设备都安装在飞行器内，工作时不依赖外界信息，也不向外界辐射能量，不易受到干扰，是一种自主式导航系统。

按照惯性导航组合在飞行器上的安装方式，分为平台式惯性导航系统（惯性导航组合安装在惯性平台的台体上）和捷联式惯性导航系统（惯性导航组合直接安装在飞行器上）；后者省去平台，所以结构简单、体积小、维护方便，但仪表工作条件不佳（影响精度），计算工作量大。

1. 平台式惯性导航系统

根据建立的坐标系不同，又可分为空间稳定和本地水平两种工作方式。空间稳定平台式惯性导航系统的台体相对惯性空间稳定，用以建立惯性坐标系。地球自转、重力加速度等影响由计算机加以补偿。这种导航系统多用于运载火箭的主动段和一些航天器上。本地水平平台式惯性导航系统的特点是台体上的两个加速度计输入轴所构成的基准平面能够始终跟踪飞行器所在点的水平面（利用加速度计与陀螺仪组成舒拉回路来保证），因此加速度计不受重力加速度的影响。这种导航系统多用于沿地球表面作等速运动的飞行器（如飞机、巡航导弹等）中。在平台式惯性导航系统中，框架能隔离飞行器的角振动，仪表工作条件较好。平台能直接建立导航坐标系，计算量小，容易补偿和修正仪表的输出，但结构复杂、尺寸大。

2. 捷联式惯性导航系统

根据所用陀螺仪的不同，捷联式惯性导航系统分为速率型捷联式惯性导航系统和位置型捷联式惯性导航系统。前者使用速率陀螺仪，输出瞬时平均角速度矢量信号；后者使用自由陀螺仪，输出角位移信号。捷联式惯性导航系统省去了平台，所以结构简单、体积小、维护方便，但陀螺仪和加速度计被直接装在飞行器上，工作条件不佳，会降低仪表的精度。这种系统的加速度计输出的是机体坐标系的加速度分量，需要经计算机转换成导航坐标系的加速度分量，计算量较大。

惯性导航系统的机制目前已经发展出挠性惯性导航、光纤惯性导航、激光惯性导航、微固态惯性仪表等，根据环境和精度要求的不同，被广泛应用在航空、航天、航海和陆地机动等各个方面，具有很好的隐蔽性，其工作环境不仅包括空中、地球表面，还可以在水下。

2.1.3 惯性导航特性

为了得到飞行器的位置数据，须对惯性导航系统每个测量通道的输出积分。陀螺仪的漂移将使测角误差随时间成正比地增大，而加速度计的常值误差又将引起与时间平方成正比的位置误差。这是一种发散的误差（随时间不断增大），可通过组成舒拉回路、陀螺罗盘回路和傅科回路三个负反馈回路的方法来修正这种误差以获得准确的位置数据。舒拉回路、陀螺罗盘回路和傅科回路都具有无阻尼周期振荡的特性。所以惯性导航系统常与无线电、多普勒和天文等导航系统组合，构成高精度的组合导航系统，使系统既有阻尼又能修正误差。

惯性导航系统的导航精度与地球参数的精度密切相关。高精度的惯性导航系统须用参考椭球来提供地球形状和重力参数。由于地壳密度不均匀、地形变化等原因，地球各点的参数实际值与参考椭球求得的计算值之间往往有差异，并且这种差异还带有随机性，这种现象被称为重力异常。正在研制的重力梯度仪能够对重力场进行实时测量，提供地球参数，解决重力异常问题。

惯性导航系统的主要特点是：不依赖任何外界系统的支持而能独立自主地进行导航，能连续地提供包括姿态基准在内的全部导航和制导参数，具有校准后良好的短期精度和稳定性。同时，它也存在固有的缺点：结构复杂、造价较高，导航误差随时间积累而增大，初始设置时间较长等，因此，尚不能满足远距离或长时间航行以及高精度导航或制导的要求。

2.2 无线电导航技术

导航来源于人类交通和军事活动对方位或位置识别的需求。无线电导航定位是以电子学为基础，利用电波传播并结合运用天文、地理、海洋等有关知识，通过测量运动载体位置的有关参数实现对运动载体的导航和定位的技术。无线电信号中包含四个电气参数：振幅、频率、时间和相位。无线电波在传播过程中，某一参数可能发生与某导航参量相关的变化。通过测量这一电气参数就可得到相应的导航参量。根据所测电气参数的不同，无线电导航系统可分为振幅式、频率式、时间式（脉冲式）和相位式四种，也可根据要测定的导航参量将无线电导航系统分为测角（方位角或高低角）、测距、测距差和测速四种。现代还根据无线电导航设备的主要安装基地分为地基（设备主要安装在地面或海面）、空基（设备主要安装在飞行的飞机上）和卫星基（设备主要装在导航卫星上）三种。根据作用距离分为近程、远程、超远程和全球定位四种。

利用地面无线电导航台和飞机上的无线电导航设备对飞机进行定位和引导。无线电导航系统按所测定的导航参数分为五类：①测角系统，如无线电罗盘和伏尔导航系统；②测距系统，如无线电高度表和测距器；③测距差系统，即双曲线无线电导航系统，如罗兰 C 导航系统和奥米加导航系统；④测角测距系统，如塔康导航系统和伏尔-DME 系统；⑤测速系统，如多普勒导航系统。作用距离在 400km 以内的为近程无线电导航系统，达到数千千米的为远程无线电导航系统，1 万 km 以上的为超远程无线电导航系统和全球定位导航系统（黄智刚，2007）。

1. 无线电导航测角系统

无线电导航测角系统利用无线电波直线传播的特性，将飞机上的环形方向性天线转到使接收的信号幅值为最小的位置，从而测出电台航向，这属于振幅式导航系统。同样，也可利用地面导航台发射迅速旋转的方向图，根据飞机不同位置接收到的无线电信号的不同相位来判定地面导航台相对飞机的方位角，这属于相位式导航系统。测角系统可用于飞机返航（保持某导航参量不变，如保持电台航向为零，引导飞机飞向导航台）。几何参数（角度、距离等）相等点的轨迹称为位置线。测角系统的位置线是直线（角度参量保持恒值的飞机所在锥面与地平面的交线）。测出两个电台的航向就可得到两条直线位置线的交点，这交点就是飞机的位置。

2. 无线电导航测距系统

无线电导航测距系统在飞机和地面导航台上各安装一套接收、发射机。飞机向地面导航台发射询问信号，地面导航台接收并向飞机转发回答信号。飞机接收机收到的回答信号比询问信号滞后一定的时间。测出滞后时间就可算出飞机与导航台的距离。利用电波的反射特性，测定由地面导航台或飞机的反射信号的滞后时间也可求出距离。无线电导航测距系统的位置线是一个圆周，由地面导航台等距的圆球位置面与飞机所在高度的地心球面相交而成。利用测距系统可引导飞机在航空港作等待飞行，或由两条圆位置线的交点确定飞机的位置。定位的双值性（有两个交点）可用第三条圆位置线来消除。测距系统可以是脉冲式的、相位式的或频率式的。

3. 无线电导航测距差系统

飞机上安装一台接收机，地面设置 2~4 个导航台。各导航台同步地（时间同步或相位同步）发射无线电信号，各信号到达飞机接收机的时间滞后与导航台到飞机的距离成比例。测出它们到达的时间差就可求得距离差。与两个定点保持等距离差的点的轨迹是球面双曲面，因此这种系统的位置线是球面双曲面与飞机所在高度的地心球面相交而成的双曲线。利用 3 或 4 个地面导航台可求得两条双曲线。根据两条双曲线的交点即可定出飞机的位置。定位的双值可用第三条双曲线来消除。现代使用的测距差系统大多是脉冲式或相位式的。

4. 无线电导航测速系统

这种系统大多是利用多普勒效应工作的。安装在飞机上的多普勒导航雷达以窄波束向地面发射厘米波段的无线电信号。由于存在多普勒效应，飞机接收到由地面反射回来的信号频率与发射信号频率不同，存在一个多普勒频移，测出多普勒频移就可求出飞行器相对于地面的速度。再利用飞机上垂直基准和航向基准给出的俯仰角和航向角，将径向速度分解出东向速度和北向速度，分别对时间求积分即可得出飞机当时的位置。多普勒测速系统的位置线也是双曲线，它是由等多普勒频移的锥面与飞机所在高度的地心球面相交而成的。多普勒导航测速系统属于频率式。

2.3 卫星定位系统

2.3.1 全球定位系统

全球定位系统是由美国从 20 世纪 70 年代开始研制，历时 20 年，于 1994 年全面建成，具有在海、陆、空进行全方位实时三维导航与定位能力的新一代卫星导航与定位系统。经我国测绘等部门近 10 年的使用表明，GPS 以全天候、高精度、自动化、高效益等显著优点，赢得了广大测绘工作者的信赖，并成功地应用于大地测量、工程测量、航空摄影测量、运载工具导航和管制、地壳运动监测、工程变形监测、资源勘察、地球动力学等多种学科，从而给测绘领域带来一场深刻的技术革命。

1. GPS 组成

GPS 包括三大部分：空间部分（GPS 卫星星座）、地面控制部分（地面监控系统）和用户设备部分（GPS 信号接收机）。

1) GPS 卫星星座

GPS 工作卫星及其星座由 21 颗工作卫星和 3 颗在轨备用卫星组成，记作（21+3）GPS 星座。24 颗卫星均匀分布在 6 个轨道平面上，轨道倾角为 55°，各个轨道平面之间相距 60°，即轨道的升交点赤经各相差 60°。每个轨道平面内各颗卫星之间的升交角距相差 90°，一轨道平面上的卫星比西边相邻轨道平面上的相应卫星超前 30°。

在 2 万 km 高空的 GPS 卫星，当地球对恒星来说自转一周时，它们绕地球运行二周，即绕地球一周的时间为 12 恒星时。这样，对于地面观测者来说，每天将提前 4min 见到同一颗 GPS 卫星。位于地平线以上的卫星颗数随着时间和地点的不同而不同，最少可见到 4 颗，最多可见到 11 颗。在用 GPS 信号导航定位时，为了结算测站的三维坐标，必须观测 4 颗 GPS 卫星，称为定位星座。这 4 颗卫星在观测过程中的几何位置分布对定位精度有一定的影响。对于某地某时，甚至不能测得精确的点位坐标，这种时间段叫做"间隙段"。但这种时间间隙段是很短暂的，并不影响全球绝大多数地方的全天候、高精度、连续实时定位。

2) 地面监控系统

对于导航定位来说，GPS 卫星是一动态已知点。卫星的位置是依据卫星发射的星历（描述卫星运动及其轨道的参数）算得的。每颗 GPS 卫星所播发的星历，是由地面监控系统提供的。卫星上的各种设备是否正常工作，以及卫星是否一直沿着预定轨道运行，都要由地面设备进行监测和控制。地面监控系统另一重要作用是保持各颗卫星处于同一时间标准——GPS 时间系统。这就需要地面站监测各颗卫星的时间，求出钟差。然后由地面注入站发给卫星，卫星再由导航电文发给用户设备。GPS 工作卫星的地面监控系统包括一个主控站、三个注入站和五个监测站。

3) GPS 信号接收机

GPS 信号接收机的任务是：捕获按一定卫星高度截止角所选择的待测卫星的信号，并跟踪这些卫星的运行，对所接收到的 GPS 信号进行变换、放大和处理，以便测量出 GPS 信号从卫星到接收机天线的传播时间，解译出 GPS 卫星所发送的导航电文，实时地计算出测站的三维位置，甚至三维速度和时间。

静态定位中，GPS 接收机在捕获和跟踪 GPS 卫星的过程中固定不变，接收机高精度地测量 GPS 信号的传播时间，利用 GPS 卫星在轨的已知位置，解算出接收机天线所在位置的三维坐标。而动态定位则是用 GPS 接收机测定一个运动物体的运行轨迹。GPS 信号接收机所位于的运动物体叫做载体（如航行中的船舰、空中的飞机、行驶的车辆等）。载体上的 GPS 接收机天线在跟踪 GPS 卫星的过程中相对地球运动，接收机用 GPS 信号实时地测得运动载体的状态参数（瞬间三维位置和三维速度）。

接收机硬件和机内软件以及 GPS 数据的后处理软件包，构成完整的 GPS 用户设备。GPS 接收机的结构分为天线单元和接收单元两大部分。对于测地型接收机来说，两个单元一般被分成两个独立的部件，观测时将天线单元安置在测站上，接收单元置于测站附近的适当地方，用电缆线将两者连接成一个整机，也有的将天线单元和接收单元制作成一个整体，观测时将其安置在测站点上。

近几年，国内引进了许多种类型的 GPS 测地型接收机。各种类型的 GPS 测地型接收机用于精密相对定位时，其双频接收机精度可达 5mm+1PPM.D，单频接收机在一定距离内精度可达 10mm+2PPM.D。用于差分定位其精度可达亚米级至厘米级。目前，各种类型的 GPS 接收机体积越来越小、重量越来越轻，便于野外观测使用。

2. 差分 GPS 定位

差分技术很早就被人们所应用。它实际上是在一个测站对两个目标的观测量、两个测站对一个目标的观测量或一个测站对一个目标的两次观测量之间进行求差。其目的在于消除公共项，包括公共误差和公共参数。在以前的无线电定位系统中已被广泛应用。

GPS 定位是利用一组卫星的伪距、星历、卫星发射时间等观测量来实现的，同时还必须知道用户钟差。因此，要获得地面点的三维坐标，必须对四颗卫星进行测量。在这一定位过程中，存在着三部分误差。第一部分是对每一个用户接收机所公有的，如卫星钟误差、星历误差、电离层误差、对流层误差等；第二部分为不能由用户测量或由校正模型来计算的传播延迟误差；第三部分为各用户接收机所固有的误差，如内部噪声、通道延迟、多径效应等。利用差分技术，第一部分误差完全可以消除，第二部分误差大部分可以消除，其主要取决于基准接收机和用户接收机的距离，第三部分误差则无法消除。

根据差分 GPS 基准站发送的信息方式可将差分 GPS 定位分为三类，即位置差分、伪距差分和相位差分。这三类差分方式的工作原理是相同的，即都是由基准站发送改正数，由用户站接收并对其测量结果进行改正，以获得精确的定位结果。所不同的是，发送改正数的具体内容不一样，其差分定位精度也不同。

1) 位置差分原理

这是一种最简单的差分方法，任何一种 GPS 接收机均可改装和组成这种差分系统。

安装在基准站上的 GPS 接收机观测四颗卫星后便可进行三维定位，解算出基准站的坐标。由于存在着轨道误差、时钟误差、SA 影响、大气影响、多径效应以及其他误差，解算出的坐标与基准站的已知坐标是不一样的。基准站利用数据链将此改正数发送出去，由用户站接收，并且对其解算的用户站坐标进行改正。最后得到的改正后的用户坐标已消去了基准站和用户站的共同误差，如卫星轨道误差、SA 影响、大气影响等，提高了定位精度。以上过程适用于基准站和用户站观测同一组卫星的情况。位置差分法适用于用户与基准站间距离在 100km 以内的情况。

2) 伪距差分原理

伪距差分是目前用途最广的一种技术。几乎所有的商用差分 GPS 接收机均采用这种技术。国际海事无线电委员会推荐的 RTCM SC-104 也采用了这种技术。

在基准站上的接收机要求得到它到可见卫星的距离，并将此计算出的距离与含有误差的测量值加以比较，然后将所有卫星的测距误差传输给用户，用户利用此测距误差来改正测量的伪距。最后，用户利用改正后的伪距来求解出本身的位置，就可消去公共误差，提高定位精度。与位置差分相似，伪距差分能将两站公共误差抵消，但随着用户到基准站距离的增加又出现了系统误差,这种误差用任何差分法都是不能消除的。由此可见,利用伪距差分原理进行定位的过程中,用户和基准站之间的距离对精度有决定性影响。

3) 载波相位差分原理

测地型接收机利用 GPS 卫星载波相位进行的静态基线测量获得了很高的精度($10^{-6} \sim 10^{-8}$)。但为了可靠地求解出相位模糊度,要求静止观测一两个小时或更长时间。这样就限制了在工程作业中的应用。于是探求快速测量的方法应运而生。例如,采用整周模糊度快速逼近技术使基线观测时间缩短到 5min,采用准动态(Stop and Go)、往返重复设站(Re-occupation)和动态(Kinematic)来提高 GPS 作业效率。这些技术的应用对推动精密 GPS 测量起了促进作用。但是,上述这些作业方式都是事后进行数据处理,不能实时提交成果和实时评定成果质量,很难避免出现事后检查不合格造成的返工现象。

差分 GPS 的出现,能以米级精度实时给定载体的位置,满足了引航、水下测量等工程的要求。位置差分、伪距差分、伪距差分相位平滑等技术已成功地用于各种作业中。随之而来的是更加精密的测量技术——载波相位差分技术。载波相位差分技术又被称为 RTK(Real Time Kinematic)技术,是建立在实时处理两个测站的载波相位的基础上的。它能实时提供观测点的三维坐标,并能达到厘米级的高精度。与伪距差分原理相同,载波相位差分技术的实现过程为:基准站通过数据链实时将其载波观测量及站坐标信息一同传送给用户站。用户站接收 GPS 卫星的载波相位与来自基准站的载波相位,并组成相位差分观测值进行实时处理,能实时给出厘米级的定位结果。

实现载波相位差分 GPS 的方法分为修正法和差分法两类。前者与伪距差分相同,基准站将载波相位修正量发送给用户站,以改正其载波相位,然后求解坐标。后者将基准站采集的载波相位发送给用户台进行求差解算坐标。前者为准 RTK 技术,后者为真正的 RTK 技术。

2.3.2 "北斗一号"卫星定位系统

我国的"北斗一号"卫星定位系统正是 20 世纪 80 年代提出的"双星快速定位系统"的发展计划。北斗导航系统的方案于 1983 年提出,突出特点是构成系统的空间卫星数目少、用户终端设备简单、一切复杂性均集中于地面中心处理站。"北斗一号"卫星定位系统是利用地球同步卫星为用户提供快速定位、简短数字报文通信和授时服务的一种全天候、高精度、区域性的卫星定位系统。系统的主要功能是:

(1) 定位:快速确定用户所在地的地理位置,向用户及主管部门提供导航信息。

(2) 通信:用户与用户、用户与中心控制系统间均可实现双向简短数字报文通信。

(3) 授时:中心控制系统定时播发授时信息,为定时用户提供时延修正值。

"北斗一号"卫星定位系统由两颗地球静止卫星(80.0E 和 140.0E)、一颗在轨备份卫星(110.50E)、中心控制系统、标校系统和各类用户机等组成。系统的工作过程是:首先由中心控制系统向卫星Ⅰ和卫星Ⅱ同时发送询问信号,经卫星转发器向服务区内的用户广播。用户响应其中一颗卫星的询问信号,并同时向两颗卫星发送响应信号,经卫星转发回中心控制系统。中心控制系统接收并解调用户发来的信号，然后根据用户的申请服务内容进行相应的数据处理。对定位申请，中心控制系统测出两个时间延迟：从中心控制系统发出询问信号，经某一颗卫星转发到达用户，用户发出定位响应信号，经同一颗卫星转发回中心控制系统的延迟；从中心控制发出询问信号，经上述同一卫星到达用户，用户发出响应信号，经另一颗卫星转发回中心控制系统的延迟。由于中心控制系统和两颗卫星的位置均是已知的，因此由上面两个延迟量可以算出用户到第一颗卫星的距离以及用户到两颗卫星距离之和，从而知道用户处于一个以第一颗卫星为球心的一个球面，和以两颗卫星为焦点的椭球面之间的交线上。另外中心控制系统从存储在计算机内的数字化地形图查寻到用户高程值，又可知道用户处于某一与地球基准椭球面平行的椭球面上。从而中心控制系统可最终计算出用户所在点的三维坐标，这个坐标经加密由出站信号发送给用户。

"北斗一号"的覆盖范围是 $5°\sim 55°N$，$70°\sim 140°E$ 的心脏地区，上大下小，最宽处在北纬 $35°$ 左右。其定位精度为水平精度 100m，设立标校站之后为 20m（类似差分状态）。工作频率为 2491.75MHz。系统能容纳的用户数为 540 000 户/小时。

"北斗一号"的工作原理带来两个方面的问题：一方面是用户定位的同时失去了无线电隐蔽性，这在军事上相当不利；另一方面由于设备必须包含发射机，因此在体积、重量、价格和功耗方面处于不利的地位。

在实时性方面，"北斗一号"用户的定位申请要送回中心控制系统，中心控制系统解算出用户的三维位置数据之后再发回用户，其间要经过地球静止卫星走一个来回，再加上卫星转发，中心控制系统的处理，时间延迟就更长，因此对于高速运动体，就加大了定位的误差。此外，"北斗一号"卫星导航系统也有一些自身的特点，如其具备的短信通信功能就是GPS所不具备的。

2.3.3 GLONASS 卫星定位系统

1. GLONASS 系统组成

GLONASS 的起步晚于 GPS 9 年。GLONASS 系统在系统组成和工作原理上与GPS类似，也是由卫星星座、地面控制系统和用户设备三部分组成：

（1）卫星星座。GLONASS 系统采用中的 24 颗卫星，均匀分布在 3 个圆形轨道平面上，每个轨道面有 8 颗卫星，轨道高度为 19 000km，运行周期为 11h 15min，倾角为 $64.8°$，轨道扁心率为 0.01，地迹重复周期为 8 天，轨道同步周期为 17 圈，由于 GLONASS 卫星地轨道倾角大于 GPS 卫星倾角，所以在高纬度（$50°$以上）地区的可见性较好。

与美国 GPS 系统不同的是，GLONASS 系统采用频分多址方式，根据载波频率来区分不同卫星（GPS 是码分多址，根据调制码来区分卫星）。每颗 GLONASS 卫星发播的两种载波的频率分别为 $L1=1602+0.5625K$（MHz）和 $L2=1246+0.4375K$（MHz），其中，$K=1\sim 24$ 为每颗卫星的频率偏号。所有 GPS 卫星的载波的频率相同，均为 $L1=1575.42MHz$ 和 $L2=1227.6MHz$。GLONASS 卫星的载波上也调制了两种伪随机噪声码：S 码和 P 码。俄罗斯对 GLONASS 系统采用了军民合用、不加密的开放政策。

（2）地面控制系统。地面控制部分 GCS（Ground Control Segment）包括位于莫斯科 Geolisyno-2 的系统控制中心和分布于全俄罗斯的指令跟踪站 CTS（Command Tracking Station）组成的网络。CTS 站跟踪 GLONASS 可见卫星，它遥测所有卫星，进行测距数据的采集和处理，并向各卫星发送指令和导航信息。在 GCS 内有激光测距设备对测距数据作周期修正。

（3）用户设备。GLONASS 接收机用于接收 GLONASS 卫星信号并测量其伪距和速度，同时从卫星信号中提取并处理导航电文。接收机中的计算机对所有输入数据进行处理并算出坐标位置的三个分量、速度矢量的三个分量和时间。目前，市场上的 GLONASS 接收机的品种还很少。

2. GLONASS 系统的政策

GLONASS 系统可供国防和民间使用，不带任何的限制，也不对用户收费，该系统将在完全布满星座后遵照已公布的性能至少运行 15 年。民用的标准精度为：水平方向 50～70m，垂直方向 75m，并声明不引入选择可用性（SA）。测速精度为 15cm/s，授时精度为 1μs。俄罗斯空间部队的合作科学信息中心已作为提供 GLONASS 状态信息的窗口，正式向用户公布 GLONASS 咨询通告。

3. GLONASS 和 GPS 伪距定位的差异

虽然 GPS、GLONASS 两个系统的伪距定位的基本原理相同，但是也存在一些差异，造成 GPS+GLONASS 组合导航的困难，主要有以下几个方面。

1) 伪随机码的码元长度不同

以 C/A 码为例，GLONASS 码频率为 0.511MHz，GPS 码频率为 1.023MHz，所以 GLONASS 伪码码元长比 GPS 将近大 1 倍。在接收机测相分辨率一定的情况下（一般为 1%），GLONASS 码相位测量误差约为 GPS 的 2 倍。所以在组合导航中，它们的观测量是不等权的。

2) 时间系统不同

GLONASS 的系统时间为 GLONASST，是以世界协调时（UTC）（SU）为基准的。GPS 系统时间称为 GPST，以 UTC（USNO）为基准。组合导航数据处理时，还要考虑两个系统之间存在的同步误差。最简单的方法是，在导航解算时增加一个与接收机有关的未知参数。

GLONASS 和 GPS 都采用自己的时间系统，两者的时间基准不同，但两者存在一定的转换关系。在所有卫星定位系统中，都存在着卫星时和世界协调时。这里的问题是如何将卫星时转换为系统时，再由系统时转换为世界协调时。GPS 卫星时和系统时是一个连续的时标，而 GLONASS 卫星时和系统时是一个不连续的时标，和 UTC 时一样，包括跳秒。GPS 系统时是以 1980 年 1 月 5 日午夜为起点，并且给出星期数和星期开始的秒数。GLONASS 系统时是以上一次闰年的开始时为起点，并给出天数和每天开始的秒数。

3) 坐标系不同

GLONASS 坐标系为 PZ-90，而 GPS 的坐标系为 WGS-84。两个坐标的定义基本相同，但是由于存在测量误差和站址误差，实际使用的坐标系也存在一定的差异。

2.3.4　GALILOE 卫星定位系统

1. GALILOE 计划概述

1999 年，欧洲提出了建立"GALILOE"（伽利略）导航卫星系统的计划。按照欧洲当时的设想，"伽利略"系统定位精度可达厘米级。如果说 GPS 只能找到街道，"伽利略"则可找到车库门。"伽利略"为地面用户提供三种信号：免费使用的信号、加密且需交费使用的信号、加密且需满足更高要求的信号。其精度依次提高，最高精度比 GPS 高 10 倍，即使是免费使用的信号精度也可达到 6m。"伽利略"系统的另一个优势在于，它能够与美国的 GPS、俄罗斯的 GLONASS 系统实现多系统内的相互兼容。"伽利略"的接收机可以采集各个系统的数据或者通过各个系统数据的组合来满足定位导航的要求。

"伽利略"除能提供精确的定位信号外，还可以提供移动电话业务服务，用于救生行动。例如，接收失事飞机的求救信号后，快速通知附近的救援部门。据称，这些是 GPS 所无法实现的。毫无疑问，"伽利略"是 GPS 强有力的竞争对手，较之与已形成垄断地位的 GPS，"伽利略"由于采用了许多新技术而更加灵活、全面、可靠，可以提供完整、准确的数据信号。较高的功率使"伽利略"的信号可以很容易克服干扰而进行接收，还可以在高纬度地区以及中亚和黑海地区提供较好的数据。

2. 体系结构

"伽利略"导航卫星系统是从 1999 年 12 月由西班牙提出第一套解决方案之后，历经一年多的讨论研究，从多个欧盟国家的多个解决方案中发展完善的。

1）星座

"伽利略"导航卫星系统的卫星星座是由分布在 3 个轨道上的 30 颗中等高度轨道卫星（MEO）构成，具体参数如下：

每条轨道卫星个数 10（9 颗工作、1 颗备用）；卫星分布轨道面数 3；轨道倾斜角 56°；轨道高度 24 000km；运行周期 14h 4min；卫星寿命 20 年；卫星重量 625kg；电量供应 1.5kW；射电频率 1202.025MHz、1278.750MHz、1561.098MHz、1589.742MHz。卫星个数与卫星的布置和美国 GPS 系统的星座有一定的相似之处。"伽利略"系统的工作寿命为 20 年，中等高度轨道卫星星座工作寿命设计为 15 年。这些卫星能够被直接发送到运行轨道上正常工作。每一个 MEO 卫星在初始升空定位时，其位置都可以稍微偏离正常工作位置。

2）有效荷载

中等轨道卫星装有的导航有效载荷包括：①时钟，"伽利略"导航卫星系统所载的时钟有两种类型：铷钟和被动氢脉塞时钟。在正常工作状况下，氢脉塞时钟将被用作主要振荡器，铷钟也同时运行作为备用，并时刻监视被动氢脉塞时钟的运行情况；②无线，天线设计基于多层平面技术，包括螺旋天线和平面天线两种，直径为 1.5m，可以保证低于 1.2GHz 和高于 1.5GHz 频率的波段顺利发送和接收；③供电，"伽利略"系统利用太阳能供电，用电池存储能量，并且采用了太阳能帆板技术，可以调整太阳能板的角度，保证吸收足够阳光，既减轻卫星对电池的要求，也便于卫星对能量的管理；射频部分通过 50~60W 的射频放大器将四种导航信号放大，传递给卫星天线。

3）地面部分

地面部分主要完成两个功能：导航控制和星座管理功能以及完好性数据检测和分发功能。导航控制和星座管理部分由地面控制部分完成，主要由导航系统控制中心、OSS 工作站和遥测遥控中心三部分构成，其中，OSS 工作站共有 15 个，无人监管并且只能接收星座发出的导航电文和星座运行环境数据，并把数据传送到导航系统控制中心，由导航系统控制中心检测和处理。

3. 系统服务方式

（1）公开服务。"伽利略"系统的公开服务能够免费提供用户使用的定位、导航和时间信号。此服务面向大众化应用，如车载导航和移动电话定位。当用户处在一个固定的地方时，此服务也能提供精确时间服务（UTC）。

（2）商业服务。商业服务相对于公开服务提供了附加的功能，大部分与以下内容相关联：①分发在开放服务中的加密附加数据；②非常精确的局部微分应用，使用开放信号覆盖 PRS 信号 E6；③支持"伽利略"系统定位应用和无线通信网络的良好性领航信号。

（3）生命保险服务。生命保险服务的有效性超过 99.9%。"伽利略"系统和当前的 GPS 系统相结合，将能满足更高的要求，包括船舶进港、机车控制、交通工具控制、机器人技术等。

（4）公众控制服务。公众控制服务将以专用的频率向欧盟提供更广的连续性服务，主要有：①用于欧洲国家安全，如一些紧急服务、GMES、其他政府行为和执行法律；②一些控制或紧急救援，运输和电信应用；③对欧洲有战略意义的经济和工业活动。

（5）局部组件提供的导航服务。局部组件能对单频用户提供微分修正，使其定位精度值小于 ±1m，利用 TCAR 技术可使用户定位的偏差在 ±10cm 以内；公开服务提供的导航信号，能增强无线电通信定位网络在恶劣条件下的服务。

（6）寻找救援服务。"伽利略"系统寻找救援服务能够和已经存在的 COSPAS SARSAT 服务对等，和 GMDSS 以及贯穿欧洲运输网络方针相符。"伽利略"系统将会提高目前的寻找救援工作的定位精度和确定时间。

2.4 移动通信基站定位

随着移动通信技术的发展，人们在全球范围内建立了大量的通信基站。利用通信基站作为无线电定位基站成了移动通信网络提供的增值业务，移动通信终端具备了定位功能，利用手机进行地理位置定位是近年来移动通信应用发展的新方向，也是第三代移动通信研究的一个重要方面。这进一步降低了移动定位的成本，增强了移动通信特有的定位功能的实用性。

2.4.1 移动通信定位技术的基本原理

在实际应用中，要得到目标的空间位置，必然要先通过测量某个与空间位置相关的物理量，然后运用一定的理论、计算方法或者数学模型，经过一定的计算，最终得到目标的空间位置。利用蜂窝移动通信系统对移动台进行定位，就是通过测量表征与基站和移动台空间位置相关的物理量，再利用一定的定位理论和数学模型计算出移动台的空间位置。用数学模型来表达就是：

$$F(P,x,y,z) = 0 \tag{2.1}$$

式中，P 为在蜂窝网络中与位置相关的某一可测物理量，如信号在基站和移动台之间的传输时间，移动台所处位置信号的场强，基站和移动台间信号传输方向的直线等；(x, y, z) 为移动台的空间位置坐标；F 为根据某一定位原理得到的一个移动台位置 (x, y, z) 与蜂窝网络中跟位置相关的某一可测物理量 P 的函数关系。

如果我们能测得 P，并知道移动台位置和 P 的关系 F，就可以求出移动台的位置 (x, y, z)，即

$$(x,y,z) = G(P) \tag{2.2}$$

从以上基本原理中可以看出，在已知关系 $G(P)$ 的前提下，我们将求解移动台位置的问题转化为求解 P 的大小，而 P 是可以从蜂窝网络中测得的。在本章中，我们只研究移动台的平面位置，所指的空间位置是二维平面位置。

2.4.2 几种常用的移动通信定位方法

在蜂窝移动通信网络中，针对不同的 P 和 $G(P)$ 就有不同的定位技术。常用的定位技术有以下几个方面。

1. 场强定位法

移动台接收的信号强度与移动台至基站的距离存在反比关系。由自由空间的传播损耗公式有

$$P_r = \frac{A_r}{4nd} P_t G_t \tag{2.3}$$

式中，接收功率 P_r 为待测量；$A_r = \lambda^2 G_r / 4\pi$，$A_r$ 为电波波长，P_t 为接收天线的增益；G_t 为发射天线的增益；d 为移动台和基站间的距离。令移动台位置坐标为 (x, y)，基站 Bsi 位置坐标为 (x_i, y_i)，就可由式（2.3）得到类似于式（2.1）的表达式，为

$$0 = \frac{A_r}{4n[(x-x_i)^2 + (y-y_i)^2]} P_t G_t - P_r \tag{2.4}$$

利用这个关系，通过测量接收信号的场强值（在这里测得是接收功率）和发射信号的场

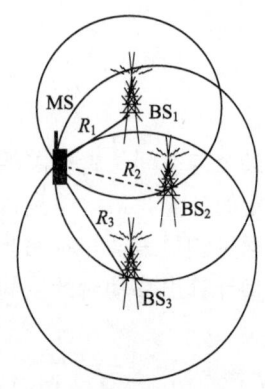

强值（在这里测得是发射功率）来估算出收发信机之间的距离。然后根据多个以距离值为半径、基站为圆心的圆簇的交点就可以估算出移动台的位置，如图 2.1 所示。在该方法中，由于小区基站的扇形特性，天线有可能倾斜，无线系统的不断调整以及地形、车辆等因素都会对信号功率产生影响，信号功率的测量误差较大，使得各个圆不是相交于一点，而是一个较大的区域。因此，这种定位方法的精度较低。

2. 起源蜂窝小区定位技术

图 2.1 场强定位法图示

起源蜂窝小区定位（Cell of Origin，COO）是蜂窝移动通信网络根据为移动台服务的基站位置来定位移动台的位置，其移动台位置是在以服务基站为圆心、基站覆盖半径为半径的一个圆内，如图 2.2 所示。

起源蜂窝小区定位的最大优点是在空中接口的定位信令传输少，确定位置信息的响应时间快（3s 左右），而且起源蜂窝小区定位不用对移动台和网络进行升级，只需在网络侧增加简单的定位流程处理，就可以直接向现有用户提供位置的服务。起源蜂窝小区定位方法适用于所有的蜂窝网络，由于城区普遍存在严重的遮挡和多路径干扰，某些具有较高精度的定位方法将失效，此时，起源蜂窝小区定位将成为一种简捷、有效的定位方法，能够满足一些基本的定位业务需要。但是，起源蜂窝小

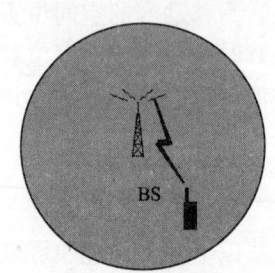

图 2.2 COO 定位图示

区定位技术与其他技术相比，其精度是最低的。在这个系统中，是以基站所在的位置作为移动台位置，定位精度取决于服务基站的覆盖半径。在城郊或乡村等环境中，由于基站覆盖半径从几千米到数十千米，因此起源蜂窝小区定位技术的定位精度也相应地为几千米到数十千米。在城区环境中，基站覆盖半径较小，一般在 1～2km，对于繁华的城区，有可能采用微蜂窝，覆盖半径可能到几百米，此时起源蜂窝小区定位技术的定位精度将相应提高为几百米。

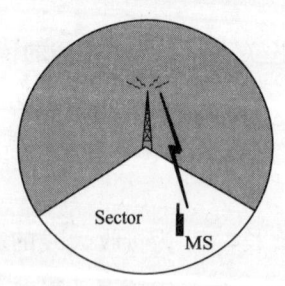

根据以上原理，在实际蜂窝移动通信网络的定位中，所使用的技术有 CORD、CellID＋SectorID、CellID＋SectorID＋TAJRTT 等。其中，CellID 技术就是对起源蜂窝小区定位原理的直接运用。CellID＋SectorID 技术是在 Cell 技术的基础上进行了改进，由于基站采用了扇区（Sector）技术、如 3 扇区技术和 6 扇区技术等。这样较 CellID 技术、CellID＋SectorID 技术将移动台的定位精度大大提高，其定位原理如图 2.3 所示。利用该技术，我们

图 2.3 CellID＋SectorID 定位法图示

可以知道移动台 MS 的位置在标识为 Sector 的白色扇形区域内，CellID＋SectorID 技术与 CellID 技术相比，其定位精度大为提高。

CellID+SectorID+TA/RTT 定位技术是在 CellID+SectorID 的基础上进行改进而得到的。由前面的讨论可知，使用 CellID+SectorID 技术能缩小移动台的位置范围，如果能测出信号从基站到移动台的传输时间，由于信号的传输速度是已知的，可以得到基站与移动台之间的距离，此时移动台的位置就在以基站为圆心，该距离为半径，所在扇区决定的弧线上。TA（Time Arrival）指的是基站信号到达移动台的时延，CellID+SectorID+TA 主要应用于 GSM 中。RTT（Round Trip Time）指的是基站信号往返于移动台的时延，CellID+SectorID+RTT 主要应用于 WCDMA 中。这样在通过 CellID+SectorID 技术得到的移动台范围的基础上，利用 CellID+SectorID+TA/RTT 定位技术，可以进一步提高定位的精度，其定位原理如图 2.4 所示。由于存在测距误差，移动台实际定位

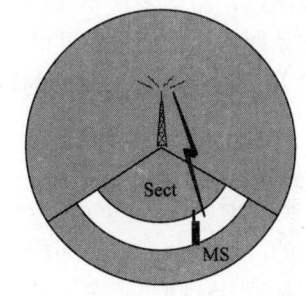

图 2.4 CellID+SectorID+TA/RTT 定位法图示

于图 2.4 的白色弧带中。可以看出，应用 CellID+SectorID+TA/RTT 技术进行定位使得定位精度在 CellID+SectorID 定位技术的基础上得到进一步提高。

3. 到达角定位技术

信号到达角度（Angle of Arrival，AOA）测量，最早用于军事和政府部门的移动终端定位。AOA 的定位原理如图 2.5 所示。令移动台位置坐标为 (x, y)，基站 BS_i 位置坐标为 (x_i, y_i)，基站通过阵列天线测出移动台来波信号的入射角 α_1 和 α_2，MS-BS 的径向连线 L_i 的直线方程为

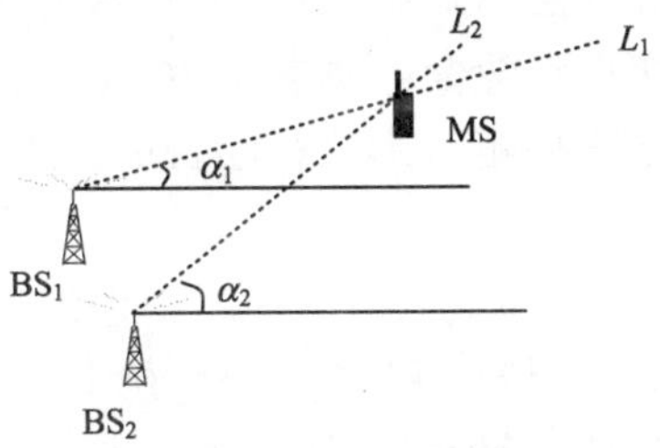

$$k_i = \frac{y - y_i}{x - x_i} \quad (2.5)$$

式中，k_i 为径向连线 L_i 的斜率，如图 2.5 所示，可知：

$$k_i = \tan\alpha_i \quad i = 1, 2, \cdots, M \quad (2.6)$$

于是，

$$\tan\alpha_i = \frac{y - y_i}{x - x_i} \quad i = 1, 2, \cdots, M \quad (2.7)$$

图 2.5 AOA 定位法图示

于是，由式（2.7）可得到类似于式（2.1）的表达式，为：

$$0 = \frac{y - y_i}{x - x_i} - \tan\alpha_i \quad (2.8)$$

通过两个基站，就可得到两个直线方程，它们的交点即为待定位移动台的位置。这种方法不会产生二义性，因为两条直线只能相交于一点。到达角定位技术需要在每个小区的基站上放置 4~12 组的天线阵，这些天线阵一起工作，从而确定移动台发送信号相对于基站的角度。当有多个基站都发现了该信号源时，那么它们分别从基站引出射线，这些射线的交点就是移动台的位置。

（1）到达角定位技术的优点：不需要系统的时间同步；阵列天线的引入，改善了天线增益模式，增强了方向性，有利于改善通话质量；移动台的信号只需被两个基站同时收到就可以实现二维定位；在基站稀疏地区定位有效性优于时差定位系统。

（2）到达角定位技术的缺点：需要在基站建立阵列天线，提高了系统成本；对于 GSM 和 CDMA 这类共享信道系统，实现来波方向的测量有相当的困难。因为控制信道要求信令传输的短促性，而 AOA 系统的测量占用该信道时间较长，不易在此类信道上完成测向；易受多径和其他环境因素干扰影响；AOA 的测向精度对距离十分敏感，对测向系统来说，如果角度的分辨率为 $\Delta\theta$，则系统在切向上的距离分辨率为 $\Delta d = R\Delta\theta$，其中 R 为移动电话与基站的距离，因此距离越远，AOA 的定位精度越差。

4. 到达时间定位技术

到达时间（Time of Arrival，TOA）定位技术的原理是：信号在空间是以光速 C 传播的，移动台与基站间的距离正比于信号的传输时延。设该传输时延为 τ_i^0，则移动台与基站 BSi 间的距离 r_i 为：

$$r_i = C\tau_i^0 \quad i = 1,2,3 \tag{2.9}$$

由此可知移动台是在以基站为圆心，以 R 为半径的圆周上，该圆方程为：

$$\sqrt{(x-x_i)^2 + (y-y_i)^2} = r_i \tag{2.10}$$

由式（2.10）可得到类似于式（2.1）的表达式，为：

$$0 = \sqrt{(x-x_i)^2 + (y-y_i)^2} - C\tau_i^0 \quad i=1,2,3 \tag{2.11}$$

式中，(x, y) 为移动台的位置，(x_i, y_i) 为各基站的位置，τ_i^0 为移动台与第 i 个接收基站间的信号传输时延。

由式（2.11）知，两个圆方程的交点就是待定位移动台的位置。由于两个圆方程的交点有两个，通常 TOA 定位技术采用三个圆方程交汇的办法来确定待定位移动台的位置，如图 2.6 所示。

TOA 技术要求定位基站在时间上精确同步，否则定位精度将大大下降，时间上 $1\mu s$ 的误差在距离上将产生 300m 的误差，可用 GPS 对基站进行精确校时，但会增大系统的开销，而且，移动台的发射信号中需有时间标记，这样接收基站才能判断出信号传输时延。在实际应用中由于多径干扰、噪声干扰、周围地形、建筑物的影响，上述三圆并不交

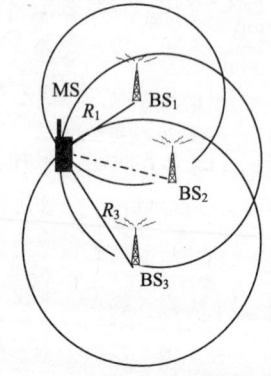

图 2.6 TOA 定位法图示

于一点，而是一个区域。TOA 定位法的定位精度比 COO 高，但由于以上原因，TOA 技术在实际中应用较少。

5. 到达时间差定位技术

1) 到达时间差的基本原理

与 TOA 不同，到达时间差（Time Difference of Arrival，TDOA）定位是通过检测信号到达两个基站的时间差，而不是到达的绝对时间来确定移动台的位置的，降低了定位系统对时间同步的要求。在 TDOA 定位技术中，移动台定位于以两个基站为焦点的双曲线方程上，如图 2.7 所示。

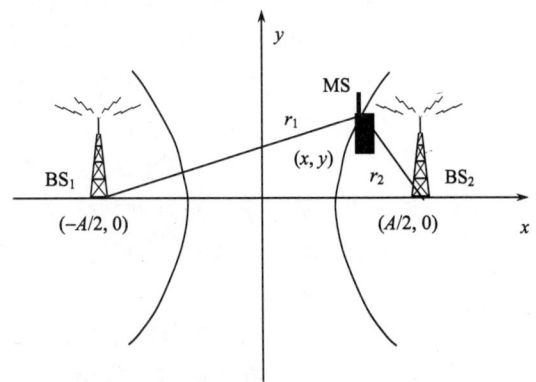

图 2.7 两基站测时差确定的双曲线

设基站 BS_1 和 BS_2 的坐标为 $(-A/2, 0)$ 和 $(A/2, 0)$，移动台 MS 的坐标为 (x, y)。信号从移动台 MS 到基站 BS_1、BS_2 之间的传播时延为 τ_1^0、τ_2^0，因此可得到移动台 MS 到基站 BS_1、BS_2 的距离 r_1、r_2 为：

$$r_1 = C\tau_1^0 \qquad (2.12)$$

$$r_2 = C\tau_2^0 \qquad (2.13)$$

式中，C 为光速。而由图 2.7 可得

$$r_1 = \sqrt{(x+A/2)^2 + y^2} \qquad (2.14)$$

$$r_2 = \sqrt{(x-A/2)^2 + y^2} \qquad (2.15)$$

将式 (2.12) 减去式 (2.13)，可得，

$$r_{21} = r_1 - r_2 = C\tau_{21}^0 \qquad (2.16)$$

τ_{21}^0 是信号到达两个基站的时间差，r_{21} 为移动台与两个基站的距离差。将式 (2.14)、式 (2.15) 代入式 (2.16)，有：

$$\sqrt{(x+A/2)^2 + y^2} - \sqrt{(x-A/2)^2 + y^2} = r_{21} \qquad (2.17)$$

然后将式 (2.17) 等号左边的第二项移至等号右边，化简得到下式：

$$\frac{x^2}{r_{21}^2/4} - \frac{y^2}{(A^2 - r_{21}^2)/4} = 1 \qquad (2.18)$$

将式 (2.16) 代入式 (2.18)，可得到类似于式 (2.1) 的表达式，为

$$0 = \frac{x^2}{(C\tau_{21}^0)^2/4} - \frac{y^2}{(A^2 - (C\tau_{21}^0)^2)/4} - 1 \qquad (2.19)$$

可以看出，式 (2.19) 是一个双曲线方程。如果我们能够确定信号到达两个基站的时间差 Δt，进而得到移动台的位置坐标 x 与 y 的关系，但要得到移动台位置坐标 (x, y) 的具体值，必须再找出一个同样具有式 (2.19) 形式的方程，两式联立求解才能得出。

因此，要用 TDOA 定位技术对移动台定位，至少应有三个能同时接收并识别处理移动台信号的基站（图 2.8），这样可分别测得信号从移动台到三个基站的时间 τ_1^0、τ_2^0、

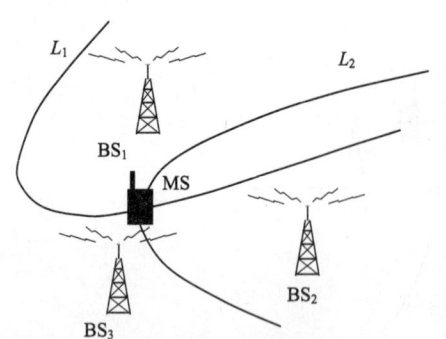

图2.8 TDOA定位法图示

τ_3^0,得到两个时间差 τ_{21}^0、τ_{31}^0。根据式(2.19)列出两个独立的双曲线方程,联立求解,得到移动台位置。当能同时接收并识别处理移动台信号的基站数少于三个(基站分布密度较小的郊区)时,我们可通过增加基站数量来满足测量要求。当基站数多于三个时,说明有冗余观测量,我们可用最小二乘法估计来进行定位解算。

2) TDOA 的实现

在实际定位应用中,使用的是 TDOA 的改进技术,主要有增强观测时间差技术 EOTD (Enhanced Observed Time Difference)、观测到达到时间差技术 OTDOA (Observed Time Difference of Arrival)、高级前向链路到达时间差技术 AFLT (Advanced Forward Link Time Difference of Arrival) 和增强前向链路到达时间差技术 EFLT (Enhanced Forward Link Time Difference of Arrival) 等。其中,EOTD 和 OTDOA 在 GSM 网络中使用,而 AFLT 和 EFLT 在 CDMA 网络中使用。

(1) GSM 中的 TDOA 技术。在 GSM 系统中,增强观测时间差技术(EOTD)是通过在网络中放置位置接收器实现的。它们分布在较广区域内的许多站点上,作为位置测量单元 LMU (Location Measuring Unit) 以覆盖无线网络。

EOTD 的定位原理如图 2.9 所示。图 2.9 中每个参考点都有一个位置接收器。当位置测量单元接收到来自至少三个基站的信号时,从每个基站到达移动台的时间差将被位置测量单元检测出来,这些差值被用来产生几组交叉双曲线,由此估计出移动台位置。EOTD 会受到市区多径效应的影响。这时,多径干扰使信号波形畸变并引入延迟,导致 EOTD 的定位误差。EOTD 定位精度比起源蜂窝定位技术 COO 高 50~125m。但它的响应速度较慢(5s),且需要改进移动台。

(2) CDMA 中的 TDOA 技术。高级前向链路到达时间差定位技术是 CDMA 的重要定位方法之一,该方法的原理如图 2.10 所示。

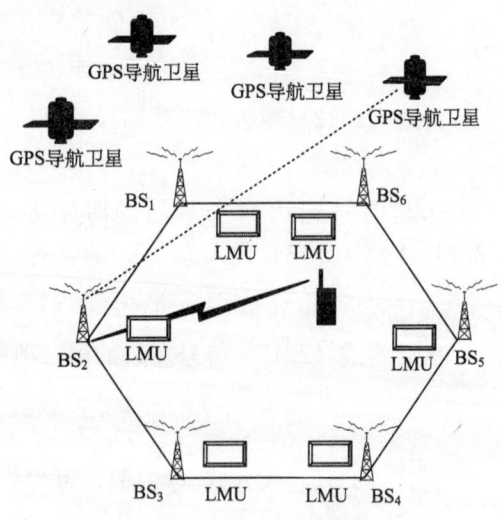

图2.9 EOTD定位法图示

移动台 MS 通过测量不同基站 BS 的下行导频信号,获得不同基站 BS 的下行导频相位相对于参考相位的偏差,并将该偏差测量结果通过 IS801 协议规定的定位数据消息上报定位实体 PDE (Position Determining Entity),而 PDE 根据该测量结果并结合数据库中的基站坐标以及定时信息,采用合适的位置估计算法(其实质即为双曲线方程组求解)计算移动台 MS 位置。

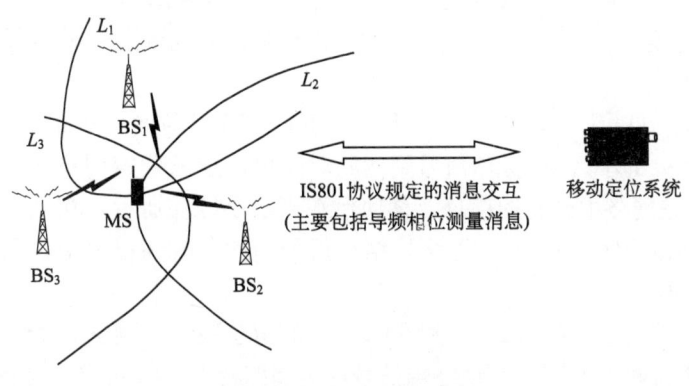

图 2.10 AFLT 定位法图

AFLT 的定位精度取决于如下因素：

不同基站 BS 之间导频信号同步误差：基站的导频信号同步误差（又称为导频定时对齐误差）是相对 CDMA 系统时间的误差，是在基站的射频口测量得到的，基站射频时延经过系统修正，对应的定位误差为 60m 左右。

实际环境对定位精度的影响：基站的网络布局也会影响 AFLT 的定位精度，在基站相距较远的乡村环境，移动台有可能无法同时捕获三个基站的信号，此时 AFLT 的定位精度将严重影响甚至无法定位。

上述分析表明，AFLT 实现定位时，定位精度将主要取决于移动台的测量误差。AFLT 的定位响应时间为 3~6s，主要是测量时间、信令传输时间等。相比辅助 GPS（assistant GPS，A-GPS）定位而言，AFLT 定位不需要传输很多的测量辅助信息，信令传输时间相对少，因此定位响应时间较短。

3) TDOA 定位算法的特点

TDOA 定位技术由于具有不要求移动台和基站之间的系统同步、能够降低共模误差对定位精度的影响、在误差环境下性能相对优越等优点，在蜂窝移动通信系统的定位技术中应用较广，备受关注。

TDOA 定位算法主要是通过测量信号在移动台和基站间的传输时延差来进行定位的。移动台是在以基站为焦点的双曲线上，见双曲线方程式 (3.18)。要想得到移动台的具体位置，必须得到关于移动台位置的两个独立的双曲线方程，进而解出移动台位置坐标 (x, y)。这就意味着要完成一次 TDOA 定位，至少需要三个基站；当基站多于三个时，将采用最小二乘法来进行定位解算。

在实际应用中，直接通过求解上述非线性定位双曲线方程组来得到的移动台位置误差较大。存在时延测量误差时，方程组的解没有准确表达移动台的实际位置而不能进行正确定位。因此，通常采用最小均方误差算法，通过使非线性误差函数的平方和取得最小这一非线性最优化来估计移动台位置。

6. 几种不同定位方法的比较

前述的定位方法中，场强定位法和 COO 法最简单，但定位精度较差；AOA 定位法虽有一定精度,但接收设备较复杂;TOA 定位法精度较高、但对时间同步要求较高。TDOA 法因具有定位精度较高、没有时间同步要求和系统改造较易等优点,目前受到业界的广泛关注。

(1) CELL_ID+TA 定位技术。CELL_ID+TA 定位是一种最简单的定位方法,它根据移动台所处的小区 ID 号和信号到达的时间提前量来确定用户的位置。移动台所处的小区 ID 号是网络中已有的信息,移动台在当前小区注册后,在系统的数据库中就会将该移动台与该小区 ID 号对应起来。结合信号到达的时间提前量,在小区的覆盖半径内得出粗略的位置。

(2) 基于电波传播时间(TOA 和 TDOA)的定位技术。到达时间和时间差定位是根据不同基站所接收到的同一移动终端信号在传播路径上的时间或时延差异实现终端定位的。在该方法中,处于不同位置的多个基站同时接收由移动终端发出的普通消息进行分组或随机接入分组,各基站将收到上述分组的时间传送到移动终端定位中心(MLC),MLC 根据信号到达各基站的时间差异来完成判定该终端位置的一系列计算。

(3) 增强观测时间差分(EOTD)定位。增强观测时间差分定位技术是通过布置位置接收器或参考点实现的。这些参考点分布在较广的区域内的许多站点上,作为位置测量单元。每个参考点都有一个精确的定时源,当具有 EOTD 功能的移动台和位置测量单元接收到来自至少三个基站的信号时,从每个基站到达移动台和位置测量单元的时间差将被计算出来,这些差值可以被用来产生几组交叉双曲线,由此估计移动台的位置。

2.5 实时空间定位技术集成

2.5.1 GPS 与微型惯性测量融合技术

GPS 卫星的发射功率约为 20W,卫星离用户的距离却超过 2 万 km,因此 GPS 卫星的信号是非常微弱的,其信号强度通常要比噪声的强度低 3~4 个数量级。因此,GPS 信号易受外界因素的影响,在城市高层建筑区、隧道、桥下和森林等处用 GPS 定位不可避免的会出现信号失锁或多路径效应,这些均对 GPS 的应用产生负面影响。另外,随着用户对导航、定位精度要求的不断提高,单独的 GPS 系统很难完成精确定位。因此,GPS 还需使用其他手段加以辅助,利用车辆里程表和惯导系统(陀螺)通过航位推算方法得到的定位精度虽然不高,但可以在 GPS 接收机无法工作时加以补充,同时还可以在一定程度上改善 GPS 的定位精度。GPS 与航位推算系统相互补充,能够形成一个较为稳定的汽车导航定位平台。这种组合系统通常采用传统的 Kalman 滤波方法将多个传感器的导航信息融合在一起,使得组合系统的精度、稳定性能、容错性能等性能指标均优于两个子系统单独工作时的性能。

尽管微型惯性测量组合消除了传统陀螺的漂移,但是由于惯性导航系统本质上利用了航位推算原理,积分运算的误差积累是不可避免的。因此,在不断追求高精度的定位导航应用领域,对 GPS 等系统具有更强的依赖性,仍将采用组合导航方式。

GPS 与微型惯性测量组合系统的关键技术主要包括:

(1) GPS 接收机技术,主要是高效、低成本的器件技术;GPS 信号的干扰与抗干扰技术，包括 GPS 接收机的干扰与抗干扰技术、加密与解密技术、精度补偿技术等。

（2）微型惯性测量技术，包括：各种新型惯性传感器技术，如激光陀螺、光纤陀螺、半球谐振陀螺，以及各种微机电制造技术的研究；微型惯性测量模型建立与误差分析，特别对于采用新型微型固体电路的陀螺和加速度计的微型惯性测量，其误差特性与传统的惯性元件存在较大差别，误差模型的建立将是一个新的课题。对微型惯性测量的误差特性进行分析研究，建立精确的误差模型，是保证组合系统模型精确性的关键。在误差分析的基础上，才能建立 GPS 与微型惯性测量系统精确的模型。

（3）GPS 与微型惯性测量融合技术，包括 Kalman 滤波器配置、误差估值技术等。传统的 Kalman 滤波方法由于对干扰信号统计特性有严格要求，在实际应用中受到一定限制。为了使未来的低成本组合系统对各种应用环境具有更强的鲁棒性，需要对各种鲁棒融合估计方法进行深入研究，得到各种鲁棒估计方法的递推表达形式，并从算法的适时性、鲁棒性、稳定性等角度与传统的 Kalman 滤波方法进行仿真比较，为组合系统选择最适合的融合算法。

（4）组合系统故障检修，故障隔离和系统重构方法的研究：未来的导航系统，要求不但在一般情况下具有良好的精度和稳定性，而且应当具有一定的智能性和容错性，在个别传感器出现故障时，才能够具有适时而良好的故障检修、隔离和系统重构性能，保证整个系统总体性能的稳定性。

卫星定位系统与航位推算系统相互补充，在一定程度上改善了 GPS 的定位精度，形成一个较为稳定的实时定位平台。

2.5.2 "北斗一号"卫星和 GPS 组合

"北斗一号"卫星导航定位系统采用有源定位体制，存在定位时间滞后、隐蔽性差等缺陷。它与 GPS 组合不仅消除了 GPS 的系统误差，同时也可以大大提高北斗双星的定位精度。

2.5.3 GLONAAS 和 GPS 组合

GPS/GLONASS 双系统 OEM 板，即在一块接收板上既具有接收 GPS 卫星的能力，同时也具有接收 GLONASS 卫星的能力，二者相辅相成，互为补充，既提高了接收系统的稳定性和可靠性，又在一定程度上提高了定位解算的精度。

其优势主要体现在以下几个方面：

（1）可见卫星数增加一倍：GLONASS 卫星星座组网完成后，可用于导航定位的卫星总数将增加一倍。在地平线以上的可见卫星数纯 GPS 系统时，一般为 7～11 颗；GPS+GLONASS 系统则可达到 14～20 颗。在山区或城市中，有时因障碍物遮挡，纯 GPS 可能无法工作，GPS+GLONASS 则可以工作。

（2）提高工作效率：在测量应用中，GPS 测量所需要的观测时间取决于求解载波相位整周模糊度所需要的时间。观测时间越长或可观测到的卫星数越多，则用于求解载波相位整周模糊度的数据也就越多，求解结果的可靠性越好。为了提高工作效率，常使用快速定位、实时动态测量（RTK）或后处理动态测量。但要满足一定的精度要求，必须正确求解载波相位整周模糊度，可观测到的卫星数增加得越多，则求解载波相位整周模糊度所需要的观测时间就可缩短得越多，因此 GPS+GLONASS 可以提高工作效率。

（3）提高观测结果的可靠性：用卫星系统进行测量定位的观测结果的可靠性主要决定于用于定位计算的卫星数。因此 GPS+GLONASS 将大大提高观测结果的可靠性。

（4）提高观测结果的精度：观测卫星相对于测站的几何分布（DOP 值）直接影响观测结果的精度。可观测到的卫星越多，则可以大大改善观测卫星相对于测站的几何分布，从而提高观测结果的精度。

GPS+GLONASS 通常采用混合组合方式。它的出发点是，将 GPS 和 GLONASS 的原始观测数据（星历、伪距）同时输入数据处理器中。将这些数据进行格式转换、时间转换、坐标系转换、伪距组合，然后同一求解。这就允许全部的 GPS 数据定位、全部 GLONASS 数据定位以及部分 GPS 和部分 GLONASS 数据混合定位。两种定位系统的组合定位，互相配合和补充，极大地改善了定位的质量。

在卫星导航和测量系统中人们所要求的质量通常是指可靠性、精度、效率。这几个方面将在很大程度上依赖采集数据时的可见卫星数目。

（1）效率：GPS 精密测量中每个测站要求停留的时间是根据确定相位整周模糊度所需的时间决定的，确定正确的整周模糊度才能得到厘米级精度的定位结果。观测时间越长或者观测卫星数目越多，则可用于确定模糊度的数据就越多，定位的结果就越可靠。而要求高效率的用户，可能采用快速静态（事后处理）或动态（实时或事后处理）的测量模式，这些模式都依赖于快速确定正确的整周模糊度。可见卫星越多，确定整周模糊度的速度也就越快，使得用户可以有更多的时间用于测量，而且系统的初始化时间将更短。

（2）正确性：用卫星系统进行测量定位的正确性极大地依赖于定位计算中所用到的卫星数目，而用户对高效率需求尤为迫切。高效率要求用最少的时间（尽可能少的数据），尽快求解出正确的整周模糊度。如果选取出错误的模糊度，将导致不正确的定位结果。顺利地搜索出正确的整周模糊度与时间和卫星可用性有直接的联系，用于定位计算的卫星数目增加，则选出错误模糊度的可能性就越小，也就提高了系统的正确性。

（3）精度：观测卫星的几何强度直接影响到定位结果的精度，各种衰减因子（DOP）值是卫星几何强度的表示；并且可以用来预测定位精度。DOP 越小，则测量值越精确。大多数情况下，在采集数据的时间增加观测卫星数会提高几何强度，从而提高精度。

GPS+GLONASS 组合，使得在全球任何位置任何时间的可见卫星最少达到 8 颗，平均可达 14 颗，最多可达 20 颗。在受遮挡地区，组合系统使得可见卫星加倍，从而放宽了 GPS 测量地点的限制，GPS+GLONASS 能更大的发挥作用。卫星可用性的增加会对单频测量系统的性能产生积极的影响。至今，GPS 测量的快速静态和实时动态模式都要求最好采用双频 GPS 系统。野外试验表明：对于单频系统来讲，如果能观测到 8 颗以上的卫星，它就能有效地支持这些模式。

2.5.4 GPS 与移动通信基站定位集成

将 GPS 与通信网结合起来，可实现一种精度高、定位快的方式——A-GPS 定位。其基本思想是建立一个 GPS 参考网络，该网络与移动通信网相连，通信网的移动台内置一个 GPS 接收机。通信网将 GPS 参考网络产生的辅助数据如差分校正数据、卫星运行状况传送给移动台，并将通信网数据库中移动台的近似位置或小区基站位置传送给移动台。移动台得到这些信息以后，根据自己所处的近似位置和当前的卫星状态，可以很快地捕获到卫星信号。

移动通信基站定位和 GPS 集成由二部分系统协同工作完成，它包括 GPS 系统及用户终端设备。通过卫星、地面通信网络、定位服务器和用户手机的协同工作得以实现。

（1）定位请求（用户主动发起定位，或者由另外一方触发定位请求）由 CDMA 网络发送给本地定位服务器；

（2）本地定位服务器通过基站回应手机，告知该手机应该联络哪几个定位卫星；

（3）手机从定位卫星直接获取定位数据，并将该数据通过基站传送回本地定位服务器；

（4）本地定位服务器将卫星定位数据与手机邻近基站所传递的位置信息结合计算经纬度等信息。

移动通信基站定位与 GPS 集成可以提高定位平台精度，消除 GPS 的信号失锁及多路径效应。在 GPS 辅助定位技术中，蜂窝网络通过 GPS 辅助信息，确定移动台位置。GPS 辅助定位技术有移动台辅助定位和移动台自主定位两种方式。

（1）移动台辅助 GPS 定位是将传统 GPS 接收机的大部分功能转移到网络上实现。网络向移动台发送短的辅助信息，包括时间、卫星信号多普勒参数和码相位搜索窗口等。这些信息经移动台 GPS 模块处理后产生辅助数据，网络收到这些辅助信息后，相应的网络处理器能估算出移动台的位置。

（2）自主 GPS 定位的移动台包含一个全功能的 GPS 接收器，具有移动台辅助 GPS 定位的所有功能，再加上卫星位置和移动台位置计算功能。该方式定位时，所需的数据比移动台辅助 GPS 定位方式多，这些数据通常包括时间、参考位置、卫星星历和时间校验等参数，如需更高的定位精度，可利用差分 GPS（DGPS）信号。

下面介绍 A-GPS 的情况。

1) A-GPS 定位原理及过程

图 2.11 给出了 A-GPS 定位系统的基本结构示意图。其中 A-GPS 定位系统主要分三个部分：

（1）GPS 参考接收网。在一定区域内的一个或若干个已知点上设置 GPS 接收机，并以此作为基准站，连续跟踪观测视野内所有可见的 GPS 卫星，将测量到的 GPS 辅助信息记录下来，通过一定传输方式发送至蜂窝移动网络。

（2）定位系统。定位系统接收 GPS 参考接收网络发送的 GPS 导航电文，然后结合网络其他信息，加工成 GPS 定位辅助信息。一旦本区域内有定位请求发出，定位中心即可根据定位需求，发送相应的 GPS 定位辅助信息。

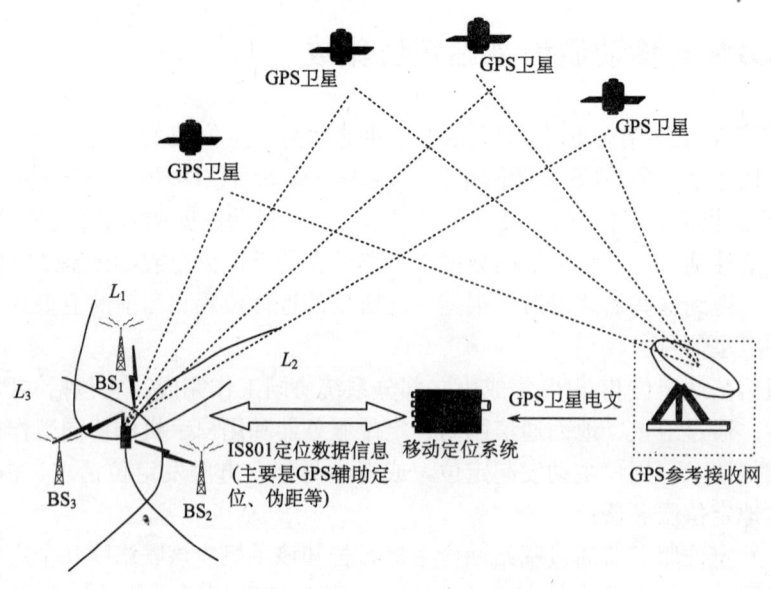

图 2.11 A-GPS 定位系统的基本结构

(3) 内嵌 GPS 接收机的移动台。装有 GPS 接收机的移动台,接收 GPS 辅助信息,依照移动台辅助型定位和自主型定位过程,完成定位计算功能。

2) A-GPS 定位精度

一般而言,如果移动台处于开阔的环境中,如城郊或乡村,多径干扰和遮挡影响可以忽略,定位精度能够达到 10m 左右甚至更优;如果移动台处于城区环境,无遮挡并且多径干扰不严重,定位精度将在 30~70m;如果移动台在室内或其他多径干扰和遮挡严重的区域,移动台将难以捕获到足够的卫星信号,A-GPS 将无法完成定位。

3) A-GPS 定位响应时间

A-GPS 定位的冷启动定位响应时间为 10~30s。传统的 GPS 接收机开机工作时,需要 GPS 导航电文的信息,而完整的 GPS 导航电文长达 37 500bit,需要 13.5min 才能传递完,这会导致 GPS 测量的冷启动定位时间很长,而 A-GPS 定位由于网络能够提供 GPS 导航电文等信息,因此冷启动定位时间显著缩短。正常工作状态,A-GPS 的定位响应时间为 3~10s。

A-GPS 定位中由于网络能够向移动台提供 GPS 捕获辅助、灵敏度辅助等信息,移动台的卫星捕获和跟踪性将得以提高,伪距测量的速度和质量都能够得以改善,因此定位响应时间也比传统的 GPS 接收机有所改善。

A-GPS 的优点是定位精度高,理论上可达到 5~10m。缺点是网络改造较大、投入高,且现有移动台均不能实现 A-GPS 定位方式,需要更换具有 GPS 接收机功能的移动台,移动终端成本增加。由于美国政府拥有对 GPS 的控制权,GPS 的可靠性也存在隐患。而且,在城区和建筑物内 GPS 定位的有效性也大大降低。

当 GPS 卫星个数满足定位条件(不小于 4),同时 AFLT 也能满足定位条件时,可以根据一定权重对两种方法的位置计算结果进行挑选,实现较优性能组合;当 GPS 卫星个数不满足定位要求（小于4），而移动台所属参考基站覆盖半径较小，可以直接采用CellID定位；当GPS卫星个数等于3，同时定位业务对位置的高度精度要求不高时，可以采用移动台所属参考小区的平均高度作为移动台位置高度，从而减少定位计算算法所需的方程个数，此时可采用高度辅助信息+3个卫星伪距混合定位算法完成定位计算；当GPS卫星个数少于4时，而AFLT能提供导频相位测量，此时系统还可以采用GPS伪距测量+导频相位测量相结合的混合定位算法。

2.5.5 GPSOne定位技术

GPSOne定位技术实际上又是一种应用和改善GPS技术的方案。GPSOne结合了GPS卫星信号和CDMA网络信号进行混合定位。在终端能够接收到GPS卫星信号时采用GPS定位方式，当终端在室内或者接受卫星信号不好的环境时采用CDMA基站接收的辅助GPS卫星信号实现辅助定位，满足室内室外的全覆盖定位。

GPSOne究竟是如何工作的呢？采用GPSOne技术的移动平台，同时从GPS卫星和蜂窝/PCS网络收集测量数据，然后通过组合这些数据进行精确的三维定位。在GPS卫星信号和无线网络信号都无法单独完成定位的情形下，GPSOne系统会组合这两种信息源，只要有一颗卫星和一个小区站点就可以完成定位，解决了传统方案无法解决的问题。另外，GPSOne系统的基础设施辅助设备还提供了比常规GPS定位高出20dB的灵敏度，性能的改善使GPSOne混合式定位方式可以在现代建筑物的内部深处或市区的楼群间正常工作，而传统GPS方案在这些地方通常是无法正常工作的。

GPSOne技术系统本身就是建立在联通的CDMA无线网络基础上的系统，基于GPSOne定位技术的应用系统无需再建设基站网络系统。目前GPSOne的定位精度达到了5~50m，完全可以使用户知道他们的确切位置，并可以同时上传和下传定位地点的数据，不需要另外的通信通道，利用无线运营商的网络和位置服务商的GIS，实现企业级应用。

GPSOne技术的服务是由美国高通提供的，其收费和技术服务由高通公司通过GPSOne技术许可来得到，用户购买GPSOne终端和GPSOne定位服务即意味着得到定位服务的保证。亦即，其服务有国际相关法律保障。因此，中国联通也采用了积极的方式推广美国高通的GPSOne技术。

目前中国联通CDMA1X网络已在全国开通，并推出基于CDMA1X大众应用的"定位之星"业务及针对高端行业用户的"星图"服务，"位置服务"的概念已逐步为国内用户所熟悉。位置服务的行业应用也受到包括北京郦都嘉诚科技发展有限公司等企业的高度重视，相继有位置业务物流业共用平台和位置业务保险业共用平台等应用系统推出。这些平台系统是基于中国联通CDMA1X网络的，采用美国高通公司先进的GPSOne定位技术开发的位置业务。

GPSOne定位技术是改进GPS定位技术的不足之处而推出来的系统，比之单纯的GPS定位技术具有如下优点：

（1）精度高：在较好的条件下，定位精度能达到5~50m；
（2）定位时间短：完成一次定位只需几秒到几十秒时间；

（3）适用范围广：无论在视野开阔的野外还是高楼林立的市中心，无论室外还是室内，以及许多其他传统定位方式无法正常工作的环境下都能成功地实现定位；

（4）终端集成度好：定位功能集成在 CDMA 核心芯片中，支持 GPSOne 定位技术的手机或终端，与普通 CDMA 手机相比在尺寸、耗电及成本方面均无大的差别。用户凭借具备 GPSOne 定位功能的 CDMA 终端，注册所需的定位服务，即可享受高精度位置服务。

第3章 数字通信技术集成

地理信息服务中高效而可靠地传递地理信息数据，需要一套无缝的数字通信系统。数字通信技术有两个规模相近的主要分支，即无线数据通信和由 Internet 等组成的高速有线通信。网络和通信技术在近几年取得了令人鼓舞的飞速发展，特别是宽带网络技术、IP 技术、WAP 技术以及数据微波技术，卫星数据中继技术和调频副载波技术的发展为系统集成创造了必要的技术条件。数字移动通信取得了令人鼓舞的飞跃发展，可以通过如 GPRS/CDMA 数据传输、无线数传电台等公用和专用系统实现空间数据的双向实时移动通信。这两种关键技术现正开始结合，通过 Internet 可以把无线通信的能力推广到全球的范围。本章主要介绍数字移动通信技术、网络通信技术和 Windows 环境下的网络通信开发，最后讨论地理信息服务中数字通信技术集成问题。

3.1 移动数字通信

目前常规无线通信设备主要有步谈机、背负式电台、便携式电台、车载式电台等，实现了以基地台为中心，覆盖半径为 70~80km，并能与市话网连接的大区制移动电话网，工作频率从几十兆赫到八百多兆赫频段。但容量受有限的频率资源所制约，一个系统的用户数量仅仅几百个，远不能适应用户迅速增长的需求。现在的移动无线通信主要有两种方式：一种是模拟通信；一种是数字通信。什么是模拟通信呢？比如，电话通信中，用户线上传送的电信号是随着用户声音大小的变化而变化的。这个变化的电信号无论在时间上或是在幅度上都是连续的，这种信号称为模拟信号。在用户线上传输模拟信号的通信方式称为"模拟通信"。

数字信号与模拟信号不同。它是一种离散的、脉冲有无的组合形式，是负载数字信息的信号。电报信号就属于数字信号。现在最常见的数字信号是幅度取值只有两种（用 0 和 1 代表）的波形，称为"二进制信号"。"数字通信"是指用数字信号作为载体来传输信息，或者用数字信号对载波进行数字调制后再进行传输的通信方式。

数字通信与模拟通信相比具有明显的优点：首先是抗干扰能力强，模拟信号在传输过程中和叠加的噪声很难分离，噪声会随着信号被传输、放大、严重影响通信质量；其次是远距离传输仍能保证质量，因为数字通信是采用再生中继方式，能够消除噪声，再生的数字信号和原来的数字信号一样，可继续传输下去，这样通信质量便不受距离的影响，可高质量地进行远距离通信。此外，它还具有适应各种通信业务要求（如电话、电报、图像、数据等），便于实现统一的综合业务数字网，便于采用大规模集成电路，便于实现加密处理，便于实现通信网的计算机管理等优点。

3.1.1 移动通信技术

1. 多址方式

多址技术广泛应用于无线通信。简明的说，多址技术主要解决众多用户如何高效共享给定频谱资源的问题。目前已经发展了多种多址技术，按照信号的不同参量，多址通信可分为基本的频分多址（FDMA）、时分多址（TDMA）、码分多址（CDMA）和空分多址（SDMA）（郑祖辉等，2002）。

1) 频分多址

频分多址是把通信系统的总频段划分成若干个等间隔的频道分配给不同的用户使用，这些频道互不交叠，其宽度应能保证传输一路话音信号，且相邻频道之间没有超出允许的串扰信号。

FDMA 制式的优点是技术比较成熟和易于与模拟系统兼容。缺点是系统中同时存在多个频率的信号，容易形成互调干扰，因此通信质量较差，保密性较差，系统容量较小。

2) 时分多址

时分多址是通信技术中基本的多址技术之一，在 GSM 移动通信系统中被采用。时分多址技术是把时间分割成周期性的帧（Frame），每一帧再分割成若干个时隙向基站发送信号，在满足定时和同步的条件下，基站可以分别在各时隙中接收到各移动终端的信号而不混扰。同时，基站发向多个移动终端的信号都按顺序安排在预定的时隙中传输，各移动终端只要在指定的时隙内接收，就能在多路的信号中把发给它的信号区分并接收下来。

3) 码分多址

在码分多址通信系统中，不同用户传输信息所用的信号不是依据频率不同或时隙不同来区分，而是用各自不同的编码序列来区分。如果从频域或时域来观察，多个 CDMA 信号是互相重叠的，接收机用相关器可以在多个 CDMA 信号中检出其中使用预定码型的信号，其他使用不同码型的信号因为和接收机本地产生的码型不同而不能被解调。

码分多址的优点有降低频谱密度、很强的抗干扰能力、保密通信能力、抵抗移动通信系统的多径效应和实现精确测距。

CDMA 的一个主要缺点是通信有效性远低于 FDMA 和 TDMA。它的频带利用率低，因而通信容量也较低。

4) 空分多址

空分多址技术是利用空间分割构成不同的信道。举例来说，在一颗卫星上使用多个天线，各个天线的波束射向地球表面的不同区域。这样，地面上不同地区的地球站，即使在同一时间使用相同的频率进行工作，也不会彼此形成干扰。

2. 信道控制技术

信道控制技术指的是多信道共用技术。多信道共用技术是目前无线通信，尤其是移动通信中为提高信道利用率而普遍采用的技术。

大区制移动通信系统都采用多信道共用的体制。网内大量用户共享若干无线信道。如果只有一个信道，在一定时间内只能由一个用户使用，其他用户只好等待（信道忙）。如果有两个信道，则有两种方案分配。一种是固定指配，即把全体用户划分为两组，一组用一个信道；另一种是动态指配，全体用户都有权使用两个信道。当第一信道被占用时，用户转用第二空闲信道，即用户带到空闲信道的机会就增加了。以此类推，如果多个信道可共用，用户带到空闲信道的机会就更多，这就是多信道动态指配的优点。不过，如果按这种方案组成的系统，当信道被占满时，系统会出现"呼而不应"现象。为了保证少数或极少数用户"通行无阻"，必须给这些用户一些"权力"，如优先等级。

实现多信道动态指配是一个复杂系统。首先，必须"确知"哪个信道处于空闲状态；其次，必须具有自动转换到系统任意一个空闲信道上的能力。

3. 信道控制方式

当一个移动通信系统已经分配到 n 个信道并开通后，用户必须自动、高效地选用这 n 个空闲信道。目前实现方法很多，有中心控制或无中心控制，有依赖控制器或利用手持机，有集中控制或分散控制。常用的信道控制方式有以下四种。

1) 专用控制信道方式

专用控制信道方式是将系统中的一个或几个信道专门用做处理呼叫及为移动台指定通话接续的信道。它本身不作为通话信道用。在这种方式下，移动台只要一开机，就守候在这个控制信道上。如果某移动台发起呼叫，那么，这个呼叫便通过控制信道发出，传送到位于基地台的控制中心进行处理。控制中心将发出含有指定主叫和被叫占用空闲信道的指令，通过这个控制信道将这些指令传送给有关的双方，双方根据接收到的指令转入指定的空闲信道上进行通话。这种方式的优点是处理呼叫的速度较快，入网时间较短。但当系统的信道不多时，专门指定一个信道作为控制信道是划不来的。这种方式仅适合于大容量移动通信系统。

2) 循环定位方式

在循环定位方式中，不设专用控制信道，呼叫与通话是在同一批信道上进行的。基地台在一个信道上发出空闲信号，所有未通话的移动台都自动对所有信道扫描搜索，一旦在哪个信道上收到空闲信号，就停留在该信道上，处于守听状态。一旦该信道被占用，则所有未通话的移动台将自动地切换到新的空闲信道上。如果基地台全部信道都被占用，基地台就不发出空闲信号，所有未通话的移动台就不停地扫描各个信道，直到收到基地台发来的空闲信号为止。

由于这种方式不设专用控制信道，全部信道都可用做通话，因而能充分利用信道，即利用率高。另外，各移动台平时都已停在一个空闲信道上，不论主呼还是被呼都能立即进行，接续较快，且基地台的发射机也不必全部开启。但是，由于全部未通话的移动台都停在同一个空闲信道上，同时起呼的概率较大，容易出现"碰撞"。这种方式适用于信道数较少的小容量移动通信系统。

3) 循环不定位方式

循环不定位方式是基地台向所有空闲信道上都发出空闲信号，不通话的移动台平时始终处于扫描搜索状态。移动台主呼时先摘机，这时如果所处信道是空闲的，则停止扫描，直接占用该信道；如果所处信道已被占用，则没有空闲标志，于是它将继续扫描，搜索空闲信道，直到收到空闲信号停止扫描为止。当基地台主呼移动台时，各移动台所扫描的信道是随机的，基地台并不知道被呼叫台处在哪一个空闲信道上。要呼出这个移动台，基地台必须在某个空闲信道上先发一个预备信号，未通话的移动台扫描到有预备信号的信道时，就自动停在该信道上，一直等到所有未通话的移动台都停在该信道上时，基站才能发出选择性呼叫信号。显然，这种方式的接续时间较长，不适用于信道数较多的移动通信系统。

4) 无中心专用呼叫信道方式

无中心移动系统中，不设控制中心，但常将其 1 号信道作为专用控制信道。不通话时，移动台总是守候在这个信道上接受呼叫或发起主呼。主呼时，由主呼移动台选择空闲信道并通知对方。被呼响应时，也会自动进入主呼选择的空闲信道。

由上可见，移动通信系统的信道控制方式将随系统容量大小、体制和类型不同而有所区别。随着移动通信系统的迅猛发展，可以肯定，在上述几种信道控制方式的基础上，还会衍生一些新方式。

4. 信令技术

信令是移动台与交换系统之间、交换系统与交换系统之间相互传送的地址信息、管理信息（包括呼叫建立、信道分配和保持信息、拆线信息，甚至计费信息等）以及其他交换信息。

信令也称为信号方式，是建立通话所必需的非业务信号。信令的主要作用是采用模拟或数字的方式来表示控制目标和状态的信号和指令，对各种呼叫进行控制和管理，保证各个用户能够实现正确的接续和通信。它是移动通信系统内实现自动控制功能的关键，也是网络和系统通信与对讲机点对点或多机通播通信的最根本区别。在对讲机通信中，无须传送任何形式的信令，只要调谐到同一频率的任何一部对讲机都能随时讲话，并能随时接收到其他任何对讲机发来的信息。它们工作在一种无须进行交换的、无序的自然状态。而无线网络和系统的通信方式就不同了。它必须采用信令技术，信道由系统控制器统一进行控制和管理。任何移动台需发送信息时，必须通过信令向系统控制器发出请求，经系统控制器统筹协调，发出许可接续信令后方可获得信道，进行通信。也就是说，通过信令的传送和交换能实现灵活多样却井然有序的双方私密通信或组群通信。这样就使有限的频率资源能得到最大限度的利用。

无线通信系统中的很多信令都与有线通信系统中的信令相同或相似，尤其是移动通信系统中基地台与无线控制器之间、无线控制器与有线交换机之间的信令，通过音频控制线传送，与公用电话网中的有线信令几乎完全相同。

信令的主要功能有：

（1）状态标志信令：如信道忙闲标志，用户摘机、挂机标志，用户可用状态（是否开机、是否繁忙）标志等。

(2) 拨号信令：主要是主叫用户发送的被叫用户地址码。

(3) 控制信令：使控制器或移动台按信令规定作出相应的反应，如进入或退出通话信道、信道排队、转换控制信道或进入故障弱化方式等。

随着移动通信的广泛使用，移动通信网络不断扩大，用户容量迅猛增加，网络对信令的要求越来越高，数字信令技术能较好地满足网络运行的要求，尤其对于覆盖区域很大的多系统网络来说更是十分重要的。

5. 通信保密技术

移动通信技术的出现使人们在很大程度上实现了不受时间和空间的限制，能随时随地交换信息的要求。所谓保密就是对信息进行伪装，使得任何未经授权者无法了解其内容。待伪装的信息称为明文，进行伪装的过程称为加密，加密后的信息称为密文。而加密者使用的一套规则称为加密算法，通常算法的操作是在一组密钥的控制下进行的。密文合法的接受者称为收信人。收信人借助于密钥，用与加密相反的算法将密文恢复成明文，这个过程就称为解密或脱密。密文的非法接受者称为窃听者，窃听者一般并不掌握密钥。在不掌握密钥的条件下，从密文推出明文的过程就称为破译。通信保密系统的模型如图 3.1 所示。

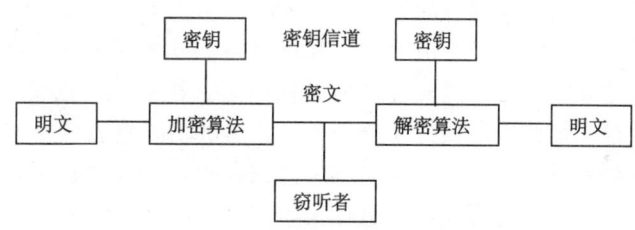

图 3.1 通信保密系统的模型

研究通信保密的理论称为密码学。它研究的主要对象是数据通信保密。密码学包括两部分内容：一部分是加密算法的设计和研究；另一部分是密码分析，即密码的破译技术。

3.1.2 集群通信系统

计算机技术的发展与应用，给通信技术带来革命性变化。数字频率合成、数字信令和微机控制技术应用，将从一对一对讲机的形式、同频单工组网形式、异频单（双）工组网形式到单信道一呼百应以及进一步带选呼的系统，发展到多信道自动拨号系统，成为多信道用户共享的调度系统，也称集群通信系统。

1. 集群通信的基本原理

集群通信由中央控制器集中控制和管理系统中的每个信道，并以动态方式迅速把空闲信道分配给发起呼叫的用户，通话完成后又将该信道收回给等待的用户使用。因此，该系统极大地提高了频道使用率。另外，当系统内部用户相互通信时，不必接入公网；

只有当用户的一方为公网用户时，系统才接入公网。其用户群呈树状，由数个用户组成一小组，数个小组组成一队，通常一个集群通信系统可提供数十个队的服务。

2. 集群通信的网络结构

集群通信系统的网络为星型结构，便于调度中心对各移动台进行指令传输。同时，网络覆盖采用大区或中区制。集群通信系统主要由以下几部分组成：调度台（调度系统中的移动台）、交换控制中心（负责信道的动态分配并监视系统的通话状态）、基地台（发射和接收无线电信号，并将其传回交换控制中心）和移动台（提供用户通话的终端设备，包括车载台或手持机）。

在集群网络系统建设时，一般先建基本系统单区网，然后将多个基本系统相互连接成局域网。基本系统可分为单基地台或多基地台，基本结构可分为单交换中心的单基地台网络结构和单交换中心的多基地台网络结构。

在控制方面，集群系统分为集中控制方式和分散控制方式。前者的系统中控制信号传输是由一个专用的频道传输，其速度较快，同时，具有集中控制的系统控制器，功能齐全，适用于大、中容量多基地台网络；后者则是在每个频道中既传输控制信号又传输语音信号，只有在频道空闲时才传输控制信号，节省了一个专用信道，但接续速度慢，不需要集中控制器，因此，其设备简单且成本低，适用于中、小容量的单区网。

集群通信系统通常包括诸如群组呼叫、紧急呼叫、发起或接收与公网之间的呼叫等多种呼叫功能。同时可以为用户提供可靠的通信信道、快速建立通话、优先等级划分、动态重组能力等功能，尤其是在执行紧急任务时，这些功能更显重要。

在移动台识别系统中，每个移动台均有一位识别码，控制中心对通话的移动台具有识别能力，以监控系统的通话状况；群组呼叫控制中心可同时呼叫系统内所有用户或者对特定的群组进行群呼通话；紧急呼叫，在紧急情况下即使所有频道都被占用，系统仍可让用户取得信道做紧急呼叫用；限时装置，由于集群系统以调度为主，通话时间不宜过长，为免频道占用过久，可设定最长发射时间进行通话时间的限制；动态重组，系统可按特殊需求在控制中心输入动态重组计划，将不同通话群组人员编于同一通话群内，一旦任务发生时，以无线遥控方式激活重组计划执行任务，任务完毕后可恢复原有编组；忙线排列，当信道全部被占用时，控制中心将发起呼叫用户置入"等待名单"中，一旦有空闲信道，立即自动通知该用户开始呼叫；优先排序分级，控制中心可将系统中的每个用户划分优先等级，不同等级的用户具有不同的使用权限；自动回叫，当被叫遇忙或不在覆盖范围内时，系统将记录此状况，在被叫通话完毕或重新回到系统时通知被叫回呼；遗失禁用，移动台遗失时，系统可遥控此移动台使其无法使用。

3. 集群通信的特点

集群通信系统的特点包括以下几方面：

（1）共享频率。将原来配给各部门专有的频率加以集中，供各家共享。

（2）共享设施。由于频率共享，就有可能将各家分建的控制中心和基站等设施集中合建。

（3）共享覆盖区。可将各家邻近覆盖区的网络互连起来，从而获得更大覆盖区。

（4）共享通信业务。可利用网络有组织地发送各种专业信息为大家服务。

（5）分担费用。共同建网可以大大降低机房、电源等建网投资，减少运营人员，并可分摊费用。

（6）改善服务。由于多信道共享，可调剂余缺、集中建网，可加强管理、维修，因此提高了服务等级，增加了系统功能。

（7）具有调度指挥功能。

（8）兼容有线通信。

（9）智能化、微机软件化，增加了系统功能。

（10）具有控制、交换、中继功能。

集群通信主要实现了信道的动态分配，以有限的频率资源为更多用户服务，提高了频率利用率。其优点是：专网专用，便于管理，组网灵活方便；可靠性高，防破坏和抗干扰性能好；实时动态监控性及信息传输一致性强；营运费用低。缺点是：覆盖范围有限，移动目标只能在一定区域内活动；网络建设费用较高。因此，集群通信适合于调度指挥频繁的特种用途。

4. 模拟集群通信

模拟集群通信是指它采用模拟话音进行通信，整个系统内没有数字制技术，后来为了使通信连接更为可靠，不少集群通信系统采用了数字信令，使集群通信系统的用户连接比较可靠、联通的速度有所提高，而且系统功能也相应增多。因此，模拟集群通信系统中，实际上信令是数字的。

5. 数字集群通信

集群通信的发展经历了从模拟到数字的转变。数字集群系统就是采用数字通信技术的集群通信系统。从20世纪90年代中期随着数字技术的发展，集群通信系统已经开始向第二代的数字技术发展，其频谱利用率比模拟系统大为提高，且具有更大的容量。为了更进一步提高频率使用率，集群通信系统出现了将多个集群系统结合在一起统一管理，共享频道和信道、共享覆盖区域、通信业务共担费用等朝着公众使用的方向发展。数字集群通信系统在各个环节上都采用数字处理技术，除了数字信令外，其中最重要的是多址方式、话音编码技术、数字频率调制和数字相位调制技术等。

数字集群是现今专用无线通信的主体，它同属移动通信范畴，与公众及全球移动通信相比较，其一系列特殊功能，特别是调度功能以及网络结构与安全控制等方面有其独特的特征与复杂性，其中不少特种功能非通常公众移动通信系统所具有，或其简单增强扩充即能具有，或者对特种专用部门特种强力要求亦难相适应；而且其快速接入响应，集团组群用户的有效指挥、联络、调度以及其半双工、单工为主的运作方式是其最主要的特征。它的应用需求有很广泛的专用覆盖面，因而与公众移动通信相对应。它在国家与全球社会生活中有其不可缺少的重要作用。

集群通信系统从运营方式上可分为专用集群系统和共享集群系统。专用集群系统是仅供某个行业或某个部门内部使用的无线调度指挥通信系统。系统的投资、建设、运营维护等均由行业或部门内部承担，早期的集群系统大多属于这一类型。共享集群系统是指物理网由专业的电信运营企业负责投资、建设和运营维护，供社会各个有需求的行业、部门或单位共同使用的集群通信系统。它具有资源利用率高、单位成本低廉、网络覆盖和运营质量好、可持续发展能力强、用户业务可自行管理等诸多优点，是集群通信运营体制的发展方向。

3.1.3 蜂窝移动通信

蜂窝移动通信的核心概念是频率复用，即多个用户共享一组频率，同时多组用户在不同的地方仍使用该组频率进行通信，从而大大地提高了频率的利用率。目前蜂窝移动通信已经从第一代FDMA方式和模拟体制，历经第二代TDMA数字体制发展到如今，在国内被认为是3.5代的过渡阶段的通信体制，在技术发达的日本、韩国等国家已经进入了第三代移动通信时代。

1. GSM

GSM全名为Global System for Mobile Communications，中文为全球移动通信系统，俗称"全球通"，是一种起源于欧洲的移动通信技术标准，是第二代移动通信技术，其开发目的是让全球各地可以共同使用一个移动电话网络标准，让用户使用一部手机就能行遍全球。从运行规模来看，在国内目前使用最为广泛的蜂窝方式是以TDMA体制为核心的GSM网。GSM系统集中了现代信源编码技术，信道编码、交织、均衡技术，数字调制技术，话音编码技术以及慢调频技术。

（1）电话业务。电话业务是GSM移动通信网提供的最重要业务。经过GSM网和PSTN网，能为数字移动客户之间、数字蜂窝移动电话网客户与模拟蜂窝移动电话网客户之间以及与固定网客户之间提供实时双向通信，其中包括：各种特服呼叫、各类查询业务和申告业务，以及提供人工、自动无线电寻呼业务。

（2）紧急呼叫业务。紧急呼叫业务来源于电话业务，它允许数字移动客户在紧急情况下，进行紧急呼叫操作，即拨119或110或120等时，依据客户所处基站位置，就近接入火警中心（119）、报警中心（110）、急救中心（120）等。当客户按紧急呼叫键（SOS键）时，应向客户提示如何拨叫紧急中心。

紧急呼叫业务优先于其他业务，在移动台没有插入客户识别卡（SIM）或移动客户处于锁定状态时，也可按SOS键或拨112（欧洲统一使用的紧急呼叫服务中心号码，目前我国使用的移动台均符合欧洲标准），即可接通紧急呼叫服务中心（因为我国各紧急呼叫服务中心尚未联网，目前我国GSM移动通信网是用送辅导音方式，提示客户拨不同紧急呼叫服务中心号码呼叫不同紧急服务中心）。

（3）短消息业务。短消息业务又可分为包括移动台起始和移动台终止的点对点的短消息业务和点对多点的小区广播短消息业务。移动台起始的短消息业务能使GSM客户发送短消息给其他GSM点对点客户；点对点移动台终止的短消息业务，则可使GSM客户接收由其他GSM客户发送的短消息。短消息业务中心是在功能上与GSM网完全分离的实体，不仅可服务于GSM客户，亦可服务于具备接收短消息业务功能的固定网客户，尤其是把短消息业务与语音信箱业务相结合，更能经济地综合地发挥短消息业务的优势。点对点的信息发送或接收既可在 MS 处于呼叫状态（话音或数据）时进行，也可在空闲状态下进行。当其在控制信道内传送时，信息量限制为 140 个八位组（7bit 编码，160 个字符）。

点对多点的小区广播短消息业务是指在 GSM 移动通信网某一特定区域内以有规则的间隔向移动台 MS 重复广播具有通用意义的短消息，如道路交通信息、天气预报等。移动台连续不断地监视广播消息，并在移动台上向客户显示广播短消息。此种短消息也是在控制信道上发送，移动台只有在空闲状态时才可接收，其最大长度为 82 个八位组（7bit 编码，92 个字符）。

(4) 可视图文接入。可视图文接入是一种通过网络完成文本、图形信息检索和电子邮件功能的业务。

(5) 智能用户电报传送。智能用户电报传送能够提供智能用户电报终端间的文本通信业务。此类终端具有文本信息的编辑、存储处理等功能。

(6) 传真。交替的语音和三类传真是指语音与三类传真交替传送的业务。自动三类传真是指能使客户经 GSM 网以传真编码信息文件的形式自动交换各种函件的业务。

2. GPRS

现有的 GSM 网络已经很好地解决了人们对通信及时性的要求，但在数据传输方面则显得束手无策。这主要是由于其采用的是电路交换的通信方式，最明显的缺点就是无线资源被大量占用，即使是在没有数据传送时，该无线资源也无法用于其他用途。

GPRS 突破了 GSM 网只能提供电路交换的思维方式，只通过增加相应的功能实体和对现有的基站系统进行部分改造来实现分组交换，可说是 GSM 的延续。GPRS 和以往连续在频道传输的方式不同，是以封包（Packet）式来传输的，因此使用者所负担的费用是以其传输资料单位计算的，并非使用其整个频道，理论上较为便宜。

1) GPRS 网络结构

GPRS 采用了与 GSM 同样的无线调制标准、同样的带宽、同样的调频规则和同样的 TDMA 帧结构，这一切都昭示着现有的 GSM 网络可以很容易地提供 GPRS 业务——也就是所谓的 2.5 代移动通信系统。

当然新业务的引进必然会有新设备的采用。GPRS 网络构建在 GSM 网络基础之上，须对原有的 GSM 网络子系统和无线子系统的设备及功能进行增强。首先在网络子系统中增加两个节点：GGSN（网关 GPRS 支持节点）和 SGSN（服务 GPRS 支持节点）。此外，还利用 GPRS 用户数据和路由信息增强 HLR 和 VLR 以支持移动性管理与路由管理。在无线子系统中增强 BSS 的功能以支持用户数据的传送，增强了 GSM 业务信道和控制信道的种类，以支持 GPRS 的多种业务。GPRS 采用 FDMA 和 TDMA 复用方式。临近小区频道复用采用 FDMA，频道中采用 TDMA。1 个 TDMA 帧中分成 8 个时隙，每个时隙对应 1 个物理信道。8 个时隙的无线信道可以由多个用户共享，并根据语音和数据业务的需要动态分配。GPRS 还定义了几种无线信道编码方案，允许每个用户比特率从 9.6kbps 增加到 160kbps 以上。

GPRS 是一项高速数据处理的科技，以分组交换技术为基础。用户通过 GPRS 可以在移动状态下使用各种高速数据业务，包括收发 E-mail、进行 Internet 浏览等。GPRS

是一种新的 GSM 数据业务。它在移动用户和数据网络之间提供一种连接，给移动用户提供高速无线 IP 和 X.25 服务。GPRS 采用分组交换技术，每个用户可同时占用多个无线信道，同一无线信道又可以由多个用户共享，从而资源被有效地利用。GPRS 技术以其 160kbps 的极速传送几乎能让无线上网达到公网 ISDN 的效果，实现"随身'携带'互联网"。使用 GPRS，数据实现分组发送和接收，用户永远在线且按流量、时间计费，迅速降低了服务成本。GPRS 是一组新的 GSM 承载业务，在有 GPRS 承载业务支持的标准化网络协议的基础上，GPRS 可提供以下一系列交互式业务：

（1）点对点无连接型网络业务（PTP-CLNS）；

（2）点对点面向连接的数据业务（PTP-CONS）；

（3）点对多点业务（PTM）。

还能支持用户终端业务、补充业务、GSM 短消息业务和各种 GPRS 电信业务。

2) GPRS 网络特点

目前 GPRS 的设计可以在 1 个载频或 8 个信道中实现捆绑，将每个信道的传输速率提高到 14.4kbps。因此 GPRS 方式的最大速率是 115.2kbps。GPRS 发展的第二步是通过增强数据速率将每个信道的速率提高到 48kbps，因此第二代的 GPRS 实际速率为 384kbps。利用 GPRS 传输数据具有实时性强、通信费用低等优点。GPRS 有以下特点：

（1）实时在线：GPRS 是按 GSM 标准定义的封包交换协议，可快速接入数据网络，它在移动终端和网络之间实现了"永远在线"的接续。

（2）按量计费：GPRS 使用创新的计费计价系统将使现在的按时收费过时，其收费方式是按实际传送的数据流量的多少计算费用，与时间无关。在国内 GPRS 覆盖的地方都可以实现 GPRS 的自动漫游，且用户漫游不加收漫游费，从而使每位用户的服务成本更低。

（3）快捷登录：具有 GPRS 功能的终端启动就能够自动连接到 GPRS 网络，连接时间一般是 3~5s，缩短了用户访问网络时间。

（4）高速传输：GPRS 采用信道捆绑和增强数据速率改进实现高速接入网络。

对于 GPRS 业务，每一用户能够同时占有多个无线信道，同一信道又可以由多个用户所共享，为手机或移动终端用户提供在线服务。GPRS 根据用户接收或发送数据的字节数来计费，而不考虑通信时长，因此它将更能为用户所接受。运营商也将发现这是一个协调无线资源和收费模式的一个最优方案。

总之，GPRS 可提供 Internet、多媒体、电子商务等业务；可应用于运输业、金融、证券、商业和公共安全业；PTM 业务支持股市动态、天气预报、交通信息等实时发布；另外，还能提供种类繁多、功能强大的以 GPRS 承载业务为基础的网络应用业务和基于 WAP 的各种应用。

3. CDMA

CDMA 与 GSM 一样，也是属于移动通信系统的一种，它的英文全称是 Code Division Multiple Access，中文含义是码分多址。它是根据美国标准（IS-95）而设计的频率在 900~1800MHz 范围的数字移动电话系统。这是一种采用 Spread-Spectrum 的数字蜂窝技术。与使用 TDM（Time-Division Multiplexing）的竞争对手（如 GSM）不同，

CDMA 并不给每一个通话者分配一个确定的频率,而是让每一个频道使用所能提供的全部频谱。CDMA 对每一组通话用拟随机数字序列进行编码。

CDMA 是基于扩频通信的一种多址方式,在通信中用不同的地址码来区分不同地址目标的信号。其基本原理是:利用自相关性比较弱的周期性码序列作为地址信息(称为地址码),用它对用户信息扩频。经过反向信道传输后,在接收端以本地产生的已知的前述地址码为参考,根据相关性的差异对收到的所有信号进行鉴别,从中将地址码与本地码完全一致的宽带信号解扩还原为窄带而选出,其他与本地码无关的信号则仍保持或被扩展为宽带信号而滤去。

CDMA 以扩频技术为基础,因此它具有扩频通信所固有的优点。

1) 抗干扰能力强

CDMA 采用宽带传输,将有用信号和干扰信号频谱能量都加以扩散,在接收端利用 PN 序列的相关特性进行相关处理,对有用信号频谱能量压缩集中。干扰和噪声因与 PN 码不匹配而被抑制,因此大大提高了信噪比,具有很强的抗干扰能力。

2) 抗多径衰落

CDMA 可提供多种形式的分集如接收时间分集、频率分集、空间(路径)分集等,大大降低了多径衰落。CDMA 将信号能量扩展到很宽的频带中,从而得到频率分集;时间分集可通过使用交织和纠错编码来达到最大效果;空间(路径)分集可通过软切换、Rake 接收机等来实现。

3) 安全保密性高

CDMA 在低功率谱密度下传输,有用信号功率比干扰信号功率低得多,信号仿佛淹没在噪声之中,具有较强的防截获能力。另外,CDMA 采用 PN 码调制,不掌握发射信号的 PN 码规律,要进行解扩是很困难的。这些都体现了 CDMA 安全、保密的特点。

4) 通话容量大

CDMA 使用的新技术拥有很大的优势,它的扩展频谱提供的容量比其他数字技术所提供的容量至少高三倍。CDMA 的语言编码器使用最新的数字语言编码技术,保证了在消除背景噪声的同时,提供高质量、高清晰度的语言通话服务。这种语言编码算法,还提供更高的安全性和保密性。CDMA 网络使每个蜂窝覆盖面积增大,因此与其他的系统相比,CDMA 系统需要的蜂窝站点和基站的数目更少,载波安装、启动和维护的费用明显减少,从而使每个用户得到更大的利益。CDMA 还能使用户更容易享受各种增值业务,如传真、数据、国际互联网、先进的留言功能、呼叫识别和呼叫等待等。此外,几个 CDMA 生产厂家联合开发了新一代宽带 CDMA 技术,这将满足用户对多媒体及其他一些先进功能不断增长的需求。

5) 系统容量的灵活配置

这与 CDMA 的机理有关。CDMA 是一个自扰系统,所有移动用户都占用相同带宽和频率。打个比方,我们将带宽想象成一个大房子,屋里的空气可以被想象成宽带的载波,进入这个大房子所有的人使用完全不同的语言(不同的语言看作不同的编码)讲话,就会产生相互干扰。在保持能听清对方谈话的前提下,房间的谈话人数和谈话声音大小存在反比关系。如果能控制住用户的信号强度,在保持高质量通话的同时,我们就可以容纳更多的用户。

6) 通话质量好

CDMA 系统话音质量很好，声码器可以动态地调整数据传输速率，并根据适当的门限值选择不同的电平级发射。同时门限值根据背景噪声的改变而改变，这样即使在背景噪声较大的情况下，也可以得到较好的通话质量。另外 CDMA 系统采用软切换技术，"先连接再断开"，这样完全克服了硬切换容易掉话的缺点。

CDMA 系统提供的电信业务：

从业务角度来看，CDMA 系统从服务的角度出发，为用户提供了更加丰富、多样且应用灵活方便的业务。

按照 CDMA 的规范，交换子系统应能向用户提供终端业务、承载业务、补充业务三类业务。

用户终端业务是在用户终端协议互通基础上提供终端间信息传递能力的业务，该类业务包括电话业务、紧急呼叫业务、短消息业务和语音邮箱业务等。

(1) 电话业务。电话业务是 CDMA 规范定义的用户终端业务的一种，它是 CDMA 移动通信系统应用最广泛的业务。电话业务为 PLMN 移动用户提供了与 PSTN、ISDN 或另一 PLMN 移动用户进行语音通信的能力。

(2) 紧急呼叫业务。紧急呼叫业务是指移动用户发起呼叫到就近紧急呼叫中心（如急救中心）。紧急呼叫业务是用户终端业务中的一种，它类似于电话业务但建立呼叫相对来说简捷快速。PLMN 运营商可以根据本国和本地区实际情况来设置紧急呼叫号码。

(3) 短消息业务。短消息业务（这里指点到点短消息业务），是目前 CDMA 系统中唯一只利用信令信道即可完成的用户终端业务，它可同时与话音等业务并行。该业务给 CDMA 移动用户提供了一种简单实用、功能丰富的文字信息交互平台。就这一平台最基本的业务功能而言，短消息业务实现了移动台用户之间的双向寻呼功能，所以，短消息业务在目前 CDMA 网络通话接通率偏低的情况下，无疑提供了一种可行的替代性通信手段，提高了移动用户之间信息交互的能力，增加了移动用户接收信息的渠道。因此，短消息业务给 PLMN 运营商提供了一个良好的增值业务平台。

(4) 语音邮箱业务。语音邮箱业务为用户提供语音信息存储、转发功能。当用户忙时，它允许用户将其来话转接到预先设置的语音邮箱。

(5) 承载业务。承载业务提供了在两个网络终端接口间的信息传递能力。移动终端 MT 控制无线信道使信息流成为终端设备 TE 能接受的信息。移动终端 MT 作为 PLMN 的一部分通过无线接口与 PLMN 内的其他实体互通。CDMA 能陆续向用户提供 1200～14 400bit/s 异步数据、1200～14 400bit/s 分组数据等承载业务。

(6) 补充业务。CDMA 规范定义了支持提供给各承载业务和用户终端业务的补充业务。补充业务能够向用户提供包括补充业务授权、补充业务操作和补充业务应用等功能。补充业务授权包括业务授权和业务去授权；补充业务操作支持 CDMA 系统中所定义的七种业务操作即授权、去授权、登记、删除、激活、去活及请求、临时激活及临时去激活操作。在上述操作中授权和去授权一般由网络运营商进行，其余操作可由用户在移动台上操作；补充业务应用有网络自动调用和用户主动发起两种方式，它改变并加强了用户终端业务和承载业务的服务能力。

3.1.4 卫星移动通信

卫星通信系统由通信卫星、地球上行站和地面接收站三部分组成。卫星在空中起中转站的作用，即把地球上行站发送上来的电磁波放大处理后再返送回地面接收站。地面接收站则是卫星系统与地面公众网的接口。地面用户通过接收站与通信卫星组成一个完整链接。卫星通信的主要优点是通信范围大（每个卫星覆盖地球127°，有三颗卫星就能实现全球通），基本不受地形的影响，建设卫星地面接收站快，可用于不同方向和不同地区的通信。

同地面蜂窝移动通信一样，卫星通信的多址技术也有频分、时分、码分等几种形式。使用FDMA技术的过程中，为了降低卫星转发器的非线性而形成的交调干扰，要避开一部分频带不用，同时要用卫星功率进行"补偿"，这样就浪费了卫星功率和频带等宝贵资源；TDMA可以克服交调现象，但又面临着同步问题，由于卫星通信地面站安装在运动物体上，运动物体迅速移动，要实现移动地面站往卫星同步地发射信号显然很困难。CDMA使用不同的扩频序列，相互间影响较小，频带重复利用率高。

与传统的点对点定向传输的卫星通信不一样，卫星移动通信是一点对多点的全向性传输，因此必须采用扩频技术提高抗多径干扰能力。CDMA以扩频技术为基础，具有扩频通信所固有的抗干扰能力强、抗多径衰落、安全保密性好等优点，而且具有隐蔽性好、多址访问灵活、对非正交系统不需要系统的同步、与同频通信系统之间的相互干扰小、对多普勒频移不敏感等优点，与其他的多址方式（TEMA、FDMA）相比，CDMA系统的以下特性更适合于移动卫星通信系统：

(1) 语音激活持续时间的利用。人类讲话的特征对CDMA方式有利。人类话音激活持续期即话音激活概率为35%。在CDMA中，所有用户共用一个无线信道，当用户分配的信道不再讲话时，在单一CDMA无线信道内的所有其他用户信道会由于干扰减少而得益。因此利用话音作用周期性的特点可降低65%相互干扰，增大近三倍系统容量。这种现象的利用是CDMA技术所独有的。

(2) 用扇形天线来提高容量。在FDMA与TDMA中，每一小区可采用扇形化来降低干扰，提高通信质量。但由于每一扇形区要平分原小区的信道，所以扇形化对系统容量增加所起的作用很小。在CDMA中，采用扇形化降低干扰来提高系统容量，理论上无线容量的增长与扇区数增长呈线性关系，那么通过在三个扇形区引入三个无线系统，与一个小区一个无线系统相比就可以获得三倍的系统容量。

(3) 柔性容量。在CDMA中，当系统容量达到饱和时，还可以适当地增加少量用户，不过这是以通信质量稍有变坏作为代价而获取的，在这种情况下增加的用户容量称为软容量。例如，设一个小区的容量为40个信道，那么当一个小区增加一个用户（信道）时，载干比只下降$10\ln(41/40)=0.24$dB，通信质量劣化很少。而FDMA和TDMA系统却没有这种能力。总的来说，采用CDMA方式的系统容量比采用FDMA和TDMA方式的系统容量要大得多。

(4) 无需频率管理或分配，扩容方便。在FDMA和TDMA中频率管理往往是一项关键性的工作，甚至为了减少实时干扰，还需实行动态频率管理。在CDMA中，由于只有一个公共无线信道,不需要频率管理,也无需动态频率分配。由于CDMA各小区使用相同频率,不必像FDMA那样进行频率配置,当系统扩展时,不用为适应新的频率安排而对现有系统进行改造,很大程度上方便了系统的扩容。

(5) 软越区切换。FDMA和TDMA的过区切换都是在中断后切换。CDMA则是在中断前切换,由于每一小区采用同一CDMA无线系统,仅有的差别是代码序列,因此当移动用户从一个小区到另一小区时不需要从一个频率切换到另一个频率,这被称为软越区切换。

(6) CDMA中没有保护时间。在TDMA中,时隙间需要保护时间,保护时间占有一定比特的时间周期,而在CDMA中不存在保护时间。因此在相同的速率下,CDMA传送的信息量比TDMA高。

(7) 更适合于衰落信道。多径效应引起的快衰落严重地影响着移动通信无线信号传输的可靠性。在CDMA系统中,由于应用了扩频技术,就有了抗多径效应的固有特性,当多径延时大于伪随机噪声序列的一个码元周期时,多径信号间相关系数很小,从而多径信号对系统性能的影响就很小。因此CDMA系统具有抑制多径干扰的能力。

(8) 不需要均衡器。在FDMA和TDMA中,传输速率远高于10kbit/s时,需要一个均衡器以减少由于时延扩展引起的码间干扰。而在CDMA中只需要一个相关器代替接收机中的均衡器,来对扩频信号解扩,而相关器比均衡器简单且可靠。

(9) 与窄带用户共享用户频带。宽带CDMA信号的功率谱密度低,对同一频带内的其他窄带系统干扰很小。同样,这些窄带信号被CDMA系统中的用户接收后,由于扩频处理增益的作用被抑制,也不会对CDMA用户形成明显干扰。当然,要真正实现共存,协调和周密的设计是必需的,甚至需要采用干扰抑制技术。

(10) 适合于微小区和建筑物内部的通信。CDMA蜂窝系统由于能有效地降低人为干扰、窄带干扰、多径干扰的影响,能克服由时延扩展造成的码元间干扰,可采用软切换的越区切换及无需频率管理和分配,所以是一种极其适合于微小区和建筑物内部通信的技术体制。

(11) 设备简单。在CDMA蜂窝系统中,所有用户共享一个无线信道,每个基站或扇区只需要一个无线电台,因而既可降低成本又节省了设备空间,并且便于安装。

最近几年来移动数字电话及数据通信网,尤其是ATM宽带数据通信网,发展很快,人们同样也希望发展移动宽带数据网。中国幅员辽阔,并且由于某些地区地形的特点(高山、沙漠等地区,人口较为稀少的地区),建立有线地面网络不经济甚至不可行,而建立卫星移动数据网将有助于这种问题的解决。

利用卫星传送Internet业务主要有两种方式,即卫星广播传送方式和一般性提供Internet下行链路的方式。用卫星提供数据广播业务,卫星通信所具有的优势也就体现出来。卫星通信的最大优势是实现对地面的完全覆盖,而且自身就是一种广播系统,能够直接通过地面的接收设备连接到用户终端,而且系统成本与距离无关,设备的布设简单。除此之外,利用卫星传送Internet业务还有以下的优势:

(1) 易于实现IP多播。Internet业务中有很大的业务量是一发多收的。Internet网传统的解决办法就是重复发送同一文件来实现,这样会对网络带宽资源和通信速率造成极大的浪费,这个弊病在发送大文件的时候越发突出。而随着Internet业务的不断开展,许多新兴的应用如复制数据库和 Web 站点信息、视频会议、远程教学等越来越受到用户的欢迎,而这些业务要重复发送所占据的带宽不仅影响网络的正常运行而且会对用户的使用造成负面的影响。新的 Internet 多播（Multicast）协议允许数据单次发送到多个目标来克服这个问题。卫星网络固有的广播能力和多址连接能力在这方面应用极大地简化了 IP 多播,有利于装备多播网络协议。与地面电路不同,卫星将信息发给多个目的地所要求的带宽与发送到一个地点所需的带宽是同样大的,同时接收机数量也不受限制。

（2）易于实现 IP 推送技术。传统的 Internet 传送方式是用户通过上行链路发出申请,网络将所需的信息通过下行链路送到用户的计算机上,而其他的用户也许在同一时间发出同样的申请和获取相同的信息。这样的工作过程有两个特点：一是相同的信息在很相近的时间内在网络上传送,因此出现了 Internet 的新发送忙时"推送"技术,推送就是把一个用户所要求产生的普遍的数据流广播给多个点；二是用户是主动的,这种主动也许是定期发生的,因此如果做到网络变为主动的,那么对用户来说就是定制了信息更新这一功能,以后不用再发送申请。卫星无所不在的覆盖能力和广播特性正好符合了这两点要求。

卫星通信也有一些缺点：同步卫星离地球三万六千多千米,信号往返七万多千米,信号有延迟；频率 10GHz 以上受雨雪天影响；卫星通信还受太阳活动影响,如日凌、太阳黑子和卫星蚀等。

3.1.5 无线通信网络的比较

集群移动通信、蜂窝移动通信和卫星通信的优缺点比较见表 3.1。

表 3.1 无线通信网络优缺点的比较

	优点	缺点	适用范围
集群移动通信	专网专用,便于管理；组网灵活方便；可靠性高,防破坏和抗干扰性好；实时动态监控性及信息传输一致性强；营运费用低；具备话音调度功能。	覆盖范围有限；网络建设费用较高。	在一定区域内活动的业务需求,如调度指挥频繁的出租车、公交车、救护车、消防车、邮政车等特种车辆。
蜂窝移动通信	覆盖范围大,系统容量大；投资小,工程周期短；维护简单,无需建立专用的通信网,数据传输速度快、可靠性高。	实时性及传输的质量一致性较差；因短消息的收费等问题,其营运成本高。	在较大区域内活动,同时对数据量要求不高的业务需求,如对实时性及传输的一致性要求不高的物流车辆；不需要语音调度及频繁调度显示的车辆。
2.5G 通信网络	覆盖范围更广；系统容量实际比 GSM 大 4~5 倍；投资小、维护简单；传输的速度快；可靠性高,（包含 CDMA、GPRS）。	处于过渡时期网络覆盖相对较低。	传输的数据量较大；对实时性要求较高的业务需求如图像的传输。
卫星通信	无缝覆盖,覆盖面广；通信距离长,通信线路稳定；通信频带宽、容量大；适用于陆地、海上和空中移动式应用。	前期投资大；时延较大,静止轨道卫星传输时延可达 270ms,中、低轨道卫星的传输时延较小些,小于 100ms。	可作为陆地移动通信的扩展、延伸、补充和备用,尤其适用于边远地区、农村、山区、海岛、灾区以及远洋舰队和远航飞机等陆地通信不易覆盖的地区。

3.2 有线通信技术

1837年，英国人莫尔斯发明了电报机，用架空明线传送电报，是有线通信的开始。经过长期的发展和演变，传统的电信技术主要以金属线传输（包括架空明线、对称电缆、同轴电缆等）和光纤传输等有线传输为主。目前公用电话/电报交换、数据通信、有线电视、Internet 等大多通过有线技术进行传输。

有线通信从单纯的语音业务发展到现在承载数据业务。有线通信的承载媒介也在发生着彻底的变化，从传统的电通信到光通信。而光纤通信特别是网络技术更是诸多通信方式中极具发展前途的一种方式，现已占据通信领域的主导地位，成为构筑现代社会信息化网络的骨干。这一点为大数据量的空间数据（特别是影像）的网上传输提供了可能。因此，我们有可能处理更大的空间数据集、更高空间分辨率的遥感图像、更复杂的空间模型和地学分析，有可能得到更精确的显示及数据可视化的输出。

3.2.1 数据通信模型

国际标准化组织（International Standards Organization，ISO）提出过一个体系模型，它常被用来说明数据通信协议的结构及功能。这个体系模型称为"开放系统互联（Open System Interconnect，OSI）参考模型"，这个模型为讨论通信问题提供了共同的依据，而由这个模型定义的名词和术语，在数据通信领域中被广泛使用并得到了一致的认同。OSI 参考模型共有七层，每一层分别定义了数据通信的各种功能。当相互合作的应用程序通过网络传送数据时，经过每一层都表示执行了一种功能。图 3.2 表明了每一层的名称并简略地介绍了其功能。由图 3.2 可知，这些协议像是一堆积木，彼此堆叠在一起。这个结构常被形象地称为"堆栈（Sack）"，或是"协议堆栈"。每一层并不是只能定义一种协议。它所定义的，可能是由任意多个协议执行的一种数据通信功能。因此，每层可能包含多个协议，而每个协议都提供一项适合该层功能的服务。例如，文件传输协议和电子邮件协议都为用户提供服务，而两者都是应用层的一部分。每一个协议与它的"对等实体（Peer）"通信。所谓"对等实体"，是指远程系统中对等层次上的同种协议，换句话说，本地的文件传输协议是远程文件传输协议的对等实体。对等层次的

⑦ 应用层：由使用网络的应用程序组成
⑥ 表示层：达到应用程序的标准化数据表示组成
⑤ 会话层：管理应用程序间的会话
④ 运输层：提供端对端错误的检测和纠正
③ 网络层：管理上面各层通过的网络的连接
② 数据链路层：在物理链路上提供可靠的数据传输
① 物理层：定义网络介质的物理特性

图 3.2　OSI 参考模型

通信必须标准化，通信才能够成功。在抽象层次上，每一协议只关心与对等实体的通信，而不关心它的上层和下层。

3.2.2 Internet 通信协议

TCP/IP 协议（Transmission Control Protocol/Internet Protocol）叫做传输控制/网际协议，又叫网络通信协议，这个协议是 Internet 的基础。它是发展至今最成功的通信协议之一。TCP/IP 是网络中使用的基本的通信协议。虽然从名字上看 TCP/IP 包括两个协议，传输控制协议（TCP）和网际协议（IP），但 TCP/IP 实际上是一组协议，它包括上百个各种功能的协议，如远程登录协议、文件传输协议和电子邮件协议等，而 TCP 协议和 IP 协议是保证数据完整传输的两个基本的重要协议。通常说，TCP/IP 是 Internet 协议簇，而不仅仅是 TCP 和 IP。TCP/IP 协议是一个四层协议，包括链路层、网络层、传输层和应用层，结构如图 3.3 所示。

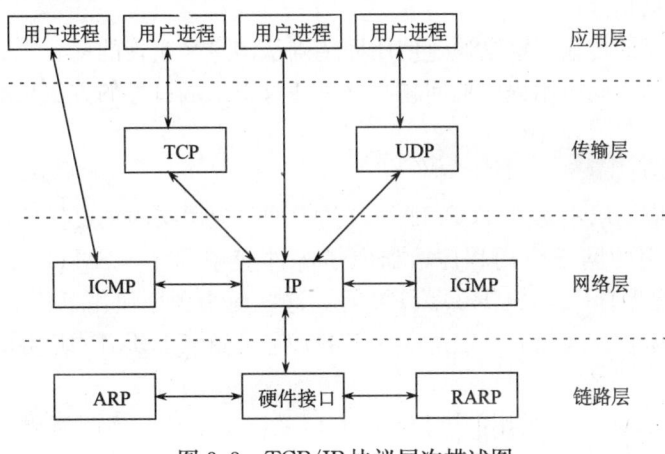

图 3.3 TCP/IP 协议层次描述图

每一层具体功能如下：

1. 链路层

链路层也被称作数据链路层或网络接口层，处在 TCP/IP 协议模型的最底层，它为上一层（网络层）提供服务。链路层通常包括操作系统中的设备驱动程序和计算机中对应的网络接口卡，它们一起处理与电缆（或其他任何传输媒介）的物理接口细节。该层包含的协议有：ARP（地址转换协议）和 RARP（反向地址转换协议）。功能有：接受由 IP 层传递过来的 IP 数据报进行封装，从而组装成物理帧，然后通过物理网络进行传送；接收来自物理网络上的物理帧，从中分离出 IP 数据报，然后把它提交给 IP 层。

2. 网络层

网络层也被称为互联网层，负责分组在网络中的活动，包括 IP 协议、ICMP 协议（Internet 控制报文协议）以及 IGMP 协议（Internet 组管理协议）。网络层负责相邻计算机之间（点到点）的通信。它提供的服务有以下几个方面：

（1）接受来自 TCP 层的分组数据，然后封装成 IP 数据报，同时要填充 IP 数据报的报头（Header），然后进行寻径并把它发送到合适的网络接口；

（2）处理和分析从网络链路层上传的 IP 数据报，去掉报头，根据数据报是否发放到本机来进行接收或进行进一步的传送，如果以本机为目的地址，要根据其中的分组协议类型而发送到传输层的不同协议中；

（3）处理路径、流量控制和拥塞的问题。

3. 传输层

该层主要为两台主机上的应用程序提供端到端的数据通信，它分为两个不同的协议：TCP 和 UDP（用户数据报协议），这两种协议各有各的用途，前者可用于面向连接的应用，后者则在及时性服务中有着重要的用途。传输层提供的服务有以下几个方面：

（1）格式化信息流；

（2）提供可靠的传输，这是通过使用回传确认消息来实现的；

（3）解决识别不同应用程序的问题，这是通过引入端口号的方法来解决的。

4. 应用层

严格地说，应用层不属于 TCP/IP 协议的模型。应用层的主要任务是提供给计算机网络用户一些常用的网络应用程序，如电子邮件应用程序（SMTP）、浏览器（HTTP）、文件应用程序（FTP、GRIDFTP）等。这些应用程序使用了传输层或者还有 IP 层所提供的服务原语。因此从一定角度上来讲，它是受限于 TCP/IP 协议的，所以也把它作为协议模型的一部分。

TCP/IP 是 Internet 所采用的进行网际互联的通信协议。实际所称的 TCP/IP 协议包括了在 Internet 上应用的一组协议，互联网协议族是此协议族的另一个名字。这个协议族包括几种工作在不同层次上的网络协议、IP 互连协议，负责主机之间的传输数据。TCP 传输控制协议，负责在应用程序之间传递数据。用户数据报协议（User Datagram Protocol，UDP），提供给用户进程的无连接协议，也负责在应用程序之间无连接传递数据，但不执行正确性检查。互联网控制报文协议（Internet Control Message Protocol，ICMP），处理主机间的差错和传送控制。地址解析协议（Address Resolution Protocol，ARP），负责将网络层地址转换成链路层地址。反向地址解析协议（Reverse Address Resolution Protocol，RARP），负责将链路层地址转换成网络层地址。

TCP/IP 协议的核心是传输层协议（TCP、UDP）、网络层协议（IP）和物理接口层，这三层通常在操作系统的内核中实现。TCP/IP 网络环境下的应用程序设计是通过网络系统编程接口 Socket 实现的，Socket 提供应用程序与系统内核之间的网络编程接口。

TCP/IP 协议组中存在的两个基本数据服务是：字节流服务和数据报服务，使用字节流的协议将信息看作一串字节流进行传输。协议不管要求发送或接收数据的长度和传送数目，只是将数据看作一个简单的字节串流。使用数据报的协议将信息视作一个独立单元进行传输。协议单独发送每个数据报——数据报之间不相互依赖。

3.2.3 传输层协议

目前实现 IP 网络消息交换和数据传输的方法主要有 TCP 传输控制协议、SCTP 简单流传输协议，以及 UDP 用户数据报协议。这些协议各有特点。TCP 和 SCTP 协议都是面向连接的，保证了数据的可靠传输，但是处理复杂，效率不高，占用资源较多。

1. TCP 协议

TCP 协议提供端到端的质量保证的数据传输，负责数据的分组、质量控制和超时重发等，对于应用层来说，就可以忽略这些工作。TCP 协议是面向连接的网络数据协议，连接直接由一对传输地址（IP 地址和端口号）识别。协议中提供了差错处理和 IP 端到端流量控制功能，TCP 连接的流量控制主要通过窗口机制来实现。TCP 提供 IP 环境下的数据可靠传输，它提供的服务包括数据流传送、可靠性、有效流控、全双工操作和多路复用。通过面向连接、端到端和可靠的数据包发送。通俗地说，它是事先为所发送的数据开辟出连接好的通道，然后再进行数据发送。但是正是因为以上的优点，导致了 TCP 协议在应用开始连接前必须要了解数据流的内容并对其格式进行协商；在传输数据时，当有数据丢失或顺序发生错误都将产生附加延时，TCP 协议必须延迟数据传输直到恢复正确的传输序号或者丢失信息已重传，这也会导致不必要的报头阻塞并使消息的传输延时增大；在网络环境延时较大的情况下，TCP 的逐条确认将花费大量时间等待接收方的回复消息。尽管如此，由于 TCP 协议功能的全面性，当今应用还是以 FTP、HTTP 等协议为主，特别是随着网络科学技术的发展，出现了 BBFTP、GRIDFTP 等性能更加优越的网络通信协议，这些应用在传输层上都是通过 TCP 协议支持的。

1）TCP/IP 协议的体系结构

关于怎样使用层次模型 TCP/IP 虽然没有一致的约定，但通常把它视为比 OSI 七层模型少几层的结构。大部分 TCP/IP 的模型，都定义为三到五个功能层的协议体系。图 3.4 的四层模型是根据 *DDN Protocol Handbook（Volume I）* 中 DOD Protocol Model 所描述的三层（应用层、主机对主机传输层、网络存取层）协议模型为基础，再加入一层互联网层所构成。这个模型为 TCP/IP 协议体系提供了一个理想的层次表示图。

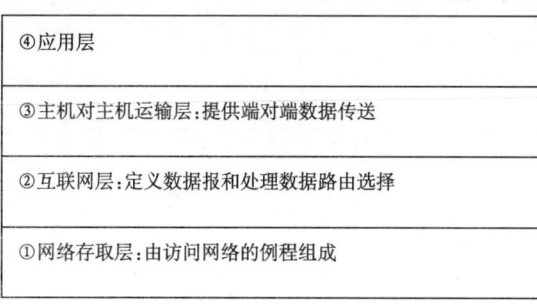

图 3.4　TCP/IP 协议体系的层次

就像 OSI 模型一样，当数据被送到网络时，沿堆栈向下传送。而当收到网络来的数据时，沿堆栈向上传送。当数据由应用层沿堆栈向下传往底层的物理网络时，TCP/IP 的四层结构就说明了数据处理的方式。堆栈中的每一层都加入控制数据以确保传送正常。这些控制数据称为"报头"，它们被放在传送数据的前面。每一层都把上一层传来的所有信息视为一般数据，并在那些信息前面加上自己的报头。这种动作称为"封装（Encapsulation）"，见图 3.5。当收到数据时，动作刚好相反。每一层把信息传递给上层以前，先剥去它的报头。当信息沿堆栈向上回流时，从下层收到的信息，都被解释成为"报头"加"数据"。

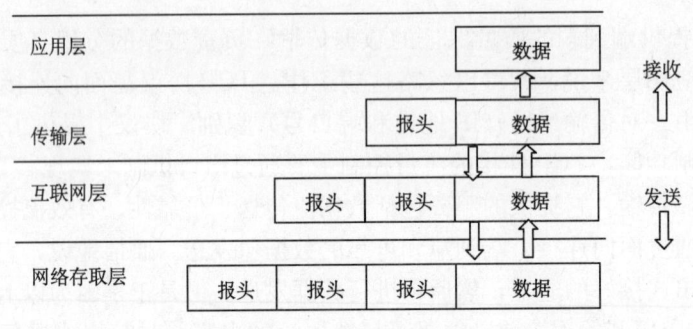

图 3.5　数据封装

每一层都有自己独立的数据结构。理论上，各层都不知道它的上层和下层所用的数据结构。但实际上，每一层的数据结构都设计得与邻层所用的数据结构相容，以增加数据传输的效率。当然，每层仍有自己的数据结构及说明此结构的专门用语。

图 3.6 表示 TCP/IP 传送数据时，TCP/IP 不同层次对数据所使用的名称。使用 TCP 的应用程序称数据为"流（Stream）"，但使用用户数据报协议的应用程序则称数据为"报文（Message）"。TCP 把数据叫做"数据段（Segment）"。而 UDP 称它的数据结构为"分组（Packet）"。互联网层将所有数据视为区块，称为"数据报（Datagram）"。TCP/IP 使用各种不同形态的底层网络，每一种对它所传送的数据，可能都有一个独特的专用术语。大部分网络称传送的数据为"分组"或"帧（Frame）"。在图 3.6 中，我们将假设网络传送的数据称为帧。

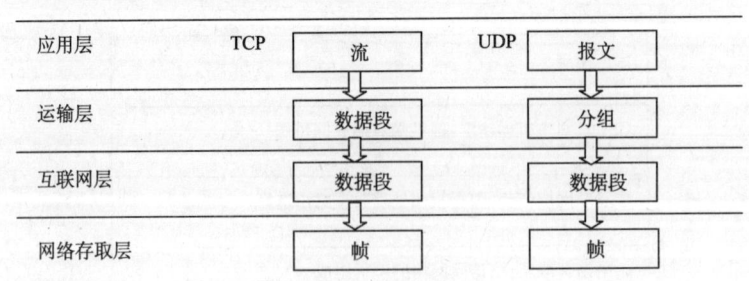

图 3.6　数据结构

2) 传输控制协议

如果应用程序需要可靠性高的数据传输方式,那么可以采用传输控制协议(Transmission Control Protocol,TCP)。因为 TCP 可将数据以适当顺序精确地传过网络,它是一个可靠的、面向连接的字节流(byte-stream)协议。TCP 使用称为"确认重传(Positive Acknowledgment with Retransmission,PAR)"的机制提供传输的可靠性。简单地说,一个使用 PAR 的系统,除非"听"到远程系统"说"数据已经安全抵达,否则就重新发送数据。相互合作的 TCP 模块间交换数据的单位称为"数据段"(图 3.7)。

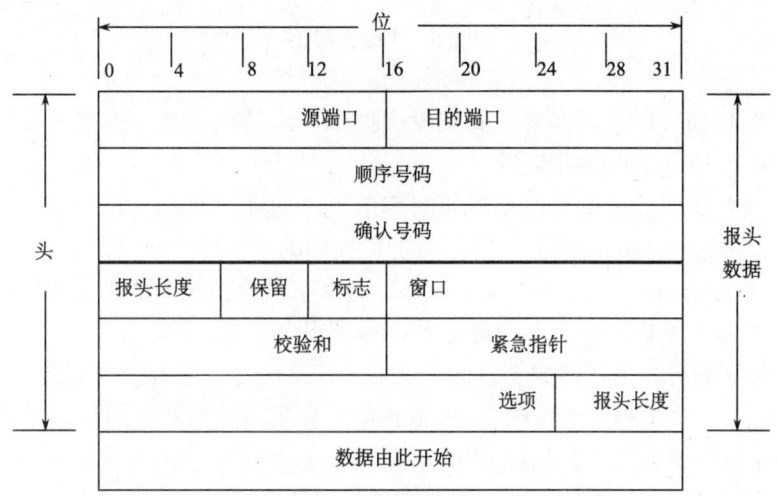

图 3.7 TCP 数据格式

TCP 是面向连接的协议。它在通信的两台主机间,建立"端点对端点"的逻辑连接。在数据传送之前,两端点间交换控制信息已建立对话,称为"握手"。TCP 用"数据段报头(Segment Header)"第四个字"标志"字段里的适当位来设置数据段的控制功能。

每一数据段含有一个校验和,接收者用它来验证数据是否受损。如果收到的数据段没有损坏,接收者传回"确认(Acknowledgment)"给发送者。如果数据段有损坏,接收者就把它丢弃。在一段时间之后,由于发送端没有收到"确认"的回应,TCP 模块将会重新传送数据。

因为要交换三个数据段,TCP 使用的握手方式称为"三段式握手(Three-way handshake)"。图 3.8 表示三段握手的最简单形式。开始连接时,A 主机传送给 B 主机一个数据段,设置了同步序号(Synchronize Sequence Number,SYN)位。这个数据段告诉 B 主机,A 希望建立连接,以及 A 使用的数据段起始序号(序号是用来保持数据的适当顺序的)。B 主机用设置了 ACK(Acknowledgment)及 SYN 位的数据段回应 A。B 的数据段向 A 确认收到了 A 的数据段,同时也告知将使用的起始序号。最后,A 主机再传送一个数据段给出通知 B 已收到数据段,接着开始传送真正的数据。

经过这个交换步骤之后,主机 A 的 TCP 确知远程 TCP 正在运作并准备接收数据。连接一旦建立,数据就开始传送。当相互合作的模块传送完数据时,它们用包含"没有

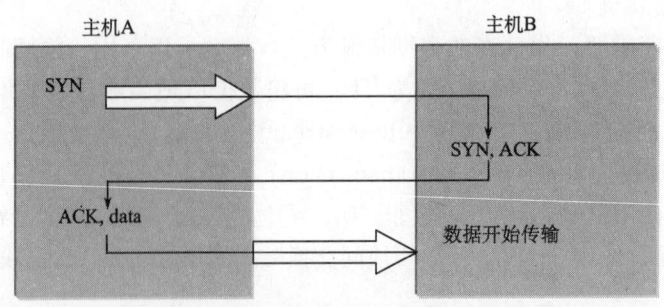

图 3.8　三段式握手

数据（FIN）"位的数据段，再来一次三段式握手，以结束连接。这就是提供逻辑连接的两系统间端点对端点的数据交换。

TCP 把所传送的数据视为连续不断的字节流，而非个别独立的分组。因此，TCP 小心维护字节传送和接收的顺序。TCP 数据段头中的"顺序号码（Sequence Number）"及"确认号码（Acknowledgment Number）"两个字段，就是用来改变字节顺序的。

TCP 的标准并不规定每个系统都以特定号码开始计算字节，即每一个系统只要选一个开始的数字即可。为保持数据流的正确性，连接的每一端都必须知道另一端的起始号码。连接的两端借着握手时交换 SYN 数据段，使字节计数系统同步。SYN 数据段中的顺序号码字段含有的是"起始序号门（ISN）"，这是字节计数系统的起点。为了安全上的考虑，ISN 应该采用随机数字，但通常还是用 0。

每个数据字节从 ISN 起依序编号。开始传送真正的数据时，每一个字节的序号是 ISN+1。数据段头中的顺序号码指明该数据段的第一个数据字节在整个数据流中的顺序位置。例如，如果数据流中的一个字节的序号是 1（ISN=0），而且已经传送了 4000 个字节，那么目前数据段中的第一个数据字节就是第 4001 个字节，顺序号码是 4001。

确认数据段（ACK）执行两种功能——确认及流量控制。确认功能通知发送者已收到多少数据，以及还能接收多少。确认号码就是远程收到的最后一个字节的顺序号码，是所有已确认字节的总数。TCP 标准并不需要对每一个分组逐个确认。例如，如果第一个传送的字节编号是 1，而且已成功地收到 2000 个字节，则确认号码就是 2001。

窗口（Window）字段中包含 Window，亦即远程能够接受的字节数量。如果接收者还能再接收 6000 个字节，窗口字段就是 6000。窗口指示发送者可以继续传送数据，只要所传送的字节数量比窗口数字少就可以了。接收者可以凭借改变窗口数字的大小，来控制发送者的字节流量。零窗口告诉发送者停止传送，直到收到不为零的窗口值。

图 3.9 显示起始号码为 0 的 TCP 数据流。接收系统已经收到并确认了 2000 个字节，所以目前的确认号码是 2001。接收者还有足够的缓冲区空间再接收 6000 个字节，所以它通告的窗口是 6000。发送者目前正在传送的是，顺序号码从 4001 开始的 1000 个字节的数据段。虽然从第 2001 个字节起，发送者还没有得到确认，但只要仍在窗口范围内，就继续传送。如果传送者填满了窗口，而之前传送的数据在等待一段适当的时间以后仍然没有得到确认，它就从第一个未确认的字节开始重新发送这些数据。

在图 3.9 中，如果没有进一步的接收确认，传送者就从第 2001 个字节开始重传。

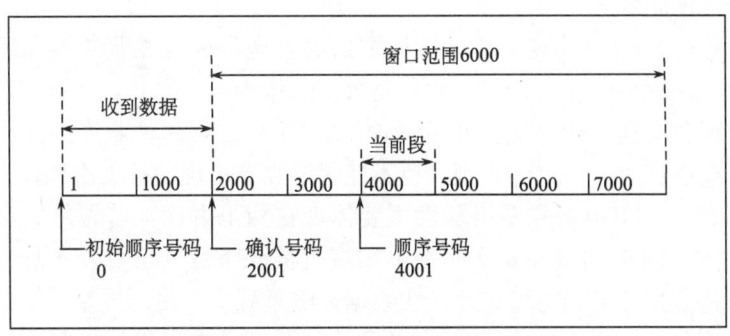

图 3.9　TCP 数据流

这种做法可以保证网络远程那端确实收到数据。TCP 也负责把 IP 接收到的数据传递给正确的应用程序。数据要交给哪一个应用程序，由一个 16 位的数字标明，这个数字称为"端口号码"。源端口及目的端口的号码都包含在数据段报头的第一个字中，把数据正确地传进及传出应用层，是运输层的重要服务项目。

一个 IP 地址和一个端口号码合并，称为"套接字"，它和"端口号码"可以交换使用。在本章的讨论中，"套接字"是 IP 地址与端口号码合并在一起的。一对"套接字"包含一个发送主机和一个接收主机，就可以定义如 TCP 之类的面向连接协议的一对连接。

2. UDP 协议

在 TCP/IP 网络通信中，基于 UDP 协议的网络通信是一种面向无连接的服务。它以独立的数据包形式发送数据，不提供正确性检查，也不保证各数据包的发送顺序，因此，可能出现数据的重发、丢失等现象，并且不保证数据的接收顺序。

UDP 协议是面向非连接的网络数据协议，在正式通信前不必与对方先建立连接，在不关心对方计算机状态的情况下直接向接收方发送数据是一种不可靠的通信协议。正是由于 UDP 协议不关心网络数据传输的一系列状态，使得 UDP 协议在数据传输过程中，节省了大量的网络状态确认和数据确认的系统资源消耗，大大提高了 UDP 协议的传输速度，而且 UDP 无需连接管理，可以支持海量并发连接。如果能在充分利用 UDP 协议优势的前提下，充分保证 UDP 通信的可靠性，将使网络通信系统的性能得到极大地提高。

1) UDP 协议的优点

系统开销小，速度快，效率高。在应用过程中，UDP 协议在一次交易中往往只有一来一往两次报文交换。假如为此而建立连接和撤除连接，系统开销庞大。在这种情况下，即使因报文损失而利用 UDP 协议重传一次数据包，其开销也比面向连接的传输小很多。对绝大多数基于消息包传递的应用程序来说，基于帧的通信比基于流的通信更为直接有效，为应用部分解决系统冗余和任务分担等问题提供极大的可能性和可操作性。

客户端/服务器模式及分布处理模式的方便构造，增强了应用的灵活性和可扩充性，并且提高应用的稳定性和可维护性。比较 TCP 而言，无并发连接数目限制。

2) UDP 协议的缺点

(1) 非连接性：UDP 协议的非连接性突出的表现是运行在服务器和运行在客户端的两个程序不用建立任何连接，只以收、发数据包作为通信方式，数据包以分离的形式传送，每个数据包有独立的源地址和目的地址。UDP 协议这种非连接性，在数据包的传输过程中不能保证对方一定能收到，也不能保证收到正确的报文次序。

(2) 弱可靠性：UDP 协议弱可靠性主要体现在两个方面：首先是协议逻辑链路的可靠性无法保证，UDP 协议在发送时并不知道逻辑链路是否正常，从而造成数据丢失的情况；其次是数据传输的弱可靠性，在数据传输过程中，由于网络状况的问题有可能使其中一些数据包不能到达目的地，而 UDP 协议没有数据包确认机制，当数据包丢失的时候发送方不能感知，不能进行重发，因此我们在具体的设计中要自己控制其数据传输的可靠性，如引入"确认重传"和"超时重发"机制。

3. SCTP 协议

为了克服 TCP 协议存在的某些局限。IETF 提出了一套新的传输消息机制——流控制传输协议（SCTP）。SCTP 协议不仅有许多 TCP 协议的特性，而且比 TCP 协议更健壮更安全，SCTP 协议是面向连接的传输协议，支持多路径和多流，提供了消息的定界功能，还提供类似 TCP 协议增强的流量控制和拥塞控制功能以及安全的关联建立。同时，SCTP 协议是一种单播协议，不支持 IP 组播和广播，其本身的包结构也不可避免地存在一定系统开销。所以 SCTP 协议并不能完全满足实时网络或集群系统内部通信的要求。

采用任何一种 TCP 协议或是 SCTP 协议，都会占用系统大量的资源，对系统的性能和健壮性产生较大的影响。由于 UDP 面向的非连接性，协议中也没有端到端流量控制功能，协议开销较小，所以 UDP 多被选来支持实时应用。

如果在同一网络环境下同时采用 TCP 和 UDP 两种协议，由于两种协议设计的目标不同，当发生网络拥塞和资源争用时，UDP 数据流与 TCP 数据流之间将互相影响。

UDP 在争用网络资源时对 TCP 的影响涉及网络拥塞控制机制。而网络拥塞控制又可分为网络方和主机方的行为。对于这种划分的原因，还要从 Internet 的服务模型方面来看。Internet 是一种尽力传递的网络，也就是说它不针对个别数据流提供服务质量上的承诺，同等对待所有的数据包。这种服务模型具体表现在路由器对数据包的调度和缓冲区的管理上。一般的服务策略是先来先服务，对于数据包缓冲也是共享同一个系统缓冲区。这样，就造成网络不能区分一对主机间的数据流，更不能区分同一主机间的多个不同的数据流。因此，网络不能进行有针对性的拥塞控制。所以，拥塞控制的任务就要由网络外部来承担。

除了网络本身的拥塞控制能力之外，主机也可以进行端到端的拥塞控制，即流量控制。这种控制是针对特定数据流的，这正是网络拥塞控制所不具有的。但同时，它也存在弱点。主机在进行拥塞控制时不像网络能获得全局的拥塞信息，它只局限在本主机和与之通信的对方主机的情况。而且，也不能保证全网采用相同的拥塞控制方法。

为了实现端到端的拥塞控制，就要求 Internet 上有统一的控制机制。这正是 TCP 协议的作用。也就是在这一点上，因为以 UDP 为基础的应用的拥塞控制机制自身不统一,更与TCP的不同才造成了UDP在争用网络资源时对TCP的影响。

UDP协议是一种面向无连接的传输层协议,它的设计目的是在IP层之上提供多路复用。由于是无连接的,协议中也没有端到端流量控制功能,因此协议开销较小。正因如此,UDP多被选来支持实时应用,而这些应用对于流量控制的策略也是不固定的。这就可能导致对TCP流的影响,而UDP数据流的带宽使用情况受TCP流的影响不大。这是由于UDP数据流是恒定比特速率的,没有端到端的流量控制。因此不论网络是否拥塞,都不会改变发送速率。而TCP流则不同,发生拥塞(出现丢包)时,马上将发送窗口变为最小重新开始,而且窗口大小的阈值也减小,而重新启动后,TCP数据流仍然受到UDP数据流的极大影响,数据传输率仍然处于较低的水平。结果是在局域网这类拥塞信息反馈迅速的环境中,会使得带宽被UDP占据,TCP流持续拥塞。因为TCP减小窗口的速率比增大的快,所以它的发送窗口将被维持在较小的水平上。

为了减少系统中UDP数据流对TCP数据流的影响,只有将采用这两种协议的作业内容从物理上隔离开来。一种解决方案是将提供各种比例尺的地图数据及各种分辨率的遥感影像数据等地图服务数据与提供位置数据的位置服务分布在不同的机器上,但这样将增加系统运行的硬件成本,更加重要的是将增加系统设计的复杂程度,因为这样将直接增加数据传输的节点。

3.2.4 应用层协议

1. HTTP协议

超文本传输协议(Hypertext Transfer Protocol,HTTP)协议是万维网(World Wide Web,WWW)的基础。它是一个简单的协议,客户进程建立一条同服务器的TCP连接,然后发出请求并读取服务器进程的响应,服务器进程关闭连接表示本次响应结束。

HTTP协议由于其简捷、快速的特点,适用于分布式和合作式超媒体信息系统。自1990年起,HTTP就已经被应用于WWW全球信息服务系统。HTTP允许使用自由答复的方法表明请求目的,它建立在统一资源识别器(URI)提供的参考原则下,作为一个地址(URL)或名字(URN),用以标志采用哪种方法,它用类似于网络邮件和多用途网际邮件扩充协议(MIME)的格式传递消息。HTTP也可用作普通协议,实现用户代理与连接其他Internet服务(如SMTP、NNTP、FTP、GOPHER及WAIS)的代理服务器或网关之间的通信,允许基本的超媒体访问各种应用提供的资源,同时简化了用户代理系统的实施。

HTTP协议具有以下主要特点:

(1) 支持客户/服务器模式

简单快速:客户向服务器请求服务时,只需要传送请求方法和路径。请求方法常用的有GET、HEAD、POST,每种方法规定了客户与服务器联系的类型不同。由于HTTP协议简单,使得HTTP服务器的程序规模小,因而通信速度快。

(2) 灵活:HTTP允许传输任意类型的数据对象,传输的类型由Content_Type加以标记。

(3) 无连接：每次连接只处理一个请求，服务器处理完客户的请求，并收到客户的应答后，即断开连接。采用这种方式可以节省传输时间。

(4) 无状态：HTTP 协议是无状态协议。无状态是指协议对于事物处理没有记忆功能。缺少状态意味着如果处理需要前面的信息，则它必须重传，这样可能导致每次连接传送的数据量增大，而在服务器不需要先前信息时它的应答就较快。

HTTP 是一种请求/响应式的协议。一个客户机与服务器建立连接后，发送一个请求给服务器，请求的格式是：统一资源标识符（URI）、协议版本号，后面是类似 MIME 的信息，包括请求修饰符、客户机信息和可能的内容。服务器接到请求后，给予相应的响应信息，其格式是：一个状态行包括信息的协议版本号、一个成功或错误的代码，后面也是类似 MIME 的信息，包括服务器信息、实体信息和可能的内容。

2. FTP 协议

FTP 协议是专门用于文件数据传输的协议，它遵循 RFC959，目标是促进文件共享（包括计算机程序和数据）；鼓励直接或通过程序使用远程计算机；可靠有效地传输数据。RFC959 定义的文件传输协议被 RFC2228、RFC2640、RFC2773 等更新。其中，RFC2228 是 FTP 的安全扩展；RFC2640 对 FTP 进行了国际化；RFC2773 是用 KEA 和 SKIPJACK 对文件传输加密。SFTP 使用加密方式传输认证信息和数据，如果对网络安全性要求更高，则可以使用 SFTP 代替 FTP，但它的传输效率比普通的 FTP 要低得多，通常用于传输小型敏感数据。

由文件传输协议（FTP）提供的文件传送是将一个完整的文件从一个系统复制到另一个系统中。要使用 FTP，就需要有登录服务器的注册账号，或者通过允许匿名 FTP 的服务器来使用。FTP 最早的设计是用于两个不同的主机，这两个主机可能运行在不同的操作系统下、使用不同的文件结构、可能使用不同的字符集。FTP 支持有限数量的文件类型（ASCII，二进制）和文件结构（面向字节流或记录）。

FTP 与 HTTP 应用不同，它通过两个 TCP 连接传送一个文件，这两个连接分别为控制连接和数据连接。服务器以被动的方式打开 FTP 的端口 21，等待客户连接，客户则以主动方式打开 TCP 端口 21 来建立连接。控制连接始终等待客户与服务器之间的通信。该连接将命令从客户传给服务器，并传回服务器的应答。由于命令通常是由客户键入的，所以 IP 对控制连接的服务特点就是"最大限度地减小延迟"。另一种连接是数据连接，它是传输数据的全双工连接。传输数据可以发生在服务器与用户之间，也可以发生在两个服务器之间。由于该连接用于传输目的，所以 IP 对数据连接的服务特点就是"最大限度提高吞吐量"，并且它不用整个服务时间都存在。所以 FTP 的主要功能如下：

(1) 提供文件的共享（计算机程序/数据）；

(2) 支持间接使用远程计算机；

(3) 使用户不因各类主机文件存储器系统的差异而受影响；

(4) 可靠且有效的传输数据。

3. POP 协议

POP（邮局协议）使用 TCP 作为传输协议，允许工作站动态访问服务器上的邮件，目前已发展到第三版，称为 POP3。POP3 允许工作站检索邮件服务器上的邮件。POP3 传输的是数据消息，这些消息可以是指令，也可以是应答。

创建一个分布式电子邮件系统有多种不同的技术支持和途径：POP、DMSP（分层式电子邮件系统协议）和 IMAP（因特网信息访问协议）。其中，POP 协议创建最早因此也最为人们了解；DMSP 具有较好的支持"无连接"操作的性能，但其很大程度上仅限于单个应用程序；IMAP 提供了 POP 和 DMSP 的扩展集并提供对远程邮件访问的三种支持方式：离线、在线和无连接。

POP 协议支持"离线"邮件处理。其具体过程是：邮件发送到服务器上，电子邮件客户端调用邮件客户机程序以连接服务器，并下载所有未阅读的电子邮件。这种离线访问模式是一种存储转发服务，将邮件从邮件服务器端送到个人终端机器上，一般是 PC 机或 MAC。一旦邮件发送到 PC 机或 MAC 上，邮件服务器上的邮件将会被删除。

4. SMTP 协议

SMTP（简单邮件传输协议）是一种提供可靠且有效电子邮件传输的协议。SMTP 是建模在 FTP 文件传输服务上的一种邮件服务，主要用于传输系统之间的邮件信息并提供来信有关的通知。

SMTP 独立于特定的传输子系统，且只需要可靠有序的数据流信道支持。SMTP 重要特性之一是其能跨越网络传输邮件，即"SMTP 邮件中继"。通常，一个网络可以由公用互联网上 TCP 可相互访问的主机、防火墙分隔的 TCP/IP 网络上 TCP 可相互访问的主机及其他 LAN/WAN 中的主机利用非 TCP 传输层协议组成。使用 SMTP，可实现相同网络上处理机之间的邮件传输，也可通过中继器或网关实现某处理机与其他网络之间的邮件传输。

5. BBFTP 协议

BBFTP 是一个传输大型文件的 FTP 软件，同时它也是基于 FTP 协议的一种新的数据传输协议。它能在高性能终端个人电脑之间可靠地传输和存储数据，尤其用来优化传输大型文件（超过 2GB），因为 BBFTP 实现了 RFC1323（TCP 高性能扩展）中定义的"大窗口"，使之更适合传输大文件，而不适合用来传输小文件。

6. SOAP 协议

简单对象访问协议（Simple Object Access Protocol，SOAP），是一种轻量的、简单的、基于 XML 的协议，它被设计成在 Web 上交换结构化的和固化的信息。SOAP 可以和现存的许多因特网协议和格式结合使用，包括超文本传输协议（HTTP）、简单邮件传输协议（SMTP）、多用途网际邮件扩充协议（MIME）。它还支持从消息系统到远程过程调用（RPC）等大量的应用程序。SOAP 使用基于 XML 的数据结构和超文本传输协议的组合定义了一个标准的方法来使用 Internet 上各种不同操作环境中的分布式对象。

SOAP 协议是一种在松散的分布式环境中用于点对点之间交换结构化和类型信息的简单的轻量协议。SOAP 是计算机之间交换信息的一个通信协议，它与计算机的操作系统或编程环境无关。在 SOAP 中 XML 用于消息的格式化，HTTP 和其他的 Internet 协议用于消息的传送。

SOAP 为信息交换定义了一个消息协议。SOAP 的一部分说明了使用 XML 来描述数据的一些格式。SOAP 的另外一部分定义了一个可扩展的消息格式，用于方便地使用 SOAP 消息格式描述远端程序（RPC），并且和 HTTP 协议进行捆绑（SOAP 消息也可以通过其他协议交换，但是目前的说明仅仅定义了和 HTTP 协议捆绑的内容）。SOAP 已经成为万维网联盟（World Wide Web Consortium，W3C）推荐的 Web Service 间交换的标准消息格式。

SOAP 有以下几个特点：

（1）SOAP 使用简单。客户端发送一个请求，调用相应的对象，然后服务器返回结果。这些消息是 XML 格式的，并且封装成符合 HTTP 协议的消息。因此，它符合任何路由器、防火墙或代理服务器的要求。

（2）SOAP 不需要任何对象模型，也不需要通过其他的通信实体来使用对象模型。在避免对象模型的基础上，SOAP 将大部分对象功能（如初始化代码和垃圾堆积）留给客户端和服务器端工作的底层，同时其他功能（如信号编辑）则可以留给 SOAP 综合已有的应用程序和底层结构来完成。

（3）SOAP 可以使用任何语言来完成，只要客户端发送正确 SOAP 请求（也就是说，传递一个合适的参数给一个实际的远端服务器）。SOAP 没有对象模型，应用程序可以捆绑在任何对象模型中。

在 SOAP 中，双方使用 SOAP 消息来实现请求/响应通信。SOAP 消息是一种从一个发送者到一个接收者的单向传输，所有消息都是 XML 文档，它们具有自己的模式，也包括对于所有元素和属性的正确的命名控件。

虽然这种传输方式是一种完全跨异构平台进行数据传输的方式，但是这种方式却存在两个方面的问题。一方面，在这种方式中，SOAP 消息是一种基于 XML 的文档消息，无法直接保存二进制数据，因此需要将二进制数据转化为字符数据才能够将数据封装在 SOAP 消息中。在接收到数据之后，又需要将字符转化为二进制数据。编码、解码过程需要一定的时间。同时将二进制数据转换为字符数据会增加一定的数据量。例如，采用 Base64 编码方式在最坏的情况下会增加近 33% 的数据量。这两方面的开销都会损耗数据传输的性能。

7. GridFTP 协议

网格文件传输协议（Grid File Transfer Protocol，GridFTP）是一个独立于底层架构的通用协议，它不仅使用 GSI 和 Kerberos 技术来提供安全保障，而且为实现高性能、可靠与断点续传等要求提供了各种传输特征。GridFTP 完全兼容 FTP，在 FTP 的基础上，GridFTP 及基于其上的工具集为网格数据传输提供了如下特征：

（1）网格大都运行在广域网环境中，这就需要更高的带宽。使用多个 TCP 流（并行传输）可以更充分地利用并提高传输带宽。而 GridFTP 中修改了 RETR 指令以使它可以指定 TCP 流的数目，同时引入了 EBLOCK（Extended Block）模式（包括 8 位标志符、64 位长度、64 位偏移量和数据），以支持并行传输、部分传输和带状传输。

（2）窗口大小是 TCP/IP 中获取最大带宽的关键参数，针对不同的网格环境、文件大小和文件集类型应该设置不同的值。使用最优的 TCP Buffer/Window 大小可以有效地提高数据传输性能。GridFTP 增加的新指令 SBUF 和 ABUF，就是分别用来手工指定和使用某种算法自动调整 TCP Buffer/Window 大小。

（3）安全认证是网格计算的重点和难点。Globus 中 GSI（Grid Security Infrastructure）使用 PKI、X.25 和 SSL 作为整个安全系统的基础，分为授权、双重认证、私有通信、安全私钥、代理和单一系统登录部分，建立了非集中管理的、包括多个不同组织的安全系统。而 GridFTP 支持 GSI 和 Kerberos 认证，以满足用户控制不同层次上的数据完整性及保密性设定的要求。

大规模的分布系统拥有大量的数据集，在存储服务器间进行第三方控制的传输是很有必要的。用户可以启动和监控两台服务器间的数据传输，为使用多点资源提供了保障，而且无需进行数据中转。GridFTP 在原有 FTP 标准第三方传输的功能上添加了 GSSAPI（Generic Security Service API）安全机制。

许多时候网格计算只需要文件中的部分数据或者一个数据子集，FTP 和 HTTP 协议只支持从某一偏移量开始到整个文件末的传输，而 GridFTP 使用 ERET、ESTO 等命令可支持部分文件传输。同时网格的特殊性也使得连接状况较难预测，因此传输中断后的恢复必不可少，而 GridFTP 保留了 FTP 协议中的断点续传功能。

带状（Striped）传输使用多个 TCP 流来传输分布在多个服务器上的数据，因为在网格中数据往往会分布在多存储点上，这样就可以大大增加客户端传输带宽，提高速率。GridFTP 使用扩展的 RETR 指令，并有分区和分块两种策略来进行带状传输，SPAS、SPOR 命令可分别用来设置被动和主动模式。

但是在实际应用时，GridFTP 并不具备跨越所有异构环境进行数据传输的能力。主要体现在 GridFTP 在某些情况下无法顺利地跨越防火墙进行数据传输。一方面，由于 GridFTP 设计上的原因，基于 GridFTP 发送的数据在通过某些防火墙时存在丢失连接等问题；另一方面，网格的组成者和使用者来自地理上分布的机构或组织，各机构或组织出于安全的考虑通常都会设置防火墙，并采取不同的防火墙策略。在这种情况下可能由于防火墙配置的原因造成 GridFTP 传输的数据无法通过。例如，防火墙被配置为只允许特定协议的数据通过，其他协议的数据就会被过滤掉。通过防火墙接入网格的主机由于权限的限制通常也无法修改防火墙的配置。鉴于网格环境下有跨越防火墙进行数据传输的实际需求，而采用 GridFTP 又无法满足这种要求，为了完整地解决跨异构平台数据传输的问题，就需要解决跨防火墙数据传输的问题。

在应用层，对各类数据传输采用 GridFTP 协议是比较理想的。GridFTP 协议可以通过采用并行数据传输，动态改变 TCP Buffer/Window 大小来实现数据的高速传输。但是，事实上由于以下等多种原因，其各个方面的优越性能并不会得到充分发挥。

① TCP Buffer/Window 大小。TCP Buffer/Window 大小的调整对数据传输的效率

有一定的影响。如果 TCP Buffer/Window 设置太大，就会造成更多的编码、解码时间，以及更大的内存消耗。在使用单一传输服务实例时，意味着更多的闲置时间；如果 TCP Buffer/Window 设置太小，就会增加传输的次数，同样会降低传输的性能；如果采用了数据压缩机制，TCP Buffer/Window 的大小将直接影响到数据的压缩效果；TCP Buffer/Window 的大小同样会影响到并行数据传输的数据传输效率。

② 并行数据传输。GridFTP 引入了并行数据传输，通过建立多对数据通道来提高传输的性能。这是因为 GridFTP 是在 TCP 的基础上实现的，TCP Socket 的吞吐量受到 TCP Buffer/Window 大小的限制。典型的 TCP Buffer/Window 的大小是 64K，这对于高速的网络接口是太小了。为了更多地利用资源，使用并行传输，就可以达到提高性能的目的。GridFTP 允许同时建立几对数据通道采用并行流的方式来传输单个文件，以提高系统的传输性能。然而并行传输也带来了问题：服务器端的数据通道都是通过同一个物理网络接口，这就限制了数据传输的速率。这是因为现在的操作系统可以支持动态改变 TCP Buffer/Window 的大小，可以通过控制通道设置 TCP Buffer/Window 大小到 1GB，但是传输仍然有可能被其他的因素减慢。在拥挤的网络环境中，由于网络原因、软件原因、路由器的策略选择和拥塞控制策略，使得 TCP 连续发生丢包。这个时候，由于自动恢复机制，TCP 的慢启动过程会使得传输的速率减慢。通过使用并行可以在连接发生拥塞的时候，获得更多的资源。而这种情况发生的时候比较少，但在广域环境中还是可能发生的。并行传输带来的最直接的问题是它对网络资源的占用是不受限制的，很可能造成网络的拥塞，尤其是在多用户对服务器进行并发访问时，这类问题显得更加突出且出现的几率尤其频繁。

对于同一物理的网络接口，并行传输确实能提高一些性能，但是这种提高受到网络的物理限制，并不能够充分利用资源，并且并行传输的性能提高是有限的，但更加容易造成网络的拥塞，所以在地理信息服务系统中，对大数据文件的传输过程，并行数据传输机制的使用对数据服务器硬件环境和软件要求是非常苛刻的，否则对系统的稳定性和健壮性的影响是很大的。

③ 条状数据传输。并行数据传输在地理信息服务中的局限性主要是因为所有的数据通道都使用同一个物理网络接口。而 GridFTP 中的条状数据传输机制则可以在多台机器间建立传输通道。与并行数据传输的不同之处是，传输的被动方可以是多台主机，监听在不同的机器上而不是同一台主机。由于主机在地理上是分布式的，使用各自独立的网络接口资源，所以传输的性能可以得到显著提高。而这种结构的实现还依赖于如何实现服务的分布，在各个条状数据传输之间完成协同的工作以及中央的存储控制。可以利用复制（Replica）来对数据进行分布存储以及对各个存储资源进行控制，实现逻辑文件到物理地址的映射，利用 GridFTP 的条状数据传输来提高数据传输的性能。

3.3 通信平台的集成构成

通信网络的集成，必须按照先进、可靠、长远发展的要求进行，以适应将来数字化、网络化、系统化和多维化发展的需要。

地理信息服务中通信平台集成可以由若干通信集成子系统构成。通信集成子系统主要包括集群通信与卫星通信的集成、蜂窝移动通信与卫星通信的集成、蜂窝移动通信与集群通信的集成等。这些通信子系统有机地结合到一起构成整个通信平台的集成。两种或者多种通信技术有机地融合到一起构成通信平台，这样的通信平台往往可以适应某一行业的需要。通信子系统可以说是整个通信平台某一方面的不同表现形式。

（1）集群通信与卫星通信集成。首先可以考虑在移动目标群中采用集群通信技术作为通信手段，集群通信可以确保在一定范围内的移动目标之间沟通的便利，同时也发挥了集群通信系统的特长，如一对多的语音业务。在不同的移动群之间采用卫星通信的方式，充分地利用卫星通信的覆盖面广、地域应用广泛的特点，从而广泛增加了移动目标群之间的联系。这两种通信技术有机地结合到一起构成通信平台子系统保密性相对较好，可以广泛的应用到国防、军队建设等部门。

（2）蜂窝移动通信与卫星通信集成。蜂窝移动通信方式可以应用在网络覆盖比较密集的区域，同时蜂窝移动通信的投资相对较低，比如相对集群通信可以减少租用频点和应用范围受限等问题，同时配合卫星的通信方式（用来提供导航或者数据传输）来完成实际的需要。这种通信集成子系统可以广泛地应用在国民经济建设中，如具有监控调度功能的出租车管理系统、银行运钞系统、物流监控管理系统等。

（3）卫星通信与 Internet 通信集成。卫星通信系统依靠其不受通信环境的限制而得到广泛应用，但其本身应用费用昂贵，使其应用受到了限制。Internet 由于在全球范围内的广泛应用、付费方便快捷等特点而得到认可。这两种通信集成到一起构成的通信平台可以广泛应用到海上应用系统。例如，海上遇险系统通过卫星通信与 Internet 相连在全球范围内发出求救信号。

不同的系统可以说是通信平台集成系统在某一方面的应用的缩影。多种的通信方式有机地融合到一起可以构成通信平台的集成。这种通信平台具有多种通信技术特性，可以适合不同的业务需求。多种通信技术集成的模式，各种通信技术有机地集成到一起，充分地发挥了各自的优点，摒弃了其缺点，在理论概念上实现了通信平台的有机集成。不同的通信技术集成的最终归宿是在互联网这一层次实现整体的集成，这一设想随着技术的进一步发展更加表露无遗。

通信网络的集成，必须按照先进、可靠、长远发展的要求进行，以适应将来数字化、网络化、系统化和多维化发展的需要，并在总体规划的指导下，按照现有条件分期、分步实施，充分考虑有、无线系统的互连。网络设计要考虑到进一步与其他各公司的联网，实现多功能调度集合。系统应具备相当的网络设备容量及处理能力，软硬件预留接口，使系统具有充分的可扩充性。通信网络的实时性、可靠性和稳定性是系统集成成败的关键。

服务中心要充分体现系统集成的思想，将服务中心的各分系统有机地结合起来，并在总体规划的指导下，按照现有条件分期、分步实施，充分考虑有、无线系统的互联。网络设计要考虑到进一步与其他系统的联网，实现多功能调度集合。系统应具备相当的网络设备容量及处理能力，软硬件预留接口，使系统具有充分的可扩充性。

第4章 地理空间数据获取与分布式管理

地理空间数据是地理信息服务的"血液"。空间定位与信息化技术的应用,大大开拓了地理信息数据的应用空间,人们迫切需求地理信息现势性好、精度高和范围广的地理空间数据。如何快速生产和更新地理空间数据,满足各行各业建设对于空间基础地理信息的需求,是地理信息服务产业中首先要解决的关键问题。地理空间数据获取主要数据来源是纸质地图,局部地区的交通信息更新最经济最有效的手段是差分GPS支持下的外业调查系统,大区域的地理空间数据生产与更新可以采用遥感卫星图像与航空测量。不管采用哪种数据来源来建立和维护地理空间数据库都需要在空间数据库管理系统支持下进行。本章4.1节介绍地理空间数据的产品种类,4.2节讨论遥感图像处理方法,4.3节讨论GPS道路数据获取和处理,4.4节探讨地理空间数据分布式管理,最后一节探讨地理信息服务的地理空间元数据问题。

4.1 地理空间数据产品种类

地理信息数据主要包括大地控制点数据、重力场数据、磁场数据、航空航天遥感图像、各种比例尺矢量地形图数据。地理信息数据生产者主要是国家测绘部门、军事部门和专业测绘公司。地理信息数据主要的用户是政府的土地、资源、环境、规划、房产等部门,以及专业化公司(电信、电力等)和公众服务。基础地理空间数据(图4.1)包括数字线划地图(DLG)、数字高程模型(DEM)、数字正射影像(DOM)、数字栅格地图(DRG)以及相应的元数据库(MD)。

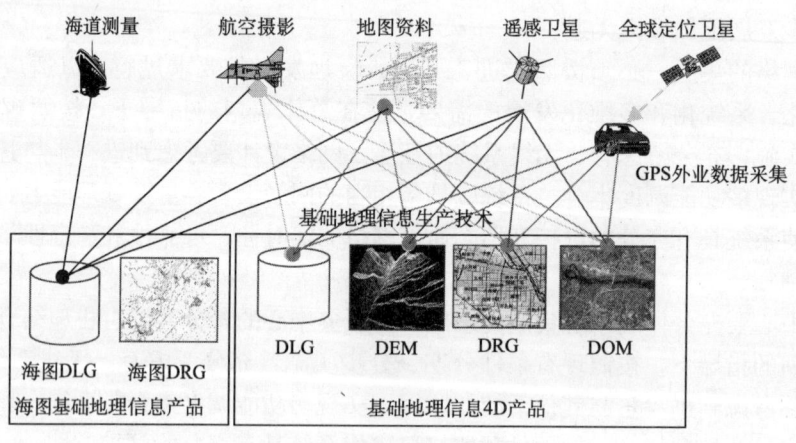

图4.1 基础地理信息产品

1. 数字线划地图

数字线划地图含有行政区、居民地、交通、管网、水系及附属设施、地貌、地名、测量控制点等内容。它既包括以矢量结构描述的带有拓扑关系的空间信息，又包括以关系结构描述的属性信息。用数字地形信息可进行长度、面积量算和各种空间分析，如最佳路径分析、缓冲区分析、图形叠加分析等。数字线划地图全面反映数据覆盖范围内自然地理条件和社会经济状况，它可用于建设规划、资源管理、投资环境分析、商业布局等各方面，也可作为人口、资源、环境、交通、报警等各专业信息系统的空间定位基础。基于数字线划地图库可以制作数字或模拟地形图产品，也可以制作水系、交通、政区、地名等单要素或几种要素组合的数字或模拟地图产品。以数字线划地图库为基础同其他数据库有关内容可叠加派生其他数字或模拟测绘产品，如分层设色图、晕渲图等。数字线划地图库同国民经济各专业有关信息相结合可以制作各种不同类型的专题测绘产品。

2. 数字高程模型

数字高程模型是定义在 X、Y 域离散点（规则或不规则）的以高程表达地面起伏形态的数据集合。数字高程模型数据可以用于与高程有关的分析，如地貌形态分析、透视图、断面图制作、工程中土石方计算、表面覆盖面积统计、通视条件分析、洪水淹没区分析等方面。除高程模型本身外，数字高程模型数据库可以用来制作坡度图、坡向图，也可以同地形数据库中有关内容结合生成分层设色图、晕渲图等复合数字或模拟的专题地图产品。

3. 数字正射影像

数字正射影像数据是具有正射投影的数字影像的数据集合。数字正射影像生产周期较短、信息丰富、直观，具有良好的可判读性和可测量性，既可直接应用于国民经济各行业，又可作为背景从中提取自然地理和社会经济信息，还可用于评价其他测绘数据的精度、现势性和完整性。数字正射影像数据库除直接提供数字正射影像外，还可以结合数字地形数据库中的部分信息或其他相关信息制作各种形式的数字或模拟正射影像图，并可以作为有关数字或模拟测绘产品的影像背景。

4. 数字栅格地图

数字栅格地图是现有纸质地形图经计算机处理后生成的栅格数据文件。纸质地形图扫描后经几何纠正（彩色地图还需经彩色校正），并进行内容更新和数据压缩处理得到数字栅格地图。数字栅格地图保持了模拟地形图全部内容和几何精度，生产快捷、成本较低。数字栅格地图可用于制作模拟地图，可作为有关的信息系统的空间背景，也可作为存档图件。数字栅格地图数据库的直接产品是数字栅格地图，增加简单现势信息可用其制作有关数字或模拟事态图。

5. 专题数据

专题数据是指土地利用数据、地籍数据、规划管理数据、道路数据、文物保护数据、农业数据、水利数据等，可采用矢量数据结构或栅格数据结构进行存储和管理。

4.2 遥感影像几何纠正

遥感对地观测是人类获取地球空间信息的重要手段之一，是地理信息服务的主要数据源。摄影测量与遥感技术的快速发展使得实时、全天候、大面积获取高精度、高分辨率、多时相、多光谱的数字影像成为现实，但与之相反的却是图像处理的理论和技术手段的严重滞后。摄影测量与遥感研究的重点是从数字影像自动提取所摄对象的空间和属性信息，使之成为地理信息系统的重要数据来源。地理数据的快速获取与更新已成为困扰摄影测量、遥感、地理信息系统等领域的一个难题。许多国家目前已完成覆盖全国的基本比例尺地形图的测图计划，但由于经济的迅速发展和自然因素的影响，地表在不断发生变化，因而地图修测成为当前的主要任务。遥感影像（包括航空影像和卫星影像，特别是高分辨率的卫星影像）是目前地图更新主要的、也是最有效的数据源。遥感影像和地图的精确配准是地图更新的首要步骤。所谓配准就是求解影像的外参数（外方位元素），对其进行纠正和地理编码，建立和要更新数据的对应关系，其配准精度决定了更新的精度。

卫星在成像时，原始影像会受到多种误差的影响而发生几何畸变，因此影像必须进行几何校正，为后续的几何测量提供支持。但由于遥感图像形成与获取的内在规律决定了遥感图像并不能被直接应用，因为图像上各地物的几何位置、形状、尺寸、方位等特征与在参照系统中的表达要求不一致，这时人们需要对其进行一系列的处理，如噪声过滤、辐射校正、影像增强等，这些可以让图像趋向于准确反映地物特征，可是还不能消除诸如行列不均匀、像元大小与地面大小对应不准确、地物形状不规则变化等畸变，这些说明遥感图像存在几何畸变。遥感图像的总体变形（相对于地面真实形态而言）是平移、缩放、旋转、偏扭、弯曲及其他变形综合作用的结果。消除这种畸变的处理过程就叫几何校正。

遥感图像的几何校正是遥感信息处理过程中一个十分重要的环节。它的重要性主要体现在以下三个方面：第一，作为地球资源及环境的遥感调查结果，通常需要用能够满足量测和定位要求的各类专题图来表示。而这些图件的产生则要求对原始图像的几何畸变进行校正；第二，当应用不同传感方式、不同光谱范围以及不同成像时间的各种同一地域复合图像数据来进行计算机自动分类、地物特征的变化监测或其他应用处理时，必须保证各不同图像间的几何一致性，即需要进行图像间的几何配准，以便满足复合处理原理上的正确性；第三，利用遥感图像进行地形图测图或更新，是卫星遥感的发展方向之一，它对遥感图像的几何校正提出更严格的要求。

4.2.1 遥感图像产生几何畸变的原因

地物目标发出的电磁波被卫星上所载传感器接收,这些电磁波记录和传达了地物目标的信息,这是遥感图像成像的过程也是它的内在规律。在这个过程中图像的几何畸变也随即产生,其中原因很多,主要表现在以下几个方面:

(1) 卫星位置和运动状态变化的影响。卫星围绕地球按椭圆轨道运动,引起卫星航高和飞行速度的变化,导致图像对应产生偏离与在卫星前进方向上的位置错动。另外,运动过程中卫星的偏航、翻滚和俯仰变化也能引起图像的畸变。以上误差总的来说,都是因为传感器相对于地物的位置、姿态和运动速度变化产生的,属于外部误差。此外,由于传感器本身原因产生的误差,即内部误差,这类误差一般很小,通常人们不作考虑。

(2) 地球自转的影响。大多数卫星都是在轨道运行时接收图像,即当地球自西向东自转时,卫星自北向南运动。这种相对运动的结果会使卫星的星下位置产生偏离,从而使所成图像产生畸变。

(3) 地球表面曲率的影响。地球表面是不规则的曲面,这使卫星影像成像时像点发生移动,像元对应于地面的宽度不等。特别是当传感器扫描角度较大时,影响更加突出。

(4) 地形起伏的影响。当地形存在起伏时,使原来要反映的理想的地面点被垂直在其上的实际某高点所代替,引起图像上像点也产生相应的偏离。

(5) 大气折射的影响。由于大气圈的密度是不均匀分布的,从下向上越来越小,使得整个大气圈的折射率不断变化,当地物发出的电磁波穿越大气圈时,经折射后的传播路径不再是直线而是一条曲线,从而导致传感器接收的像点发生位移。

4.2.2 遥感图像几何校正的原理

框幅式遥感影像图的几何校正手段分为光学校正和数字校正。传统的遥感影像图校正多采用光学校正,这种方法在数学上有一定的局限;而数字校正建立在严格的数学基础上,可以逐点逐行进行校正,所以它能使各种类型传感器图像实行严格校正。通过数字校正,改正原始图像的几何变形,产生符合某种地图投影的新图像。遥感影像图的几何校正目前有三种方案,即系统校正、利用控制点校正以及混合校正。遥感数据接收后,首先由接收部门进行校正,这种校正叫做系统校正(又叫做几何粗校正),即把遥感传感器的校准数据、传感器的位置、卫星姿态等测量值代入理论校正公式进行几何畸变校正;而用户拿到这种产品后,由于使用目的的不同或投影及比例尺不同,仍需要做进一步的几何校正,这就需要对其进行几何精校正即利用地面控制点(Ground Control Point,GCP,遥感图像上易于识别,并可精确定位的点)对因其他因素引起的遥感图像几何畸变进行纠正。几何畸变校正可分为几何粗校正和几何精校正。几何粗校正的服务通常由卫星接收系统提供,所以在此重点讨论图像几何精校正。从物理上看,畸变就是像素点被错误放置,即本该属于此点的像素值却在他处。因此可用两种方法实现畸变图像的校正:一是把被错置的像素点放到应在的位置上,此方法被称为直接变换法;二是取回属于该位置的像素值,此方法被称为重采样法(图 4.2 给出了两种方法的示意图)。

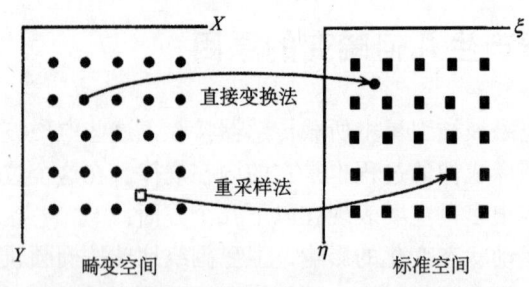

图 4.2 几何精校正中的空间转换示意图

几何精校正就是利用地面控制点 GCP 对各种因素引起的遥感图像几何畸变进行校正。从数学上说，其原理是通过一组 GCP 建立原始的畸变图像空间与校正空间的坐标变换关系，利用这种对应关系把畸变空间中全部元素变换到校正空间中去，从而实现几何精校正。这里以校正空间为高斯-克吕格投影空间为例。原始的畸变图像空间与校正图像空间的坐标变换关系为：

$$\begin{cases} \xi = p(x,y) \\ \eta = q(x,y) \end{cases}$$

或

$$\begin{cases} x = p^{-1}(\xi,\eta) \\ y = q^{-1}(\xi,\eta) \end{cases} \tag{4.1}$$

式中，x、y 为畸变图像空间中的像元坐标；ξ、η 为 x、y 在校正图像空间中对应的像元坐标，称作 x、y 的共轭点。

下面以比较常用的重采样法为例，说明几何精校正过程。重采样法的几何精校正过程包含以下两方面工作。

1. 确定 p^{-1}、q^{-1} 的函数形式

一般做法是用二维 m 阶多项式逼近 p^{-1}、q^{-1} 即：

$$\begin{cases} x = \sum_{j=0}^{m} \sum_{k=0}^{m-j} a_{jk} \xi^j \eta^k \\ y = \sum_{j=0}^{m} \sum_{k=0}^{m-j} b_{jk} \xi^j \eta^k \end{cases} \tag{4.2}$$

然后，根据一组已知像素点（一组 GCP）的对应坐标 (ξ_i, η_j) 和 (x_i, y_j) 确定 a_{ij}、b_{ij}。

2. 确定 (ξ, η) 的灰度值

校正空间像元 (ξ, η) 的灰度值 $g(\xi, \eta)$ 等于原始空间共轭点 (x, y) 的灰度值 $f(x, y)$，由图 4.2 可以看到：(x, y) 通常不是像元点，因此 (x, y) 的灰度值需由 (x, y) 邻近像元点的灰度值内插获得。

4.2.3 遥感图像几何校正的步骤

1. 选择控制点

控制点的选取要以配准对象为依据。控制点除了可从地形图选取外,还可以从遥感图像上选取,其关键在于建立待分配的两种坐标系的对应关系。在选取控制点的时候应选取地形图与遥感图像上易分辨且较精细的特征点,如道路、河流的交汇点、拐弯点、湖泊边缘、城郭边缘等。图像边缘部分一定要选取控制点,以避免外推。同时,采集的控制点应均匀分布于整个矢量地形图上。

2. 建立整体映射函数

根据图像的几何畸变性质及地面控制点的多少来确定校正数学模型,建立起图像与地图之间的空间变换关系。进行坐标类型的转换即使得被校正的图像和对应地形图的坐标类型相一致,一般要把地形图上控制点的位置转换成相应图像坐标中的位置。图像坐标指的是校正后的输出图像坐标,其方位应调整与输入图像相同。坐标系统间的转换是采用回归方法建立两个坐标系统间的转换函数,确定转换系统矩阵来校正图像,使之与地形图相匹配。一般的方法有多项式方法、仿射变换方法等。

3. 重采样内插

为了使校正后的输出图像像元与输入的未校正图像相对应,应根据确定的校正公式,对输入图像的数据重新排列。在重采样中,由于所计算的对应位置的坐标不是整数值,必须通过对周围的像元值进行内插来求出新的像元值。

遥感图像几何校正的精确与否直接关系到应用遥感信息反映地表地物的地理位置和面积的精确度,关系到从图像上获取的信息的准确与否,因此在选择控制点上要十分小心,尽可能提高其精度,并且要对校正结果进行反复的分析比较,必要时还要进行多次校正。几何校正让图像上地物对应的像元出现在它应该在的地方,再通过辐射校正、影像增强等遥感图像处理技术,还图像以"本来面目",然后通过对图像的识别、分类、

图 4.3　影像几何精纠正软件

解译处理实现地面空间上各类资源信息的空间分析研究，使遥感技术深入到实际生产应用中。图 4.3 所示影像几何精纠正软件界面。

4.3 GPS 道路数据获取与处理

车载 GPS 在交通信息采集中，已成为一种主要测量手段。但获取道路点位坐标后并不能简单将这些点连接作为道路添入地理空间数据中。车载 GPS 在道路上采集点位坐标只是行车路线上的点位坐标，不是道路的中心线坐标，并且数据采集时，为了操作方便，往往由计算机控制等时间或等距离采集，没有顾及道路的几何形状特点，坐标采集点不是人们希望的道路的几何形状特点。因此这些信息只能用作原始采集信息。对于大比例尺地图来说，行车路线和道路的中心线坐标的误差明显，必须进行偏心改正才能满足大比例尺地图精度要求，所以车载 GPS 在道路上采集原始坐标还需要进行坐标变换、偏心改正、道路平滑等数据处理（石善斌，2006）。

4.3.1 数据处理系统

数据处理系统主要包括了 GPS 数据处理和矢量数据整理两部分，如图 4.4 所示。

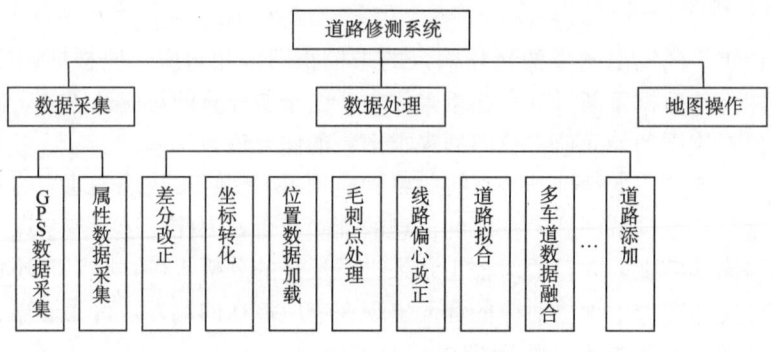

图 4.4 车载 GPS 道路测量系统功能

（1）GPS 数据处理。GPS 数据处理是指对所采集的 GPS 点位数据进行差分改正等工作。直接采用伪距观测数据只能满足比例尺 1∶25 万以下地图的精度，不能满足大比例尺地图的精度。坐标转换是把道路点位的 WGS-84 坐标转换为地图坐标系（一般是 1954 年北京坐标系）的坐标。

（2）矢量数据整理。矢量数据整理主要包括 GPS 数据加载、毛刺点处理、路线偏心改正、道路拟合、多车道数据融合、道路节点编辑、道路添加等过程。

GPS 数据加载就是将经过差分处理后的 GPS 点位数据以直线连接并在电子地图上可视化，初步描述所测道路的形状，在加载 GPS 数据的同时进行坐标转换以及异常点的删除，如对明显脱离行车轨迹的点进行删除。

毛刺点处理就是把线路上采集的一些冗余数据（如中途停车时采集的数据）而形成的"道路毛刺"剔除掉，即删除一些不必要的点。

偏心改正是指车载GPS进行道路施测时，车辆一般靠右行驶，这样所测的轨迹线与实际的道路中心线就有一个系统的偏移量，称之为偏心改正。路线偏心改正就是将原本行车路线上的点改正到道路中心线上。

在GPS数据采集中，道路拟合是指采集到的GPS数据实际上是行车轨迹，而车辆在行驶的过程中由于超车、遇到路障等某些不确定因素不可能与道路中线始终保持一定的距离，因此使路线看起来不是很光滑，所以需要进行道路拟合处理。也就是将改正到道路中线附近的点根据其图形特征进行直线线性拟合，对道路进行平滑处理。

为了更有效地利用车载GPS测量道路，往往对某条道路进行往返测量或多车道测量，最后必须对这些数据进行融合，因此多车道数据融合就是把往返测量或多车道测量采集的数据进行联合处理，减少车辆行驶不稳定所产生的误差。在施测过程中有可能一次对两条道路进行了测量，因此道路截断就是把采集得到的本不应该相连的线路进行截断，同时也便于矢量数据的整理。在对道路进行施测时，为了便于施测可能将一条道路分若干次进行测量，因此道路合并就是把采集中断开的相邻线路合并为一条线路。道路节点编辑主要是利用制图软件增加GPS数据采集不出来的道路节点。道路添加就是把采集的经过编辑的道路矢量数据连同对应的属性信息和交通信息输入到指定的或者单独的图层中。

4.3.2 偏心改正

实际测量过程中，车辆不可能一直在道路中线上行驶，因此所测的结果与待测的道路中线存在一个系统的偏移量。线路称之偏心改正，如图4.5所示。它的值根据道路宽度不同而有所不同，最大可到15m，对于比例尺大于1∶5万的地图，是不可忽略的。因此在进行大比例尺地图的道路测量数据处理时，需要改正这一系统偏移量。

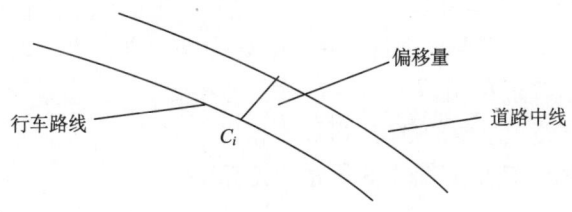

图4.5 线路偏心改正示意图

道路线形一般都是由直线、圆曲线和缓和曲线组成，最典型的组合就是直线＋缓和曲线＋圆曲线＋缓和曲线。因此可将所测道路分解为直线部分、缓和曲线部分以及圆曲线部分，根据线性拟合的结果对道路进行相应的平移改正。但由于道路线性比较复杂，采用这种方法在判断直线、缓和曲线以及圆曲线时对数据采集过程的要求较为严格，实际测量过程中不容易做到。

因此在处理过程中采用了二次插值求导的方法，具体过程如下所述。

设偏心值为R，待测中心点坐标为$C_i(x_i, y_i)$，GPS测点为$C_i'(x_i', y_i')$，二者的差异为$R(\mathrm{d}x, \mathrm{d}y)$，则有：

$$C_i(x_i, y_i) = C_i'(x_i', y_i') + R(\mathrm{d}x, \mathrm{d}y) \tag{4.3}$$

所以，根据行车方向的不同分别有 $\tan^{-1}$。

当 x 值递增时：

$$\begin{cases} x = x' + R\cos(\tan^{-1}(\mathrm{d}y'/\mathrm{d}x') + \pi/2) \\ y = y' + R\sin(\tan^{-1}(\mathrm{d}y'/\mathrm{d}x') + \pi/2) \end{cases} \tag{4.4}$$

当 x 值递减时：

$$\begin{cases} x = x' + R\cos(\tan^{-1}(\mathrm{d}y'/\mathrm{d}x') + 3\pi/2) \\ y = y' + R\sin(\tan^{-1}(\mathrm{d}y'/\mathrm{d}x') + 3\pi/2) \end{cases} \tag{4.5}$$

式中，R 值事先通过测量获得，如能确定 $C_i'(x_i', y_i')$ 的导数值，即可根据上式计算 $C_i(x_i, y_i)$ 值。由于 GPS 获得的是由一系列离散点连成的线路，在短距离内可以认为车辆是匀速的、等间隔的。于是就有：

$$x_{i+1}' - x_i' = x_i' - x_{i-1}' = 1/2(x_{i+1}' - x_{i-1}') = h \tag{4.6}$$

所以，可以用数值微分的方法获得点 $C_i'(x_i', y_i')$ 的导数值，由插值型求导的三点公式得：

$$\left.\frac{\mathrm{d}y}{\mathrm{d}x}\right|_{x=x_i} \approx \frac{1}{2h}[-f(x_{i-1}') + f(x_{i+1}')] \tag{4.7}$$

因此可认为：

$$\left.\frac{\mathrm{d}y}{\mathrm{d}x}\right|_{x=x_i} = \frac{y_{i+1}' - y_{i-1}'}{x_{i+1}' - x_{i-1}'} \tag{4.8}$$

式（4.8）在线路首、尾和任两点 x 值等特殊情况下会出现缺数据、除零等错误。实际上，式（4.8）的几何意义是 $C_i'(x_i', y_i')$ 前后两点组成的直线的斜率值。按照这个理解，在程序中对首、尾两点进行改正后，删除这两点即可，而对于 $x_{i+1}' - x_{i-1}' = 0$ 的情况则直接对 y 值改正 R 值。

利用某市某条道路上采集的部分 RTK 数据做道路偏心改正的实验，结果如图 4.6 所示，道路中线为改正后的结果。

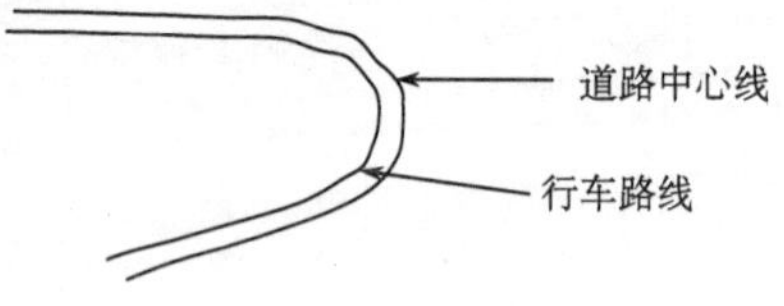

图 4.6 道路偏心改正

4.3.3 道路拟合

采集的 GPS 数据实际上是行车轨迹，而车辆在行驶的过程中由于超车、遇到路障等某些不确定因素不可能与道路中线始终保持一定的距离，因此使路线看起来不是很平滑。我国道路设计时采用的平面曲线主要为直线段、圆曲线段和缓和曲线段，直线部分只需要极少的点即可表示，而由车载 GPS 得到的是由许多点连接而成的折线段，并且不是很光滑，如果将这些折线作为道路成图入库，会增大数据量，且使道路不平滑。因此，在进行处理时需采用道路线性拟合的方式对道路进行光滑处理，同时可以减少成图所需数据。由于在地理空间数据中，曲线是由若干线段组成的。若表示曲线的点数较少则不能达到较好的效果。因此，在道路拟合时，对于精度要求不是很高的地图没有必要对曲线部分进行拟合。所以，这里重点探讨直线段拟合，减少直线表达所需点数。

进行直线段道路拟合时，由于行进的不确定因素，计算机判断准确性较差，可以采用人工判断直线路段。首先假定从第 l 点构成的是一条直线段，点位坐标分别为 (x_i, y_i)，设直线方程为 $Y=aX+b$，则有误差方程 $\Delta_i = aX_i + b - Y_i$，根据等精度观测与最小二乘准则，得：

$$a = \frac{\sum_{i=1}^{n} X_i \sum_{i=1}^{n} Y_i - n \sum_{i=1}^{n} X_i Y_i}{\left(\sum_{i=1}^{n} X_i\right)^2 - n \sum_{i=1}^{n} X_i^2} \quad (4.9)$$

$$b = \frac{\sum_{i=1}^{n} X_i Y_i \sum_{i=1}^{n} X_i - \sum_{i=1}^{n} X_i^2 \sum_{i=1}^{n} Y_i}{\left(\sum_{i=1}^{n} X_i\right)^2 - n \sum_{i=1}^{n} X_i^2} \quad (4.10)$$

在直线 $Y=aX+b$ 上，分别针对在 x 或 y 值域内取若干点即可确定该直线在电子地图上的显示。利用某市某条道路上采集的部分 RTK 数据做道路直线拟合实验（图 4.7），结果如图 4.8 所示，实线为拟合前道路，虚线为拟合后道路。

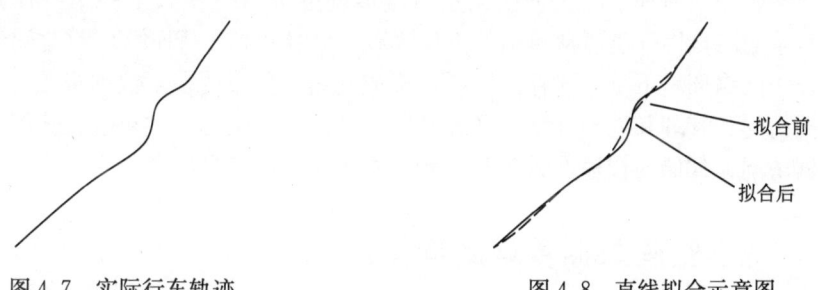

图 4.7　实际行车轨迹　　　　　　　　图 4.8　直线拟合示意图

4.3.4　多车道数据融合

为了更有效地利用车载 GPS 提高道路测量的精度，施测单位往往对某条道路进行往返测量或多车道测量，如图 4.9 所示。在进行数据处理时需要对这些数据进行融合。进行多车道数据融合时，采用偏心改正结合道路拟合的方法。具体实施时，把车辆在道路往返时所测的数据映射改正到道路中线后，以这些改正后的点为样本点作道路拟合处理。

利用某市某条道路上采集的部分 RTK 数据做多车道测量数据融合实验，结果如图 4.10 所示，实线为数据融合前道路，虚线即道路中线为数据融合后道路。

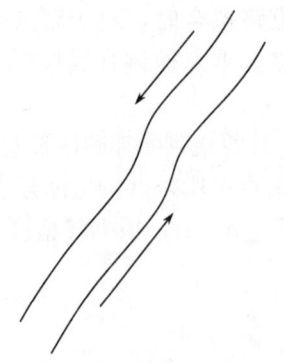 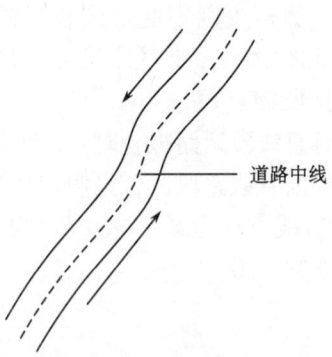

图 4.9　道路两个方向采集的数据　　　　图 4.10　多车道测量数据融合

4.4　地理空间数据分布式管理

地理信息从数据生产到应用整个流程来看，可以将其技术体系划分为信息获取、处理、管理、分发和应用等阶段。地理空间数据管理是地理空间数据分发前的最后环节。如何有效地管理好地理空间数据，满足人们对地理空间数据现势性好、范围广和精度高的要求，为地理信息分发提供一个快速的索引策略，是地理信息服务中的重要环节。空间信息网络服务中地理空间数据已无法沿用传统主机 GIS 模式下的集中存储方式，空间数据显著的海量性（已经从目前的 GB 级和 TB 级达到了 PB 级）和地域分布特征使其更适合于网络环境下分布式存储。通过集成网络上分布的多个数据资源，形成单一虚拟的数据访问、管理和处理环境，屏蔽底层异构的物理资源，建立分布式海量数据的一体化数据访问、存储、传输、管理和服务架构将是空间信息服务的主要模式。

4.4.1　地理空间数据管理结构体系

地理空间数据管理结构体系从集中式管理发展到了分布式管理。分布式地理空间数据管理是由一组地理空间数据组成的，这组数据分布在计算机网络的不同计算机上，网络中的每个结点具有独立处理的能力，可以执行局部的应用程序。同时，每个结点也能通过网络通信子系统执行全局的应用。这就是说，每个数据库是独立的数据库系统。它有自己的数据库、自己的一组终端、自己的中央处理器，运行它自己的局部地理空间数据管理系统，执行局部的应用程序，具有高度的自治性；同时又相互协作组成一个整体，这种整体性的含义是：对于用户来说，从一个分布式数据库系统的逻辑上看，如同一个集中式数据库系统一样，用户可以在任何一个场地执行全局应用。

物理上存放于网络的多个专业的地理空间数据库，逻辑上可以看成一个单个的大地理空间数据库，数据库系统的结构符合部门分布的组织。允许各个部门将自己常用的数据存储在本地，在本地录入、查询、维护，实行局部控制，也可以通过网络对异地数据库中的数据同时进行存取，而服务器之间的协同处理对于工作站用户及应用程序而言是完全透明的。开发人员无需关心网络的连接细节，无需关心数据在网络接点中的具体分布情况，也无需关心服务器之间的协调工作过程。分布式管理的结构框架如图4.11所示。

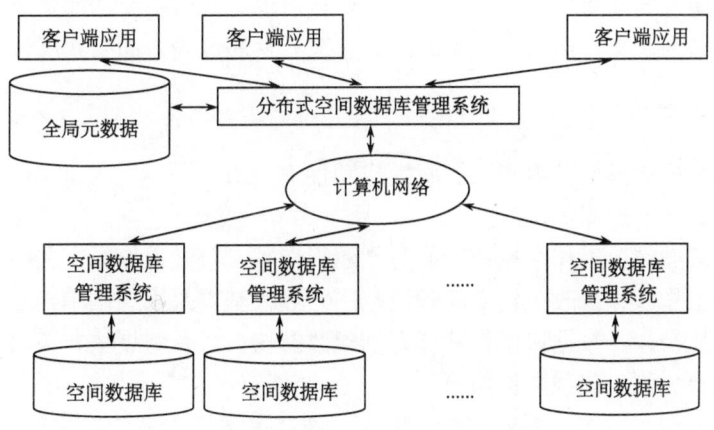

图4.11 分布式空间数据库的体系结构

分布式数据库系统的特点：

（1）分布式数据库系统能方便地把一个新的结点纳入系统，不影响现有系统的结构和系统的正常运行，提供了逐渐扩展系统能力的较好途径，有时甚至是唯一的途径。

（2）充分利用数据库资源，提高现有集中式数据库的利用率。当在一个大部门中已建成了若干个数据库之后，为了利用相互的资源，或为了开发全局应用，就要研制分布式数据库系统。这种情况可称为自底向上地建立分布式系统。这种方法虽然也要对各现存的局部数据库系统做某些改动、重构，但比起把这些数据库集中起来重建一个集中式数据库，则无论从经济上还是从组织上考虑，分布式数据库都是较好的选择。

（3）提高系统的可靠性和可用性。改善系统的可靠性和可用性是分布式数据库的主要目标。将数据分布于多个场地，并增加适当的冗余度可以提供更好的可靠性。对于一些可靠性要求较高的系统，这一点尤其重要，因为这样可以保证一个场地出了故障不会引起整个系统崩溃，故障场地的用户可以通过其他场地进入系统，而其他场地的用户也可以由系统自动选择存取路径，避开故障场地，利用其他数据副本执行操作，不影响业务的正常运行。

4.4.2 地理空间数据管理功能

1. 地理数据库定义模块

（1）地理数据库定义：地理数据库定义的主要内容有数据库名称、数据库元数据、数据库中包含的工作区数和工作区名称。

（2）工作区定义：工作区定义的主要内容有工作区名称、工作区元数据、工作区中包含数据块数、数据块大小、数据块名称。

（3）数据块定义：数据块定义的主要内容有数据块名称、数据块元数据、数据块中包含的要素层数、要素层类型、要素层名称。

(4) 地理数据要素层定义：要素层定义的主要内容有要素层名称、要素层元数据、要素层中包含要素个数。

(5) 基本地理要素对象定义：基本地理要素对象定义的主要功能是对点、线和面状基本要素属性结构定义，包括点要素属性表、线要素属性表、面要素属性表。

2. 地理数据库操作模块

(1) 地理数据库操作：地理数据库操作功能有打开（登录）数据库、装载数据库、关闭数据库、删除数据库等。

(2) 工作区操作：工作区操作功能有创建工作区、打开工作区、关闭工作区、删除工作区、装载工作区、修改工作空间理论范围、修改基本要素属性结构等。

(3) 数据块操作：数据块操作功能有创建数据块、打开数据块、关闭数据块、数据块合并、数据块分割、装载数据块等。

(4) 空间要素层操作：要素层操作功能有创建要素层、打开要素层、关闭要素层、删除要素层、修改层名、要素层合并、要素层分割、图层重组、图层顺序调整、装载要素层、要素层编辑状态设置等。

(5) 地理数据库备份操作：利用 SDBMS 对地理数据备份，也可以利用 DBMS 本身的备份功能。

3. 地理数据获取模块

利用扫描数字化地图进行地理数据自动或半自动采集，将扫描数字化地图（以栅格格式）作为地图图像层中的图像块进行存储，输入必要的控制点信息，进行配准和图像式样调整等处理。在地图图像层的基础上进行地理数据采集。

利用遥感影像提取地理数据来更新数据库，将遥感影像进行正射影像改正，以正射影像形式作为图像块背景进行存储，输入必要的控制点信息，进行配准和图像式样调整等处理。在遥感影像基础上进行地理数据提取。

在显示扫描数字化地图和遥感影像条件下利用地理数据编辑与处理功能以人机交互方式采集地理数据，同时录入必要的属性数据。

可与其他文件格式交换数据，如 Arc/Info 格式、Mapinfo 格式、AutoCAD DXF 等。

4. 地理数据编辑模块

(1) 加入线段：设置当前层为可编辑，选择工具菜单中增加线段项，使用鼠标左键在图上依次点下，形成坐标点串，左键双击时边在鼠标点下处结束，右键点下时则强制形成一个闭合的边。

(2) 删除线段：设置当前层为可编辑，选中要删除的边，选择工具菜单中删除线段按钮，或按下键盘上的"DEL"键。

(3) 加入点：设置当前层为可编辑，选择工具菜单中增加点按钮，在需要加入点的地方鼠标左键点下。

(4) 删除点：设置当前层为可编辑，选中要删除的点，选择工具菜单中删除点按钮,或按下键盘上的"DEL"键。

(5) 边的内点操作——加入内点:设置当前层为可编辑,选中要修改的边,选择工具菜单中加入内点按钮,在选中边上要加入内点的地方点下鼠标左键。

(6) 边的内点操作——删除内点:设置当前层为可编辑,选中要修改的边,选择工具菜单中删除内点按钮,在选中边上要删除内点的地方点下鼠标左键。

(7) 边的内点操作——移动内点:设置当前层为可编辑,选中要修改的边,选择工具菜单中移动内点按钮,在选中边上要移动内点的地方点下鼠标左键并拖动到合适的位置。

(8) 接链:设置当前层为可编辑,选中一条边,按下"SHIFT"键选择另一条边,选择工具菜单中接链按钮,用鼠标依次在两个边待接链的端点点击。

(9) 断链:设置当前层为可编辑,选中一条边,选择工具菜单中断链按钮,用鼠标左键在此边需要断开处点下。

5. 地理数据检索和查询模块

(1) 定性检索:也称标题检索。它是指按地物的属性代码从数据库中提取数据。

(2) 定位检索:也称开窗检索。它是指按指定的矩形范围提取范围内全部空间实体的数据。

(3) 识别号检索:当物体的识别号为已知时,使用物体的识别号检索十分方便,且检索效率提高。

(4) 拓扑检索:它是指将空间实体划分为弧段和节点,给定弧段或节点检索出一批与给定元素相关联或者相邻接的元素。

(5) 组合检索:将地理数据库中地理数据按其属性、位置和空间关系进行单项查询或多项组合查询。组合检索的应用,使用户从数据库中提取数据的灵活性大大的提高。

(6) 分析检索:用于实现对地理网络的基于网络拓扑关系的空间分析、最优路径分析。

6. 地理数据检查模块

(1) 属性数据检查:数据转入系统之前要对地理数据的属性字段名称、字段类型、字段长度等进行检查,保证属性数据的合法性和一致性。

(2) 地理数据格式检查:外部数据在转入系统之前,系统要对外部数据的数据格式、数据类型、版本信息等进行检查,保证地理数据的合法性。

(3) 地理数据图层检查:外部数据在转入系统之前,系统要对数据的面状地物封闭情况、网络数据的连接情况、标志点地物坐标等数据质量和数据精度等信息进行检查。

(4) 检查结果输出:系统将上述检查结果都保存到系统日志中,使用户对数据的质量有一定的把关,对不符合标准的数据,检查结果中还列出检查不通过的原因。

7. 地理数据可视化模块

依据用户要求,可进行电子地图全符号化显示。系统应能提供工具型的对点符、线符、面符进行设计的软件工具,可按照某种地图投影和地图数学基础显示地图。

8. 元数据管理模块

(1) 添加元数据：当往系统增加地理数据时，同时也应将其元数据添加到元数据库中，系统应能读取数据的基本属性，如数据量的大小、地理数据中的字段信息等，其他信息则需要用户自己填写。

(2) 更新元数据：当数据更新时，系统应能自动更新元数据库中的相应字段，如数据量的大小、更新日期等，而且历史信息还应保存起来。

(3) 数据浏览：通过元数据自动调用数据本身，实现数据浏览功能。

4.4.3 地理空间数据管理系统安全

地理空间数据管理系统安全主要包括：系统基础环境安全，网络划分合理网段，网络安全、入侵、病毒、访问的检测，操作系统安全措施，数据安全措施，应用系统软件安全措施，独立安全审计和监控，设置操作系统管理权限，设置数据库系统管理权限，设置应用系统管理权限，网络设备管理权限分级设置，基础空间数据分级分类保护，系统和网络软件备份，城市基础空间数据备份，软件升级保证系统和数据安全，硬件升级保证系统和数据安全。

1. 用户管理

为了保证系统的安全性和数据的保密性，需根据系统使用者的身份设置严格的账户和权限。

系统中的用户主要有以下几个方面。

(1) 普通用户：该类用户已在系统中进行了注册，只可以浏览基础空间数据库数据。

(2) 高级用户：该类用户是系统真正意义上的使用者。该类用户按其注册时所申请的服务的多少又可分为不同的等级，不同等级的用户拥有不同的权限。该类用户对数据质量与系统的服务功能要求较高，并要进行相应的决策与研究，故系统将在其申请的基础上，提供较为完整的数据和完备的分析处理功能。

(3) 超级用户、系统管理员：该类用户的数量较少，但权限最大，它主要负责整个系统的管理，包括各类用户的管理、数据库的管理等。

(4) 系统缺省项是系统管理员：他的主要责任是分派权限和用户。系统允许管理员将各种权限组合赋予某个角色（一类用户）。一个权限可同时赋给多个角色，一个角色可拥有多个权限。

系统管理员的工作包括：增加、删除或修改角色；将权限组合分配给指定角色；增加、删除或修改用户，对每个用户赋予某个角色，也即是一定的系统操作权利。

2. 数据安全管理

数据安全管理采用多级安全管理体制：数据资源和用户分多级权限级别，各行其责，相互制约，从而更为可靠地保证数据库的安全性。

平台的建设涉及整个系统的安全问题和信息的安全问题。这就需要在将防火墙技术、防病毒技术与黑客入侵侦测技术相结合的基础之上，研究生产各种病毒特征数据库、黑客攻击行为特征数据库，实时监控发生在网络和计算机上的各种病毒和各种黑客攻击行为及其网络传输过程中的信息、安全监控技术。具体研究内容包括：

(1) 信息安全：信息传输安全（动态安全）、数据加密、数据完整性鉴别、防抵赖、信息存储安全（静态安全）、数据库安全、终端安全管理、信息的防泄密、信息内容审计、用户鉴别授权。

(2) 网络安全：访问控制（防火墙）、网络安全检测、网络漏洞探测、入侵检测监控、审计分析。

4.5 地理空间元数据

数据共享是数据服务的精髓，为解决地理空间信息共享问题，从地理空间信息表示和管理的角度出发有两种解决方案，即地理空间信息表示和地理空间数据元数据。地理空间信息表示从地理空间信息本身的产生、表示和管理入手，探讨地理空间信息共享的理论基础，内容包括地理空间信息的抽象模型、简单要素模型、空间关系模型和空间参照系模型等（崔铁军，2007）。本节首先从对元数据标准的研究开始，介绍了元数据的定义及其特点、表示方法和获取手段，最后讨论元数据的存储、管理、检索等技术问题。

4.5.1 地理空间元数据概述

1. 地理空间元数据概念

随着地理信息系统在社会各方面的发展，越来越多的地理科学和信息技术科学之外的个人、组织和机构也涉足这一领域，开始生产、处理和修改数字地理信息。但是这些机构从各自的角度出发来发展空间数据，人们不知道已存在什么样的数据、已有数据的质量如何以及怎样访问和使用这些数据。因此，迫切需要采取办法来避免数据的重复性建设，同时协调不同数据部门之间的资源共享，这样随着地理空间数据集的数量、复杂性和多样性的增加，一个适应数据共享的标准化规范——地理空间元数据（Geo-Spatial Metadata），也就应运而生。

元数据是由数据生产者提供的说明数据内容、质量、状况，以及如何获取数据的结构化的摘要信息。由于Internet上地理信息资源具有海量性、分布性、异构性等特点，为了使数据生产者能有效地管理和维护数据，使数据用户能够从生产者那里获取快捷、安全、有效、全面的服务，以便从海量数据中快速、准确地发现、访问、获取和使用所需的数据，以及有效地集成地理空间数据，必须建立目录索引。这个过程和数据库技术中为大量数据建立索引（Indexing）的过程有些类似。在建立地理信息数据库时，不仅要求有图形、拓扑关系、属性等信息，而且要求在元数据库中记录数据的来源、投影方式、坐标系统、作业方式、作业时间、作业人员、数据质量、编码方案、采用的标准等一系列描述信息（OGC，1998）。地理空间元数据，就是为此应用而产生的。

地理空间元数据是关于地理空间数据和相关信息资源的描述性信息。它通过对地理空间数据的内容、质量、条件、位置和其他特征进行描述与说明，帮助和促进人们有效地定位、评价、比较、获取和使用地理相关数据。由于数字网络信息环境的发展，元数据已经由一种数据描述与索引的方法扩展为包括数据发现、数据转换、数据管理和数据使用的整个网络信息过程中不可缺少的强有力的工具和方法。

2. 地理空间元数据的内容

描述空间信息的空间元数据内容是按照部分、复合元素和数据元素来组织的。地理空间元数据标准体系的内容具体分为 8 个基本内容部分和 4 个引用部分，共由 12 个部分组成。其中基本内容包括标识信息、数据质量信息、数据集继承信息、空间数据表示信息、空间参照系信息、实体和属性信息、发行信息以及空间元数据参考信息 8 个方面的内容。另外还有 4 个部分是标准化部分中必须引用的信息，即引用信息、时间范围信息、联系信息和地址信息。目前，地理空间元数据标准由两层组成，其中第一层是目录层，它所提供的空间元数据复合元素和数据元素是数字地球中查询空间信息的目录信息，它相对概括了第二层中的一些必选项信息，是空间元数据体系内容中比较宏观的信息；第二层是空间元数据标准的主体，由 8 个标准部分（1~8）和 4 个引用部分（9~12）组成，包括了全面描述地理空间信息的必选项、可选项和条件可选项元素。

（1）标识信息：是关于地理空间数据集的基本信息。通过标识信息，数据集生产者可以对有关数据集的基本信息进行详细的描述，如描述数据集的名称、作者信息、所采用的语言、数据集环境、专题分类、访问限制等，同时用户也可以根据这些内容对数据集有一个总体的了解。

（2）数据质量信息：是对空间数据集质量进行总体评价的信息。通过这部分内容用户可以获得有关数据集的几何精度和属性精度等方面的信息，也可以知道数据集在逻辑上是否一致以及它的完备性。这是用户对数据集进行判断以及决定数据集是否满足他们需求的主要判断依据。

（3）数据集继承信息：是建立该数据集时所涉及的有关事件、参数、数据源等的信息，以及负责这些数据集的组织机构信息。通过这部分信息便可以对建立数据集的中间过程有一个详细的描述，比如当一副数字专题地图的建立经过了航片判读、清绘、扫描、数字地图编辑以及验收等过程时，应对每一过程有一个简要描述，使用户对数据集的建立过程比较清晰，也使数据集每一过程的责任比较清楚。

（4）空间数据表示信息：是数据集中表示空间信息的方式。它由空间表示类型、矢量空间表示信息、栅格空间表示信息、影像空间表示信息以及传感器波段信息等内容组成，它是决定数据转换以及数据能否在用户计算机平台上运行的必须信息。利用空间数据表示信息，用户便可以在获取该数据集后对其进行各种处理或分析。

（5）空间参照系信息：是有关数据集中坐标的参考框架以及编码方式的描述，它是反映现实世界与数字化地理世界之间关系的通道，如地理标识码参照系统、水平坐标系统、垂直坐标系统以及大地模型等。通过空间参照系中的各元素，可以知道地理实体转换成数字对象的过程以及各相关的计算参数，使数字信息成为可以度量和决策的依据。当然，它的逆过程也是成立的，即可以由数字信息反映出现实世界的特征。

(6) 实体和属性信息：是关于数据集信息内容的信息，包括实体类型、它们的属性及其属性值、域值等方面的信息。通过该部分内容，数据集生产者可以详细描述数据集中各实体的名称、标识码以及含义等内容，也可以使用户知道各地理要素属性码的名称、含义以及权威来源等。

在实体和属性信息中，数据集生产者可根据自己数据的特点在详细描述和概括描述之间选择其一，以描述数据集的属性等特征。

(7) 发行信息：是关于数据集发行及其获取方法的信息，包括发行部门、数据资源描述、发行部门责任、订购程序、用户订购过程以及使用数据集的技术要求等内容。通过发行信息，用户可以了解到数据集在何处、怎样获取、获取介质以及获取费用等信息。

(8) 空间元数据参考信息：是有关空间元数据当前现状及其负责部门的信息，包括空间元数据日期信息、联系地址、标准信息、限制条件、安全信息以及空间元数据扩展信息等内容，它是当前数据集进行空间元数据描述的依据。通过该空间元数据描述，用户便可以了解到所使用的描述方法的实时性等信息，加深对数据集内容的理解。

(9) 引用信息：是引用或参考该数据集时所需的简要信息。它自己从不单独使用，而是被标准内容部分的有关元素引用。它主要由标题、作者信息、参考时间、版本等信息组成。

(10) 时间范围信息：是关于有关事件的日期和时间的信息。该部分是标准内容部分的有关元素引用时要用到的信息，它自己不单独使用。

(11) 联系信息：是同与数据集有关的个人和组织联系时所需的信息，包括联系人的姓名、性别、所属单位等信息。该部分是标准内容部分的有关元素引用时要用到的信息。它自己不单独使用。

(12) 地址信息：是同组织或个人通讯的地址信息，包括邮政地址、电子邮件地址、电话等信息。该部分是描述有关地址元素的引用信息。它自己不单独使用。

3. 地理空间元数据的作用

元数据可以用来辅助组织管理地理空间数据，帮助数据生产者和用户解决这些问题。地理空间元数据的主要作用可以归纳为如下六个方面（汪小林等，2001）：

(1) 帮助数据生产单位有效地组织、管理和维护空间数据，建立数据档案。可保证即使其主要工作人员调离或退休时，仍然能对过去生产的数据集有较为全面的了解，以实现对数据集的维护、更新，确保数据生产者对数据的持续投资；

(2) 通过地理空间元数据将大量零散的数据收集起来，使用户能够充分利用有用的信息。根据元数据中指定的数据标准、规范和格式，数据采集者、生产者、收集者可以整合不同种类及来源的数据，为用户提供有关数据生产单位、数据存储、数据分类、数据内容、数据质量、数据交换网络及数据销售等方面的信息；

(3) 地理空间元数据最本质的特性之一就是具有目录索引的作用，类似于一本书中目录的功效。通过它数据管理人员可以用最核心的、最少的信息来有效地、清晰地管理海量地理空间数据，以方便用户使用；同时也有助于用户识别数量巨大、种类繁多的空间数据，是用户检索其所需数据的智能导航器；

（4）提供通过网络对数据进行查询检索的方法或途径，以及与数据交换和传输有关的辅助信息。这样，可以使得在物理上和逻辑上分布于不同位置的地理空间数据得到极大限度的利用；

（5）帮助用户了解数据，以便就数据是否能满足其需求作出正确的判断，从而确定地理空间数据对某种应用的适宜性；

（6）提供有关信息，以便用户处理和转换有用的数据。

由此可见，元数据是使空间数据充分发挥作用的重要条件之一。它可以用于许多方面，包括数据文档建立、数据发布、数据浏览、数据转换等。元数据对于促进数据的管理、使用和共享均有重要的作用。原始数据如果没有元数据，就很难有效地进行管理和使用。元数据对于建立空间数据交换网络是十分重要的，网络中心通过设在中心的元数据库可以实时地连接各个分发数据的分结点元数据库，帮助潜在的用户找到其特定应用所需要的数据，实现数据共享。不难预见，元数据在地理信息系统产业中将担当重要的角色。然而，在数字信息环境下，元数据的建立和维护、生产者与用户之间的交流均不那么容易，需要数据生产者更多的努力，并需要那些随后可能应用数据的用户，或可能修改数据以便符合其需求的用户作出相应的努力。

4.5.2 地理空间元数据管理

对数据资源进行有效的管理和控制是必须的，那么，作为管理和控制数据资源的重要元素，元数据自身也必须进行管理和控制。当把一些相关元数据的集合当作一个整体单元来管理和控制时，就是元数据的数据库，可称之为元数据库。对元数据管理和控制要满足广大范围的用户对元数据的需要。它将为数据管理员、数据库管理员、系统分析员、程序员和最终用户提供所需的元数据。元数据的这些多用户都将需要其不同的逻辑视图，为了支持这些不同的逻辑视图，使多用户可获得最新最可靠的信息，就需要采纳数据库的策略。

1. 空间元数据管理

对地理空间元数据进行管理和维护要用到数据库管理系统（DBMS），其基本思路是：将地理空间元数据信息进行分类和规划，确定各元数据项的类型和长度，并建立相应的地理空间元数据库；利用各种编程工具实现地理空间元数据管理系统，完成对地理空间元数据信息的录入、浏览、查询、编辑、插入、删除等功能。管理系统由以下模块构成（图4.12）：

（1）元数据定义：将用元数据抽取模块从多个应用数据库中抽取出的元数据。

（2）元数据浏览：可在网络上进行地理空间元数据的内容浏览。

（3）元数据查询：帮助用户根据需要查询感兴趣的内容。

（4）元数据维护：为了不断充实和修改元数据中的内容，始终保持它的完整性、一致性，可随时对元数据管理系统进行修改、增加和删除等工作。在该项功能中要有一定的权限控制。

（5）结果输出：提供了元数据文件的联机打印，以便用户参考或保存。

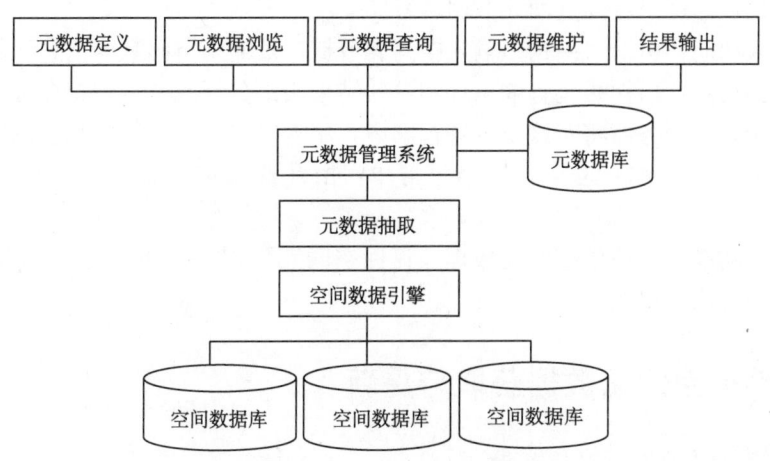

图 4.12　地理空间元数据管理系统逻辑框图（吴金华，2002）

元数据库管理系统必须实时地从应用数据库中抽取元数据，抽取方式则是建立在数据库互操作基础之上，即用户在相互理解的基础上，透明地获取数据库中所需的数据。作为数据库互操作重要支撑的应用数据库是多样化的，不仅它们运行的软硬件平台不同，其数据格式、存储方法等也大不相同。这些数据库系统共同构成了异彩纷呈的异质异构数据库世界。目前，对这些异质异构数据库进行互操作的技术主要有以下两大类：以 Intranet 为运行环境不跨平台的 ODBC 技术；以 Internet 为运行环境跨平台的 JDBC 技术。元数据抽取是实现元数据库管理系统和建立元数据库的关键，其需解决的主要关键技术如下：

（1）多数据源的连接：在进行元数据抽取操作之前必须首先进行应用数据源的连接，应用数据源的连接意味着向系统提交数据源的数据库管理系统类型等信息。只有获得了该信息，才能对数据源进行各种操作。因此连接数据源是进行数据操作的关键。

（2）库结构信息的获取：传统的 ODBC 编程过程比较复杂，各种参数不易理解，且直接获取返回的数据较困难。可以利用 ODBC 接口函数重载了 MFC 中 CRecordset 类的部分成员函数，创建了 CTable 和 CColumns 类。利用这两个创建的类，可以很方便地获取异质异构型数据库结构信息。

（3）数据库的互操作 ODBC 或 JDBC：实际上含一系列的数据库驱动程序，应用程序通过调用 ODBC 或 JDBC 所支持的函数，调用相应的驱动程序，实现对 Intranet 运行环境下不跨平台或跨平台的不同应用数据库的访问。

2. 空间元数据网络查询

空间元数据网络查询由权限验证功能（服务器端验证）、输入合法性校验功能（客户端校验）、查询功能（服务器端查询）与返回和显示功能（服务器端格式化查询结果并返回，客户端显示）等组成。

（1）权限功能：提供用户登录界面，当用户输入用户名和保密字后，该信息会被传到服务器端，保存在服务器端的合法用户名和保密字进行匹配，只有二者完全匹配，才是合法的用户，才可以查询空间元数据内容。

(2) 输入功能：由输入结构、输入空间元数据以及输入空间数据信息三部分组成。

(3) 查询功能：由初始化查询条件和返回结果两部分组成。当用户在客户端提交查询条件和算法时，服务器将对该规则进行解译，用来操作空间元数据数据库，并将查询结果信息返回给客户端，形成返回结果清单，由此清单进一步获取用户所需的空间信息。

(4) 返回功能：由请求空间元数据、返回空间元数据、返回结构、请求空间数据、返回空间数据等内容组成。

4.5.3 地理空间元数据获取与更新

1. 地理空间元数据获取的方法

获取元数据是地理空间元数据管理系统的首要功能。元数据的获取相对于基础空间数据的获取时间而言，分别为基础空间数据获取前、获取中和获取后三个阶段，其方法有键盘输入、关联表、测量法、计算法和推理法等。

第一阶段的元数据内容根据待建设的空间数据库内容提前确定；第二阶段的元数据随空间数据的形成同步生成；第三阶段的元数据产生于空间数据收集完成之后，可以根据需要进行调整，内容也最为丰富。

键盘输入作为当前元数据的主要获取途径，工作量大，容易出错。关联表法通过公共项（字段）从已存在的元数据或数据中获取元数据。测量法容易使用，出错较少，可由全球定位系统测量数据空间点位置等途径获取。计算方法指由其他元数据或数据经计算获取元数据的方法，如水平位置可由仪器位置和时间计算得出。推理方法指根据数据的特征推理得出元数据的方法。元数据的五种主要获取方法通常应用于其获取的不同阶段：第一阶段主要采用键盘输入法和关联表法；第二阶段主要采用测量法；第三阶段主要采用计算法和推理法（董燕等，2004）。

由于地理空间元数据的内容复杂，元数据标准中往往包含几百项元数据元素，面对如此繁琐的录入工作，如果都采用键盘输入的方法由用户人工填写，则效率低且不能保证较高的准确性。而目前实际的地理信息系统并不是很重视对地理空间元数据的支持，用户也不愿意做这种"额外"的工作。这一定程度阻碍了地理空间元数据的应用普及和数据共享的实现。因此，地理空间元数据的自动生成对地理空间元数据技术的发展普及有着积极的作用，对推进空间数据共享也有着深远的意义。先用计算法和推理法自动提取一些元数据内容，对用自动提取方法不能实施的元数据内容，采用键盘输入的方法采集获取。

通过分析，可以发现大多数地理空间数据本身含有部分地理空间元数据，通过对地理空间数据的解析，可以实现空间数据参照系统、空间坐标范围、投影参数、空间数据表示和空间数据内容等元数据项的提取。此外，还可以通过操作系统提供的编程接口获取如文件名、大小、类型和用户名、工作单位等信息；或可以通过数据库管理系统获取如数据库网络链接信息、数据库管理信息等信息；GIS数据处理软件也可以提供一些相应的地理空间元数据信息，如数据处理步骤、数据日志信息等（周新忠等，2007）。

2. 元数据更新技术

元数据的更新有手动更新和自动更新两种途径，手动更新方法主要是采用元数据编辑器，将地理空间数据变化信息的元数据录入到元数据库当中，实现元数据与地理空间数据的一致性、完备性。手工更新过程大致可分为确认空间数据的变化信息、与空间数据变化信息对应的元数据采集录入和元数据入库三步。

手动更新方法虽然简单、易实施，但效率低下、出错率较高，因此研究元数据的自动更新方法很有必要。元数据的自动更新，是当原始空间数据进行了更新修改后，相应的元数据也自动地更新修改。实现元数据的自动更新可以采用以下两种方法（华一新等，2007）。

（1）外部监听程序。这种方式是增加一个元数据管理系统与空间数据库之间的接口，在该接口配置监听数据库变化的程序，由监听程序根据数据库变化修改元数据。

这种方式存在两方面的问题：监听程序启动定时查询功能的时间往往是不及时的，所以元数据更新的时效性难于评价；感应数据变化的时间与空间数据库里表的个数和记录数目有关，因为监听程序必须顺序地遍历每一张表，每张表被读取的次序都是不确定的，也许需要为了确定一条数据记录而不得不读取整个数据库里所有的表。

（2）基于数据库触发器的自动更新技术。这种方法的基本思想是：建立元数据库与数据库的链接，创建针对数据库动态变化数据表的触发器，若数据库内容发生变化，数据库触发器被自动调用，生成的元数据通过数据库链接动态更新到元数据库。使用这种方法的前提是在数据库设计时，可以对变化频率较快的数据建立专门的表，即对于同一专题数据可建立历史表和动态变化数据表，这样查找"变化的数据"只需要在动态变化数据表里进行查询，这个表里的数据通常也比较小，查询起来比较快，累积更新的数据可定时老化到历史数据表里。

由触发器生成的元数据信息需要包含：数据库实例名、表空间、数据表名称、记录号、更新时间等。

第5章 多源地理空间数据集成

多源地理空间数据集成是地理信息服务的关键技术之一。随着空间信息技术在国民经济和国防建设中的广泛应用，空间数据的使用范围涉及多个学科和多个部门，在资源管理、环境治理、预防灾害、区域规划、城市管理、科学研究、教育和国防等领域得到了重要应用。由于地理空间数据生产部门很难满足用户需求，使得用户不得不根据本部门特定的应用目的进行数据生产，从而导致所生产的数据的来源多种多样。由于缺少统一的标准，空间数据往往采用特定的数据模型和特定的空间数据存储格式，造成同一地区同一比例尺的空间物体被不同的部门重复采集，引发了空间数据的多语义性、多时空性、多尺度性、存储格式的不同以及数据模型与存储结构的差异等。多源空间数据集成是指通过使用各种数据转换工具，把多种来源的空间数据集成到地理信息服务系统中来，成为地理信息服务系统可以识别的数据形式，其核心任务是屏蔽数据源数据模型的异构性，使互相关联的异构数据源集成到一起，用户可以透明地访问多源异构地理空间数据。本章共分四节，5.1节首先介绍多源地理空间数据产生根源；5.2节讨论多源地理空间数据集成理论；5.3节主要探讨多源地理空间数据集成方法；5.4节介绍多源地理空间数据集成平台。

5.1 多源地理空间数据产生根源

多源地理空间数据产生有两个方面的原因：一是客观原因；二是主观原因。客观原因是由于现实世界的自身复杂性和模糊性，人类对现实世界认识表达能力的局限性以及观测手段存在误差，计算机对地理对象表达的局限性和数据处理中存在的误差，地理空间数据只能是客观实体的一种近似和抽象。主观原因包括两方面：一方面，国家和军事测绘部门受人力和物力的限制，所提供的地理空间数据产品难以满足要求；另一方面，高精度地理空间数据是国家的保密产品，其传播和使用的范围受一定的限制。在这种背景下，需要高精度地理信息数据的部门不得不根据自己特定的应用目的采集地理空间数据。由于地理信息标准滞后，这些部门所产生的地理空间数据采用不同的软件、不同的格式、不同的数据模型和编码体系。由于这种政策和技术的原因，同一地区不同部门重复采集，这不仅加大数据生产成本，造成人力、物力的极大浪费，也给数据共享带来极大困难。而各行各业信息化的加速，单一部门所获取地理空间数据难以满足本部门信息化建设的需求，人们迫切需要不同部门的地理空间数据共享，提高地理信息资源的整体利用率。

虽然地图和地理空间数据有本质的差别，地图解决了如何将特定区域范围内的空间现象抽象表达在特定大小的地图介质上的问题，其目标是地图内容可视化的表达；而地理空间数据则是根据用户需要对地理空间现象的抽象描述，与介质无关。然而由于地图和地理空间数据形成认知过程的一致性，地理空间数据的尺度与地图的比例尺有着千丝万缕的联系。地图是地理空间数据之本，多源地理空间数据产生根源往往与地图有关。

5.1.1 地理对象不确定性

空间物体或现象的变化和模糊是自然界的两个固有属性。它们直接影响人类对空间物体或现象的准确表达。地理对象不确定性主要表现在空间形态的不确定性和语义描述（描述参数变量）的不确定性。

空间形态的不确定性是指地理对象的形态、几何位置和分布随着时间的变化。空间物体或现象的变化过程千差万别，它们在空间和时间上的表现形式或者为连续或者为离散。一般这些连续或者离散现象表现为随机性和模糊性。随机性是由于事物本身有明确定义，只是由于条件不充分，使得在条件与事物之间不能出现决定的因果关系，从而在事件的出现与否上表现出不确定的程度。例如，草原的范围并不总是确定的，而是向森林或沙漠区域逐渐移动。模糊性是由于事物本身概念就没有明确含义，一个对象是否符合这个概念难以确定。这种模糊性导致了事物的描述不确定性。例如，土壤单元的边界，植被类型的划分是模糊的，不同操作人员往往会得出不同的划分结果等。

语义描述的不确定性问题远比空间的不确定性问题复杂得多。对于空间物体或现象来说，空间是基础，语义描述是内涵，是地理实体的纵深描述，它包含了各个地理实体中的社会、经济或其他专题数据，是对地理实体专题内容的广泛、深刻的描述。在地理现象定性描述过程中，普遍存在不精确的术语。例如，这个小镇"附近"是什么，河的南面"适合"于农业耕作；在土地利用类型分类过程中，某一块土地可以作为小麦用地，但随着季节的转变，也可作为棉花用地，因此这种分类本身就是不确定的；同一块土地上既种植了某种作物，同时又种了另一种作物，这就是地理现象分布具有的多义性。

地理对象自身不确定性不仅带来了地理对象空间位置和形态的误差，也带来了对地理对象语义描述的误差。不同方法、不同时间对地理对象的获取，会带来不同的结果。

5.1.2 人类认知表达能力的局限性

人类对地理对象认知表达能力的局限性主要表现两个方面：一方面是人类对地理对象认知能力局限性；另一方面是人类对认知结果表达能力局限性。

1. 人类对地理对象认知能力局限性

由于地球系统的巨大及其复杂性，地球表层所发生的许多空间现象，相对于人的认识来说具有模糊性的特点。对于许多自然过程产生的原因，目前仅限于种种假设，尚处于一种模糊的状态。例如，人类对地球上石油分布、储量的认识，地球板块运动的认识等，都有待于进一步研究。

2. 人类对地理对象表达能力的局限性

人类在认识自然、改造自然活动中，学会了用图形科学地、抽象概括地反映自然界和人类社会各种现象的空间分布、组合、相互联系及其随时间动态变化和发展的过程。有人说，地图出现甚至要早于文字。地图是地理空间信息的主要载体和传播工具，是客观地理世界的一种最有效的表示形式，也是人们认识所生存的空间世界环境的最有力工具。地图对地理对象的反映，是通过对现实世界的科学抽象和概括，依据一定数学法则，运用地图语言（地图符号）实现的。

1) 形态位置的抽象概括局限性

在地图上，人们把复杂的、模糊的地理实体或现象抽象概括为点、线和多边形三种图形表示。点表示点状要素，如井和电线杆位置等；线表示线状要素，如水系、管道和等高线等；多边形表示面状要素，如湖、县界和人口调查区界等。这种抽象概括的结果不可避免带来了地理实体或现象表达的不确定性。

2) 语义描述误差

对地理实体或现象的语义描述往往采用空间实体的变量和空间实体的属性来表达。随空间实体的延展而变化的地理现象（变量）是空间实体的变量，相反，不随空间实体的延展而变化的地理现象是空间实体的属性。空间实体的变量的例子如河流的深度、水流的速度、水面宽度、土壤类型等；空间实体属性的例子如河流的名称、长度，区域的面积，城市人口等。空间实体的变量是对作为其定义域的空间实体的局部描述，而空间实体的属性则是对其全局的描述。

变量的不确定性是在采集、描述和分析真实世界的过程中产生的。实体变量的测量、分析值围绕其变量真值在时间和空间内存在随机不确定性变化域。变量的不确定性是更广义上的变量误差问题，它是由变量的取值与其真值的相差程度决定的。变量有类别（离散）值和连续值两种，它们也可以区别为定性或定量变量值。我们将有连续值的变量称为连续变量，将类别值的变量称为非连续变量。一个类别变量可以仅仅是一个有限集合内的有限个元素。一个连续的变量，可以取某一个区间内的任何值。对于类别变量而言，数值本身并不一定具有先后、大小的含义。例如，环境质量指标从1到4，依次表示最好到最差，这时，类别值有先后次序的含义。又例如，类别1~4分别表示水、森林、城市用地、植被四种不同类别用地，这时，类别值没有任何大小、先后次序的含义。一个连续变化的变量，如某个城市的温度在$-40\sim50{}^\circ\!\mathrm{C}$变化，这时变量可以是（$-40$，$+50$）间的任意值，取值是无限个的。我们可以用测量误差的理论来处理连续变量的不确定性问题，而非连续变量的不确定性问题则较为复杂，这是目前变量不确定性问题研究的重点之一。

属性不确定性主要来自数据源的不确定性、数据建模的不确定性和分析过程中引入的不确定性等。其来源主要有属性误差、时域误差、逻辑性误差和完整性误差，这些误差产生的原因多种多样，难以一一描述。从严格的意义上说，这些误差均为粗差。例如，对于相邻的甲乙两宗土地，由于其位置数据的误差，将甲的部分土地划入了乙的土地，使得甲的土地权属这个属性产生了偏差。这里产生了两个问题：一是这里的属性误差是由位置误差造成的，而不是属性本身出现的；二是我们知道，这里的土地权属应该是非甲即乙，不可能是在某一范围内属于甲或在另一范围内属于乙。又例如，对于一宗属于甲的土地，它是有时间属性的，即在某一特定的时间内土地的权属归于甲，若将其权属时间"从2002年12月起"标定为"从2002年10月起"，则这个属性是错误的而非正确。但若标定为"从2000年12月起",则与属性的真值("从2002年12月起")相比,"从2002年10月起"这个错误的属性似乎更接近真值些,若用户的要求标准不高,"从2002年10月起"这个错误的属性可能也是可以接受的。由此可见,对属性的评价是一个非常复杂的问题,难以用某一种方法来讨论。对于时域误差、逻辑性误差和完整性误差有学者把它们独立于属性误差之外,各自分为一类,但作者认为它们具有和属性误差一样的性质,至少也是相近似的,没有必要再去细分。

不管对地理实体或现象的语义描述是采用变量还是属性描述,在地图上都必须将变量和属性转化为地图符号表示。由于人类视觉分辨符号变化有限,地图上地图符号数量是有限的,而地物变量和属性变化是无限的。人们不得不将物体按变量和属性进行分类分级,转化为有限的可视化等级。这种从无限到有限转换不可避免带来信息丢失,不同的转换方法,信息丢失的内容、多少也不相同。

3) 对地理对象变化表达的局限性

空间和时间是现实世界最基本、最重要的属性。空间、语义和时间是地理对象的三个基本特征,是反映地理对象状态和演变过程的重要组成部分。空间刻画了地理对象的空间位置、分布和空间相关性;语义说明了地理对象的性质;时间则刻画了地理对象的存在时间、变化状况和时间相关性。地理对象之间的空间关系往往随着时间而变化,与时间关系交织在一起就形成了多种时空关系。例如,在地籍变更、环境监测、城市演化等领域都需要管理历史变化数据,以便重建历史、跟踪变化、预测未来。由于技术手段、人力和资金的限制及满足社会需求等方面的原因,地理信息的采集往往是某一时刻的静态信息,不能表达地理对象随时间连续变化的时态。地图擅长于对地理对象的空间和语义表述,但仅能表达地理信息采集时的瞬间状态,对地理对象随时间连续变化信息的描述表达目前存在许多困难。以至于同一个地理对象在不同时间采集会获得不同结果,造成地理信息之间的差异。

4) 地图多尺度表达的局限性

人们认识事物往往需要一个从总体到局部,从局部到总体的反复认识过程。这种认识过程同样适合于地理环境的认识。为了满足人们对地理空间的这种认识需求,人们生产制作了各种比例尺不同用途的地图。不同比例尺的地图不仅表达的空间范围的相对大小不同,其所表达信息密度以及地理实体或现象形态位置的抽象概括和语义描述程度也不同。人们对客观存在的特征和变化规律进行科学抽象的过程中通常采用两种方法:一是运用思维能力对客观存在进行简化和概括(制图综合);二是采用专门的地图符号和图形,按一定形式组合起来描述客观存在(地图符号化)。

制图综合是在地图用途、比例尺和制图区域地理特点等条件下,通过对地图内容的选取、化简、概括和关系协调,建立能反映区域地理规律和特点的新的地图模型的一种制图方法。由于制图综合是地图制图过程中的创造性劳动,不同的人在创造性思维活动中存在认知差异,以至于在地图用途、比例尺和制图区域地理特点等相同的条件下获取的是不同的结果。

空间数据的多态性是多尺度表达所引起的另一个特征。多态性具有两层含义:一是同样地物在不同情况下的形态差异;二是不同地物占据同样的空间位置。关于前者,其例子不胜枚举。就形态而言,任何城市在地理空间都占据一定范围的地域,因此可以认为它是面状地物，但在比例尺较小的空间数据中，或者在相对宏观的分析中，城市是作为点状地物处理的。此外，河流在现实世界中是具有一定宽度的条带状的面状地物，但在空间数据中，可能表示为单线河流或双线河流，而就大多数空间分析而言，河流是作为线状物体处理的。关于后者，大多表现为社会经济人文数据与自然环境数据在空间位置上的重叠。例如，长江是水系要素，但同时在不同的地段上，长江又与省界、县界相重叠。

地理实体或现象抽象概括为理想的点、线和多边形三种形状，用地图符号表示地物属性，一方面地图上的符号有一个人类眼睛可以分辨的最小尺度（一般图上 0.1mm）；另一方面，用符号的尺寸大小（线划粗度）表示地理实体的分类等级大小。这些地图符号在不同比例尺地图上所占用的实际位置也不相同。例如，在 1∶100 万地图上，0.1mm 相当实地 100m。按一般地图制图规范要求，绘图误差不超过地图上 0.2mm。所以，按国家规范要求，每种比例尺地图都有一定的精度要求。

5）表达介质的局限性

地图表达在纸上，由于纸张本身受温度，特别是湿度影响会产生拉伸现象，这样的图纸变形对地形图上的地形地貌及长度、面积等会有误差形成。目前一般白纸成图均使用变形很小的聚酯薄膜介质，这种介质经热定型处理，其变形率可小于 0.02%。显然，图纸变形的误差大小与图形的比例尺有关，比例尺的分母越大，其误差也越大。

5.1.3 地理对象观测的误差

空间位置不确定性主要由测量误差引起。观测手段局限及误差干扰，如测不准原理等，引起一切测量结果都不可避免地具有不确定度，其误差来源有：

空间位置采集误差是指按常规的 RS、GPS 测量及大地测量、工程测量方法获取位置的过程中所产生的误差。空间位置采集的精度也可称为直接测量（直接采集的方法）的精度。Burrough 在 1988 年曾较为系统地分析了 GIS 中的误差，他将误差分为：①明显误差；②源于自然或原始量测值的误差；③源于数据处理的误差。按经典的测量误差理论，这些测量数据可分为随机误差、系统误差和粗差三种。

空间位置采集中的误差源有观测误差和控制误差。控制误差主要指从已有的控制点进行数据采集时，由控制点位置的不确定性而产生的一系列误差。实际上这类误差也是由上一级的观测误差造成的，而观测误差的产生，原因很多，有的甚至还很复杂，概括起来有以下三方面。

（1）仪器误差。测量工作都是使用测量仪器进行的。由于每一种仪器只具有一定限度的精度，因此使观测值的精度受到了一定的限制。例如，在用只有厘米刻画的普通水准尺进行水准测量时，就难以保证在估读厘米以下的尾数时完全正确无误；同时，仪器本身也有一定的误差。例如，水准仪的视准轴不平行于水准轴，水准尺的分划误差等等。因此，使用这样的水准仪和水准尺进行观测，就会使水准测量的结果产生误差。同样，经纬仪、测距仪甚至 GPS 测量仪器的误差也会使三角测量、导线测量的结果产生误差。

（2）测量人员的误差。由于测量者的感觉器官的鉴别能力有一定的局限性，所以在仪器的安置、校准、读数等方面都会产生误差。同时，测量者的工作态度和技术水平，也是对观测成果的质量有直接影响的重要因素。

（3）外界条件。观测时所处的外界条件，如温度、湿度、风力、大气折光等因素都会对观测结果产生直接影响。同时，随着温度的上升或下降、湿度的大小、风力的强弱以及大气折光的不同，它们对观测结果的影响也随之不同，因而在这样的客观环境下进行观测，就必然使观测的结果产生误差。

测量结果等描述数据的模型只能是客观实体的一种近似和抽象。需要说明的是，通常情况下误差的大小并不能直接衡量地理空间数据质量的优劣，对于只含有随机误差的数据，人们一般用精度的概念来衡量，即：精度高是指小误差出现的概率大，大误差出现的概率小；精度低是指小误差出现的概率小，大误差出现的概率大，数据的精度反映了数据误差的离散程度。

5.1.4　计算机表达地理对象的局限性

1. 计算机对地理对象的表达方法

地理实体计算机表示的基本任务就是将以图形模拟的空间物体表示成计算机能够接受的数字形式。为了使计算机能够识别、存储和处理空间实体，人们不得不将连续的、以模拟方式存在的空间物体离散化，以数字形式存储。计算机表达地理空间实体对象有两种基本方法：基于地理实体对象（矢量方式）和基于场（栅格方式）表示，见图5.1。

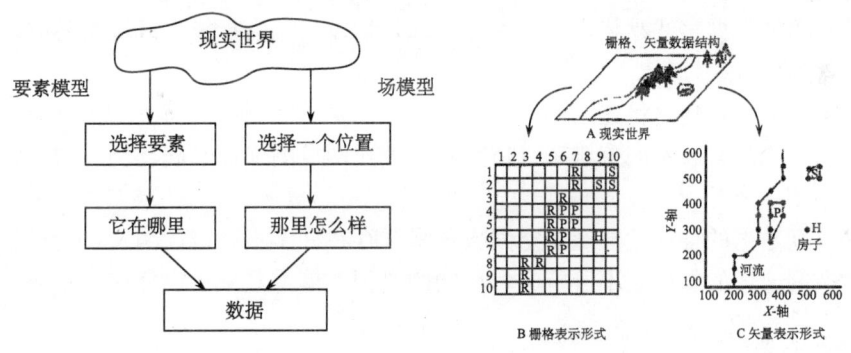

图5.1　空间实体两种基本的表示方法

基于对象空间实体的数据表述是将整个地理空间看成一个空域，地理实体和现象作为独立的对象分布在该空域中。按照其空间特征分为点、线和面三种基本对象，通过属性以区分出各个不同的对象。

（1）点对象：有特定位置、维数为零的物体。

（2）线对象：表示对象和它们边界的空间属性，由一系列坐标表示。线状实体包括线段、边界、链、弧段、网络等。

（3）多边形对象：面状实体也称为多边形，是对湖泊、岛屿、地块等一类现象的描述。通常由一封闭曲线加内点来表示。

基于对象模型强调了个体现象，对象之间的空间位置关系通过所谓拓扑关系进行连接。主要描述不连续的地理现象，适合表示有固定形状的空间实体，如湖泊、道路和居住区。

基于场空间实体的数据表述是将地理空间的事物和现象作为连续的变量来看待。在地理空间上任意给定的空间位置都对应一个唯一的属性值。根据这种属性分布的表示方法，基于场模型可分为图斑模型、等值线模型和选样模型。

（1）图斑模型：图斑模型将一个地理空间划分成一些简单的连通域。每个区域用一个简单的数学函数表示一种主要属性的变化。根据表示地理现象的不同，可以对应不同类型的属性函数，如土地分类、行政区域划分等。

（2）等值线模型：用一组等值线将地理空间划分成一些区域，每个区域中的属性值的变化是相邻的两条等值线的连续插值如，等高线、等温线等。

（3）选样模型：地理空间上的属性值是通过采集有限个点的属性值来确定的，如数字高程模型、数字遥感图像等。

2. 计算机对地理对象的抽样表达

空间物体以连续的模拟方式存在于地理空间，为了能以数字的方式对其进行描述，必须将其离散化，即以有限的抽样数据表述无限的连续物体。空间物体的抽样不是对空间物体的随机选取，而是对物体形态特征点的有目的的选取，其抽样方法根据物体的形态特征的不同而不同，其抽样的基本准则就是能够力求准确地描述物体的全局和局部的形态特征。

基于对象的数据表述是将点离散为点，线状物体离散为折线，区域映射成多边形线段的有序排列。

基于场的数据表述是将连续的地球高程表面离散成不规则三角形或格网高程矩阵，连续的地球表面离散成不同分辨率（格网）灰度或颜色图像，不同比例尺的地图扫描成不同分辨率的图形。

地理空间数据的抽样性导致了空间数据采样存在许多不确定性因素，会产生各种误差。这样空间实体的复原是不可能的，相同的空间实体重复采集也存在着差异。

3. 不同数据模型对地理对象近似表达

地理对象的事物是无穷无尽的，要研究、认识、利用和改造它们，就必须做必要的概括与抽象，即理想化和模型化，以便揭示出控制客观事物演变的基本规律，作为利用和改造地理对象的手段，科学研究中一种普遍采用的方法是模型方法。模型是对现实世界事物本质的反映或科学的抽象和简化，能反映事物的固有特征及其相互联系或运动变化规律，但模型不是事物本身，只能是客观实体的一种近似和抽象。这种相似性可以是外表的，也可以是内部结构的相似。

数据模型是用不同的数据抽象与表示能力来反映客观事物的，有其不同的处理数据联系的方式。它是描述数据库的概念集合。这些概念精确地描述了数据、数据关系、数据语义以及完整性约束条件。通常数据模型由数据结构、数据操作和完整性约束三部分组成。地理空间数据模型是空间数据库中关于空间数据和数据之间联系逻辑组织形式的表示，是计算机数据处理中一种较高层的数据描述。空间数据模型是有效地组织、存储、管理各类空间数据的基础，也是空间数据有效传输、交换和应用的基础，它以抽象的形式描述系统的运行与信息流程。

空间数据模型的设计需要对客观事物有充分的了解和深入的认识，以便科学地、抽象概括地反映自然界和人类社会各种现象空间分布、相互联系及其动态变化。其核心是研究在计算机存储介质上如何科学、真实地描述、表达和模拟现实世界中地理实体或现象、相互关系以及分布特征。初期的系统仅仅把各种地理要素简单地抽象成点、线和面，这已经远远不能满足实际需要。要想进一步拓宽应用前景，必须进一步研究它们之间的关系（空间关系）。空间关系是研究通过一定的数据模型来描述与表达具有一定位置、属性和形态的空间实体之间的相互关系。

由于人们对地理对象的事物认识不同，所设计的地理空间模型也不相同。每一种空间数据模型以不同的空间数据抽象与表示来反映客观事物，有其不同的处理空间数据联系的方式和不同的空间数据组织、存储、管理和操作方法。

4. 计算机数据处理误差

计算机数据处理引起的误差主要表现在两个方面：第一，计算误差，如结尾误差和舍入误差；第二，数据处理模型误差。计算机处理数据时位数的取舍不同等过程会引入计算误差，有研究表明，此项误差一般较小，通常可以忽略不计。在空间数据处理过程中，数据处理模型容易产生误差的几种情况是：①坐标变换；②栅格矢量或矢量栅格转换处理；③拓扑空间关系处理；④数据叠加匹配操作；⑤数据可视化表达；⑥数据分类分级处理；⑦数据自动综合处理；⑧数据格式转换；⑨数据属性转换与合并等。

5.1.5 空间数据操作产生的误差

空间数据的操作有许多种，其中叠加分析就是一种重要的操作。叠加分析时往往会产生拓扑匹配、位置和属性方面的质量问题。在 GIS 的查询操作时，往往还会涉及长度、面积等参数，当这些参数有误差时，必定会对其操作的结果产生影响，这实际上是误差的传播问题，操作的次数越多，其误差的累计也会越大。

地形图数字化（无论是手扶跟踪式数字化还是扫描后矢量化）目前仍是 GIS 基础数据的一个重要来源方式，地形图数字化采集数据的方法也可称为间接采集的方法。数字化地图是建立空间数据的基础工作之一，它往往也是建立 GIS 的"瓶颈"。数字化地图的质量和精度，直接影响到 GIS 的应用效果。由于数字化地图具有廉价、便捷等特点，它是目前矢量空间数据获得的主要方法之一。众所周知，在数字化的过程中，会产生各种各样的误差，正是由于数字化地图带有这些误差，必然会在 GIS 中传播，从而使 GIS 的分析和决策产生偏差甚至错误。无论是手扶跟踪式数字化的成图方式还是扫描后矢量化的成图方式，均可产生误差。就目前人们研究的情况来看，一般数字化能达到的精度在 $0.1\sim0.3$ mm（图上精度）。此项精度的大小同样也与地图的比例尺有关。若再加以细分，可划分为数字化仪的误差（仪器误差）、操作员引起的误差（测量人员的误差）和操作方式及条件产生的误差（外界条件）。

5.2 多源地理空间数据集成理论

人类对现实世界认识表达能力有限,专业和应用目的不同,人员素质不同,对地理事物或现象地认识不同,表达也各异,应用部门应用目的不同,以至于地理空间数据生产部门提供的数据不能完全满足用户需求,使得用户不得不根据本部门特定的应用目的进行数据生产,从而导致了所生产的数据的来源多种多样。由于缺少统一的标准,空间数据往往采用特定的数据模型和特定的空间数据存储格式,引发了空间数据的多语义性、多时空性、多尺度性、存储格式的不同以及数据模型与存储结构的差异等,使得不同的业务部门之间数据很难共享,造成项目工程成本很难下降(据统计,数据占工程成本的70%)。本节主要探讨从不同数据源、不同数据精度和不同数据模型的地理空间数据中抽取所需要的信息,按照用户新的应用需求构建新的空间数据的地理空间矢量数据集成理论和方法,这不仅能降低地理数据的生产成本,加快现有地理信息更新速度,对提高现有地理空间数据质量也具有重要的意义。

5.2.1 多源地理空间数据表现形式

广义上讲,多源空间数据可以包括多数据来源、多数据格式、多时空数据、多比例尺(多精度)、多语义性几个层次;从狭义上讲,多源空间数据主要是指数据格式的多样式,包括不同数据源的不同格式及不同数据结构导致的数据存储格式的差异(田鹏,2007)。多源,指空间数据内容丰富、来源广泛、形式多样、结构各异和量纲不一的特性。内容丰富,空间实体和现象都可以用空间数据表示;来源广泛,地图数字化、观测与实验、图表、遥感手段、GPS手段、统计调查、实地勘测、现有系统都可以是空间数据的来源。形式多样,数字、文字、报表、图形和图像都可以是空间数据的形式;结构各异,数据模型的差异、支撑软件平台的差异导致数据结构的差异;量纲不一,空间数据既有定量数据,又有定性的文字描述。

基于地理对象表示方法的空间矢量数据主要表现为地理实体的几何(定位)特征(地理实体的位置、形状、大小及其分布)、属性(定性)特征(实体的数量、质量和时间)和实体间的空间关系特征。地理实体的计算机矢量表示差异主要表现为以下三种形式。

1. 地理空间数据的属性差异

地理空间数据的属性差异主要表现在对于同一个地理信息单元,在现实世界中其几何特征是一致的,但不同地理空间数据解决问题的侧重点有所不同,会存在不同属性,对应着不同的编码、不同属性项个数、不同属性项类型和不同属性值。不同的应用部门对地理现象有不同的理解,如气象、地质、农业、水利、土木等地学部门与经济社会部门对地理信息有不同的分类分级和数据定义,即使属性名称相同,也可能采用不同分类分级表达。

2. 地理空间数据模型差异

地理空间数据模型差异主要表现在计算机表达、处理和存储地理空间数据的方式方法上。不同地理空间数据模型采用不同的数据抽象与逻辑描述来反映客观事物，有不同的处理空间数据联系的方式。不同软件采用不同的空间数据模型与数据格式，对地理数据的组织有很大的差异。应用部门通常根据本部门的特定情况采用不同的数据建模方法，不仅表现在数据结构上的差异，也表现在数据处理软件功能上的差异。这使得在不同 GIS 软件系统间的数据交换困难。

3. 地理空间数据的坐标差异

地理空间数据的坐标差异主要表现在地理空间数据的空间基准不同、坐标系不同、精度不同。

地理空间数据有着不同的坐标参考体系和不同的投影方式。坐标参考体系涉及参考椭球、坐标系统、水准原点，有 1954 年北京坐标系、1980 年国家大地坐标系、新 1954 年北京坐标系（整体平差转换值）和 GPS 接收机采用的坐标系统 WGS-84。

地理空间数据的投影方式有等角圆锥投影、高斯-克吕格投影和墨卡托投影等，如大于或等于 1：50 万系列比例尺地形图的高斯-克吕格投影、1：100 万比例尺的等角圆锥投影、海图的墨卡托投影以及一些无投影的数字地图。为了保证空间数据的一致性、兼容性或可转换性，必须统一空间基准。

精度不同主要原因是获取地理空间数据的方法多种多样，包括来自现有系统、图表、遥感手段、GPS 手段、统计调查、实地勘测等。这些不同手段获得的数据精度各不相同。地理空间表达尺度不同，不同的应用需要而采用不同尺度对地理空间进行表达，不同的观察尺度具有不同的比例尺和不同的精度。

5.2.2 多源地理空间数据集成定义

集成（Integration）的意思是指通过结合分散的部分形成一个有机整体。由于空间数据集成的说法很多，根据其侧重点可分如下几类（李军和川云，2000）：①GIS 功能观点认为数据集成是地理信息系统的基本功能，主要指由原数据层经过缓冲、叠加、获取、添加等操作获得新数据集的过程；②简单组织转化观点认为数据集成是数据层的简单再组织，即在同一软件环境中栅格和矢量数据之间的内部转化或在同一简单系统中把不同来源的地理数据（如地图、摄影测量数据、实地勘测数据、遥感数据等）组织到一起；③过程观点认为地球空间数据集成是在一致的拓扑空间框架中地球表面描述的建立或使同一个地理信息系统中的不同数据集彼此之间兼容的过程；④关联观点认为数据集成是属性数据和空间数据的关联，如 ESRI 公司认为数据集成是在数据表达或模型中空间数据和属性数据的内部关联。数据集成不是简单地把不同来源的地球空间数据合并到一起，还应该包括普通数据集的重建模过程，以提高集成的理论价值。李军和川云（2000）对地球空间数据集成的定义是：对数据形式特征（如格式、单位、分辨率、精度等）和内部特征（特征、属性、内容等）作全部或部分的调整、转化、合成、分解等操作，其目的是形成充分兼容的数据集（库）。

作者认为，多源地理空间数据集成是把不同来源、格式、比例尺、多投影方式或大地坐标系统的地理空间数据在逻辑上或物理上有机集中，从而实现地物实体的空间基准、数据模型、语义编码、属性的分类分级和数据格式的统一。其实现方式是通过各种数据转换工具，把多种来源的地理空间数据转换成为系统可以识别的数据形式；其核心任务是屏蔽数据源数据模型的异构性，使互相关联的异构数据源集成到一起，提供用户对数据的统一访问接口；其目的是实现地理空间信息的共享。

5.2.3 地理空间数据模型的集成

空间数据模型是对现实空间中的地理要素的几何形状和属性信息以及地理要素之间关系的描述，它建立在对地理空间的充分认识和完整抽象的地理空间认知模型（或概念模型）的基础上，并用计算机能够识别和处理的形式化语言来定义和描述现实空间中的地理实体、现象及其相互关系。GIS以地理空间认知为桥梁，在对地理系统进行模拟的过程中，对现实世界的地理现象进行逐步抽象，通过具有不同抽象程度的空间概念来实现。由于地理空间信息的复杂性和人们认知地理空间的方法不同，对系统的抽象步骤产生一定的差别，或者不同部门对地理空间世界的不同侧面感兴趣，因此按照自己的认识和思维建立了不同的模型。数据源多种多样，其对应的数据模型也有多种。从根本上来说，数据无法实现集成是因为GIS系统支持的空间数据模型不同。要想实现多源空间数据集成，必须对空间数据模型集成理论进行研究。空间数据模型集成是指将两种或者两种以上的不同数据模型集成到一种新的数据模型，这种新的数据模型应能最大限度地包容原数据模型，然后将不同数据模型的数据向新的数据模型转换。常用的空间数据模型集成方式有简单数据模型与简单数据模型集成、简单数据模型与复杂数据模型集成、复杂数据模型与复杂数据模型集成。要实现地理空间数据模型的集成，必须对现有的空间数据模型有一个深刻认识。

1. 典型空间数据模型

不同空间数据模型采用不同的数据抽象与逻辑描述来反映客观事物，有不同的处理空间数据联系的方式。近年来，人们对GIS空间数据模型和数据结构进行了大量研究，随着地理信息系统理论、计算机技术、数据库理论和技术等的不断发展和成熟，GIS空间数据模型经历了如下数据模型。

1）制图数据模型

Autodesk公司的AutoCAD、Bentley公司的MicroStation、Adobe公司的Illustrator和FreeHand等绘图软件广泛应用于地图的采集、存储和生产。与传统的手工制图方式相比，无疑提供了有效的手段。对于这些软件来说，其数据主要为地图生产服务，强调数据的可视化特征。采取"图形表现属性"方式，地物的数量和质量特征用大量辅助符号表示，包括线型、粗细、颜色、纹理和文字注记等。这些数据以相应的图式、规范为标准，依然保留着地图的各项特征。因此，这些数据模型属于制图数据模型。

制图数据模型通常按图层组织空间数据，一个图层可以包括不同几何类型的要素。

不带属性或者通过属性扩展将属性放在数据库中，一般根据图形对象的 ID 来读取图形对象相对应的属性数据。每一层中的数据可以用来反映一个专题下的空间对象，如河流、道路和建筑等，也可以用来反映一种数据类型，如线对象、面对象和标注等。制图数据模型的分层结构能有效支持对空间对象分类存储，但是它对空间对象所需属性信息缺乏支持。比如道路，除了具有空间坐标信息之外，可能还有道路名称、路面类型、车道数目、速度限制和路况等信息，而这些信息正是 GIS 分析应用中所需的。

尽管制图数据模型有许多优点，由于缺乏对属性信息的描述，它不适合进行空间数据的分析。正如刚才提到的，制图数据模型中空间对象按照专题进行组织，这些对象也都使用了统一的空间坐标系统，但是这些对象之间的关系无法有效的表达。在制图系统中可以表示出两条道路在几何上是相交的，但对于一个道路网络，它无法表示所有的道路如何构成一个交通网络。在表示面对象时，可以存储线来表示面的边界，但无法描述这些线以何种关系形成面。规划决策者需要了解的一些信息，往往是需要分析现有空间对象的关系才能获得的，如在一个建筑附近有什么？或在一个范围内有什么？因为在其数据结构中没有存储空间关系信息，制图数据模型难于回答类似的问题。

2) 拓扑关系数据模型

早期的商品化 GIS 软件大都采用了以"结点-弧段-多边形"拓扑关系为基础的数据模型，我们称这种数据模型为拓扑关系数据模型。拓扑关系数据模型以拓扑关系为基础组织和存储各个几何要素，其特点是以点、线、面间的拓扑连接关系为中心，它们的坐标存储具有依赖关系。拓扑关系数据模型的数据文件一般由多个文件（或一个文件包括多个部分）组成，一部分文件存储节点和标识点信息，一部分文件存储弧线信息，一部分文件存储多边形信息；多边形由弧线构成，并指定了标识点；弧线构成多边形，并记录了起始终止节点和左右多边形等信息。

与制图数据模型相比，拓扑关系数据模型提供了对空间对象之间空间关系的支持。这种数据间的空间拓扑关系不再仅仅简单地描述空间对象的位置信息和几何信息，空间对象的拓扑信息还能够描述线和线之间如何连接、一个面的边界是如何构成以及一个区域是否连续等，这些都有利于进行空间分析。在拓扑关系数据模型中，空间对象不再是简单的点、线串，而是结点、线（弧段）、面（多边形）。结点表示线的端点或交点。每一个结点有一个唯一的 ID，并且有一个坐标 (x, y) 定位。线也使用唯一的 ID 来标识。在几何上，线是由一组坐标点表示的，一个线上更多坐标点能更精确地描述这条线。面是由一条或多条线组成的封闭区域，并且通过区域内的一个质点标记。

这种模型特点是：除结点外，每个空间对象都由更基本的对象组成。只有结点的坐标被实际存储，其他复杂对象的坐标实际上是逻辑构成的，任何复杂对象都能分解为一组结点及其拓扑关系的定义。点、弧段和多边形坐标信息存储具有依赖关系。

该模型的主要优点是数据结构紧凑，拓扑关系明晰。数据结构中已经存储了要素之间的拓扑关系信息，进行与拓扑相关的分析和操作时具有较高的性能；并且一个弧段可以被多个多边形引用，而真正的坐标值只存储一次，数据冗余少。但该模型也有不足，主要表现在：

（1）对单个地理实体的操作效率不高。由于拓扑数据模型面向的是整个空间区域，强调各几何要素之间的连接关系，没有足够重视具有完整、独立意义的地理实体作为个体存在的事实，因此增加、删除、修改某一地理实体时，将会牵涉到一系列文件和关系数据库表格，不仅使程序管理工作变得复杂，而且会降低系统的执行效率。

(2) 难以表达复杂的地理实体。复杂地理实体由多个简单实体组合而成，拓扑数据模型的整体组织特性注定了它不可能有效地表达这一由多个独立实体构成的有机集合体。

(3) 难以实现快速查询。在该模型中，地理实体被分解为点、线、面基本几何要素存储，凡涉及独立地理实体的操作、查询和分析都将花费较多的 CPU 时间。

(4) 局部更新困难，系统难于维护与扩充。由于地理空间的数据组织和存储是以基本几何要素（点、弧段和多边形）为单元进行的，系统中存储的复杂拓扑关系是 GIS 工作的数据基础，当局部实体发生变动时，整层拓扑关系将随之重建，因而这样的系统在维护和扩充方面需要更多精力，并且易出错。

3) 面向实体数据模型

面向实体数据模型以独立、完整、具有地理意义的实体为基本单位对地理空间进行表达。在具体组织和存储时，可将实体的坐标数据和属性数据分别存放在文件系统和关系数据库中，也可以将二者统一存放在关系数据库中。面向实体数据模型在具体实现时采用面向对象的软件开发方法，每个对象（独立的地理实体）不仅具有自己的各种属性（含坐标数据），而且具有自己的行为（操作）。对象的坐标存储之间（尤其是面与线的坐标存储）不具有依赖关系，这是它与拓扑关系数据模型的本质不同。该模型很好地克服拓扑关系数据模型的缺点，具有实体管理、修改方便、查询检索和易于空间分析的优点，更重要的是它能够方便地构造用户需要的任何复杂地理实体，而且这种模型符合人们看待客观世界的思维习惯，便于用户理解和接受。同时，面向实体的数据模型具有系统维护和扩充方便的优点。

如 MapInfo 是以实体结构为基础对各种要素进行编码的。在其空间数据模型中，点（结点）由坐标对来定义；线（弧或链）由一系列有序点坐标对来定义；面（多边形）或区域的边界以自身闭合的线确定。点、线、面等各种实体的几何位置坐标有可能被表示两次以上。各种要素属性表不存放任何拓扑关系信息。

这种数据模型的最大优点是保持了地理要素的完整性，数据结构简单，便于软件系统设计和实现。这种模型是当今流行 GIS 软件采用较多的数据模型，但也有缺点：

(1) 面状要素的公共链存储两次，这不仅可能造成共享公共链的几何位置不一致，而且无法管理共享公共链的面状要素之间的空间关系。这种重复数据存储方式很难进行地理分析。

(2) 拓扑关系需临时构建。由于面向实体数据模型是以地理实体为中心的，并未以拓扑关系为基础组织、存储地理实体，表达地理空间，因此拓扑关系并不是一开始就存在，而是在需要时才临时导出各种拓扑关系，这需要消耗一定系统资源和时间。

(3) 动态分段、网络分析效率降低。在结点-弧段-多边形拓扑关系链中，显式的拓扑表有四个：结点-弧段表、弧段-结点表、弧段-多边形表和多边形-弧段表。基于这四个关系表，我们就能直接查找任意结点、弧段和多边形的拓扑属性，便于进行动态分段、网络分析等与拓扑有关的分析，基于拓扑数据模型的 GIS 可以很方便地做到这一点。而面向实体数据模型由于要根据需要临时构建拓扑关系，自然会使拓扑查询和分析的效率降低。

4）面向对象数据模型

面向对象的方法起源于面向对象的编程语言。它以对象为最基本的元素来分析问题、解决问题。客观世界由许多具体的事物、抽象的概念和规则等组成。可以将任何感兴趣的事物、概念统称为"对象"，面向对象技术的出发点是尽可能的按照人们认识世界的方法和思维方式来分析和解决问题。计算机实现的对象与真实世界具有一一对应关系，不需作任何转换，这使面向对象方法更易于为人们所理解、接受和掌握。所以，面向对象方法有着广泛的应用前景。面向对象数据模型的特点有：

（1）它具有丰富的语义、描述复杂对象的功能和数据抽象技术等，这使得它更能真实地模拟现实世界且容易被人理解。

面向对象的方法为系统模型的建立提供了分类、概括、联合、聚集四种语义抽象技术和继承、传播两种语义抽象工具，使得人们可以建立自然的、充分表示现实世界的空间信息概念模型。通过多种语义抽象机制，可以采用与人们在科学认识模型中一致的方式表示空间信息，并以此来建立空间数据模型。这种模型既可以表达人们对空间现象的概念体系，按照人们自然思维方式中的分解和抽象机制来表示空间信息的结构和相应的各种复杂对象，又可以支持较完备的空间关系集的表示。

（2）从整体论的角度出发考虑地理空间，除了要研究对象的几何位置及拓扑关系外，还要重视研究对象间的语义关系，时间、属性、空间属性在对象里面处于同等重要地位。

ESRI 公司 ArcGIS 系统 Geodatabase 数据模型是一种面向对象的数据组织管理模型，采用面向对象的思想与方法组织管理数据。由于目前面向对象数据库技术不成熟，只能将面向对象的空间实体存储于对象-关系数据库中，空间实体需要将其属性与规则分解后才能存储，因而，Geodatabase 数据模型仅是一种逻辑模型，它仅在代码级实现了面向对象，实际上是建立在 DBMS 之上的统一的、智能化的空间数据库。它采用面向对象技术将现实世界抽象为由若干对象类组成的数据模型，每个对象类都有属性、行为和规则，对象类间又有一定的联系，按层次组织地理数据对象，并存储在要素类、对象类和要素集中。总的来说，Geodatabase 是一种全新的空间数据模型。常用 GIS 数据模型比较见表 5.1。

表 5.1 常用 GIS 数据模型比较分析

数据模型类型	数据组织方式	属性数据	拓扑数据	缺点
AutoCAD	按层组织数据，一个图层可以包含不同类型的几何对象	无属性或者通过属性扩展连接属性数据库	无	本质是数字制图模型，不是 GIS 数据模型
MapInfo	按图层组织空间数据，一个图层可以包含不同几何类型的图像对象	每个图层对应一个属性表结构，属性数据和空间数据分别存储在一对文件中	无	对于同一图层的不同几何类型，其属性信息相同，不太合理
ArcView	按照图层组织空间数据，一个图层只能包含一种几何类型	每个图层对应一个属性文件，属性文件和坐标文件通过索引文件联系起来	无	同一图层不能包含多种几何类型。
Arc/Info	基于地理信息的地理拓扑关系原理，分图幅，按要素层组织数据	属性数据采用关系数据库结构，通过标识码与空间数据连接	有	点-面拓扑关系没有表示

续表

数据模型类型	数据组织方式	属性数据	拓扑数据	缺点
MapGIS	按实体类型划分图层	属性信息与空间信息存储在同一文件中	有	同一图层只能包含一种数据类型的数据
SuperMap	采用 SDX＋5 空间数据引擎，按层组织数据	空间属性和属性数据可以分别存储在文件中，或者分别存储在空间数据库和关系数据库中	有	提供多种空间数据引擎管理不同的空间数据库。数据引擎管理比较复杂

2. 集成空间数据模型设计

集成空间数据模型对现实世界地理实体及相互关系进行抽象，建立若干以地理区域为界的认识地理空间的窗口，即数据区域，数据区域包含若干数据块。每个数据块包含若干地理要素层，每个要素层之间在数据结构和组织上相对独立，数据更新、查询、分析和显示操作以要素层为基本单位。地理要素层包含若干地理要素，地理要素又可分为简单要素和复合要素，地理要素是地理实体和现象的基本表示，在数据世界中地理要素包括空间特征（几何元素）和属性特征，简单要素表示为点要素、线要素和面要素。复合要素是表示相同性质和属性的简单要素和复合要素的集合。数据区、数据块、数据层、要素层及地理要素构成一个层次地理数据模型。采用矢量形式表示地理空间实体及相互关系，数据模型结构见图5.2。

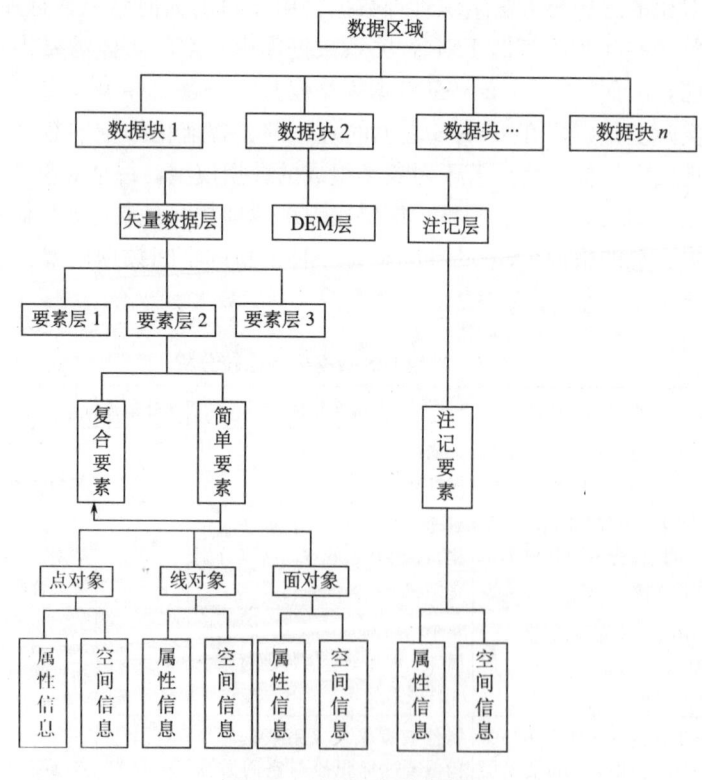

图 5.2 通用空间数据模型

1) 集成空间数据模型组成

第一层为数据区域，它是要描述的数据的整体。处理的地理实体的全部相关信息组成数据区，数据区是所研究区域或者一项 GIS 工程所涉及的范围，如一个城市、一个省或者一个国家。第二层是数据块，数据块的大小可根据应用需要确定，其边界可以是规则的，也可以是不规则的。每个数据块包含矢量数据层、DEM 层、注记层，它们构成第三层。第四层是矢量地理要素层，地理要素按照一定分类原则组织在一起，形成不同的要素层。通常情况下，一个地理要素层定义一组地理意义相同或者相关的地理要素。同类型的地理要素具有相同的一组属性来定性或者定量描述它们的特征。例如，河流可能具有长度、流量、等级、平均流速等属性。每个要素层之间在数据组织和结构上是相互独立的，数据更新、查询、分析、显示等操作以要素层为基本单位。第五层为地理要素，是组成要素层的基本单元。要素层包括若干个地理要素，地理要素又可分为基本要素、复合要素和注记要素。地理要素是地理实体和现象的基本表示，在数据世界中地理要素包括空间特征和属性特征。复合要素表示相同性质和属性的基本要素或复合要素的集合。第六层是地理要素的基本表现形式，即点状对象、线状对象、面状对象。

2) 集成空间数据模型数据结构

现实世界中空间实体异常复杂，但从面向对象的角度来看，通常可以把空间数据抽象为点、线、面三种简单的地物类型。在数据结构中，属性信息的数据类型较多，通常有数值型、字符串、布尔型及日期型等。在 MFC 类库中，COleVariant 类是一个包含数据类型丰富的类，在点、线、面数据结构中可以定义一个 COleVariant 类型数组，来实现属性数据动态扩展。

3) 集成空间数据模型特点

数据模型是对客观事物及其联系的数据描述，可以说没有一种数据模型是十全十美的。一方面，任何一种数据模型都不能表示一切地理现象，都有局限性；另一方面，数据模型越复杂，表示的地理现象也就越丰富，但是程序就会相对复杂，系统性也会受到影响。

在集成数据模型中，空间数据是按块、分要素进行存储和管理的。集成数据模型具有以下几方面的特点：

(1) 兼容性强。集成数据模型采用层次结构组织数据，保持了常见数据模型的层次特点，而且层次结构简单，理解和使用都比较容易。同时集成数据模型采用的是非拓扑结构的形式，利用面向对象的整体目标操作，来实现属性和几何数据的一体化管理，更好地满足多源数据集成的功能要求，因为多源数据集成涉及的数据量比较大，拓扑关系数据模型对于进行局部的空间数据编辑和处理，以及小数据量的分析运算比较有效，当管理大型空间数据时，因为拓扑关系数据模型是按照对象的几何特征（点、线、面）组织的，表达对象之间的各种关系就必须用复杂的指针来表示，必然造成效率低下。利用无拓扑的数据模型就比较方便。同时，非拓扑数据模型对现实世界的表达更为自然。

(2) 数据分块。考虑到 GIS 数据量较大，我们采用在空间上分块，在垂直方向分层机制来进行组织。数据块是数据组织的基本单元，也是数据操作和数据应用的基本单元，一个数据块中，地图要素的数据描述是完整的。数据块的大小可根据应用需要确定，可以依据地理实体的某个地理特征把数据区分成若干块，区域边界可以是规则的，也可以是非规则的。以数据块为基本单位分别进行数据录入和存储管理,打破了图幅的概念,更符合实际的用图需要,也有效解决了地球空间信息与有限的计算机资源之间的矛盾。

(3) 面向对象概念的引入。集成数据模型的实现以地理要素对象作为最基本的要素单元,每个地理要素对象都是属性数据和空间数据的一体化存储。集成空间数据模型在内存中构建了完整的地理要素对象,数据的存储和地理信息系统数据操作的整个过程中都采用了面向对象思想对地理数据进行管理和操作。面向对象具有封装性、继承性、开放性和可扩展性等性能,不仅使得数据操作简单,也使得增删空间对象、扩充各种新的数据类型很灵活。

(4) 数据类型丰富。为了集成数据结构不同的空间数据,集成数据模型不仅考虑了常见矢量数据的存储和管理,而且设计了对 DEM 数据的存储。我们还可以在继续开发和研制过程中不断扩充数据模型,如实现图像数据与其他类型数据的存储和管理操作。

5.2.4 地理空间数据坐标基准的转换

多源、多比例尺数据集成的坐标系到底采用哪一种方式呢?一些文献认为大型 GIS 采用圆柱投影比较理想,因为它的经纬线形状在全球范围呈正方形格网分布,可提供全球范围的定位框架,支持全球 GIS 的无缝拼接与显示。但是圆柱投影把椭球体的地球投影到同一个平面上,精度很差,离赤道越远变形越大,是一种夸张的表示方法。数字地图的地图投影系统与模拟地图的地图投影系统并没有本质的差别,它们都是作为空间信息定位的基础。但模拟地图数学基础主要表现在建立地图的经纬线网和直角坐标格网上,并以此框架填充地图内容;而数字地图数学基础表现在数字地图要素的每个点均定位于某个投影系统中,或定位于某种地球椭球面上。

1. 坐标系的统一

坐标系的统一是数据格式转换的基础,也是数据集成的基础。地面上任一点的位置,可以采用不同的坐标系来表示。在讨论坐标系统一之前,首先回顾常用的坐标系类型。

1) 坐标系类型

常用的坐标系有地心坐标系、参心坐标系和地方独立坐标系等。以总地球椭球为基准的坐标系,称为地心坐标系。以参考椭球为基准的坐标系,称为参心坐标系。无论地心坐标系还是参心坐标系均可分为空间直角坐标系和大地坐标系两种。

(1) 地心坐标系。凡是以地球质心为坐标系原点的地球坐标系,统称为地心坐标系。WGS 84 坐标系理论上是一个以地球质心为坐标原点的地心坐标系。地心坐标系包括地心大地坐标系和地心直角坐标系。

大地坐标系又称为地理坐标系,是指由赤道和格林经线为基准圈的球面坐标系。地球椭球体表面上任意一点的地理坐标,可以用地理纬度 B、地理经度 L 和大地高 H 来表示。地心空间直角坐标系定义是:原点 O 与地球质心重合,Z 轴指向地球北极,X 轴指向格林尼治子午面与地球赤道的交点,Y 轴垂直于 XOZ 平面并与 XZ 轴构成右手坐标系。任意一点的位置都可以用 (x, y, z) 坐标系来表示，它们是与地心大地坐标系相对应的。

（2）参心坐标系。以参考椭球为基准的地球坐标系，称为参心坐标系。在局部范围内参心坐标系的建立与参考椭球的设置紧密相关，它包括椭球的大小、形状（椭球的几何元素）的确定，椭球定位（椭球中心位置的确定）和定向（椭球坐标轴方向的确定）。参心坐标系主要特点是它与参考椭球体的中心（参心）有密切关系。参心坐标系主要包括参心空间直角坐标系和参心大地坐标系。

各个国家或地区，为了测绘地图和进行工程建设，都建立适合本国的地理坐标系，使得在本国或者一定范围内地球椭球体表面与大地水准面达到最佳符合。选择一定元素的参考椭球，对参考椭球进行定位和定向，获得大地原点的大地起算数据和基准面，就建立了一个国家坐标系。我国国家坐标系有1954年北京坐标系和1980年西安坐标系。

1954年北京坐标系采用克拉索夫斯基椭球参数，它的原点不在北京，而在前苏联的普尔科沃。1980年西安坐标系是在1954年北京坐标系的基础上，按照椭球面同似大地水准面在我国境内最为密合、椭球短轴平行于地球地轴的方向、起始大地子午面平行于格林尼治平均天文台起始子午面的椭球定位条件，采用IUGG-1975椭球体建立起来的。其椭球原点在西安。

（3）地方独立坐标系。我国采用高斯投影，在该投影中，除中央子午线没有长度变形外，其他位置上的任何线段，投影后均产生长度变形，而且离中央子午线愈远变形愈大。通常通过分带投影（我国规定采用6°带或3°带）以限制长度变形，但是对于城市、工矿等工程测量，若直接在国家坐标系中建立控制网，有时会使地面长度的投影变形较大，难以满足应用的目的。基于实用、方便和科学的目的，通常采用自选的中央子午线、自选的计算基准面，即采用独立平面坐标系。

2) 坐标系转换

采用不同的参考椭球和定位定向建立的坐标系，均可以转换为空间直角坐标。因此不同的参心坐标系之间的坐标转换，以及地心坐标系和参心坐标系之间的坐标转换，归根到底都是不同的空间直角坐标系之间的换算。如果已知两个不同的空间直角坐标系相应于某个转换模型的转换参数，只需要按照相应的转换模型计算，即可完成坐标的转换。但如果并不知道两个坐标系的转换参数，而只是已知两个坐标系中部分公共点的坐标，则先根据这些已知的公共点在两个坐标系中的坐标，依据最小二乘原理求出坐标系间的转换参数，然后利用所求得的转换参数对两个空间直角坐标系进行坐标转换。

2. 投影变换

所谓地图投影，简略说来就是将椭球面上的大地坐标、大地线的方向和长度以及大地方位角按照一定的数学法则投影到平面上，用下面两个方程式表示：

$$\begin{cases} x = F_1(B, L) \\ y = F_2(B, L) \end{cases} \tag{5.1}$$

式（5.1）中 (B, L) 是椭球面上某一点的大地坐标，而 (x, y) 是该点投影到平面上的直角坐标。这里所说的平面，通常称投影平面。式（5.1）表示了椭球面上一个点同投影平面上对应点之间的解析关系，称之为坐标投影方程。一旦函数形式 F_1、F_2 确定以后，椭球面上每个点的大地坐标投影平面上各对应点的直角坐标就一一确定了。地图投影的实质是建立地球椭球面和平面之间点的一一对应函数关系。选取的地球椭球体不同，坐标系就会有差异，函数不同，投影方式也不相同。不同来源的空间数据可能有不同的投影方式。

1) 投影分类

地图投影的种类很多。最常用的分类方式有：

（1）按投影的变形性质分类。

根据地图投影中可能引入变形的性质，可分为等角投影、等面积投影和任意投影三种。

（2）根据投影面及其位置分类

在地图投影中，首先将不可展地球椭球面投影到一个可展的曲面上，然后将该可展曲面展开成为一个平面，得到我们所需的投影。通常采用的可展曲面有圆锥面、圆柱面、平面，相应的可以得到圆锥投影、圆柱投影、方位投影。

（3）根据投影面与地球轴向的相对位置分类

根据投影面与地球轴向的相对位置分类分为正轴投影（投影面的中心轴与地轴重合）、斜轴投影（投影面的中心轴与地轴斜向相交）、横轴投影（投影面中心轴与地轴相互垂直）。

2) 地图投影变换方法

地图投影变换主要是研究从一种地图投影点的坐标变换为另一种地图投影点的坐标的理论和方法。其实质是建立两个平面场之间点的一一对应关系。地图投影变换常用方法有三类。第一类方法是解析变换法，这种方法是找出两投影间坐标变换的解析计算公式。由于采用的计算方法不同，又可分为反解变换法、正解变换法。第二类方法是数值变换法。第三类方法是数值解析变换法。

（1）反解变换法：根据原有地图投影的方程反解出原投影点的地理坐标（经度和纬度），再代入新的投影方程中求得该点在新投影下的直角坐标，也称间接变换法，即：x、$y \rightarrow \varphi$、$\lambda \rightarrow X$、Y。

（2）正解变换法：直接确定原有地图投影下点的直角坐标与新投影下相应直角坐标的联系，也称直接变换法，即：x、$y \rightarrow X$、Y。

（3）数值变换法：原投影的解析式不知道，或不易求出两投影之间坐标的直接关系，采用多项式数值逼近的方法，建立两个投影之间的直接关系，进行投影点的坐标变换。例如，二元三次多项式为：

$$\begin{cases} X = a_{00} + a_{10}x + a_{01}y + a_{20}x^2 + a_{11}xy + a_{02}y^2 + a_{30}x^3 + a_{21}x^2y + a_{12}xy^2 + a_{03}y^3 \\ Y = b_{00} + b_{10}x + b_{01}y + b_{20}x^2 + b_{11}xy + b_{02}y^2 + b_{30}x^3 + b_{21}x^2y + b_{12}xy^2 + b_{03}y^3 \end{cases}$$

(5.2)

（4）数值解析变换法：已知新投影方程式，而不知道原投影方程式时，可采用数值变换方法，求出原投影中点的地理坐标 φ、λ，再代入新投影解析式中求得新投影下直角坐标。

3. 高程基准的统一

常用高程系统主要有大地高系统、正高系统、正常高系统。大地高系统是以椭球面为基准的高程系统。大地高的定义是：由地面点沿通过该点的椭球面法线到椭球面的距离，通常以 H 表示。正高系统以大地水准面为基准的高程系统。由地面点并沿铅垂线到大地水准面的距离称为正高，通常以 Hg 表示。正高实际上是无法严格确定的，所以，为了实用方便，采用正常高系统。与正常高相应的基准面，通常称之为似大地水准面。因此，也可以说正常高系统是以似大地水准面为参考面的高程系统。

正常高系统为我国通用的高程系统，我国有两套高程基准：1956 年黄海高程基准和 1985 年国家高程基准，不可避免地存在着基于两种高程基准的空间数据并存的现象。因此，需要统一数据的高程基准。

5.2.5 地理空间数据语义编码的融合

物体的分类、分级融合主要解决两种数据源由于分类、分级所采用的方法和分类、分级的详细程度不同所产生的差异。空间数据中对物体的分类、分级主要体现在地理要素属性的编码。比如，数字地图将要素分成测量控制点、独立地物、居民地、交通运输、管线和垣栅、境界和政区、水系、地貌、土质、植被 10 类。海图则将要素分成测量控制点、陆地方位物、地貌、水系、居民地、交通运输、管线和垣栅、海洋/陆地、水深/底质、港口设施、助航设备、碍航物、近海设施、航道、区域界线、服务设施、水文/磁要素、图幅索引、数据档案、英文注记、图面配置 21 类。可见，海图对海部要素作了更详细的分类。即使在分类相同时，两者对要素属性描述的详细程度也不相同，如数字地形图中依河流长度对河流分了 10 级，而数字海图则不对河流作分级处理；数字海图中对航标作了十分详细表示，而数字地图中则只作概略的表示。显然两者在要素分类上都存在一些问题。

解决分类分级融合问题的关键是要预先制订出统一科学的要素编码标准。新的地理要素分类和编码突破了数字地图一种符号一个编码和地图比例尺的限制，对地理信息进行分类和分级，彻底摆脱地图比例尺和种类的影响，充分利用地理要素属性丰富表达力。显然，为制订出这样一个具有权威性的通用标准，必须打破条块分割的不利局面，统一协调通力合作。

地理信息集成是一个交流过程，在交流中不仅涉及数据值本身，还涉及数据的语义和含义。在某些特定的 GIS 应用中，可能会用不同术语来描述相同概念，或者用相同术语描述不同概念，因而导致语义不一致。

1. 语义异构的原因

从现实世界到概念世界的抽象过程中，不同领域的专家因为其自身领域背景的影响，对相同的地理现象往往会产生不同的认知，不同领域的概念系统各自相对独立并且隐含在各个地理信息系统之中，为领域内用户默认，其他领域的用户往往无法理解甚至误解这些领域内约定俗成的概念，这是出现语义异构的根本原因。具体可以分析为：

(1) 从现实世界到概念世界的投影导致语义异构。当从现实世界通过命名抽象到概念世界时，由于人们对世界认知以及所遵循的政策法规、行业特征和习惯的差异，导致了不同领域的研究者对同一地理现象观察和描述时侧重于对象不同的侧面，从而得到不同的概念，形成语义异构。

(2) 把维度世界投影到不同项目世界时又把一个完整的地理信息系统世界分割为对应于各个应用的部分，进一步扩大了各个应用之间的语义差异。因为不同行业的地理信息系统对同一个概念的语义解释往往有很大的差别。

(3) 抽象分析过程和形成的结果没有被地理信息系统记录下来。来自概念世界的概念体系在地理信息系统中没有被显式和形式化地保存下来，没有稳定的、不随具体的地理信息系统应用变化的映射关系。因此不能从一个项目世界去理解另一个项目世界，也就无法解决不同项目世界的集成和互操作问题。

2. 语义融合的方法

在数据集成过程中，通过语义互操作使 GIS 语义保持一定程度的准确性、完整性和一致性，以达到更为有效的 GIS 语义共享，使地理信息资源更为有效的利用。地理信息语义的复杂性，使语义互操作成为 GIS 数据集成中的一个难题。许多研究者都在探讨 GIS 语义集成和互操作问题，并提出了不少解决方法。例如，语义交换补充模型，强调不同 GIS 数据模型之间的微妙差异；知识表示方法，它通过精确表示异构数据库中数据模型语义的方法来处理 GIS 语义不一致问题。元数据调解器方法，它从描述地理信息的元数据出发来理解语义，并结合人工智能技术的元数据调解器来自动识别和处理 GIS 语义冲突；目前，理论上实现 GIS 语义互操作的方法有三种（黄裕霞等，2001）：

(1) 在建立公共模式的基础上提供一种机制，使用户能按统一形式（如双方使用统一的语义模型来表达语义）表达查询要求并获取数据，如全局概念模式等。

(2) 借助中间机制（如语义转换机制）处理信息，使用户能用自身语言来形式化查询要求，而且无需考虑对方因素即可获取正确处理，如上下文语义转换器、查询转换器等。

(3) 基于本体的方法，它将地理信息系统看做是可以互操作对象的容器，并通过容器与用户进行交流，从中抽取满足用户需求的信息，同时提出通过多元本体进行对象之间的映射各自理解对象的数据库模式和数据语义。

下面对建立公共模式和基于本体方法语义集成进行介绍。

1) 建立公共模式

通过对地理要素重新分类分级，统一进行编码是建立公共模式进行语义集成的一种方式。地理要素的语义表示用数字化描述就是编码，地理要素语义的集成就是地理要素编码的集成。由于不同数据源其数据生产是独立的，对物体的分类分级各不相同。即使分类分级近似，由于其编码长度和表示法不同，也存在一定的转换工作量。要对地理要素编码进行集成，首先体现在对物体的分类分级的统一。

分类应当遵循科学性、系统性、可扩性、实用性、兼容性的原则，选择合适的分类方法。从理论上来说，一个系统对同一空间实体的编码应该是唯一的，实际上由于不同领域视角不同，对同一空间实体编码并不一样，甚至会出现不同空间实体具有相同编码的情况，这些编码放在同一系统中，就会出现空间实体标识的严重问题。物体的分类、分级统一主要解决两种数据源由于分类、分级所采用的方法以及分类、分级的详细程度不同所产生的差异，主要表现在以下几个方面：

(1) 不同的信息源使用多种术语（词汇）表示同一概念；

(2) 同一概念在不同的信息源中表达不同的含义；

(3) 各信息源使用不同的结构来表示相同（或相似）的信息；

(4) 各信息源中的概念之间存在着各种联系，但因为各信息源的分布自治性，这种隐含的联系不能体现出来。

要对地理要素编码进行集成，还要统一编码表示方法。提供一个统一的空间实体编码是多源空间数据集成的必要条件。研究出一种兼顾两种编码方案优点的新的要素属性编码方案，这种方案应基本上既能兼容已有编码体系，又能克服它们所存在的缺点。兼容性可以通过相应的转换机制实现，即能方便地将旧的编码转换到新的编码系统中，原有编码的缺点则可以通过对新编码的合理设计来克服。新的编码方案应能更加科学地体现出要素的分类特点，使要素分类更加合理；应能充分提供对每一要素属性作详尽描述的能力，保证要素属性描述的完备性。

2) 基于本体的方法

本体概念起源于哲学领域，是人类对自然界"存在论"的一种哲学观点，它意味着知识和知晓。本体是概念模型的明确的规范化说明（李善平等，2004）。在计算机领域引入本体的目的在于获取、描述、表达相关领域的知识，提供对该领域知识的共同理解，确定该领域内共同认可的词汇，并从不同层次的形式化模式上给出词汇和词汇相互关系的明确定义。由此可知，基于本体的空间信息共享和互操作，即通过本体这一技术获取、描述和表达空间信息领域的知识，实现不同个人、部门之间对空间信息知识的共同理解，在此基础上实现空间信息的共享和互操作。

语义网的提出和本体概念的引入为信息系统的语义共享提供了新的方法。空间信息本体是从语义和知识层次上实现空间信息共享的重要途径，是整个空间信息共享的核心。构建概念及关系尽可能丰富、描述清晰、符合构造规则和标准的空间信息本体，是实现语义化空间信息共享的重要前提。

基于本体的数据集成方法中，本体被用作信息源语义的直接描述。一般情况下，存在三种方法，即单本体方法、多本体方法和混合本体方法。

(1) 单本体方法。单本体方法采用一个全局本体对应于各分布、异构数据源，作为所有数据源的通用语义模型。即所有用户归入一个信息集团，共享统一的知识库，各个数据源的数据映射到本体概念上，这样用户只需要通过对语义（本体的概念）的操作，不必直接操纵异构的数据源就实现了基于语义的数据集成和操作。单本体信息集成方法的体系结构如图5.3 (a) 所示。

(2) 多本体方法。为克服单本体信息集成方法的弊端，引入多本体信息集成方法。在多本体信息集成方法中，每个数据源对应于一个局部本体，不同局部本体间建立映射关系，即整个系统被分割成不同的信息集团，集团内部共享本地本体系统，而系统集成通过各个本地本体系统的集成实现。多本体信息集成方法的体系结构如图5.3 (b) 所示。

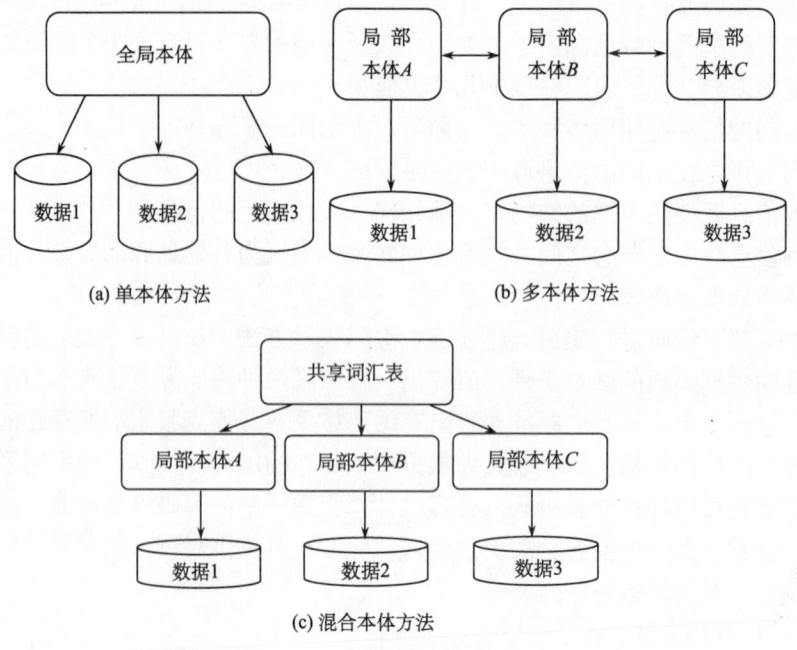

图 5.3 基于本体集成的三种方法

(3) 混合本体方法。单本体信息集成方法中信息系统各个部分联系密切，不能动态和开放地反映人们对世界的不同观点；多本体的信息集成方法满足了动态和开放的要求，但各个本体之间的耦合脆弱，不易集成。为此提出了综合两者优点，弥补两者缺点的方法——混合本体方法。混合本体信息集成方法的体系结构如图 5.3（c）所示。

5.3 多源地理空间数据集成方法

数据是 GIS 系统的血液，如何实现多格式数据的集成一直是 GIS 研究的热点，也是地理空间信息服务所要完成的主要工作。空间数据集成方法有三种：一是数据格式转换方法；二是基于直接访问模式的集成方法；三是基于公共接口访问模式的集成方法。

5.3.1 数据格式转换方法

在实际操作中，数据格式的转换必然造成数据内容的损失，而且它是一种被动的数据处理方法，即出现一种流行的数据格式就要做一种转换软件模块连入系统，对于非主流 GIS 系统的数据也不能达到有效地支持。

格式转换模式就是把其他格式的数据经过专门的数据转换程序进行转换，变成本系统的数据格式，这是当前 GIS 软件系统共享数据的主要办法。数据转换的核心是数据格式的转换。基于数据通用交换标准的数据交换，尽管在格式转换过程中增加了语义控制，但其核心仍是数据格式转换，一般的，数据格式转换采用以下三种方式。

1. 直接转换——相关表

在两个系统之间通过关联表，直接将输入数据转换成输出数据。这种方法是针对记录逐个地进行转换，没有存储功能，因此不能保证转换过程中语义的正确性。

2. 直接转换——转换器

另一个转换方法是通过转换器实现。转换器是一个内部数据模型，转换器通过对输入数据的类型及值按照转换规则进行转换，得到指定的数据模型及值，与使用关联表相比，它具有更详细的语义转换功能，也具有一定的存储功能。在软件设计时，往往将转换器设计成中间件（图5.4），以便于系统集成。

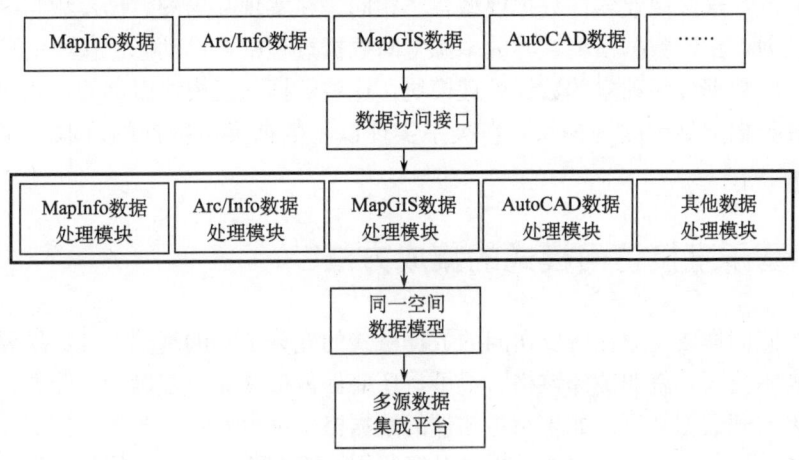

图 5.4 基于中间件的数据集成流程

3. 基于空间数据转换标准的转换

无论采用关联表还是采用转换器进行直接转换，它仅仅是两系统之间达成的协议，即两个系统之间都必须有一个转换模型，而且为了使另一个系统和该系统能够进行直接转换，必须公开各自的数据结构及数据格式。为此，可采用一种空间数据的转换标准来实现地理信息系统数据的转换，转换标准是大家都遵守、并且很全面的一系列规则。转换标准可以将不同系统中的数据转换成统一的标准格式，以供其他系统调用。为了实现转换，数据的转换标准必须能够表示现实世界空间实体的一系列属性和关系，同时它必须提供转换机制，以保证对这些属性和关系的描述结构不会改变，并能被接收者正确地调用，同时它还应具有以下功能特点：具有处理矢量、栅格、网格、属性数据及其他辅助数据的能力；实现的方法必须独立于系统，且可以扩展，以便在需要时能包括新的空间信息。许多GIS软件为了实现与其他软件交换数据，制订了明码的交换格式，如Arc-cInfo的E00格式、ArcView的Shape格式、MapInfo的Mif格式等。通过交换格式可以实现不同软件之间的数据转换。数据转换模式的弊病是显而易见的，由于缺乏对空间对象统一的描述方法，从而使得不同数据格式描述空间对象时采用的数据模型不同，因而转换后不能完全准确地表达原数据的信息，经常性地造成一些信息丢失。

空间数据转换标准（Spatial Data Transformation Standard，SDTS）包括几何坐标、投影、拓扑关系、属性数据、数据字典，也包括栅格格式和矢量格式等不同的空间数据格式的转换标准。许多软件利用 SDTS 提供了标准的空间数据交换格式。目前，ESRI 在 Arc/Info 中提供了 SDTSIMPORT 以及 SDTSEXPORT 模块，Intergraph 公司在 MGE 产品系列中也支持 SDTS 矢量格式。SDTS 在一定程度上解决了不同数据格式之间缺乏统一的空间对象描述基础的问题。但 SDTS 目前还很不完善，还不能完全概括空间对象的不同描述方法，还不能统一为各个层次以及从不同应用领域为空间数据转换提供统一的标准，也还没有为数据的集中和分布式处理提供解决方案，所有的数据仍需要经过格式转换才能进到系统中，不能自动同步更新。

现有 GIS 数据大都是以商业软件如 AutoCAD、MapInfo、MapGIS、Arc/Info 等数据格式存储的，这些商业软件数据模型各不相同。在实现互异的数据模型与统一空间数据模型的映射，集成数据模型互异的多源空间数据过程中，以动态链接库的形式将要集成的多源空间数据分为独立的数据处理模块，这些数据处理模块以类的形式出现，即每个类是一种数据类型的处理模块，在类中实现该种数据类型数据的读取、存储管理等操作。

5.3.2 基于直接访问模式的集成方法

直接访问同样要建立在对要访问的数据格式的充分了解的基础上，如果要被访问的数据的格式不公开，就非破译该格式不可，还要保证破译完全正确，才能真正与该格式的宿主软件实现数据共享。如果宿主软件的数据格式发生变化，各数据集成软件不得不重新研究该宿主软件的数据格式，提供升级版本，而宿主软件的数据格式发生变化时往往不对外声明，这会导致其他数据集成软件对于这种 GIS 软件数据格式的数据处理必定存在滞后性。

如果要达到每个 GIS 软件都要与其他 GIS 中的空间数据库进行集成的目的，需要为每个 GIS 软件开发读写不同 GIS 空间数据库的接口函数，这一工作量是很大的。如果能够得到读写其他 GIS 空间数据库的 API 函数，则可以直接用 API 函数读取 GIS 数据库中的数据，减少开发工作量。直接数据访问互操作模式如图 5.5 所示。

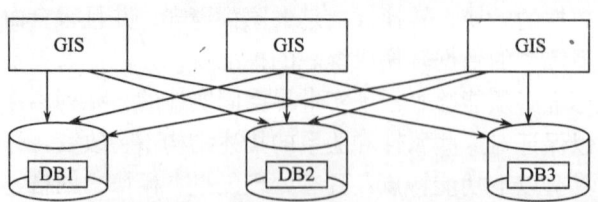

图 5.5 基于数据库直接访问的集成方法

此外，许多软件开发商正在着手研究解决数据共享的新模式。有些厂商认为，由于一般的 GIS 数据具有一些空间数据的通性，因此可以定义一个包含各种属性的元数据文件，在此基础上，采用面向对象的思路，利用 C++语言对继承、封装、多态性和抽象基类的支持，定义一个包含纯虚函数、不可实例化的抽象基类，这个基类应具备GIS空间数据读写的基本接口。各GIS软件提供一个从这个抽象基类派生的类来实例化抽象基类，在这个派生类中完成其定义的数据格式文件中数据的读写工作。在新的模式中，不管GIS空间数据是以文件方式存储还是以数据库方式存储，都将空间数据以数据库的方式管理；在定义好面向抽象GIS数据格式的抽象基类和统一接口的基础上，由各GIS软件厂商完成存取自己格式数据的子类的动态连接库（类似于ODBC中各数据库系统的驱动程序），实现厂商一次编程，其他开发者拿来就用，省却大量的重复劳动，加快开发进程。

5.3.3 基于公共接口访问模式的集成方法

随着客户机/服务器体系结构在地理信息系统领域的广泛应用以及网络技术的发展，数据交换方法已不能满足技术发展和应用的需求，而数据（GIS）的互操作则成为数据共享的新途径。

数据互操作为多源数据集成提供了崭新的思路和规范，它将GIS带入了开放的时代，从而为空间数据集中式管理、分布式存储与共享提供了操作的依据。OGC标准将计算机软件领域的非空间数据处理标准成功地应用到空间数据上，但是它更多地采用了OpenGIS协议的空间数据服务软件和空间数据客户软件，对于那些已经存在的大量非OpenGIS标准的空间数据格式的处理办法还缺乏标准的规范。从目前来看，非OpenGIS标准的空间数据格式仍然占据已有数据的主体，而且非OpenGIS标准的GIS软件仍在产生大量非OpenGIS标准的空间数据，如何继续使用这些GIS软件和共享这些空间数据成为OpenGIS标准不可解决的问题（龚健雅，2002）。

数据互操作规范为多源数据集成带来了新的模式，但这一模式在应用中存在一定局限性：首先，为真正实现各种格式数据之间的互操作，需要每种格式的宿主软件都按照统一的规范实现数据访问接口，这在一定时期内还不现实；其次，一个软件访问其他软件的数据格式时是通过数据服务器实现的，这个数据服务器实际上就是被访问数据格式的宿主软件，也就是说，用户必须同时拥有这两个GIS软件，并且同时运行，才能完成数据互操作过程。最后，即使以后新建的GIS软件都支持OpenGIS，现有的GIS软件生产出来的空间数据也要转化到OpenGIS标准。如果采用CORBA或Java Bean的中间件技术，基于公共API函数可以在因特网上实现互操作，而且容易实现三层体系结构。它的实现方法与前面类似，但增加了一个中间件，如图5.6所示（龚健雅，2002）。

通过国际标准化组织（如ISO/TC211）或技术联盟（如OGC）制定空间数据互操作的接口规范，GIS软件商开发遵循这一接口规范的空间数据的读写函数，可以实现异构空间数据库的互操作。对于分布式环境下异构空间数据库的互操作而言，空间数据互操作规范可以分为两个层次：

第一个层次是基于COM或CORBA的API函数或SQL的接口规范。通过制定统一的接口函数形式及参数，不同的GIS软件之间可以直接读取对方的数据。它有两种实现可能，一种是GIS软件的数据操纵接口直接采用标准化的接口函数，另一种是某个GIS软件已经定义了自己的数据操纵函数接口，为了实现互操作的目的，在自己内

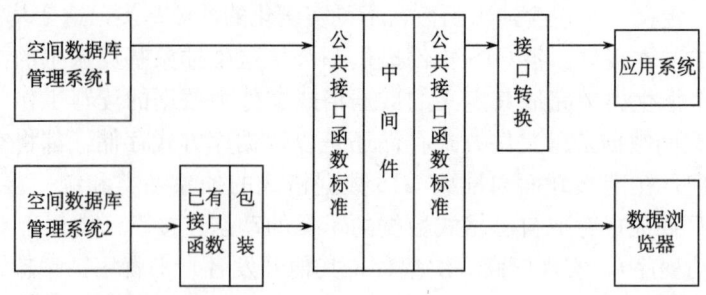

图 5.6　基于 CORBA 或 J2EE 体系结构的空间数据互操作的接口关系

部数据操纵函数的基础上,包装一个标准化的接口函数,亦可实现异构数据库互操作的目的。基于 API 函数的接口是二进制的接口,效率高,但安全性差,并且实现困难。基于 API 函数的空间数据互操作规范接口关系如图 5.7 所示（龚健雅,2002）。

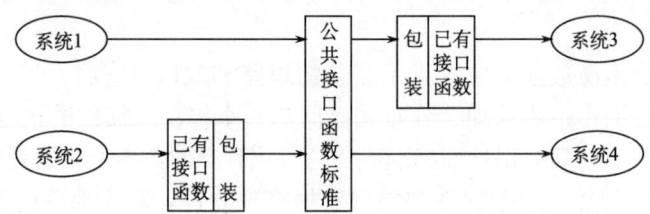

图 5.7　基于公共 API 函数空间数据互操作的接口关系

　　第二个层次是基于 Http（Web）XML 的空间数据互操作实现规范。它是基于 Web 服务的技术规范,读写数据的方法也是采用分布式组件,但用 XML 进行服务组件的部署、注册,并用 XML 启动、调用,客户端与服务器端的信息通信也是采用遵循 XML 规范的数据流。数据流的模型遵循空间数据共享模型和空间对象的定义规范,即可用 XML 语言描述空间对象的定义及具体表达形式,不同 GIS 软件进行空间数据共享与操作时,将系统内部的空间数据转换为公共接口描述规范的数据流（数据流的格式为 ASCII 码）,另一系统读取这一数据流进入主系统并进行显示。基于 XML 的互操作规范的实现方法可能有两种形式。一种是将一个数据集全部转换为 XML 语言描述的数据格式,其他系统可以根据定义的规范读取这一数据集导入内部系统。这种方式类似于用空间数据转换标准进行数据集的转换。

　　另一种形式是实时读写转换,由 XML 语言或采用 SOAP 协议引导和启动空间数据读写与查询的组件,从空间数据库管理系统中实时读取空间对象,并将数据转换为用 XML 语言定义的公共接口描述规范的数据流,其他系统可以获取对象数据并进行实时查询,可以达到实时在线数据共享与互操作的目的。基于 XML 互操作规范接口的数据流是文本的 ASCII 码,容易理解和实现跨硬件和软件平台的互操作。它可以用于空间信息分发服务和空间信息移动服务等许多方面。目前基于 Http（Web）XML 的空间数据互操作是一个很热门的研究方向,涉及的概念很多,主要包括 Web 服务的相关技术。OGC 和 ISO/TC211 共同推出了基于 Web 服务（XML）的空间数据互操作实现规范 Web Map Service、Web Feature Service、Web Coverage Service 以及用于空间数据传输与转换的地理信息标记语言 GML。基于 XML 的空间数据互操作实现方式规范如图 5.8 所示。较之以上两种空间数据互操作模式，基于 API 函数的互操作效率是较高的，基于 XML 的互操作适应性是最广的，但效率可能是较低的。基于 API 函数的互操作系统往往用于部门级的局域网中，而基于 XML 的互操作系统一般用于跨部门跨行业地区的互联网中。

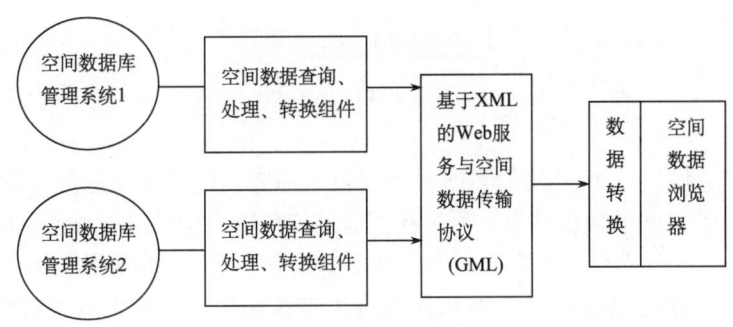

图 5.8　基于 XML 的空间数据互操作实现方法

5.3.4　组件技术实现 GIS 互操作

组件是指被封装的一个或多个程序的动态捆绑包，具有明确的功能和独立性，同时提供遵循某种协议的标准接口；一个组件可以独立地被调用，也可以被别的系统或组件所组合。组件的标准接口是实现组件重用和互操作的保证，用不同语言开发的组件可以在不同的操作平台、不同进程间"透明"地完成互操作。这使得开发者能更方便地实现分布式的应用系统，方便快捷地将可复用的组件组装成应用程序，组件技术把构架从系统逻辑中清晰地隔离出来，可以用来分析复杂的系统，组织大规模的开发，而且使系统的造价更低。组件技术对于提高软件开发效率、减轻维护负担、保证质量和版本的健壮、更新有非常重要的意义，组件技术已成为当今软件工业发展的主流。

在分布计算环境中实现 GIS 互操作，关键在于把现有的 GIS 功能分解为互操作的可管理的软件组件，每个组件完成不同的功能。根据应用可将其划分为数据采集与编辑组件、图像处理组件、三维组件、数据转换组件、地图符号编辑/线性编辑组件、空间查询分析组件等。各个 GIS 组件之间，以及 GIS 组件与其他非 GIS 组件之间主要通过属性、方法和事件交互，如图 5.9 所示。

属性（properties）：指描述组件性质（Attributes）的数据；方法（Methods）：指对象的动作（Actions）；事件（Events）：指对象的响应（Responses）。属性、方法和事件是组件的通用标准接口，由于其是封装在一定的标准接口，因而具有很强的通用性。图 5.9 中，统一的标准协议是组件对象连接和交互过程中必须遵守的，具体体现在组件的标准接口上。这种技术是建立在分布式的对象组件模型基础之上的，在不同的操作系统平台有不同的实现方式（如 OMG 的 CORBA、Microsoft 的 DCOM）。OGC 规程基于的组件连接标准是目前占主导地位的 OMG 的公共对象请求代理构架（CORBA）、Microsoft 的分布式组件对象模型（DCOM），以及结构化查询语言（SQL）等用来规范

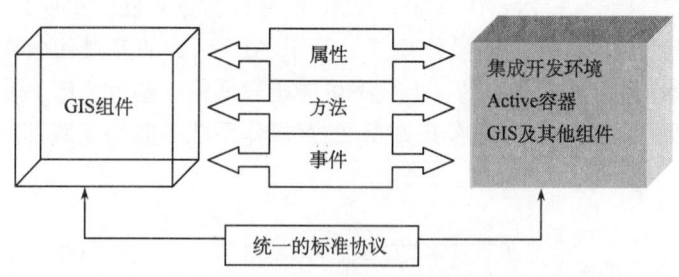

图 5.9　GIS 组件与集成环境及其他组件之间的交互

组件的连接和通信。OGC 开发的 GIS 技术规范，遵守其他的工业标准，体现了其不只是为了各个 GIS 之间的数据共享，更重视使地理信息能为非 GIS 领域所访问。

小巧灵活，还具有自我管理的能力。这不但顺应了软件发展趋势，可以通过可视化的软件开发工具方便地将 GIS 组件和其他组件集成起来，实现无缝连接和即插即用，共同协作，形成最终的 GIS 应用。对于非 GIS 专业人员而言还可以容易地通过对 GIS 组件的利用，将 GIS 功能嵌入应用程序中，大大提高了开发的效率及 GIS 应用。GIS 的互操作组件特别有利于 GIS 专业人员的是，他们不必要再开发支持专用的开发软件或数据库，而是将更多的精力集中于 GIS 的"G"〔地学应用〕，从而使 GIS 产品达到更高的层次。

5.4　多源地理空间数据集成平台

在统一空间数据模型和数据集成技术基础上，设计并自主开发了多源空间数据集成平台系统，实现了在同一平台下对多源空间数据的集成及其他操作。地理数据加工平台用来进一步对数据进行处理，包括地理空间数据的裁剪、拼接、图形编辑、拓扑重组、投影转换、坐标系转换、格式转换等功能。裁剪是在以地理经纬度构成的矩形窗口内，对地理空间数据进行精确裁剪。拼接是将裁剪后相邻的多幅图同一层数据或多层数据合并在一起，形成某一地理区域的地理空间数据。图形编辑提供对地理目标的增加、删除、修改等功能。经过上述裁剪和拼接后形成的地理空间数据，没有整体的拓扑关系。为了满足应用系统的需求，必须进行拓扑重组，最终得到具有拓扑关系的地理区域范围的地理空间数据。投影转换支持应用系统常用的几种投影转换，其中包括高斯-克吕格投影、等角圆锥投影、双标准纬线等角圆锥投影、墨卡托投影。坐标系转换支持应用系统常用的几种坐标系转换，其中包括旧 1954 年北京坐标系、新 1954 年北京坐标系、1980 年西安坐标系、2000 年坐标系，系统可在这几种坐标系之间进行转换。

数据格式转换可实现常见的数据格式之间的转换。矢量地图数据可转换到 MapInfo 的 MIF/MID 格式、Arc/Info 的 E00/ShapeFile 格式、AutoCAD 的 DXF 格式等存在的矢量地图数据文件上，正射影像、栅格地图数据可转换到 BMP、TIF、GIF 等格式存在的图像数据文件上。

多源空间数据集成平台主要功能模块有数据处理模块、数据显示模块、视图操作模块、空间查询模块、数据格式转化模块等，如图 5.10 所示。

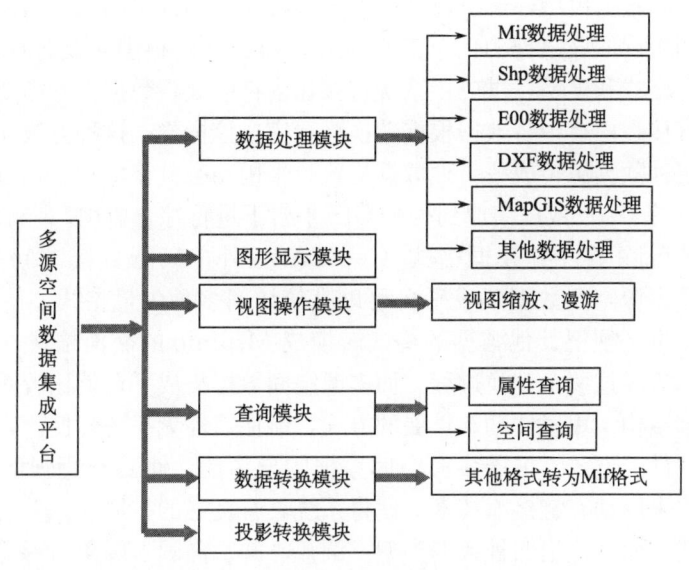

图 5.10 多源空间数据集成平台功能

(1) 多源数据的集成。系统实现了常用的 GIS 数据格式的直接访问。具体说来,实现了 MapInfo 的交换格式（*.MIF、*.MID)、ArcView 的数据格式 (*.SHP)、Arc/Info 交换格式 (*.E00)、MapGIS 的明码格式、AutoCAD 交换格式 (*.DXF) 数据的处理。

(2) 视图的基本操作。对图形进行漫游、放大、缩小时采用位图管理操作,这样既能大大提高程序效率,图形也不会出现明显的闪烁。

(3) 空间查询。查询模块通过空间对象查询其属性信息,通过点选、区域选等操作找到要查询的空间实体,然后遍历存储链表,取出空间实体对应的属性信息,并以消息对话框列表的形式显示出来。

(4) 数据转换模块。每层都有固定的空间信息和属性信息。系统转换时,保持原有图层不变,实现图层到图层的转换。既可以实现单个图层的转换,也可以通过元文件实现整个图幅中所有数据层的转换。

多源空间数据集成平台建立在通用空间数据模型基础上,实现了多种不同格式数据的直接访问,具有直接、快速的优势。数据映射流程见图 5.11。

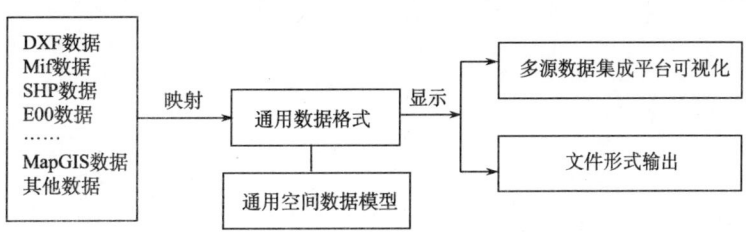

图 5.11 数据映射流程

运用通用空间数据模型，解决以往数据转换时存在的许多问题。当系统需要打开某种数据源时，调用读取该数据源的动态链接库，数据在内存中转换为应用系统 GIS 平台所支持的数据格式和模型，供应用系统直接在内存中处理数据。若需要将数据写成别的数据格式，直接在内存中将数据根据转换配置完成该操作，这种方法无须通过复杂的工作就可以将多种数据源转成另一种数据格式。采用动态链接库技术，可以非常方便地直接将各类 GIS 或 CAD 数据集成到一个 GIS 平台下进行综合应用。

MapInfo 平台除了自身数据格式（*.TAB）外，只能直接访问矢量数据中的".SHP"格式。多源空间数据集成平台可以直接访问多种矢量格式。使用 MapInfo 通用转换器工具，也必须把其他数据的格式转换成 MapInfo 的交换格式，再导入其内部格式进行显示，需经过两个转换过程。而多源空间数据集成平台就比较直接。通用空间数据模型的数据结构采用属性动态扩展的方式，能使属性无损的转换。多源空间数据集成过程采用中间件的方式，屏蔽多源空间数据的异构性，使 GIS 用户能透明地获取所需的地理数据。采用动态链接库技术，使得系统具有良好的扩展性。但通用空间数据模型中只有点、线、面、注记四种数据类型，圆弧、圆、椭圆、圆角矩形等数据类型通过算法转换为点、线、面类型，转换过程中数据精度可能有所降低。

第6章 地理信息网络服务体系结构

地理信息网络服务是地理信息服务的主要模式之一。这种建立在计算机技术、网络技术、空间技术、通信技术以及地理信息技术基础上的现代网络地理信息服务改变了传统以地图为载体的地理信息传递模式,大大缩短了地理空间数据生产者与地理信息用户之间的距离,实现了地理信息服务的实时性。本章6.1节主要介绍 Internet 技术应用催生了地理信息网络服务;6.2节讨论 Web Service 结构体系;6.3节讨论基于 Web Service 的地理信息网络服务的体系结构;6.4节研讨地理信息网络服务体系结构和安全策略。

6.1 地理信息网络服务发展现状和趋势

6.1.1 WebGIS 产生与发展

1. 客户机/服务器体系模式

网络结构模式经历了20世纪60年代的集中式结构模式和90年代的分布式结构模式的演变历程。分布式结构模式主要指客户机/服务器(Client/Server,C/S)结构和 Web 结构,其目的是将计算工作分摊到多台计算机中,减轻集中在单部计算机上运算负载以降低可能的风险。其中 Web 结构模式包括浏览器/Web 服务器结构(Browser/Server,B/S)和浏览器/应用服务器/数据库服务器三层结构两种类型。

客户/服务器模式兴起于20世纪90年代初,到了90年代的中期开始成为流行的网络结构模式。它的出现从总体上讲有以下两个原因。第一,在客户/服务器出现以前,占主导地位的是20世纪60年代的集中式大型机模式和80年代的PC/文件服务器模式。大型机模式实现了高度的集中控制,但是操作不便。而PC/文件服务器模式虽然提供了较好的用户界面,但是却大大提高了体系的整体开销和维护成本。客户/服务器模式的基本思想是把集中在一起的应用划分成功能不同的两个部分,分别在不同的计算机上运行,通过它们的分工合作来实现一个完整的功能。在这两部分中,一个为服务器程序,用来响应和提供固定的服务;另一个为客户机程序,用来向服务器提出请求和要求某种服务。从这个角度上讲,服务器和客户机是软件上的概念,也是相对的概念。比如,一台机器上同时运行着一个客户机程序和一个服务器程序,则它既是客户机又是服务器。只不过在实际的应用中,服务器一般都运行在性能较强、配置较高的计算机上,而且服务器一般可以同时响应几个客户机的请求。而客户/服务器模式在继承了PC模式的友好用户界面的基础之上,又利用分布式的技术提高了执行效率,因而得到了广泛的应用。第二,从进程通信的角度去分析,由于客户系统只是向服务器发送操作请求,其后等待服务器送回结果,而服务器也是获得请求后才进行实际的操作并送回结果。在实际中,两个通信的进程的不对称情况是很普遍的。所以从通信的角度来看,在客户进程和服务器进程之间建立一条可靠的会话连接，并在该连接上使用半双工方式是可能的。但是由于建立多层连接将引起较大的开销，又由于请求和回答所传输的数据量并不像连续的文件传输那样大，因此实际上客户/服务器模式往往采用不可靠的数据服务，牺牲可靠性来保证较高的效率。

按照负载的轻重和处理性质可以将客户/服务器结构分为两类，分别是基于客户端的体系结构和基于服务器端的体系结构。前一种体系结构由客户端实现 GIS 的绝大多数功能。只有少量的 GIS 功能在服务器实现，俗称为瘦服务器/胖客户端模式。后一种体系结构由服务器完成 GIS 的大部分功能，客户端仅充当对用户友好的接口。服务器端的负载较重，所以被称为胖服务器/瘦客户端模式。

客户机/服务器体系模式的优点：

（1）C/S 方式有很强的实时处理能力，与 B/S 方式相比，C/S 结构更适合于对数据库的实时处理和大批量的数据更新；

（2）C/S 方式的面向对象技术十分完善，并且有众多与之配套的开发工具；

（3）由于 C/S 方式必须安装客户端软件，系统相对封闭，这反而使它的保密性能优于 B/S 方式。

对于分布式广域网环境下的 GIS 应用，C/S 结构则显得力不从心，特别是涉及分布式环境下异构多数据库系统，这种两层的体系结构就存在着很大障碍。

2. 浏览器/服务器体系模式

网络技术的发展和普及，要求分布在不同领域、不同部门的空间数据和处理功能能够共享和互操作，使得空间信息不再局限于专业用户，普通民众也能容易地访问和使用空间信息。为了适应分布式环境下异构多数据库系统，由 C/S 结构演变出了浏览器/服务器模型。B/S 模型是一种从传统的 C/S 结构模型发展起来的新的计算模式。B/S 体系结构突破了客户/服务器两层模型的限制，将 C/S 结构中的服务器端分解成应用服务器和多个数据库服务器。B/S 结构本质上是一种三层结构的客户/服务器结构。它把 C/S 结构进一步深化，在服务器端形成 Web 服务器和数据库两层，浏览器和服务器之间通过超文本标记语言（HTML）和超文本传输协议来实现信息的描述和组织。该模式减轻了客户端和数据库服务器的压力，只需随机增加中间层服务器（应用服务器），即可满足应用需要。

Web 技术的发展不可避免地带动了其他行业的创新和更新换代。GIS 行业在其本身的地理信息管理和处理技术日渐完善、丰满的时候，也应该向主流的 Web 技术靠拢，以满足不断增长的应用需求。基于 Web 体系实现的 GIS 可称为 WebGIS，即互联网地理信息系统，可以简单定义为在 Web 上的 GIS，就是利用互联网技术和 WWW 技术，完善和扩展传统的地理信息系统功能的一门新技术。

WebGIS 是 Internet 技术应用于 GIS 开发的必然产物。它集 Web 技术、GIS 技术和数据库技术于一身，以新的工作模式和新的数据共享机制，广泛应用于各种涉及地理信息的领域。在 Web 上为用户提供信息发布、数据共享、交流协作，从而实现 GIS 的在线查询和业务处理等功能，使用户能直接通过 Web 浏览器对 GIS 数据进行访问，实现空间数据和业务数据的检索查询、专题图输出、编辑修改等 GIS 功能，完成了 GIS

技术从 C/S 模式向 B/S 模式的转变。

WebGIS 继承了 GIS 的部分功能，侧重于地理信息与空间处理的共享，是一个基于 Web 计算平台实现地理信息处理与地理信息分布的网络化软件系统。

3. WebGIS 发展现状

在国外，基于 Web 技术构建的具有商业应用的 WebGIS 系统已经出现。典型的产品包括 Microsoft 公司 Terra Server 影像数据服务器、MapPoint.NET，Google 公司地图搜索服务 Google Earth。目前，MapPoint Web 提供的服务有：基于地址、兴趣点、经纬度的位置服务、位置相关背景服务、路径选择服务、邻近搜索服务、距离计算服务等。MapPoint3.0 基于 VS.NET 开发，任何网络用户都可以通过 SOAP 来访问 MapPoint 的 XML Web Service 接口。VS.NET 会自动为 MapPoint 服务产生代理类，使得开发者可以非常方便地使用 MapPoint 的服务。Google Earth 整合了本地搜索与驾车指南两项服务，具有地图注释功能，采用了 3D 地图定位技术，提供卫星遥感图像、鸟瞰图和三维图三种可视化模式，可在 3D 地图上通过交互方式定点查看制定区域，进行不同视角的放大、缩小、漫游等地图控制以及自动搜索路径完成道路导航等操作。Google 搜索原理是通过程序自动分析 Google 数据库中的单位资料，并结合黄页数据通过单位地址来匹配该单位在地图上的位置。Google 公司通过发布地图服务应用程序接口（Google Maps API），允许用户在程序中嵌入 Google Maps 功能，开发人员可以用 Java Script 脚本语言将 Google Maps 服务嵌入网页，将平台与地理数据捆绑，从地图服务和开发两个层面降低了 GIS 开发门槛，大大促进了空间信息的应用领域。

国内对地理信息 Web 服务的应用主要偏重于行业部门的应用方面，包括利用 Web 服务器进行地理信息服务支撑下的平台的建设。图行天下推出了面向公众服务的网站（www.go2map.com），以独有的网络地图信息平台 Go2map-MIP 为基础，为用户提供地图应用系统开发中间件、地图服务系统应用程序接口（API）、电子地图租用、在线地图服务、地图数据销售等全面的地图服务解决方案。Go2map-MIP 集成了 Web、底层 GIS 平台、数据库访问、网络负载均衡、地图服务扩展等多项不同领域的技术。北京中遥地网信息技术有限公司自主研发了一体化网络空间信息系统平台软件 GeoBeans。该软件基于 Internet/Intranet 的分布式计算环境，参考 OpenGIS 规范，采用与平台无关的 Java 语言 JavaBeans 构件模型以及 Com 组件模型，可在多种系统平台上运行，支持栅格和矢量图形的处理，实现了 Internet 信息基础平台和 GIS 的无缝集成。它既具有服务器端空间数据处理和大型数据库管理的能力，也平衡了客户端和服务器之间的负载，减小了网络流量，实现了数据的分布式存储和计算的分布性。GeoBeans 为用户提供一体化解决方案，提供了数据转换、数据编辑、数据管理、数据分析、信息浏览等服务。灵图的 SmartIMS 是基于 Web 的应用组件，用户可以通过 Web 方式简单易用地得到地理信息服务。SmartIMS 采用 Java 与 Oracle Spatial ware 体系结构，利用了 Java 在 Web 与跨平台上的优势以及 Oracle Spatial ware 对空间数据库的强大支持。SmartIMS 可以适用大数据量的访问和查询。

4. WebGIS 存在的问题

WebGIS 经过几年的发展无论是从理论、技术、产品以及应用上都取得了很大的进步。无疑，WebGIS 的发展有力地促进了 GIS 的社会化，也推动了地理空间数据的广泛应用。然而，由于目前的 WebGIS 产品是在不同的环境中独立开发的，有着自己的文化背景、领域背景和技术背景，形成了自己的数据模型和功能组织结构，虽然这些产品在功能和问题描述能力方面大同小异，但实际操作上差别很大，加之内部空间数据组织互相保密，形成了不同系统间的壁垒。对于这种系统如果用户想在一个 WebGIS 系统中浏览或整合其他系统的数据是很难的，甚至是不可能的。这种封闭、独立的系统由于对空间数据的处理保持着一种完全封闭的状态，导致了系统间无法共享数据和处理方法。一方面，一种系统所产生的地理空间数据不能被另一个系统所使用，另一方面，一个系统的服务功能也不能为另一个系统所使用。这种状况的产生严重阻碍了 WebGIS 的进一步发展，主要表现在以下四个方面。

（1）无法实现异构空间数据互操作。现有的 WebGIS 系统都是为某一特定的 GIS 数据及其应用而设计的，大多数的 WebGIS 是独立的，不能互相访问和调用。当用户访问这个站点的时候，只可以对该站点的数据进行操作，而不能对多个站点的数据进行分析，如果用户同时需要查看其他空间数据库中的数据，甚至想把这些数据整合起来，都是非常困难的。因为这些 WebGIS 系统采用的空间数据技术基础决定了它们的封闭性。虽然网络上的空间信息资源在不断增长，但由于行业管理和数据安全的原因，这些空间信息资源大多是面向行业的，依赖于特定的支撑环境和运行环境。它们各自独立、相对封闭、无法互相沟通和协作，形成了空间信息孤岛，难以满足 Internet 上空间信息相关的综合决策的需要。

（2）无法实现跨平台。分布式的应用程序逻辑需要使用分布式的对象模型，如微软的 DCOM、OMG 的 CORBA 或 Sun 的 RMI 等。通过使用这些基本结构，开发人员可拥有使用本地模型所提供的丰富资源和精确性，并可将服务置于远程系统中。但是，这些系统有一个共同的缺陷，那就是它们要求服务的客户端与系统提供的服务本身之间必须进行紧密耦合，即要求一个同类基本结构。这样的系统往往十分脆弱：如果一端的执行机制发生变化，那么另一端便会崩溃。因此，使用这些平台构建的 WebGIS 系统将无法实现跨平台的数据访问。这就需要一个更通用的模型来将这些分布式对象模型概括抽象出来，以在更高的抽象层上实现跨平台。

（3）开发、调试和维护的困难。对于 Web 开发人员来说，要创建、测试和设置结构清晰、运行稳定的 WebGIS，实在没有合适的工具和模式可以借鉴和使用。由于 Web 本身将内容的表现和运行逻辑结合在一起，所以，对一个 WebGIS 的应用，从设计、开发、应用到维护，很难以连贯、有效的方式注重软件的整个生命周期。

（4）功能资源不能共享。对传统 GIS 来说，开发出的功能操作只能为专用的应用服务，不能被其他系统调用。这样，一些常用的 GIS 操作就一直在重复开发，对于人力、物力资源都是大大的浪费。

上述的这些问题，有些是 GIS 软件特有的问题，有些是 Web 软件特有的问题。所以，必须从 GIS 和 Web 这两方面同时入手来解决 WebGIS 的这些问题。

6.1.2 WebGIS Service

1. WebGIS Service 的产生

随着技术的发展，Web 不仅仅是信息发布平台，也可以作为一个服务平台。在这个服务平台中，任何应用对外提供的都是一种可编程的服务即 Web Service，这些服务可以集成为一个新的应用系统。Web Service 是封装成一个单一实体并通过网络发布给其他程序使用的一系列功能集。它是自包含、自描述、模块化的应用，可以发布、定位、通过 Web 调用。Web Service 核心技术是简单对象访问协议（Simple Object Access Protocol，SOAP）、Web 服务描述语言（Web Service Description Language，WSDL）和统一描述、发现和集成协议（Universal Description Discovery and Integration，UDDI）。消息通信传输基础是可扩展标记语言（eXtensible Markup Language，XML）。

基于 Web Service 技术解决传统 WebGIS 存在的问题，改变 WebGIS 软件体系结构，数据访问和功能互操作模式，解决了传统 WebGIS 无法跨平台、无法实现异构空间数据互操作、开发调试困难以及资源共享等问题。Web 服务是能够通过 Web 调用的服务，它使用现有的 Web 通信协议（HTTP、SMTP 等），通过 XML 进行消息传递和远程调用，具有跨平台、跨语言、松散耦合便于集成等优点，具体体现在以下几个方面：

（1）把 Web Service 引入 GIS 领域，建立基于 Web Service 的 WebGIS 是下一代分布式模型的发展方向。地理信息的 Web 服务把 GIS 的数据和功能以服务的形式在网络上发布，服务使用者不需要了解服务的具体细节就可以直接在应用中使用网络服务。开发者可以调用分布在不同节点的网络服务，结合本地开发的功能，很快就能完成一个比较完整的 GIS 系统。为解决传统 WebGIS 存在的无法实现异构空间数据互操作和无法跨平台的问题提供了可能。

（2）地理信息 Web Service 通过 Internet 这个"可编程的网络"将数据和对数据的操作及使用等功能以服务的方式在网络中发布，用户不需要了解服务的具体细节，只要向远程的地理信息服务发出请求并提供请求参数，远程的服务中心处理服务请求者的请求，并将结果返回给用户。用户不需维护和更新 GIS 系统和数据，GIS 服务的可用性以及空间数据的现势性由服务和数据提供商负责维护，基于地理信息服务的模式可以减轻用户维护 GIS 系统和数据的任务量，同时使用户更容易地获得和使用最新、最有效的空间数据。

（3）开发者也可以调用分布在不同节点的网络服务结合本地开发的功能，完成基于服务的 GIS 系统构建，从而有效地避免为每种应用服务开发不同的系统，使各个处在封闭的 GIS 系统方便地连接起来，能够方便地和其他的系统进行集成，实现应用服务的开发、利用和管理的一体化，从而改变 GIS 数据访问和功能互操作模式，真正实现网络环境下地理信息共享和知识的发现，推进 GIS 社会化的应用。

（4）在基于 Web Service 技术实现的 WebGIS 中，每个节点都同时是服务提供者和服务消费者，都以 Web 服务的形式对外暴露其所能提供的数据和功能服务，同时通过 SOAP 访问其他节点提供的数据和功能服务。这样，就可以实现分布式环境下对大量分布空间数据的动态分析，以及与其他应用集成，可以在不同系统、数据之间透明操作，能进行跨平台应用和异构网互联，具有良好的人机交互及数据采集与互操作能力，以达到地理信息最大限度的共享。

（5）采用 Web Service 的方式来进行功能的组织，各个部分之间使用 SOAP 协议来进行通信，可以很好地解决跨平台的问题。可以将对各种不同数据的操作封装在不同的服务中，通过调用不同的服务来解决地理信息的互操作问题。同时，组件式的开发方式，减少了系统在开发、调试和管理方面的问题。系统可以具有良好的扩展性，并且具有良好的软件复用能力。人们可以自由地根据自己应用的需要请求网上的 GIS 网络服务，也可以将不同的 GIS 网络服务集成为一个满足自己需要的应用，或提供功能更强大的服务。有了 GIS 网络服务，就不用为了完成一件事情而准备所有的数据并开发所有的功能，而只要到网上寻找所需的服务即可。

由于 GIS 有其自己的特点，因此 GIS Web Service 技术与普通 Web Service 技术有一些区别。相对其他行业而一言，GIS 更侧重于异地异构的空间数据的整合显示以及参数的传递。

在网络上发布的 GIS 网络服务可以分为数据服务和功能服务两种。数据服务就是为用户提供数据的网络服务，对直接用户，可以浏览或下载数据；对开发人员，可以在服务中调用、使用数据。但对于只能浏览不能下载的保密数据来说，就不能对其进行 GIS 分析等操作。这种情况下的数据服务需要进行进一步处理，以便在不提供下载的情况下本地应用也能使用该数据服务。功能服务就是能实现某种 GIS 功能（如计算最佳路径）的网络服务。在应用功能服务时，会涉及相关数据，包括参考数据和处理数据，这些数据可能是在同一服务器上，也可能是在不同的服务器上，也可以是用户本地的数据。

2. Web GIS Service 的发展现状

典型的产品包括 ESRI 公司的 ArcWeb Service。ArcWeb Service 是面向 Web Service 的地理信息 Web 服务的产品。它提供的地理功能包括制图、路径分析、地理编码以及数据。用户可以在 http://www.esri.com/software/acewebservices/ 登录注册之后，在 .NET 环境下集成它所提供的数据和 GIS 功能开发自己的应用系统。ArcWeb USA 提供的功能主要包括：根据地理位置确定最短路径和行车路线；在 Internet 应用程序中提供查找位置功能；访问美国街道动态地图、基础地形图、人口统计图、地貌影像；加载用于地址编码的用户定义的兴趣点等。而 MapShop 提供了一种方便快捷的创建高质量地图的功能，用户可以通过简单的方式（如指定关键字或者地址）在 MapShop 网站上获得自己所需要的地图影像（http://www.esri.com）。

国内 SuperMap 公司于 2004 年推出了 Web Service 地理信息网络服务平台 SuperMap IS.NET 5，它基于 Microsoft.NET 技术和 SuperMap Objects 组件技术开发设计的全新面向服务的技术体系结构，提供更灵活的二次开发方式和更强的并发访问能力。SuperMap IS.NET5 引入 Web Service 技术，提供了 GIS Web Service 和 Web Controls，具有安全可靠、系统维护和升级简单方便以及网络级可重用等优点。采用可扩展的 XML 文档数据交换协议，使得异构系统之间的交互操作、数据交换和集成非常容易。

Web Service 给 GIS 带来了新的商业模式，GIS 软件开发者和数据拥有者不再靠出卖软件和数据的拥有权来赚钱，而是租用提供的服务，用户可以通过订阅的方式获得这些服务。与传统的购买软件和 GIS 数据相比，租赁式的 GIS Web Service 成本更低，风险更小。

6.1.3 Grid GIS

1. Grid GIS 的提出

1998 年 Lan Foster 首次提出网格概念的网格计算。网格计算是将高速互联网、高性能计算机、大型数据库、传感器、远程设备等融为一体，即格网计算为数据密集型空间分析提供了计算资源支持，数据格网为海量空间数据分布式存储、管理、传输、分析提供了一体化的解决方法。2000 年姜永发提出了 Grid GIS 体系结构，将 Grid GIS 分为三个基本层次：数据资源层、网格服务层和网格应用层。

(1) 数据资源层是一个本地控制接口，提供资源相关的基本功能，提供资源调用接口，便于高层网格服务的实现。它们是构成网格系统的硬件基础，它包括各种计算资源，这些计算资源通过网络设备连接起来。数据网格资源层仅仅实现了计算资源在物理上的连通，但从逻辑上看，这些资源仍是孤立的，资源共享问题并没有得到解决；只是解决了计算资源、物理网络资源等的共享，实现这层协议需要一个计算机计算资源及存储资源的智能管理机制，能够实现计算资源的发现、动态调度，高层协议可以如同使用本地资源一样操作其他主机的共享资源。

(2) 网格服务层功能实现与数据资源层和应用层无关。网格服务层包括一系列协议和分布式计算软件，其屏蔽网格资源层中计算机的分布、异构特性，向数据网格应用层提供用户编程接口和相应的环境，提供更为专业化的服务和组件用于不同类型的网格数据应用，以支持网格应用的开发。

(3) 网格应用层是体现用户需求的软件系统。在网格服务层提供的中间件平台的基础上，用户利用提供的接口和服务完成网格应用的开发。应用程序集成层对底层资源的调用不再需要关心访问的实现机制。

Grid GIS 与 WebGIS 还是有明显区别的，下面我们将 WebGIS 与 Grid GIS 两者进行对比：

(1) 两者的体系结构是不同的。Grid GIS 基于网格技术，所以其体系结构是被动式的，Grid GIS 的服务端和客户端不仅是计算机，还包括存储设备、科研仪器等，连在网上的各种资源服务器才能形成整体意义上的网格；WebGIS 的体系结构有 CS、BS 两种方式，WebGIS 的服务器和客户端只能是计算机；

(2) 两者的处理空间信息能力不在一个级别上。Grid GIS 能够存储和管理海量的空间信息，具有超强的空间信息共享、空间分析决策功能，并且具有并行计算的能力。此外，由于 Grid GIS 集成了多媒体流技术、空间信息网格化技术，所以网格 GIS 能够提供给终端用户动态视频、遥感影像、文字、矢量化空间信息等，而 WebGIS 在这方面很弱；

(3) 两者处理异构数据的能力有显著的差异。Grid GIS 的用户能够不限制于网格的硬件、软件的基础结构。也就是说，用户能够真正实现以无缝连接的形式提交他们的应用给相应的服务资源。Grid GIS 把不同的操作系统、数据库、计算机、网络协议等物理的不连续性变得完全透明，而 WebGIS 由于各个 GIS 公司的制定的标准不同，面临着异构数据彼此兼容性差的问题；

(4) 实现目标有差异。WebGIS 是以有限共享为目的，仅局限为数据库资源、特定服务器资源；Grid GIS 则是以广泛共享、有效聚合、充分释放为目标，以随机访问网络可用资源为目的的虚拟共同体。

2. Grid GIS 发展现状

Grid GIS 涉及网格计算和 Web Service 两大支撑技术。Grid GIS 的核心是在大的异构网络上实现将各种应用连接起来，借助于 Web 标准（UDDI、WSDL、XML/SOAP）将 Internet 从一个通信网络发展到一个应用平台。由于网格计算本身就是一个新生事物，加之 Grid GIS 都是建立在商业化网格计算及 GIS 系统之上，很少会去从底层开发，因此当前并不存在基于网格协议的 GIS 软件，故网格环境下的 GIS 系统的实现更多的是采用网格计算理念、基于当前的网格计算操作系统平台，通过部署网格服务来构建面向应用层的网格 GIS 软件来实现信息的共享和互操作。

6.1.4 地理信息网络服务发展问题和趋势

1. 地理信息网络服务存在问题

地理信息网络服务的核心问题是解决传统的地理信息系统所访问的地理信息资源匮缺。如何共享异构、广域分布的资源和信息是地理信息网络服务要解决的关键技术之一。地理信息网络服务大量的研究成果集中在空间数据的共享存储模式，在面向服务的空间数据组织、面向服务的空间信息集成与面向服务的地理信息应用集成等方面的研究就更少。主要表现在：

(1) 从空间数据管理与组织来看，现有的空间数据管理与组织都集中在空间数据的存储和管理阶段，对空间数据服务以及面向服务的空间信息组织的研究很少，有待向面向服务的空间信息组织管理转变。

(2) 从空间数据的集成来看，目前的空间数据集成还处于空间数据的格式转换、一体化空间数据存储等阶段，没有实现面向 Web 应用和服务的按需集成。

(3) 从地理信息服务和应用水平来看，基于 WebGIS 的地理信息服务已经逐步成熟，但为用户提供的交互式服务比较单一，对用户的多层次服务需求考虑较少，用户只能被动地使用服务提供者提供的服务，而不能对这些服务进行任何的处理，属于被动式的服务。地理信息 Web 服务研究还处于发展阶段，对地理信息 Web 服务的研究多是从不同的侧面来进行，没有从整体的体系结构角度来考虑。目前，空间信息 Web 服务的应用水平还比较低，没有真正实现增值服务。

(4) 从地理信息应用系统的集成来看，基本上是通过实现地理信息 Web 服务来实现系统的集成，很多都是从底层开发，都没有提出针对遗留系统的解决方案。

总之，现有空间数据组织管理、集成、服务与应用集成等方面的不足，大大影响了空间信息资源的充分使用和数据共享服务的实现。而 Web 服务为解决地理信息技术应用领域还不能够解决或没有很好解决方案的重大问题提供了巨大的可能性和发展空间。因此，将 Web 服务技术和空间信息技术的结合，有望解决空间信息组织、共享、服务模式以及服务集成等问题，有必要进行进一步的研究。

2. 地理信息网络服务发展趋势

地理信息相关的理论方法、技术和应用系统建设已经从地理信息共享阶段向地理信息服务（含 Web 服务）阶段过渡，要求 GIS 由传统的数据紧耦合（Tight-coupling）、集中（Central）、封闭（Closing）系统向松散耦合（Loose-coupling）、分布式（Distributed）、开放（Open）系统的方向发展，地理信息系统逐渐发展为开放网络环境下的易于集成的地理信息服务。服务是通过接口向外发布的功能实体，具有自描述、自包含、模块化的特点。地理信息服务提供给用户一种灵活的使用空间数据和服务功能。

以 Internet 为计算平台、Web 服务技术为基础的计算模型、GIS 理论技术为应用模型而构建的地理信息服务平台，是利用 Web 技术和空间信息技术的结合，在空间信息框架的基础上，集成多元化的公共及专题信息，将地理空间信息与公共服务信息相结合，从不同层次、不同角度向不同需求的信息用户提供及时、可靠的信息服务，从而满足各种综合性、区域性、商业性和专题性的分析决策需要，解决空间信息组织、共享、服务模式以及服务集成等问题。

6.2　Web Service 框架

6.2.1　Web Service 概述

在过去的几年里，互联网的发展对全球商务产生了巨大的影响。但是，在这个过程中，Web 大部分时候仅仅是一个信息发布平台，电子商务仅着眼于商务本身即前端的消费者，而不是面向后端的商务交易和业务往来即与供应链系统的交互。

Web Service 的兴起意味着计算模式的转变。无论是 Microsoft 的 .NET 战略还是 Sun Microsystems 的 Sun ONE（Open Net Environment）计划，都是把计算模式从单机、客户机/服务器和 Web 网站的方式转向松耦合的、动态集成的新的分布式计算方向发展。

Web Service 可以执行从简单的请求到复杂商务处理的任何功能，一旦部署以后，其他 Web Service 应用程序可以发现并调用它部署的服务。因此，Web Service 是构造开发的分布式系统的基础模块，它们允许所有的企业和个人快速、廉价建立和部署全球性的应用。

Web Service 将是下一代分布式系统的核心，它具有以下特点：

(1) 互操作性。任何 Web Service 可以和其他 Web Service 交互。这种交互通过 SOAP 实现，SOAP 是一个几乎得到所有厂商支持的标准协议，任何平台和语言的程序都可以通过 SOAP 实现交互。

(2) 普遍性。Web Service 通过 HTTP 和 XML 通信。因此，任何支持这两项技术的设备都可以访问 Web Service。

(3) 易实现性。Web Service 不像现有的分布式计算系统具有复杂接口，许多厂商包括 IBM 和 Microsoft 也提供大量的免费工具来快速生成和部署 Web Service。同时，现有的 JavaBean 和 COM 组件系统很容易转向以 Web Service 的方式提供服务。

(4) 广泛支持性。几乎所有的厂商都支持 SOAP 协议和相关的 Web Service 技术。

Web Service 是在 Internet 上进行分布式计算的基本构造块，是组件对象技术在 Internet 中的延伸，是一种部署在 Web 上的组件。Web 服务在某种意义上就是结合了 ASP 和组件产品两方面的特性，通过标准的 Web 协议，在互联网上提供单一特定的服务。它融合了以组件为基础的开发模式和 Web 的出色性能，是一场分布式计算体系的跃进，它强调的是不同组件协同工作来为用户提供服务。

当前的对象模型系统中，分布式的应用程序逻辑需要使用分布式的对象模型。这些系统要求客户端和服务端之间必须紧密耦合，即要求同类基本结构。这样，一旦服务端的接口或执行方式发生变化，客户端将无法运行，因而导致系统的极其脆弱性。同时，它们都存在着"局部计算"的局限性。也就是说，这些模型都仅仅是本地计算或本网计算的模式，而不能把整个互联网当作是一个计算资源体系来加以利用。

Web 服务彼此是松散耦合的。连接中的任何一方均可更改执行机制，却不影响应用程序的正常运行。从技术角度讲，人们已转向使用一种基于消息的异步技术来实现高可靠性的系统性能，通过使用诸如 HTTP、简单邮件传输协议（SMTP）以及至为重要的 XML 来实现统一的连接。

Web Service 把分布在互联网上的各种资源有效地通过编程手段整合在特定的应用界面中。Web Service 就相当于过去我们编程中常常调用的 API 函数和在面向对象系统中常用的部件接口，只不过 API 一般存在于单个程序的不同模块中，部件接口存在于相同机器的不同部件中，而 Web Service 则将无所不在地分布在网络上。因此，Web Service 远远突破了分布式对象系统的局限性，网络上的任何资源都可以被利用。

基于 XML 的 Web Service 技术的主要目标是在现有的各种异构平台的基础上构建一个通用的与平台无关、与语言无关的技术层，各种不同平台之间的应用依靠这个技术来实施彼此的连接和集成。Web Service 和传统的 Web 应用之间的差异可以概括为：传统 Web 应用技术解决的问题是如何让人来使用 Web 应用所提供的服务，而 Web Service 要解决的是如何让计算机系统来使用 Web 应用所提供的服务。

Web 服务可以从多个角度来描述。从技术方面讲，一个 Web Service 是可以被 URL 识别的应用软件，其接口和绑定由 XML 描述和发现，并可与其他基于 XML 消息的应用程序交互，Web 服务是基于 XML 的、采用 SOAP 协议的一种软件互操作的基础设施。从功能角度讲，Web Service 是一种新型的 Web 应用程序，具有自包含、自描述以及模块化的特点，可以通过 Web 发布、查找和调用实现网络服务。Web 服务是基于 TCP/IP、HTTP、XML 等规范而定义，具备如下功能：Web 上链接文档的浏览、事务的自动调用、服务的动态发现和发布。从应用的层面来说，Web 服务是用于集成应用的，将原有的面向对象、面向组件的软件系统改造为基于消息面向服务的松散耦合系统或者构建新的松散耦合系统的一种协作设施。从组成框架及实现目标的角度讲，Web 服务作为一种网络操作，能够利用标准的 Web 协议及接口进行应用间的交互。

6.2.2 Web Service 体系结构

在面向服务的环境下，Web Service 包括以下基本活动：
（1）一个建立了的 Web Service 必须定义其接口和调用方法；
（2）Web Service 必须向网络服务库（Repositories）发布，以便于潜在的用户发现；
（3）Web Service 必须能够被可能需要服务的用户发现；
（4）Web Service 可以通过调用获得服务；
（5）当 Web Service 不再可用或需要时，可以终止服务（Unpublished）。

Web Service 架构，包括三类基本操作：发布（Publish）、查找（Find）和绑定（Bind）及三类角色：服务提供者（Services Provider）、服务代理（Services Broker）、服务请求者（Services Quester）。服务提供者向服务代理发布服务，服务请求者向服务代理查找服务并与服务绑定，如图 6.1 所示。

服务描述机制是 Web Service 架构的关键，W3C 已经制定了 WSDL，该规范以 XML 语法描述 Web Service，包括其功能、位置以及如何调用等。服务请求者通过服务代理获取所需服务的 WSDL 描述信息，就可以调用服务并实现相应的业务功能。

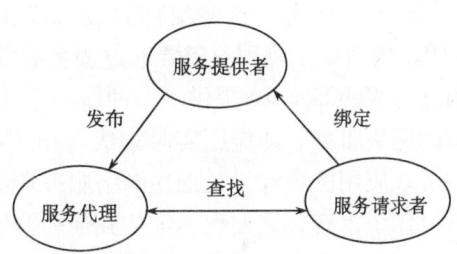

图 6.1 Web Service 角色和操作

Web Service 体系结构，如图 6.2 所示。一般用户使用各自熟悉的语言开发工具（Visual Studio.NET、Java 等）来构建自己的 Web Service，然后用 SOAP Toolkit 或者 .NET 把它发布给 Web 客户，从而使得任何平台上的客户都可以阅读其 WSDL 文档以调用该 Web Service。简单地说，Web Service 实际上是在 Web Service "服务器端"和"客户端"基于 XML 的信息传输，服务器端服务提供者为客户端服务请求者实现一定

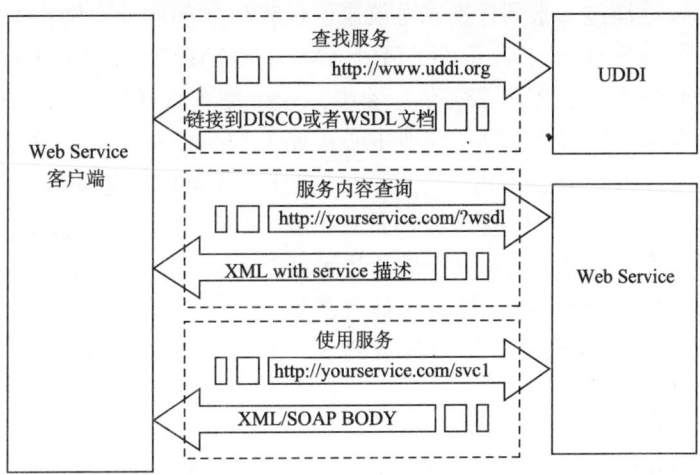

图 6.2 Web Service 基本体系结构

需求的服务。显然，基于 SOAP 协议的信息可以在 Web 服务体系上传输，基于 HTTP 协议的信息可以经过 XML 的转化和解析，将信息解释为 SOAP 信息，间接在结构上传输。

Web 服务体系结构包含服务提供者、服务请求者和服务代理三种基本成员以及它们之间的协同交互关系。Web Service 都是放在 Web 服务器后面的，客户生成的 SOAP 请求会被嵌入在一个 HTTP POST 请求中，发送到 Web 服务器来。Web 服务器再把这些请求转发给 Web Service 请求处理器。在 .NET 平台上，Web Service 请求处理器是一个 .NET Framework 自带的 ISAPI 扩展。请求处理器的作用在于解析收到的 SOAP 请求，调用 Web Service，然后再生成相应的 SOAP 应答。Web 服务器得到 SOAP 应答后，会再通过 HTTP 应答的方式把它送回到客户端。传统的系统架构中不同系统组件的协作是建立在相对脆弱的耦合关系基础上的，大部分系统包括面向 Web 的系统，都是高度耦合应用或子系统。这种应用对系统的变化十分敏感，任何一个子系统输出的变化都常常导致整个系统崩溃。

Web Service 系统弱化了系统的耦合性并提高了系统的动态绑定能力，系统中所有的组件都是服务，这些组件封装其操作并向网络上的其他协作组件公布其消息调用 API。构造一个应用只需要通过服务查找机制找到需要的服务并将这些服务重新组合。因此，Web Service 提供了一种新的面向服务的构造方法，构造应用只是方向并重组可用的网络服务，即应用实时集成（Just in Time Integration of Application）。在这种条件下，应用的设计只是描述网络服务功能和如何将这些服务协调组合。应用的执行只是将协作请求转化成发现、定位其他能够提供需要的服务的协作者，并将调用消息返回以供调用。而这些应用本身也成了服务，可以被发现并同其他服务协作。因此，不仅可以通过 Web Service 获得服务，而且可以通过 Web Service 获得由更多 Web Service 协调运作所提供的更高级的服务。

6.2.3 Web Service 的关键技术

Web Service 是通过一系列标准和协议来保证程序之间的动态链接的。可以认为功能成熟全面的 Web Service 平台是 HTTP＋XML＋SOAP＋WSDL＋UDDI。服务的提供者创建的 Web 服务放在 Web 服务供应器中，Web 服务负责与防火墙的商务模块的交互，可以把 Web 服务发布到 UDDI 注册中心；Web 服务消费者可以通过参考 UDDI 注册中心找到 Web 服务，根据 Web 服务接口的描述，就可以调用 Web 服务了；WSDL 可以用来描述 Web 服务。Web 服务并不是必须在 UDDI 中发布，可以建立不带 WSDL 的 Web 服务消费者，此时消费者和提供者之间只需要达成协议，共用一种 Web 服务所需参数的描述格式。SOAP 是一种交换信息的协议，消费者调用 Web 服务时将使用 SOAP 协议，WSDL 描述的就是 Web 服务的 SOAP 接口的内容。

1. XML

XML 是由万维网联盟制定的作为 Internet 上数据交换和表示的标准语言，是一种允许用户自己定义自己的元语言，特别适合在 Internet 环境下的多点数据交换环境下使用的第二代网络语言。它是 Web Service 的基础语言，是 Web Service 标准的核心技术，也是实现 Web Service 的关键技术。作为一种结构化的标识语言 XML 具有很好的扩展能力，从文档存储到数据编码，元数据表达都可以利用 XML 实现。Web Service 的基础协议 SOAP 等都是由它衍生出来的。XML 把数据序列转化成一个可以传递的形式，使得它能够容易地在任何平台上被解码，对于简化数据交换起到了很大的作用。XML 语言可以让信息提供者根据需要，自行定义标记及属性名，也可以包含描述法，从而使 XML 文件的结构可以复杂到任意程度。因此 XML 具有良好的数据描述方法、可扩展性、半结构化、跨平台等主要特点。

XML 为 Web Service 提供了统一的数据格式，所有消息及服务描述都采用 XML 作为定义语言来传递消息和数据流，它使不同系统、不同平台都能够无缝地进行通信和数据共享，是 Web Service 集成的一个关键所在。当然，Web Service 标准还需要统一的格式和协议用以对 XML 进行合理的解释。这些标准的格式和协议就是 Web Service 标准所基于 XML 的三大关键技术：SOAP、WSDL 和 UDDI。

2. SOAP

一个 SOAP 消息通常是由一个强制的信封（SOAP Envelope）、一个可选的消息头（SOAP Header）和一个强制的消息体（SOAP Body）所组成的 XML 文档。其中：

（1）信封：是表示 SOAP 消息的 XML 文档的顶级元素；

（2）消息头：是为了支持松散环境下在通信方（可能是 SOAP 发送者、SOAP 接受者或者是一个或多个 SOAP 的传输中介）之间尚未预先达成一致的情况下为 SOAP 消息增加特性通用机制；

（3）消息体：为该消息的最终接收者所想要得到的那些强制信息提供了一个容器。

从本质上说，SOAP 是一种基于 XML 的远程过程调用（RPC）机制。也就是说，SOAP 以 XML 为媒介，为分布式环境下的程序和系统之间提供了一套简单的信息通信协议。SOAP 采用已经广泛使用的两个协议：HTTP 和 XML，其中 HTTP 实现 SOAP 的远程过程调用的传输，而 XML 是它的编码模式。采用几行代码和一个 XML 解析器，HTTP 立刻成为 SOAP 的对象请求代理。SOAP 通过把基于 HTTP 的万维网技术与 XML 的灵活性和良好扩展性组合在一起，以实现异构平台的程序之间的消息传递和互操作，从而使存在的应用能够被众多的用户所访问。

3. WSDL

WSDL 是 W3C 用于描述 Web 服务的规范，被用来描述一个 Web 服务能够做什么，该服务在什么地方，以及如何调用该服务。WSDL 利用 XML 来描述 Web 服务、函数、参数和返回值。由于是基于 XML 的，所以 WSDL 既是机器可以阅读的，又是人可阅读的。新的开发工具既能根据用户的 Web 服务生成 WSDL 文档，又能嵌入 WSDL 文档，生成调用相应的 Web 服务代码。一个 WSDL 服务描述包含对一组操作和消息的一个抽象定义，绑定这些操作和消息的一个具体协议和这个绑定的一个网络端点规范。

WSDL 文档可分成两组：上层的组包含抽象定义，下层的组包含具体说明。抽象定义层以独立于语言和平台的方式定义类型、消息和端口类型等元素。与具体实现相关的问题（如序列化等）被放到下层各节，这些节包含具体的说明：

（1）抽象定义：①类型（Types），独立于机器和语言的类型定义；②消息（Messages），包含函数参数（输入与输出分开）或文档描述；③端口类型（PortTypes），引用消息部分中的消息定义来描述函数签名（操作名、输入参数和输出参数）。

（2）具体定义：①绑定（Bindings），绑定描述；②服务（Service），确定每个绑定的端口地址；③操作（Operations），底层部分的每个操作在此绑定实现。

WSDL 文档中各个元素之间的关系如图 6.3 所示。一个典型的 WSDL 文档通常包括了类型节、消息节、端口类型节、绑定节和服务节。

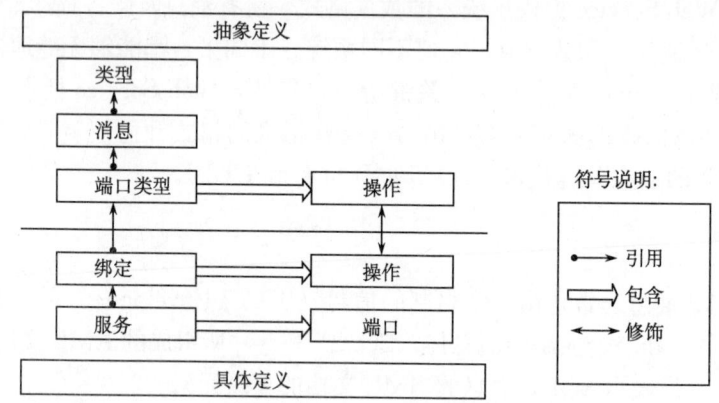

图 6.3　WSDL 文档中各个元素之间的关系

4. UDDI

UDDI 规范定义了一个发布和发现有关 Web Service 的信息的标准方式。UDDI 业务注册表使业务能够以编程方式定位有关其他单位公开的 Web Service 的信息。UDDI 是一套基于 Web 的、分布式的、为 Web 服务提供信息注册中心的标准规范，同时也包含一组使企业能将自身提供的 Web 服务注册以使得别的企业能够发现的访问协议的实现标准。

UDDI 规范描述了一个由 Web 服务所构成的逻辑上的云状服务，同时也定义了一种编程接口，这种编程接口提供了描述 Web 服务的简单框架。规范包括几份相关的文档和一份 XMLS，用来定义基于 SOAP 的注册和发现服务的协议。这些服务能被所有人访问，同时多个合作站点之间能够无缝地共享注册信息。

通过使用 UDDI 的发现服务，企业可以单独注册那些希望被别的企业发现的自身提供的 Web 服务。企业可以通过 UDDI 商业注册中心的 Web 界面，或是使用实现了"UDDI Programmers API 函数"所描述的编程接口的工具，将信息加入到 UDDI 的商业注册中心。UDDI 商业注册中心在逻辑上是集中的，在物理上是分布式的，由多个根节点组成，相互之间按一定规则进行数据同步。当一个企业在 UDDI 商业注册中心的一个实例中实施注册后，其注册信息会被自动复制到其他 UDDI 根节点，于是就能被任何希望发现这些 Web 服务的人所发现。

图 6.4 描述了 UDDI 规范、XML Schema 和 UDDI 商业注册中心机群之间的关系，

UDDI 商业注册中心机群能为 Web 服务提供"一次注册，到处发布"的功能。

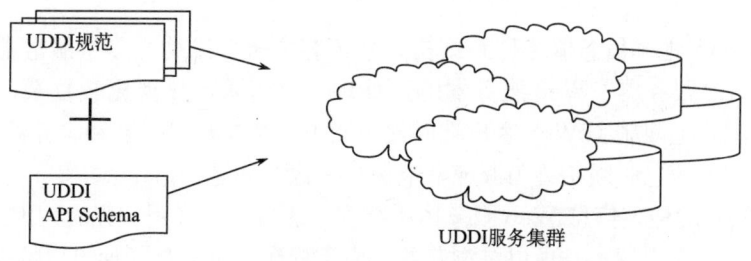

图 6.4　UDDI 商业注册中心集群之间的关系

6.3　Web GIS Service

6.3.1　Web GIS Service 介绍

1. Web GIS Service 概述

地理信息 Web 服务（Web GIS Service）是 Web Service 技术在 GIS 领域中的应用，是指使用数据和相关功能以完成基本地学处理任务的 Internet 应用程序。这些任务包括：地址匹配、邻近搜索、路径选择、制图等。具体地说，地理信息 Web 服务是部署在服务供应商所提供的网络可访问平台上的软件模块，是 GIS 业务逻辑的软件实现，它通过由服务描述定义的地理信息 Web 服务接口与外界实现交互。所谓服务描述是指用来说明服务接口和实现的细节，包括数据类型、操作、绑定信息和网络位置，也可以包括分类和其他元数据以方便地理信息 Web 服务请求者发现和使用服务。服务描述可以发布到地理信息 Web 服务请求者或注册者。根据这个定义，可以看出地理信息 Web 服务是被调用或与地理信息 Web 服务请求者交互而存在的，同时它也可以作为地理信息 Web 服务请求者在其实现中使用其他的服务。

Web 服务给空间信息服务提供了一个新的集成思路，即在不改变原有系统的基础上，通过构建基于 XML 的系统间的标准通信协议实现系统间数据和功能的互操作。由于 Web Service 是在代码级上工作的，能够被其他软件调用，并与其他软件交换数据，最终形成一个能与用户交互的应用系统，因此基于 Web Service 的 GIS 系统有望在更高层次上解决基于组件式 GIS 不能很好地解决的在大范围内 GIS 数据集成和共享这一难题。

将 Web Service 技术引入 GIS 系统中，必将改变 GIS 软件体系结构，从而改变 GIS 数据访问和功能互操作模式，实现网络环境下空间信息共享和空间知识发现，推动 GIS 的发展。由于网络地理信息服务基于 XML，远程用户甚至是不同操作系统平台上的用户不必了解服务的开发细节，就可以直接利用这些封装好的网络地理信息服务进行开发，能够大大提高代码的复用度，降低开发成本，缩短开发周期。

2. Web GIS Service 体系结构

传统的 Web 地理信息服务体系结构，基于客户服务结构，多个服务器（包括数据库服务器、GIS 服务器、Web 服务器等）处理一个请求，显得比较复杂，而且这种结构体系一定程度上限制了 Web 客户端的处理能力，存在着客户端和服务器端必须同步、客户端所得到的信息必须始终与服务器端保持一致等问题。

基于 XML 的地理信息 Web 服务体系结构更加自由、多用、强大。因为 XML 更加关心数据本身。客户端本身可以是浏览器、应用程序，可以是任何可以接受、发送、处理数据的层面；而服务器端对数据的处理将会更加有效，途经也将会更多。因为 XML 本身就是数据，而且它可以转化为 HTML，XML 到 HTML 的转换也不会影响到 XML 数据本身。另外，XML 是层次结构的，可以很容易对非关系型数据进行编码。

基于 Web 的地理信息服务的主要目标就是在发挥 GIS 自身特点和优势的同时，利用 Web 通过 Internet 为 GIS 应用提供一个开放、标准的信息获取、管理、存储、共享、分析和系统性的交互操作的环境。图 6.5 显示了 Web GIS Service 发布、发现和 GIS 应用的框架。

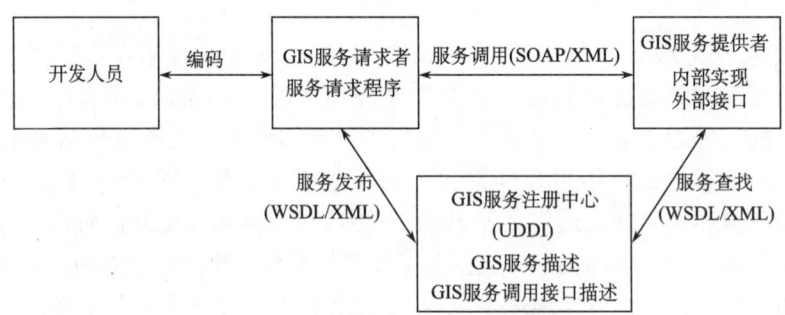

图 6.5 地理信息 Web 服务体系结构

地理信息 Web 服务模型包含三种基本成员（GIS 服务提供者、GIS 服务注册中心和 GIS 服务请求者）以及它们之间的协同交互。一个典型的交互涉及 GIS 服务的发布、查找、绑定。一般情况下，GIS 服务提供者定义地理信息 Web 服务的描述并将其发布到服务注册中心（如 OGC Service Registry）。GIS 服务请求者使用查找服务从注册中心检索服务描述，然后依据描述中的交互细节调用期望的地理信息 Web 服务。

地理信息 Web 服务模型中的角色：

（1）GIS 服务提供者（Provider）：服务提供者在实现 GIS 的 Web 服务后，依据标准协议描述 Web 的功能和调用接口，并通过 GIS 服务注册中心发布这些描述，从而使不同的请求者能够查找并调用地理信息 Web 服务；

（2）GIS 服务请求者（Request）：GIS 服务请求者可以是一个独立软件，也可以是某个 Web 服务。在明确需求后，GIS 服务请求者向服务注册中心查找特定的地理信息 Web 服务，并对查询结果进行筛选，最后通过服务接口绑定所需的 Web 服务并获得运行结果；

（3）GIS 服务代理（Registry）：GIS 服务注册中心是使地理信息 Web 服务可以彼

此查找并相互调用的基础架构。它使服务提供者可以发布所提供的地理信息 Web 服务，使不同的服务请求者可以迅速、准确地查找并绑定所需要的地理信息 Web 服务。

地理信息 Web 服务以网络地图发布、网络地图检索、网络地图制图及 Web 上的地理信息空间分析等功能为基础，并将功能封装成服务实体发布，同时为这些分布于网络各处的网络地理信息服务生成 WSDL（网络服务描述语言），并对封装好的网络地理信息服务采用 UDDI（统一描述发现和集成）的服务注册机制进行注册发布，将完整独立的可编程服务单元提供给开发人员和应用程序。开发人员和应用程序可通过网络发现服务并进行查找定位，通过基于 XML 的 SOAP 协议对服务进行请求/应答及身份验证等，完成服务的调用。

3. 地理信息 Web Service 的意义

Web Service 技术可直接将各种组织、应用程序、服务及设备连接起来，在不同平台间以一致的方式交换和描述数据，为实现 GIS 空间信息的共享、互操作和集成提供了新的解决方案，它的使用将会改变目前 GIS 的开发模式。地理信息 Web 服务带来如下意义。

1) 系统开发、调试以及维护都非常简单

对于地理信息 Web 服务的需求者来说，构建网站或者应用程序不需要自己再开发 GIS 功能，只需到 Web 上寻找一个地理信息 Web 服务然后加入到自己的网站式应用程序中即可。地理信息 Web 服务结合了 WebGIS 和组件 GIS 的优点，即可以方便地按客户需要进行集成和二次开发，不必拥有和维护数据，甚至不必拥有组件。Web 服务把 GIS 功能分解封装成组件式的服务，并把服务的接口发布在 Web 上，各种终端用户都可以通过在 Web 上查找相应的服务或是多个服务的组合，通过标准化的访问接口调用这些服务实现。用户不必拥有数据，但用到的数据永远是最新的；不必拥有专业的 GIS 知识，但得到的是具有专业水准的分析结果；不必拥有 GIS 软件，但有最好的 GIS 软件在 Web 的另一端为你服务。同时，服务提供者与服务请求者相分离，降低了系统的耦合度，服务结构不会因为依赖关系影响全局。因此只要保持接口不变，可以在不改变客户端程序的情况下对服务端组件进行升级。

2) 将高级的、复杂的 GIS 功能引入到网络环境中

传统的 WebGIS 一般仅仅实现了 GIS 的简单功能，如放大、缩小、漫游以及一些简单的查询和距离量算等功能。而对于一些 GIS 的高级功能，如数据自动拓扑、叠置分析、最短路径分析等，一般都是在桌面系统实现。而由于 Web Service 的引入，现在就可以把 GIS 的高级功能封装成 Web 服务，并可以发布到网络上被用户使用。

同时，用户需要的功能往往不是一个服务所能完成的，而一个站点上也不可能拥有所有我们需要的数据和服务，这时就需要多个服务的协作，服务之间相互调用形成服务链，前一个服务的结果成为下一个服务的输入，可以实现 GIS 中非常复杂的功能，如图 6.6 所示。

3) 地理信息 Web 服务成为应用集成平台

Web 服务是实现新一代（第四代）GIS 的重要手段，第四代 GIS 的目标是由以系统为中心向以数据为中心，实现空间数据共享与服务的转变，成为 OS（操作系统）、

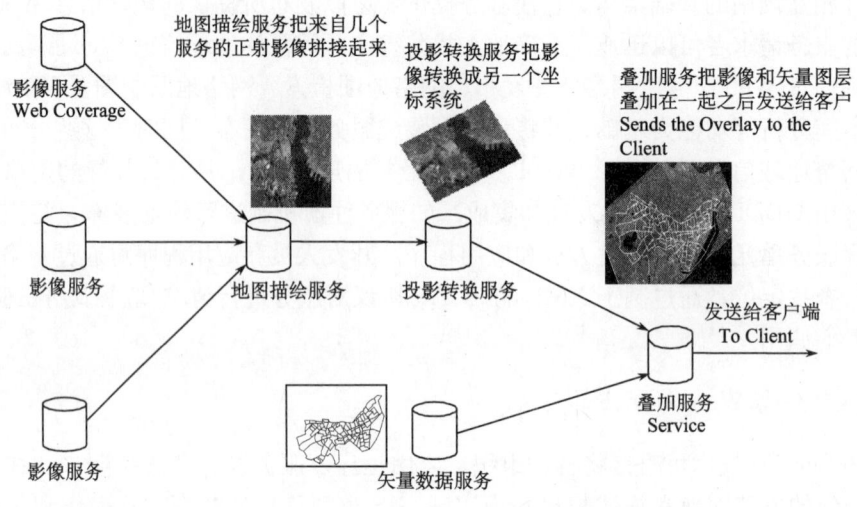

图 6.6 地理信息 Web 服务链

DBMS（数据库管理系统）之上的主要应用集成平台，Web 服务正是这种平台实现的基本方式。同时，Web 服务引入 GIS 必将带来 GIS 的一次革命，Web 服务可以集成现有的各个平台上的 GIS 数据与服务，还可以方便地与 OA、MIS、电子商务、电子政务、公众服务系统等进行集成，实现社会化 GIS、公众 GIS 等。在 GIS 中引入对 Web 服务的支持不仅改变了分析家和决策者访问浏览地图数据的方式，还方便了 GIS 功能集成进入更加广泛的应用中。这样，决策者可以直接使用以往必须借助于专家才能得到的专业建议。

4）GIS 服务的成本将大大降低

Web 服务给 GIS 带来了新的商业模式，GIS 软件开发者和数据拥有者不再靠出卖软件和数据的拥有权来赚钱，而是赚取服务的使用费，服务可以按使用次数、时间等标准收费。由 GISP（Geography Information Service Provider，地理信息服务提供者）提供地理信息服务（包含数据）并把其发布到 Web 上，应用开发人员租用 GISP 提供的服务，可以很容易地定制直接向最终用户提供地图和地理分析报告（如水灾图、商业选址与评估）的网站或者客户端应用。最终用户可以通过订阅（网站可以按照订阅的时间长短、订阅的地理范围以及用户数进行收费）的方式获得这些服务。传统的购买软件和 GIS 数据相比，租赁式的地理信息 Web 服务成本更低，风险更小。

4. 地理信息服务 XML 描述

XML 不是编程语言，也不是基于对象的平台。它只是一种能够思考、交换和表示数据的独立于平台的强大而精致的技术。XML 作为一种结构化的标识语言具有很好的扩展能力，从文档存储到数据编码、元数据表达都可以利用 XML 实现。XML 体现了 Web 应用的精髓，用简单的协议控制松散的、开放的资源集合。

在空间信息服务中引入 XML，能够更好地表现地理空间数据。基于 XML 的地理信息 Web 服务可以适应地理信息 Web 表达的高效率、低成本的转换，使其具有层次上的互操作性，使得地理信息 Web 服务的地理数据能够参与多方面的应用。利用 XML 描述数据的内部结构和联系，有利于结构复杂的空间地理信息数据的查询和整合，建立快速的响应和传输机制，在满足用户交互操作需求的基础上，向用户提供快速的 Web 地理信息服务。基于 XML 的地理信息 Web 服务主要优点表现在：

（1）有助于实现地理空间数据的标准化、结构化。地理数据可被 XML 唯一地标识，便于网上查询和搜索，提高 WebGIS 服务的互操作性，减少了服务器和客户之间的频繁交互，从而提高了 GIS 用户的互操作速度。

（2）XML 只描述 GIS 数据本身，数据的具体表现形式可利用样式表语言进行转换。内容与表现的分离是 XML 语言诞生的初衷之一，各种数据的编码方式都按照这个原则，有利于地理空间数据与其他类型数据的协同处理和表现。

（3）XML 在现有的 Web 上传输地理空间数据完全适用于现在的 Web 传输协议。

（4）XML 具有开放的标准，可以在统一标准下扩展适合于地理信息 Web 服务应用的 XML 地理信息特征语言。XML 的开放性特点使它在各个领域获得了厂商的支持，逐渐成为主流的技术。另外，基于 XML 的应用能够运行于不同的平台而表现出一致的特性，消除了移植和统一带来的问题。

5. 地理信息 Web Service 的交互机制

基于 Web 的地理信息服务的交互协议一般来说有两种类型：功能控制协议和空间数据传输协议。对于服务器与客户端的交互，一般都是通过参数传递相应的请求。传统的功能或者数据请求，必须定义详细的协议（规范）格式和相应的协议解释器（如 Web 服务器）。

XML 能够方便地解释包含复杂关系的概念型模型，表达方式十分灵活，不会受到参数框架的限制。这样，在既有的 Web 地理信息服务系统中，可以扩展和整合，形成统一的访问协议（规范），如 GIS 服务器与空间数据服务器、GIS 服务器与 Web 服务器之间的统一协议。

用户在使用 GIS 服务时，用户向 Web 服务器发出的请求与服务器的响应形成一个基本的交互过程。如果交互规范不足，那么 GIS 服务的功能就较弱，不能提供丰富的功能服务和数据服务。如果交互规范冗余，那么 GIS 服务的实现效率就很低。为了完成基本的 GIS 服务交互功能，客户端与服务器端必须详细区分各种请求/响应，定义完备的交互规范，这样用户和服务器才能进行高效和精确的交互，充分利用网络带宽，实现高质量的请求/响应模式。

6.3.2 OGC Web Service

1. OGC Web Service 概述

为了更好地将地理信息服务的概念扩展到网络上来，以 Web Service 的方式提供服务，OGC 作为全球最大的空间信息互操作规范的制订者和倡议者，建立了 OWS（OpenGIS Web Service）研究计划。

OGC Web Service 代表了一个具有革命性的、基于标准的框架，它可以实现将各种在线的空间数据处理系统和基于位置的服务无缝集成。它可以让分布式的空间数据处理系统使用目前广为流行的技术（如 XML 和 HTTP）来通过 Web 进行互相通信。它提供了与厂商无关的、可互操作的框架来对多源、异构空间数据、传感器感知的信息、位置信息和地学处理能力等进行基于 Web 的数据发现、数据处理、集成、分析、决策支持和可视化表现。

OGC Web Service 是一个为空间数据处理应用建立网络连接的框架结构，或者是一个将空间数据处理功能与其他应用系统如 MIS 和 ERP 系统进行集成的平台。Web Service 的提供者既可以是提供数据处理功能的服务器，也可以是这些服务的客户端。因此，Web Service 提供可互操作的、开放的、动态链接的空间信息服务网络体系平台。

OGC Web Service 将会使得未来的空间数据处理系统和位置服务系统等通过 Web 有机地联系在一起。它将是一个自我包含、自我描述、模块化的应用，可以用于数据的发布、访问以及通过 Web 来调用。一个 Web Service 可以认为是一个"黑箱"，它屏蔽了操作的所有细节，通过一系列接口来提供空间数据的服务，它可以以元数据的形式来描述所执行的操作，因此可以通过 Web 搜索来获得这些服务的相关信息。

2. OGC Web Service 框架

OWS 框架包括应用服务的框架以及可以被任何应用实现的服务、接口、交换协议等。OWS 框架从计算视点的角度把应用服务分为五类（图 6.7），即地理数据服务、地图制图服务、过程处理服务、发布注册服务与客户应用服务（OGC，1998）。

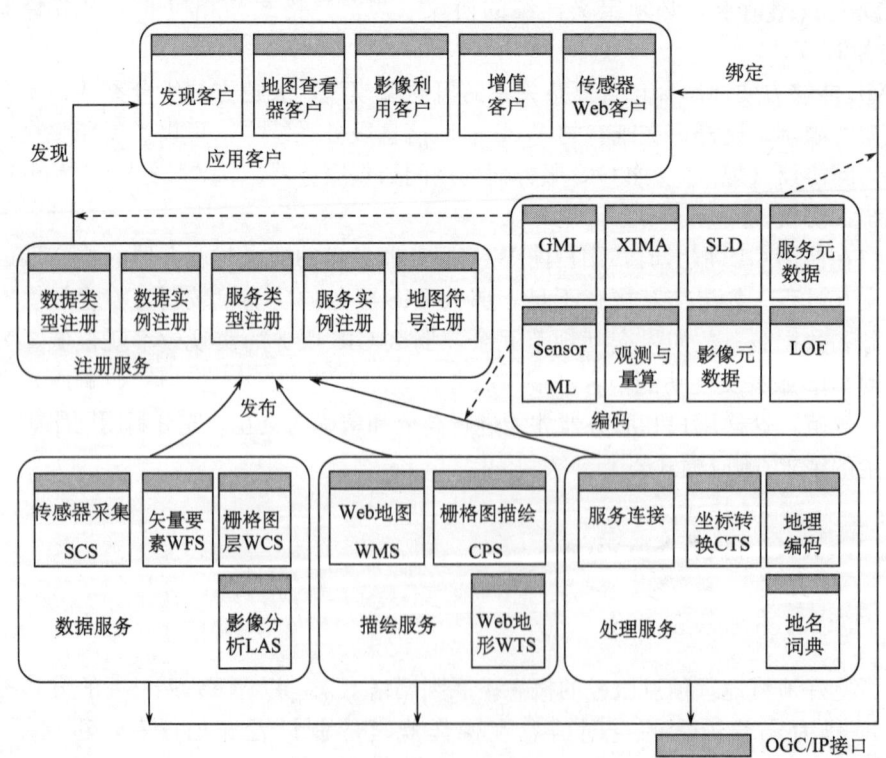

图 6.7 OGC 网络服务体系结构图（OGC，1998）

OWS 提供了一个与实现技术无关的、可互操作的框架体系，通过这一体系可以在万维网上发现、访问、集成、分析、开发以及评价和显示多个在线地理空间数据源和地理信息服务。利用 OWS 可以建立基于万维网的地理信息应用系统，或把各种网络上的地理信息处理功能集成到其他信息系统中。由许多 OWS 服务器形成的一个网络体系类似于一个自由市场，在这个市场里每个 OWS 服务器在向其他 OWS 服务器提供服务的同时，可能也获取和利用其他 OWS 服务器提供的地理信息服务。这样，OWS 成为一个地理信息服务的万维网，可以进行实时连接、高度互操作，可以形成一个服务链条，从而建立各种动态的应用系统。OWS 具有独立性、自描述性和模块化的特点，它可以通过万维网发布、定位和调用。由于 OWS 能够在元数据中说明它所能完成的操作，因此可以通过网络搜索特定的服务，并了解某一服务可完成的任务。这些服务可以利用 URL 来确定位置。各个 OWS 服务可以顺序连接起来完成某一综合性的任务，而同时又保持各自的独立性。

3. OGC Web Service 规范

OGC 在参照 ISO/TC211 标准的基础上也制订了相应的地理信息服务规范，主要包括 Web Map Service（WMS）、Web Feature Service（WFS）、Web Coverage Service（WCS）。

1) Web Map Service 规范

OGC 认为，一个 WMS 可以生成具有地理参考数据的地图。OGC 将"地图"定义为地理数据的可视化表现，地图不是数据本身。这些地图通常用 PNG、GIF 或者 JPG 等栅格图形格式，或者用 SVG 和 WebCGM 等矢量的图形格式来表现。该规范对客户端中地图的请求以及服务器的服务描述加以标准化。WMS 定义了三个操作，其中前两个操作是任何一种 WMS 所必需的。这些操作是：

（1）GetCapabilities（必须）：获得服务器的服务描述元数据，这些元数据必须是用户或者机器可以识别的，描述 WMS 的服务内容和可接受的参数；

（2）GetMap（必须）：获得地图图像（或者图形）操作，该操作必须接收地理参数和维数定义良好的参数；

（3）GetFeatureInfo（可选）：对地图特定的特征的信息请求。

用户可以通过标准的浏览器向 WMS 发送地图服务请求，请求的方式可以通过在 URL 中添加请求的类型参数来实现。此外，当用户向 WMS 请求 GetMap 操作时，客户端可以指定不同的图层来表示，并且对每一图层指定显示的样式、空间参考系、指定输出的格式、输出图像的大小以及背景颜色、是否透明等。当用户请求 GetFeatureInfo 操作时，用户需要指定请求的地图以及感兴趣的特征。当两个或者两个以上的生成的地图具有相同的 Bounding Box、空间参考系和输出大小时，输出的结果是一个精确的合成地图。由于 GIF 或者 PNG 都支持透明背景，所以，被覆盖在下面的图层也是可见的。另外，每个地图都可以从不同的 Server 请求，因此，WMS 的 GetMap 操作支持分布式的地图服务网络来提供给用户。

2) Web Feature Service 规范

OGC 的 Web Feature Service 执行规范是 OGC Web Service 的一个重要的组成部

分,如果说,Web Map Service 主要是提供图像数据服务(尽管规范中说明也支持矢量图形),那么 Web Feature Service 规范是提供以图形(矢量数据)为主的服务。WFS 支持地理特征的插入、更新、删除、查询和发现等功能,根据 HTTP 客户端的查询返回 GML 表示的简单地理空间特征数据。

为了支持交易和查询处理,OGC 定义了如下的操作:

(1) GetCapabilities:一个 WFS 必须能够提供它所提供的服务功能,也就是说它能提供哪些特征类型的服务以及针对每种特征类型的操作;

(2) DescribeFeatureType:一个 WFS 必须能够根据请求来描述任何可提供服务的特征类型的结构;

(3) GetFeature:一个 WFS 必须能够对请求进行服务来获得特征的实例。此外,客户端能够指定获取哪些特征属性,以及对空间和非空间的查询进行约束;

(4) Transation:一个 WFS 必须能够对交易的请求服务。一个交易的请求是对特征数据的操作,包括创建、更新、删除等;

(5) LockFeature:一个 WFS 可以在交易期间处理对一个或者多个特征类型实例的锁定请求,这样就确保了交易的连续。

3) 网络图层服务规范

网络图层服务(Web Coverage Service,WCS)规范支持地理空间数据的网络交换,用于交换的数据是包含地理位置或属性的图层。不像 WMS 向客户端返回在服务器端渲染的静态图片,WCS 提供了完整的未渲染的地理空间信息数据,这些数据既可以在客户端进行渲染,也可以作为地理模型和其他复杂的客户端的输入。WCS 包括以下三个操作:

(1) GetCapabilities:返回服务的描述,该服务的元素用来描述一个图层所请求的多维数据集合;

(2) GetCoverage:返回地理位置的值或者属性,这些值以一种已有的图层格式结合在一起;

(3) DescribeCoverageType:返回对图层结构的描述。

6.3.3 Grid Web Service

传统因特网实现了计算机硬件的连接,万维网实现了网页资源的连通,而网格(Grid)是利用高速国际互联网或专用网络把地球上广泛分布的计算资源、存储资源、通信资源、网络资源、软件资源、数据资源、信息资源、知识资源等连成一个逻辑整体,最终实现用户在格网这个虚拟组织环境上进行资源共享和协同工作消除信息孤岛和资源孤岛。网格与以前的网络相比,有以下几个优异性能:

(1) 网格计算突破了计算能力大小的限制,可以让不同机器同时为一个任务协同工作,因此可以提供足够的计算能力;

(2) 网格计算突破了地理位置的限制,可使分布在各处的,甚至不可复制的资源突破了地理限制;

(3) 网格突破了传统的共享和协作方面的限制,网格允许对其他资源进行直接控制而不是在数据文件传输层次上。

网格的两大支撑技术是：计算技术和 Web Service。网格计算就是指基于网格的问题求解方案；而 Web Service 指标准的存取异构网格的应用框架，Web Service 的核心是在大的异构网络上实现将各种应用连接起来，借助于 Web 标准（UDDI、WSDL、XML/SOAP）将 Internet 从一个通信网络发展到一个应用平台。

网格环境下的 GIS 涉及的技术包括万维网服务、计算网格、数据网格 GIS 等。

1. 开放网格服务体系

开放网格服务体系（Open Grid Services Architecture，OGSA）是公认的网格体系结构。OGSA 描述了进行身份认证；策略表示、交互；发现服务；在服务级进行交互与监测管理 VO（Virtual Organization）并在其间进行交互；组织服务体系结构；把数据资源整合到计算任务中去；管理、监测服务。OGSA 把网格软件 Globus 的标准与当前流行的 Web Service 标准结合起来，网格服务（Grid Service）以 Web Service 的方式对外界提供。OGSA 采用包括构造层、连接层、资源层、协作层、应用层的五层沙漏模型作为网格结构（图 6.8）。其中构造层是控制局部的资源并向上层提供访问接口，其中局部资源可以是复杂的系统，甚至机群或一个网络等；连接层的基本功能是实现相互连接和实现系统核心认证协议，资源层构建在连接层的基础上，主要是提供本地单一资源的共享，用于向上层提供一个统一且尽量独立的协议集合；而汇聚层主要是协调各个单一资源之间的共享，实现各资源的协同；应用层是要虚拟环境中存在的，在以上的每层都定义了协议用于提供对相关服务的访问，该层主要是要针对具体行业提出不同的应用功能。

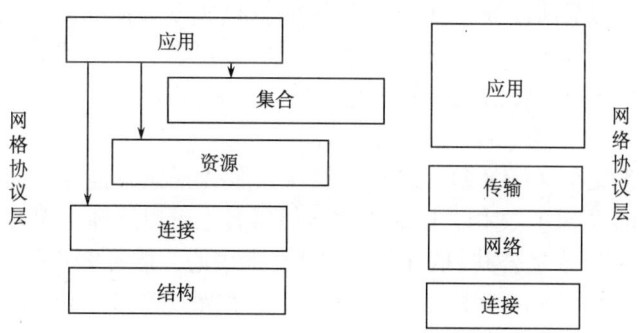

图 6.8 Globus 计算网格的五层沙漏体系

Globus Toolkit（GT）是 OGSA 实现的一个软件包，它是由一系列用来监测、发现、管理网格共享资源的服务、库以及关于安全和文件管理等软件构成的；在 GT 中并没有提供具体的应用层，这一层需要程序员根据各行业的需要自己开发，正因为此，我们就需要在其上架设 GIS 应用软件层。

2. 网格环境下的 GIS 体系结构

网格环境下的 GIS 体系结构实际上是借用网格的思想，在其应用层架设中间件将原有的 GIS 进行适应性改进，以适应 GIS 在网络环境下运行。总体上来讲，Web Service 最有趣特点之一就是它们能够自我描述。这意味着一旦你定位了 Web Service，你能要求其"描述自己"并告诉你如何操作和使用它。这是通过 Web Services Description Language 来处理的 Service Invocation。SOAP 规范了我们如何格式化送往服务器的请求信息和如何格式化服务器本身的响应信息。最后，这些所有的信息可以在服务端和客户端之间传输。架构这部分的协议是 HTTP。具体介绍如下：

（1）XML Schema。任何平台都有它的数据表示方法和类型系统。要实现互操作性，网格服务系统平台必须提供一套标准的类型系统，用于沟通不同平台、编程语言和组件模型中的不同类型系统。XML Schema 就应运而生，为了更好地达到这一目的，将不同层的定义放到相互独立的 XML 命名空间中，这些名字必须能够被用户和程序员的服务模式直接引用，同时要将尽可能多的逻辑放到 XML Schema 类型定义中去，以更好地方便用户对服务的调用。这样不管是 GIS 标准还是网格标准均以 XML Schema 方式来定义，可由 SOAP 封装计算请求，通过 XML 语义解析，跨平台完成网格 GIS 服务的互操作，以便于各部件间相互传递消息。

（2）SOAP。网格服务组件建好以后，人们得去调用它。SOAP 提供了标准的 RPC 方法来调用网格服务组件。SOAP 规范定义了 SOAP 消息的格式，以及怎样通过 HTTP 协议来使用 SOAP。SOAP 也是基于 XML 和 XSD 的，XML 是 SOAP 的数据编码方式。SOAP 为在一个松散的、分布的环境中使用 XML 对等地交换结构化的和类型化的信息提供了一个简单的轻量级机制。用户请求服务时按照 WSDL、SOAP、XML、HTTP 的顺序进行封装，而用户在接收到信息时再按照相反的顺序剥离出所需的信息。

（3）网格服务描述语言（WSDL）。网格服务描述语言是基于 XML 的组件描述，服务描述为调用 Web Service 提供了具体的方法。WSDL 是一个基于 XML 格式的定义服务的实现和接口的基础标准。这意味着 WSDL 将服务的描述分为两部分：服务实现和服务接口。在按照 WSDL 进行服务之前，我们必须先定义服务接口。WSDL 仅是一个基本的服务描述手段，要指定业务环境、服务质量和服务之间的关系，我们还需要另外的描述手段。

（4）网格服务发布（UDDI）。在这一层次，服务提供者能够直接向服务客户端发送本地关于 GIS 的 WSDL 文档，同时，服务提供者也可以选择将 WSDL 文档发布到本地的 WSDL 注册库，或是公共/私有的 UDDI 注册中心。服务客户端可以通过这些注册库来获得相关的关于 GIS 的 WSDL 描述文档。服务发现是基于服务发布的。如果网格服务没有或不能被发布，那么它就不能被发现。服务客户端可以在运行时获取服务描述，由于 GT3 暂不支持 UDDI，故在实际系统中采用了最新发布的 GT4。

6.4 地理信息网络服务体系结构和安全策略

目前，空间信息网络服务研究多数集中在空间数据的组织与空间数据共享方面，数据安全研究没有得到足够的重视，以至于各种地理空间数据孤立地存放在不同数据所有者手中，地理信息资源不能有效共享，数据安全已经成为制约空间信息网络服务发展的瓶颈。在现有的网络资源环境下，研究安全的地理信息网络服务体系结构成为地理信息网络服务的关键。

6.4.1 现有空间信息网络服务存在的问题

根据地理空间数据的特点和我国管理和使用地理空间数据的保密规定，Web Service、OGC Web Service 和 Grid GIS 体系结构主要存在以下几个问题。

1. 空间信息网络服务体系结构安全

地理信息网络服务体系结构经历了 Web 结构、Web Service 结构到 Grid GIS 结构三个阶段。目前研究系统的体系结构主要从实现信息的共享和互操作角度，很少涉及信息安全问题。GIS 软件厂商纷纷推出了各种地理信息网络服务系统，然而这些系统在地理空间信息安全方面大都没有给予特别的考虑。空间信息网络服务体系结构存在很大安全隐患。尤其是在网络技术经历了 Internet 与 Web 两次浪潮之后，正在向更为大众化的网格技术发展，在此背景下，空间信息网络服务体系结构安全问题更显得越来越突出。

2. 地理空间数据网络传输协议安全

地理信息网络服务的核心是解决传统的地理信息系统所访问的地理信息资源匮缺问题。如何实现异构、广域分布的资源和信息的共享是地理信息网络服务要解决的关键技术之一。为了实现地理信息共享的目的，均采用 XML 技术集成不同来源的数据，在中间层的服务器上对从后端数据层取得的数据进行 XML 转换和提取，然后以 XML 格式传送到客户端，许多国内外地理信息服务软件均采用 XML 模式。这种地理信息传输模式对商业化软件是可行的。但在我国高精度的地理空间数据还是保密产品的情况下，采用 XML 模式传输高精度的地理空间数据存在以下三个问题：

(1) 数据安全得不到保障，XML 格式容易理解、也容易被解密。虽然有些系统在数据传输过程中采用加密措施，但到客户端释放出来还是 XML 格式。

(2) 网络传输效率低。基于 XML 的文档消息传输，无法直接保存二进制数据，因此需要将二进制地理信息数据转化为字符数据才能够将数据封装传输。在接收到数据之后，又需要将字符转化为二进制数据。编码、解码过程需要一定的时间。

(3) 地理空间矢量数据经过 XML 描述转换，将二进制地理空间矢量数据转换为字符数据会增加一定的数据量。数据转换和数据量增加开销都会损耗数据传输的性能。地理信息数据量大，用 XML 描述在网络上传输，在网络带宽资源有限的情况下还有许多困难。

针对 XML 数据传输安全问题，IBM、Microsoft 和 Verisign 等公司于 2002 年公布 WS-Security 协议。它基于 XML 的 SOAP 简单对象访问协议，以及使用 XML 加密、签名和时间戳机制来保护 SOAP 消息的安全。规范本身并没有提出新的加密算法或安全模型，只是提供一个框架。用户可自由地将 Web Service 协议与 XML 签名技术、XML 加密技术认证结合起来，以实现 Web Service 环境下消息的完整性、保密性和认证。消息的完整性需要利用 XML Signature 和安全性令牌来提供，以确保消息来自正确的发送方，而且在传送过程中没有改变；消息的保密性利用 XML 加密和安全性令牌以确保 SOAP 的各部分处于保密状态。

目前空间信息网络服务安全方面的研究主要是基于商业化 Web GIS、Grid Web Service 商业化软件，而商业化的 Web GIS、Grid Web Service 软件是基于 Web 和 Web Service 的体系结构和核心技术。所以，空间信息网络服务安全问题研究主要限制在应用层面，做一些技术上改进，很少根据地理空间信息保密特殊性要求，从根本上解决空间信息网络服务安全问题。

3. 空间信息网络服务二次开发数据安全

空间信息网络服务给 GIS 开发者提供 GIS 数据和功能服务，GIS 开发者结合本地开发的功能，很快就能完成一个比较完整的 GIS 项目，解决传统 GIS 无法跨平台、无法实现异构空间数据互操作、开发调试困难以及资源共享等问题。但也给数据安全带来极大的隐患。这是因为现有空间信息网络服务的产品均采用 XML 模式传输数据，GIS 开发者可以通过二次开发平台将网络上提供的数据下载到本机占为己有，再通过其他途径传播出去。

4. 空间信息网络服务注册安全

现有空间信息网络服务的大部分产品虽然有注册功能，但在我国高精度的地理空间数据还是保密产品，用户使用要履行严格的审批手续，现有的注册功能并没有按地理空间数据保密规定进行管理，以至于大部分空间信息网络服务软件平台无法满足基础地理信息的服务的保密规定要求。

6.4.2 地理信息网络服务体系结构框架

地理空间信息网络服务整个流程可分为信息获取、处理、管理、分发、传输、表现以及与其他系统集成应用等阶段。借鉴 Web Service 体系结构，以"多层网络服务结构为核心，网络安全传输为基础，授权管理、监控审计和身份认证为辅助"的全方位的信息安全理念，按照网络分布式多层体系结构设计的地理信息网络服务总体结构，可划分为地理空间数据生产与管理（数据层）、地理空间数据交换（服务层）以及地理信息应用集成（应用层）三个部分（图 6.9）。数据层、服务层和应用层通过网络有机地连接在一起，形成一个完整的地理信息网络服务平台。

1. 数据层

数据层包括不同部门生产的各种比例尺的基础地理空间数据、专题数据和系统管理所需要的资源数据。采用分布式方式存储在各个职能部门，利用分布式地理空间数据库管理系统进行管理。为了提高数据访问的速度、性能和安全，设置网络防火墙，数据的访问只能通过本地数据服务代理，运用数据库引擎读写数据，通过数据集成平台对异构数据进行格式、属性和坐标统一。

1) 系统资源数据

(1) 系统数据。

(2) 用户注册数据。用户注册管理是地理信息网络服务的主要功能。用户数据主要

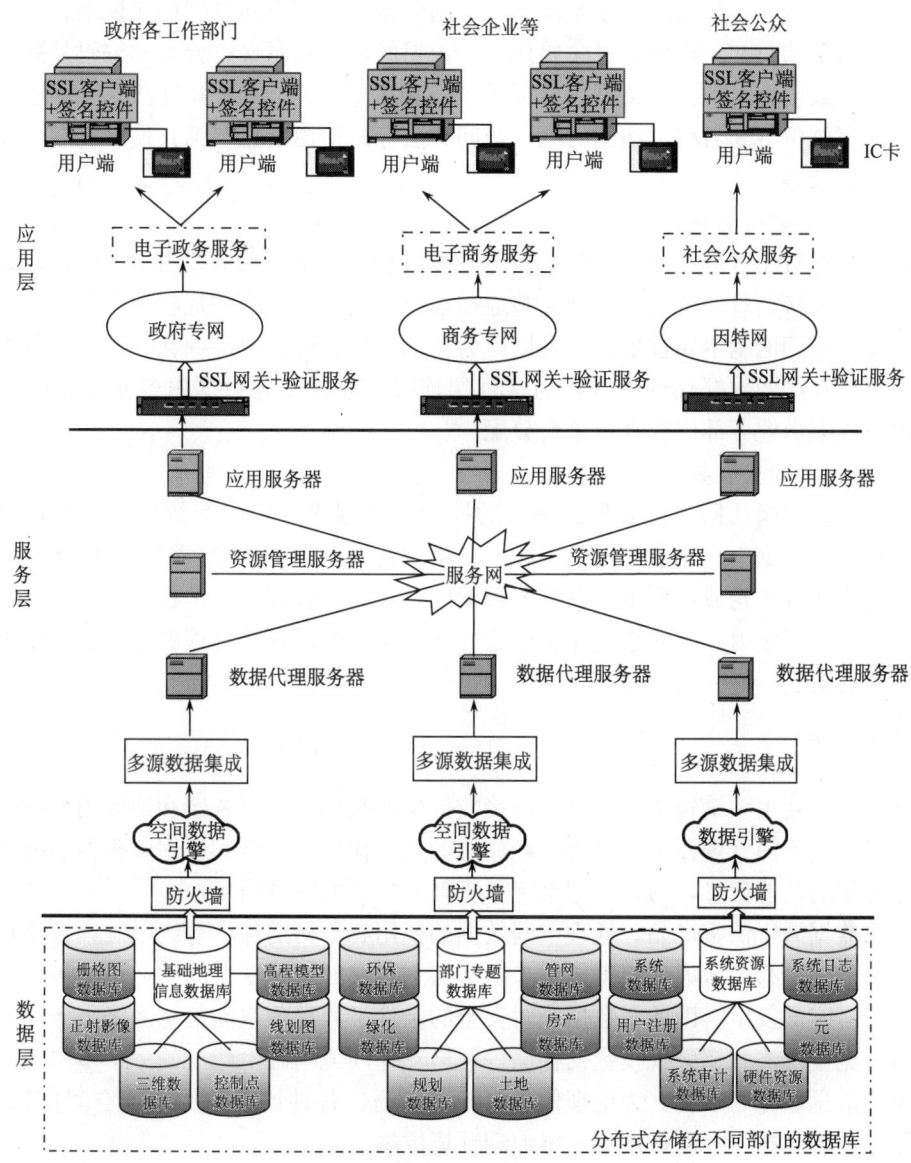

图 6.9 地理信息网络服务体系结构

记录的是用户的信息，包括：基本信息、登录信息和系统用户的权限信息、地理信息数据权限和地理信息服务功能权限。用户数据主要由系统管理员进行录入和管理。

（3）审计数据。审计数据包括用户申请服务的申请审计信息和数据库提供数据服务的数据服务审计信息。

（4）硬件资源数据。资源数据记录代理网中所有硬件的信息，主要包括数据代理服务器、应用服务器、资源管理器（包括备份资源管理器）等服务器的属性信息，其中数据代理服务器的信息包括其所代理的数据库在线信息。资源数据主要用于系统管理员进行资源在线检测管理，并且系统管理员具有资源数据的初始化（数据的录入）职能。

（5）系统日志数据。

(6) 元数据。元数据是关于基础地理空间数据和专题空间数据的实体信息、管理信息和使用信息的总和。实体信息主要包括：数据的内容和意义、分类和编码、数据实体间的关系、数据格式和数据类型、坐标系统、相关数据导出/派生信息等；管理信息包括：数据存放位置和名称、访问时间、访问方法等；使用信息包括：使用机制、使用方法、历史记录等。

2) 部门专题空间数据

部门专题数据管理各业务部门的业务数据，包括规划、房产、土地等部门的信息，其他的社会经济信息搭载其上，能完整地描述自然和社会形态的地物地貌信息、管理境界信息以及它们的基本属性信息，并以此为基础，能方便的叠加社会、经济等各类空间信息。通过专用的数据代理服务器与代理层连接，业务专题数据由各业务部门自己管理，服务权限由业务部门管理员进行分配。

3) 基础地理空间数据

基础地理空间数据包括多种比例尺的控制点数据库、栅格图数据库、线划图数据库、高程模型数据库、正射影像数据库、三维数据库。基础地理数据由空间数据库引擎和大型商用数据库构成，用于建立空间数据库，存储、管理和维护各类数据，建立并维护空间、非空间索引。空间数据库引擎建立适应海量数据存储管理的空间数据组织机制和空间索引机制。

2. 服务层

代理层主要由系统资源管理器、连接数据层的数据代理服务器和连接用户层的应用服务器组成。资源管理器负责管理已经注册的数据代理服务器和应用服务器的硬件信息和各服务器的功能信息，另外也记录资源管理器本身的硬件信息。

空间数据属于保密产品，地理空间数据的使用有严格的保密等级限制，必须得到数据所属部门的授权。考虑到数据包将来在网络上传输如何保密的问题，系统最大限度地防止了失泄密的发生。因此在数据绝对安全的条件下，地理空间信息网络服务应是在网格服务、宽带传输和超大规模数据存储等网格支撑环境基础上建立的一个多层次的面向地理空间信息服务的系统，为地理信息服务单位提供各种比例尺的地理空间信息数据、公众服务信息数据、专题数据和三维地理环境数据。

为了确保系统数据的安全性，用户不能对数据层的数据进行直接访问，必须通过数据代理服务器进行间接访问。数据访问过程中，数据代理服务器将对发布给用户的数据进行加密处理，然后再发布给用户。并且在数据代理服务器与数据层局域网之间设置防火墙，确保数据层局域网的安全运行。数据代理服务器与应用服务器均采用双网卡设计，其中数据代理服务器一卡接入数据层局域网，一卡接入应用层局域网；应用服务器一卡接入应用层局域网，一卡接入用户层局域网，使数据层与应用层之间，应用层与用户层之间实现物理隔离，确保数据安全和网络安全。

用户层通过应用服务器与代理层进行数据交换，实现通过代理层对数据层的间接访问。为了加强数据的安全性，用户层与代理层之间、代理层与数据层之间设置了防火墙。同时为了安全考虑，系统采用 C/S 结构。与 B/S 结构相比，这种结构可以充分利用终端用户的硬件资源，减轻数据层服务器的负担，减少网络数据的流量，使系统的各个层次间更快捷地进行协调、交互。考虑到平台应用将面对政府各个部门和社会公众,所以客户端数量将非常庞大,因此在终端用户主要功能包括用户注册、空间数据浏览、地图区域及比例尺选取、空间数据分析、空间数据查询等基本地理信息系统功能。

为了确保整个系统安全、稳定的运行,由于资源管理器是整个系统的神经中枢,管理和监控整个系统的所有硬件信息和数据信息,所以资源管理器采用双备份机制,在当前资源管理器出现异常(如死机、断电等现象)时资源管理器在做出报警的同时,转为当前资源管理器,而出现异常的服务器在修复后则成为服务器;当两台服务器同时在线时,为了保证系统信息的现实性,将定期进行数据之间的交换和更新。

(1) 应用服务器。应用服务器主要承担注册用户的管理和服务申请工作,并将回传的服务数据传递给用户,验证用户使用系统的权限和资格,协助用户将服务申请上传给资源管理器进行验证和服务。应用服务器实现下列功能:①用户数据初始化;②用户管理;③用户权限验证;④用户申请审计;④资源申请;⑤数据转发。

(2) 数据代理服务。数据库服务代理的主要功能是实现信息服务的调用以及服务结果数据的加密。系统采用分布式组件技术和高效空间数据压缩还原技术解决服务器负载均衡问题并减少信息传输量。系统同时支持栅格和矢量的信息发布模式,适应不同的应用需求。数据服务代理可根据授权向多个应用服务提供数据服务。系统数据服务器实现下列功能:①权限认证(根据提供的 IP+系统 ID);②空间数据的管理与一致性维护;③多源数据集成;④建立不同类型数据之间的关联关系,如空间元数据和空间数据之间的关系;⑤各种分析处理;⑥数据层数据库状态检测(数据层数据库由基础信息平台系统管理员进行注册);⑦数据加密;⑧审计。

(3) 资源管理服务。资源管理器主要功能包括系统资源的初始化并进行在线监测、数据服务调度等。管理、协调应用服务器和数据服务代理共同完成用户的服务申请,同时监控用户的服务申请及每个服务的完成情况。资源管理器实现下列功能:①数据服务初始化(检索已经注册的数据库);②系统资源监测(收集在线的数据及资源);③用户申请指令加密(ID 转换)。

3. 应用层

用户层通过应用服务器与代理层进行数据交换,实现通过代理层对数据层的间接访问。用户层的客户端向用户提供空间数据表示和信息可视化功能,主要包括数据的浏览、服务的申请、解密来自数据服务代理服务器的加密数据等功能。客户端可以通过协议与应用服务层建立连接,发送请求,接收后者提供的服务。客户端还可以通过协议或规范连接到应用服务器,应用服务器将用户的需求报告资源管理器,资源管理器调度相应的数据代理服务器,由数据代理服务器与数据层连接,获取或更新数据库中的数据。

地理信息网络服务提供政务服务平台和地理信息社会公众服务平台两种用户。

地理信息政务服务平台在政府专网上,为相关工作部门提供地理信息的工具,根据不同级别工作人员的权限,为政府工作提供各种地理信息查询分析功能。为了便于各种电子政府系统的开发与集成,为第三方提供开发控件包,提供一个二次开发动态链接库或 COM 组件。控件包提供完整的地理信息网络服务开发环境,在此基础上各个应用部门可根据实际业务需要进行二次开发，满足业务部门对地理信息应用的特殊需求。地理信息社会公众服务平台是在地理信息保密制度允许的范围内利用因特网为社会公众提供地理信息服务。

6.4.3 地理信息网络服务安全策略

根据我国地理空间数据管理和使用保密规定，从空间信息的数据产生到信息应用的各个流程出发，分别在空间信息数据存储、分发、传输、表现以及系统集成应用阶段，采用安全的地理空间信息网络服务的系统结构，地理空间数据分布式存储安全策略、网络安全传输策略、地理空间数据和用户注册审计策略和应用系统开发集成策略，解决空间信息网络服务中地理空间数据共享与空间数据安全的矛盾。

1. 安全的地理空间信息网络服务的系统结构策略

系统总体结构按照网络分布式多层体系结构的思想建立。系统采用以"多层网络服务结构为核心，网络安全传输为基础，授权管理、监控审计和身份认证为辅助"的全方位的信息安全结构体系。数据层在内部数据专网，代理层在服务专网，用户层在用户网或互联网。内部数据专网与服务网之间由代理服务器逻辑隔离，服务网与用户网之间由应用代理服务器逻辑隔离。应用代理服务器与用户层之间采用PKI体系解决身份认证和数据安全传输的问题，用户通过应用代理服务器进行作业的提交以及获得相应的服务。

2. 分布式存储安全策略

地理空间数据已经从目前的GB级和TB级达到了PB级。地理空间数据已无法沿用传统主机GIS模式下的集中存储方式，空间数据显著的海量性和地域分布特征使其更适合于网络环境下分布式存储。分布式存储通过集成网络上分布的多个数据资源，形成单一虚拟的数据访问、管理和处理环境，为用户屏蔽底层异构的物理资源，建立分布式海量数据的一体化数据访问、存储、传输、管理和服务架构，这就涉及各个存储节点数据存储安全问题。采用地理空间数据加/解密算法，对空间数据存储加密处理，即使非法用户访问到节点数据，也能起到保护作用。

3. 网络安全传输策略

网络环境下不管是数据服务还是处理功能服务，都由多个计算机协同来完成，而计算机之间的协同必然频繁地进行数据交换，它包括数据的访问、控制、传输、管理和计算。现有系统均采用XML等公开格式实现数据共享和交换，无法保障数据安全。

地理空间数据量大，网络传输困难。一方面需要研究空间数据粒度、空间数据压缩、并行数据传输、缓冲区和渐进式传输等地理空间数据网络传输策略，解决海量地理信息数据在网络上实时传输问题；另一方面，为了加强数据的安全，所有数据在整个传输过程中采用加密方式，在客户端进行解密。这些保密措施实施降低了数据传输性能。研究自主的网络数据通信协议是解决海量地理信息数据在网络上实时传输和数据安全问题的关键。

4. 地理空间数据和用户注册审计安全策略

地理空间数据和用户注册审计安全策略是在空间信息网络服务环境里，为了保证提供不同保密级别地理空间数据的安全所必须遵守的规则。这种规则是根据测绘信息资料的获取、处理、存储、分发和使用不同阶段的保密规定而制订的。不同的政府部门，在不同的时期需要制订的安全策略也有不同。制订时对需要保护的各类信息以及可以承受的最大风险程度进行分析，确定各类信息集合的安全目标，建立能够实现安全目标的安全模型和相应的等级。用户使用地理信息的范围、比例尺和图层内容要履行审批手续。用户使用地理信息的过程要受监督审计。

网络安全审计系统通过对系统事件的纪录和检查，可有效地防范和发现内部违规行为。它是一种基于信息流的数据采集、分析、识别和资源审计封锁软件。根据用户设定的安全控制策略，通过实时审计网络数据流，对受控对象的活动进行审计。

5. 应用系统开发集成安全策略

空间信息网络服务的核心是为用户提供数据和功能服务，GIS开发者将地理数据和功能集成到所开发的专业信息系统中，解决传统GIS无法跨平台、无法实现异构空间数据互操作、开发调试困难以及资源共享等问题。但也给数据安全带来极大的隐患。GIS开发者可以通过二次开发平台将网络上提供的数据下载到本机占为己有。GIS用户既是地理信息网络服务对象，也是空间数据主要潜在盗窃者。为了保护空间数据安全和知识产权，空间信息网络服务往往不直接提供空间数据给用户，而是将空间数据转换成可视化的图形（地理信息）。这也是地理信息网络服务与其他信息服务区别。根据空间信息这种特殊的服务模式，必须防止合法用户通过各种手段，窃取保密的空间数据。因此需要研究数据服务粒度安全、数据可视化安全和二次开发环境的安全。数据服务粒度（数据集、数据块、数据层和地理元素四个层次）安全主要控制用户操作数据粒度层，限制用户的数据操作；空间数据可视化安全主要研究可视化数据的坐标变换，防止用户通过屏幕拷贝盗取空间数据；二次开发环境提供给用户一个保障数据安全的二次开发环境。用面向对象的语言C++将应用系统开发集成功能封装成类，采用标准的COM接口，可以通过控制用户操作数据粒度的方法，限制用户操作数据，屏蔽用户对数据的直接连接访问。用户在应用系统开发时，将这些类集成到专业信息系统中。从地理空间数据服务和GIS功能开发两个层面降低了GIS开发门槛，大大拓展了空间信息的应用领域。

第7章 地理空间数据网络传输策略

网络技术的发展为地理空间数据共享提供了坚实的信息传输平台。基于计算机网络的地理信息服务的广泛应用给空间信息系统的发展和应用带来了机遇，也带来了挑战。相对现有的网络带宽而言，地理空间信息传输的数据量巨大，在地理信息服务中传输一个区域的地理空间数据确实面临许多困难。在网络环境下，不管是资源管理服务，还是数据服务和处理功能服务，都必须由多个计算机协同来完成，而计算机的协同必然频繁地进行数据交换，包括数据的访问和控制，海量数据的传输、管理和计算。这对计算机的及时存储与传输提出了很高的要求。如何快速响应用户对海量数据的请求以及如何实现海量数据有效的网络数据传输是整个系统的关键技术。地理信息服务中数据传输的策略研究就是在一定硬件结构体系下，为动态变化的资源（包括数据资源和硬件资源）、不同层次的动态用户进行智能管理提供解决方案。它包括系统的结构框架和系统的安全体系（第7章）、空间数据的组织（第5章）、网络传输协议（第4章）、数据压缩（包括图像数据压缩与矢量数据压缩）、数据可视化等内容。其中网络数据传输是整个地理信息网络服务高效、稳定运行的基石。本章共分四节，7.1节介绍数据网络传输策略；7.2节探讨图像数据的网络传输策略；7.3节讨论地理空间矢量数据传输策略；7.4节主要论述地理空间数据传输安全策略。

7.1 数据网络传输策略

7.1.1 地理空间数据传输

1. 地理空间数据传输流程

地理空间数据传输流程与地理空间数据网络服务的体系结构有关。系统由若干个数据库服务器、数据代理服务器、资源管理服务器、应用服务器和用户组成。所有用户的服务必须由应用服务器提交给资源管理服务器，再由资源管理服务器将服务申请发布给相应的数据代理服务器申请数据服务，对数据库服务器的访问采用专用的地理空间数据库引擎。为了加强数据的安全性，系统采用多级认证，所有数据在整个传输过程中采用加密方式，在客户端进行解密。数据服务流程如图7.1所示，其流程描述为：

（1）用户将服务申请提交给应用服务器；

（2）应用服务器对用户的申请进行服务权限认证，如有服务权限，则将申请提交给资源管理服务器；

（3）资源管理服务器根据提交的数据流，解析获得应用服务器的属性信息和申请内容，查询得到可以提供服务的具有最高服务等级的数据代理服务器，将服务发布给数据代理服务器；

（4）数据代理服务器对接收到的数据流进行解析，获得应用服务器的属性信息，进

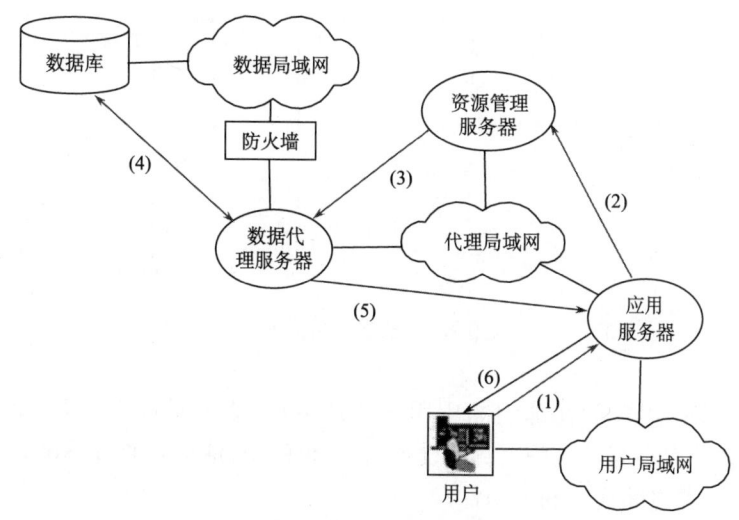

图 7.1 数据传输结构及流程

行系统（应用服务系统）验证，获得服务权限，记录服务日志，从数据库系统中提取数据；

（5）数据代理服务器对从数据库系统中获得的数据进行加密，然后直接传递给应用服务器；

（6）应用服务器将服务结果数据转发给用户，在用户端进行解密并显示给用户。

2. 数据包

海量数据在传输时一般不能一次完成，这是因为当网络环境变化引起数据丢失或发生错误时，海量数据重传会产生更长的延时，直接影响到数据传输的性能。为了提高系统的容错能力，提高数据传输的性能，把海量数据拆分为若干个小数据包，一次只能传输一个数据包，多次传递，直到数据传递完毕为止。同时，为了减少接收端和发送端数据交换次数，数据包往往采用固定的数据结构和大小。

3. 数据包传输协议

数据包中的命令体与命令标识位相对应，当用户发出请求后，在地理信息服务的中间层（应用服务器、资源管理器等）数据包命令体的结构和内容可能会有所不同，但最终要确保实现用户和服务器的数据通信，因此关键要把握好两个端点（服务器端和用户端）的数据包内容，具体数据包结构如图 7.2 所示（单位：字节），数据格式说明如下：

（1）命令标识位：所有命令的开始标志，直接用"**"，长度为 2 位（不用拆成 ASCII 码），用以判断数据是否为数据包或者完整的数据包；

（2）命令标识位：命令的名称，直接用 3 位数字表示，范围为：000~999，代表用户和服务器之间通信的一切指令，101~199 被定义为与地图数据有关，对于其他专业应用可自行设计。例如，201~299 可定义为与 GPS 监控有关（在实际开发中已实现）。各命令标识的具体内容后面将详细介绍（不用拆成 ASCII 码）；

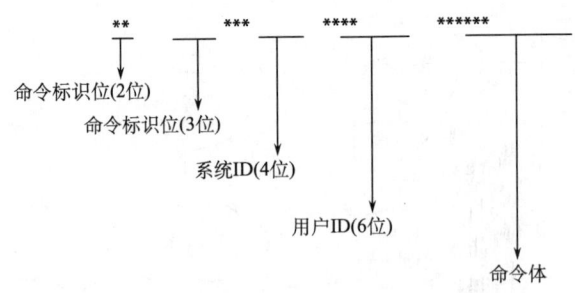

图 7.2 数据包结构图

(3) 系统 ID：用户所在部门的应用服务器 ID 标识，长度：4 位，范围：0000～****，字母区分大小写，也可以直接设置为 15 位的 IP 地址，通过系统 ID 确保用户和上层的应用服务器之间连接的唯一性；

(4) 用户 ID：用户的标识，长度：6 位，范围：000000～******，字母区分大小写，每个用户有唯一的标识，与资源管理器中的用户信息相对应；

(5) 命令体：命令或空间数据等内容，根据不同的命令，命令体不同；

(6) 端口设置，在地理信息服务的用户、应用服务器、资源管理器以及数据服务器中设置相应的端口，接收和发送数据（表 7.1、表 7.2）。

表 7.1 数据发送端协议说明

序号	描述	数据包					
		标志位	命令标识	用户 ID	命令体		
1	服务器发送总的数据包数	**	110	2 *********	****** （6 位）		
					数据包总数		
2	服务器发送数据包	**	111	2 *********	****** （6 位）	*** （3 位）	… （≤240 位）
					数据包序号	数据包长度	数据包
3	服务器发送完毕指令	**	112	2 *********			

表 7.2 数据接收端协议说明

序号	描述	数据包			
		标志位	命令标识	用户 ID	命令体
1	客户端经验证后登录服务器请求数据	**	101	2 *********	
2	客户端向服务器发送所需数据范围	**	102	2 *********	********************************** （34 字节） 左上角经度（9 字节）纬度（8 字节） 右下角经纬度
3	客户端发送接收单个数据包	**	120	2 *********	****** （6 字节） 数据包序号

续表

序号	描述	数据包			
		标志位	命令标识	用户ID	命令体
4	客户端发送接收数据包总数	**	123	2 *********	
5	客户端发送接收数据完毕	**	121	2 *********	
6	客户端发送丢失数据包序号	**	122	2 *********	******（6字节） 丢失数据包序号

7.1.2 地理空间数据传输策略

地理空间数据传输涉及数据量、网络环境和数据传输时间的需求。地理空间数据包括栅格图像数据和矢量数据。矢量结构和栅格结构是地理信息的两种主要表现形式。栅格图像数据结构简单，但数据量大。矢量数据结构复杂，但数据量小。由于这两种数据结构有各自的优缺点，因此在目前的地理信息服务中这两种结构一般都同时存在。网络环境包括计算机硬件和网络。不同网络环境网络带宽大小也不相同。数据传输时间主要取决于用户应用需求。地理空间数据传输策略就是研究数据量、网络环境和数据传输时间的需求三者之间的关系。在一定数据量和网络环境的条件下，尽量缩短数据传输时间，满足用户应用需求。为解决这个问题，在此提出了数据粒度、数据压缩、并行数据传输和缓冲区策略。综合这些策略可以改善数据传输的性能。另外，在网格传输时故障（如断电、网络断线、主机故障等）随时都有发生的可能，系统要有相应的故障恢复机制。为解决这个问题系统采用了基于传输日志机制的故障恢复机制，提高了数据传输的可靠性。

1. 数据粒度

地理空间数据粒度主要有四个层次结构：数据集、数据块（图幅）、数据层和地理要素（《地理空间数据库原理》中§5.4.6 面象对象空间数据模型。崔铁军，2007a）。地理空间数据包含若干个数据集，一个数据集包含若干个数据块（图幅），地理空间矢量数据块往往以相应比例尺的图幅为单位。一个数据块（图幅）包含若干个数据块层，一层包含若干个地理要素。地理要素是数据传输的最小粒度。栅格图像数据块的大小往往与矢量数据相一致。栅格图像数据块的大小是数据传输最小颗粒。

2. 数据压缩策略

数据压缩主要有两个层次：地理空间数据压缩和传输数据压缩。地理空间数据压缩有矢量和栅格两种数据压缩。这两种数据压缩方法将在7.2节和7.3节讨论。数据传输压缩采用二进制数据编码为字符数据时会增加数据量，为了抵消这个数据量的增加，采用数据压缩是一种有效的方法。发送者可以先将二进制数据使用某种压缩算法进行数据压缩，然后再将压缩后的二进制数据进行字符编码。接收者在接收到数据之后，先将字符数据转化为二进制数据，然后再解压缩。在采取这种机制时需要注意两个问题。首先，原始数据不能是已经被压缩的数据，如果是已经压缩后的数据，那么对其进行再次压缩没有任何意义。在传输时应该判断该传输的数据是否已经进行压缩，以确定是否使用数据压缩策略。其次，读取数据的缓冲区不能太小，太少的数据量会影响到压缩的效果。为此也可以采取先将数据全部进行压缩，然后传输的方式。

3. 并行数据传输策略

并行数据传输的基本思想就是利用多个传输进程在同一时间内进行数据传输，充分利用这些闲置时间，从而达到传输性能的提升。采用并行数据传输时，数据发送者需要将数据分成多个数据块。数据接收者创建多个传输服务实例并返回相应的网格服务句柄。每个传输服务实例只传输一个数据块的数据。传输时，数据发送者使用相应的网格服务句柄调用传输服务实例传输对应的数据块。

4. 缓冲区策略

缓冲区策略是指对数据发送端读取数据的缓冲区进行大小的调整。缓冲区的大小将直接影响到数据的压缩效果，缓冲区的大小同样会影响到并行数据传输的数据传输效率。如果缓冲区设置太大，就会造成更大的内存消耗。如果缓冲区设置太小，就会增加传输的次数，同样会降低传输的性能。缓冲区调整机制将根据网络带宽、CPU 和内存资源利用率等软硬件状况对缓冲区的大小进行调整，以达到最佳的性能。

5. 数据的渐进式传输策略

地理信息网络服务在很多应用中要求地理空间数据实时可视化。为了满足这个要求，地理信息网络服务系统必须瞬间将可视范围内地理空间数据通过网络从数据库传输到用户。在计算机网络带宽有限和计算机处理能力不高以及需要传送的地理空间数据量大的情况下，满足瞬间可视化这个要求将十分困难，通常情况下用户需要等待一段时间。这种等待满足不了用户在视觉心理上的需要。用户在心理上总是希望马上看到可视范围内的内容。为了满足用户心理上的需要，往往将可视范围内地理空间数据按从简单到复杂（或从概略到详细）划分不同内容等级。首先，传递简单（或概略）的图形，满足人们视觉心理上的需求，其次，再逐级传递复杂（或详细）图形，最后，完成可视范围内所有数据的传输。这个过程是数据在网络环境下的渐进式传输方式。虽然这种方式增大了数据传输量和传输时间，但满足了人们在视觉心理上的需求。用户接受这种数据传输方式。

在地理信息网络服务环境下，实现用户端海量地理数据的可视化与单机应用系统有很大的差别：网络数据的传输速度与本机数据的传输速度相差悬殊，网络数据高效、快速、安全的传输是整个系统得以实施的关键。这就要求在满足客户端数据要求的前提下，尽可能减少数据的传输量，减少传输数据冗余。在地理信息网络服务环境下传输的数据一般分为两类：地理空间矢量数据和遥感影像数据。这里将分别讨论地理信息服务中图像数据的网络传输和空间矢量数据的网络传输。

7.2 图像数据的网络传输策略

随着卫星遥感和航空摄影技术的发展，通过遥感获得的地理信息越来越多，特别是小卫星高分辨率遥感图像的商业化，遥感图像成为地理信息服务中空间数据的重要组成部分。高分辨率卫星图像引入地理信息服务，成为地图数据更新的主要数据源，并成为提高地形可视化表达和视觉效果的主要手段。高分辨率的卫星遥感数据不仅包含着海量的信息，而且时效性强、获取图像周期短、数据量大，这对地理数据的及时存储与传输提出了很高的要求。快速响应客户对海量数据的请求是地理信息服务质量的重要保证。地理信息服务中海量数据如何实现有效的网络数据传输是整个服务系统的根本前提。

为了提高地理信息服务的质量，快速响应用户的服务请求，通过数据压缩技术，可以利用较少的存储空间来存储这些图像数据，然后再进行数据传输，以提高数据的传输速率；为了减少网络拥塞，提高数据的传输效率，增加系统的稳定性，大文件在传输时将其分割成若干较小的文件，然后依顺序传输，在客户端再将其合并使用的方式。这里分别从数据压缩和数据分割两个角度来讨论如何提高数据传输效率。本节讨论的主要内容是：介绍提升型小波变换的概念和特性，建立基于小波变换的图像数据的渐进式传输模型；讨论图像压缩技术，建立地理信息服务中基于渐进式传输的图像压缩模型；建立地理信息服务中基于安全性的图像数据渐进式传输的压缩模型。

7.2.1 基于提升型小波变换的图像数据的渐进式传输

1. 提升型小波变换

1）基于提升算法的小波变换

近几年来，Sweldens 等继承了传统小波变换的空间-频率的局部性，对传统小波变换进行改进，提出了基于提升（Lifting）的小波变换的实现方式。Daubechies 证明了提升型小波变换与传统的小波变换相比较，具有如下优点：

(1) 提升型小波变换使得快速小波变换可以通过本址操作来实现，节省存储空间；
(2) 不依赖于 Fourier 变换实现小波基的构造，即不必用膨胀和平移来构造小波；
(3) 运算速度快，采用提升方案，可以使运算量降低为传统小波变换的 1/2；
(4) 能够容易的解决边界问题；
(5) 实现对任意尺寸的图像的小波变换；
(6) 可以把整数映射到整数，实现可逆变换。

2）提升型小波变换快速算法

提升型小波变换包括三个步骤：分裂、预测和更新，如图 7.3 所示。设原始图像信号为

$$C^0 = (c_0^0, c_1^0, \cdots, c_{M-1}^0), \quad M \text{ 为偶数} \tag{7.1}$$

具体算法如下：

(1) 分裂（Split）：将图像信号分为两不相交的部分。分裂过程也叫惰性小波变换

过程，一般采用奇偶分裂，将图像信号分裂成偶数部分的数据集

$$C^1 = (c_0^1, c_1^1, \cdots, c_{M/2-1}^1) \tag{7.2}$$

和奇数部分的数据集

$$D^0 = (d_0^1, d_1^1, \cdots, d_{M/2-1}^1) \tag{7.3}$$

将原始图像信号 c_k^j 分裂为偶数样本 c_{2k}^j 和奇数样本 c_{2k+1}^j，即

$$c_k^{j+1} = c_{2k}^j \tag{7.4}$$

$$d_k^{j+1} = c_{2k+1}^j \tag{7.5}$$

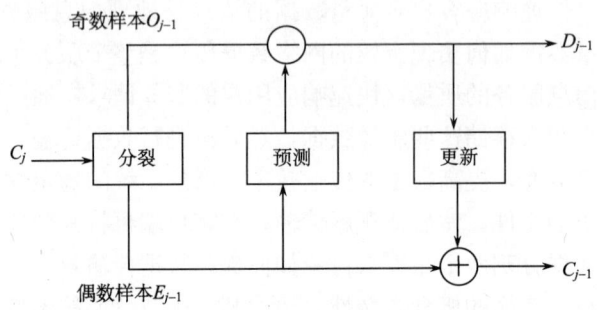

图 7.3　上升型正向变换

(2) 预测（Predict）：其本质是用偶数部分的数据预测奇数部分，用 D^0 的值与预测值之间的误差表示信号的细节信息，这一步在提升小波中被称为对偶提升，即

$$d_k^{j+1} = c_{2k+1}^j - P(c_k^{j+1}) \tag{7.6}$$

其中，P 是预测算子。预测算子的构造需要考虑原始信号本身的特点，反映数据的相关关系。这个得出的误差就是小波系数（高频信息）。

(3) 更新（Update）：在更新阶段，为了保证能量守恒，小波分解的平滑分量需要利用小波系数（高频系数）值更新，以满足

$$\frac{1}{2^{j+1}} \sum_k c_k^{j+1} = \frac{1}{2^j} \sum c_k^j = \overline{M} \tag{7.7}$$

这样，最后一级分解所得的系数等于原始信号的平均值 $\overline{M}$。

更新算子 U 的作用主要是用来对偶数样本进行更新

$$c_k^{j+1} = c_{2k}^j + U(d_k^{j+1}) \tag{7.8}$$

分裂、预测和更新三个运算可以用本址操作来实现

$$(d_k^{j-1}, c_k^{j-1}) = S(c_k^j) \tag{7.9}$$

$$d_k^{j-1} \mathrel{-}= P(c_k^{j-1}) \tag{7.10}$$

$$c_k^{j-1} \mathrel{+}= U(d_k^{j-1}) \tag{7.11}$$

反向变换过程是上述过程的逆过程，如图 7.4 所示，也包括三个步骤：恢复更新、恢复预测和合并。

它们的本址操作可以表示为如下：

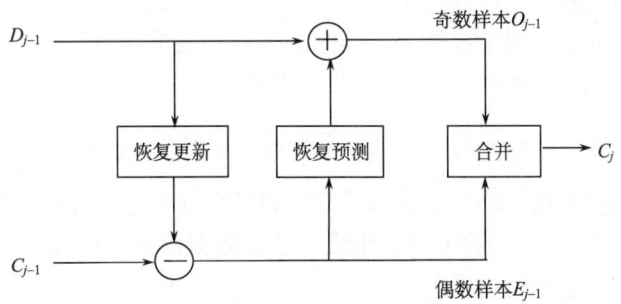

图 7.4 上升型反向变换

$$c_k^{j-1} -= U(d_k^{j-1}) \tag{7.12}$$

$$d_k^{j-1} += P(c_k^{j-1}) \tag{7.13}$$

$$c_k^j = M(d_k^{j-1}, c_k^{j-1}) \tag{7.14}$$

3) 提升型小波变换的实现

提升型小波变换实际上是用不同的算法实现小波变换的过程，这种方法具有效率高、速度快并可进行并行处理的特点。理论上任何紧支撑小波变换都可以通过这种提升型算法来实现，但实际上，双正交变换比较容易用这种方法实现。下面我们给出利用 4-系数正交小波变换的低频滤波器 $\{h_n\}$，用提升型算法的思想，构造其小波变换算法。

$$d_k^1 = c_{2k+1}^0 - \sqrt{3} c_{2k}^0 \tag{7.15}$$

$$c_k^1 = c_{2k}^0 + \frac{\sqrt{3}}{4} d_k^1 + \frac{(\sqrt{3}-2)}{4} d_{k-1}^1 \tag{7.16}$$

$$d_k^1 = d_k^1 + c_{k+1}^1 \tag{7.17}$$

$$c_k^1 = \frac{(\sqrt{3}+1)}{\sqrt{2}} c_k^1 \tag{7.18}$$

$$d_k^1 = d_k^1 \times \frac{(\sqrt{3}-1)}{\sqrt{2}} \tag{7.19}$$

2. 地理信息服务中图像的渐进式传输

在地理信息服务系统环境下，地理数据的传输可分为两个过程：程序启动时的数据传输及用户操作时的数据传输。程序开始启动时，客户端没有任何地理数据，一种办法是首先传输一个缩略图，随后传输全部数据集范围内的小比例尺数据，等待用户的放大操作；另一种方法是传输一个大比例尺数据的一小部分，等待用户的缩小操作与移动操作。从用户的习惯以及人们由粗到细、由总体到局部、由概略到细微、由重要到次要的空间信息认知规律来看，从整体至细节的第一种方法更好，并且这种方法在很大程度上可以缩小用户的响应时间，这种方法带来的直接后果就是增加了数据服务器的数据传输量；如果多个用户并行传输，就会降低服务器的数据传输速度，反而会增加用户的响应时间，达不到预期的效果。

为了解决上述问题，我们利用小波分析的方法，对需要传输的数据进行分割。对于图像的小波变换，可以把图像看做是二维的矩阵，一般假设图像矩阵的大小为 $N \times N$，且有 $N=2^n$（n 为非负的整数）。那么每次小波变换后，图像便分解为 4 个大小为原来尺寸 $\frac{1}{4}$ 的子块频带区域，即分为一块低频部分和三块高频部分，如图 7.5 所示，分别包含了相应频带的小波系数，相当于在水平方向和竖直方向上进行隔点采样。其中低频部分（LL 频带）保留了原数据的大部分能量，是原数据的近似部分，可以作为原数据的缩略图。在进行下一层小波变换时，变换数据就集中在低频部分（LL 频带上），图 7.6 为三次小波变换后的频率分布。

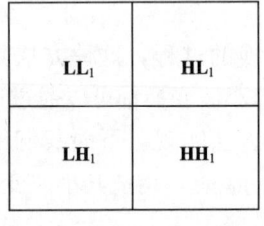
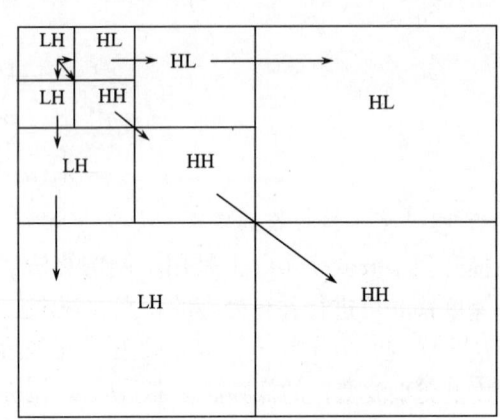

图 7.5　一次小波变换后的频率分布　　图 7.6　三次小波变换后的频率分布

图像小波变换的数学原形如下：

LL 频带，该频带保持了原始图像内容信息，图像的能量集中于此频带；

$$f_{2^j}^0(m,n) = \langle f_{2^{j-1}}(x,y), \varphi(x-2m, y-2n) \rangle$$
$$= \langle f_{2^{j-1}}(x,y), \varphi(x-2m)\varphi(y-2n) \rangle \quad (7.20)$$

HL 频带，该频带保持了图像水平方向上的高频边缘信息；

$$f_{2^j}^1(m,n) = \langle f_{2^{j-1}}(x,y), \psi^1(x-2m, y-2n) \rangle$$
$$= \langle f_{2^{j-1}}(x,y), \varphi(x-2m)\psi(y-2n) \rangle \quad (7.21)$$

LH 频带，该频带保持了图像竖直方向上的高频边缘信息；

$$f_{2^j}^2(m,n) = \langle f_{2^{j-1}}(x,y), \psi^2(x-2m, y-2n) \rangle$$
$$= \langle f_{2^{j-1}}(x,y), \psi(x-2m)\varphi(y-2n) \rangle \quad (7.22)$$

HH 频带，该频带保持了图像在对角线方向上的高频信息；

$$f_{2^j}^3(m,n) = \langle f_{2^{j-1}}(x,y), \psi^3(x-2m, y-2n) \rangle$$
$$= \langle f_{2^{j-1}}(x,y), \psi(x-2m)\psi(y-2n) \rangle \quad (7.23)$$

其中，$\langle \cdot \rangle$ 是内积运算；$\varphi(x)$ 是一个一维的尺度函数；$\psi(x)$ 是相应的小波函数，而 $\varphi(x,y)$、$\psi^1(x,y)$、$\psi^2(x,y)$、$\psi^2(x,y)$ 是二维小波变换的基础函数，且有

$$\varphi(x,y) = \varphi(x)\varphi(y) \quad (7.24)$$

$$\psi^1(x,y) = \varphi(x)\psi(y) \tag{7.25}$$

$$\psi^2(x,y) = \psi(x)\varphi(y) \tag{7.26}$$

$$\psi^3(x,y) = \psi(x)\psi(y) \tag{7.27}$$

在地理信息服务系统中，为了缩短用户的服务申请响应时间，在数据服务器端，图像数据将按照小波变换后的频率分布规律存储，即

$$\text{LL}_3, \text{LH}_3, \text{HL}_3, \text{HH}_3, \text{LH}_2, \text{HL}_2, \text{HH}_2, \text{LH}_1, \text{HL}_1, \text{HH}_1 \tag{7.28}$$

服务器端接到用户服务申请后，首先将 $\text{LL}_k (k \in Z)$ 传输给用户，数据大小为原始图像的 $\frac{1}{4k}$，所用时间将小于传输原始数据的 $\frac{1}{4k}$，这是因为在网络中传输小文件的效率要高于传输大文件的效率。由于 $\text{LL}_k (k \in Z)$ 为原始图像的缩略图，所以用户接收到这部分数据就可以直接进行显示。然后再顺序传输 LH_k、HL_k、HH_k，用户接收到上述数据，利用小波逆变换得到 LL_{k-1}，即更加详细的图像，然后再对显示的图像进行刷新；接着接收下一层的细节部分。这样整个传输的数据量不变，用户的第一次响应的时间就会缩短为原来的 $\frac{1}{4k}$。但是用户端增加了数据的运算量。

以郑州市部分市区图（图 7.7）为例，利用上述小波变换算法，对数据进行一次小波变换，将数据分割为四部分（图 7.8）。原图像文件大小为 1.02MB，长宽为 600 像素 ×600 像素，利用 Mallat 算法的时间为 2.028s，利用提升型算法的时间为 0.941s，即利用提升型算法的速度比传统算法快一倍。

 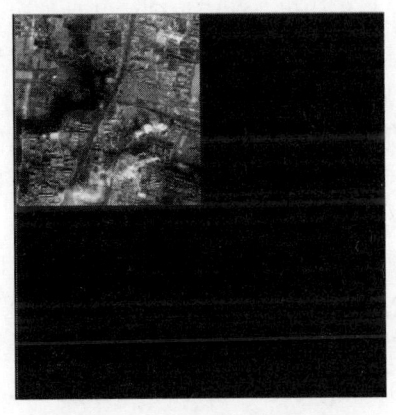

图 7.7　郑州市部分市区图　　　　　图 7.8　提升型小波变换

在上面的讨论中，虽然缩短了用户的响应时间，但服务器的数据传输量并没有减少，因为小波变换本身并不具有压缩数据的能力，变换前原始图像的数据量与变换后各图像的数据量相等。为了减少数据服务器数据的传输总量，就必须对数据进行压缩，客户端接收到数据后再解压还原。这样的缺点是增加了客户端的运算量。

7.2.2　基于渐进式传输的图像压缩模型

1. 图像压缩概述

图像数据只是众多类型的数据中的一种，因此图像压缩编码也是数据压缩的一个部

分，只是图像具有与语音、文字等其他数据不同的特点，所以需要分别加以研究。

图像压缩编码的目的，就是为了减少原始数据的数据量，即以尽量少的比特数表示原来的图像，同时又要能保持复原图像的质量，满足规定的要求。压缩编码节省了数据的存储空间，这样无论是在传输数据，还是在处理数据的时候都会给人们带来很大的便利。

由于原始信息本身存在信息冗余，因此需要通过数据压缩技术去除这些信息冗余，重新组织信息，这样利用相同的方法便能从压缩信息中恢复原始的信息。信息论为数据压缩提供了理论基础，信息论认为信源中含有或多或少的自然冗余度，这些冗余度既来自于信源本身的相关性中，又来自于信源概率分布的不均匀性中。只要找到去除相关性或改变概率分布不均匀性的方法和手段，就可以实现有效的数据压缩。

图像压缩从压缩的角度分类，可以分为无损压缩和有损压缩，有损压缩也可以称为统计压缩；从现有的实用编码方法来看，可以划分为三大类经典的编码方法：统计编码、预测编码和变换编码。

1）统计编码

统计编码是建立在图像的统计特性基础之上的压缩编码方法，是根据像素灰度值出现概率的分布特性而进行的压缩编码。常见的统计编码是变长编码，还有霍夫曼码、香农-费罗码、算术编码等。

统计编码是一种高效的编码法，其主要的缺点是：码字不是等长的，不便于数据存储单元收集代码。前面提到的几种编码都缺乏构造性，不能用数学方法建立一一对应关系，需要在编码过程中知道每种消息出现的概率，但这实际上难以做到。

2）预测编码

预测编码是建立在现代统计学和控制论基础上的，其基本思路是，在图像编码过程中，可以利用图像像素间的相关性，根据某一像素的值来预测相关下一点的取值，然后将像素点的实际值和预测值相减得到一个误差值，对该误差值进行编码。

预测编码主要有两大类，即 ΔM（Deta Modulation）和 DPCM（Differential Pulse Code Modulation），DPCM 实际上是 ΔM 和 PCM（Pulse Coding Modulation）两种技术相结合的编码方法。

3）变换编码

变换编码的基本模型如图 7.9 所示，可以看出变换编码主要由映射变换、量化器及编码器组成。映射变换是把图像中的各个像素从一种空间变换到另一种空间，然后针对变换后的信号再进行量化与编码操作。解码时，先对接收信号进行译码，再进行反变换恢复原始图像。

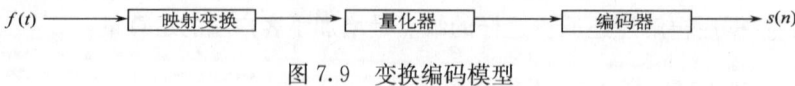

图 7.9 变换编码模型

映射变换的关键，是在于能够产生一系列更加有效的系数，对这些系数编码所需的总比特数比对原始图像进行编码所需的总比特数少，从而达到数据压缩的目的。

映射变换的方法很多，基本可以分为两类：一类是特殊的映射变换编码法，如一维行程编码、等值线编码等；另一类是函数变换编码法。传统的正交变换编码有傅里叶变换、DCT 变换、沃尔什-哈达玛变换等，近年来利用小波变换的编码方法也得到快速的发展，成为当今图像编码领域的研究前沿和热点之一，我们将在下面一节中重点介绍利用小波变换编码的 JPEG2000 压缩技术。

严格地说，预测编码也是一种变换编码的方法，但它又具有自身的特殊性，所以在这里分开来叙述。我们也可以看出，变换编码也是一种混合编码的方法，因为映射变换本身一般是不会压缩数据的。例如，正交函数变换只是把图像从空间（时间）域变换到能量比较集中且不相关的变换域，这样对变换系数编码就可以使存在于相关性中的冗余度得以去除，而且可以选择变换系数中能量集中的部分编码，也就到达了对数据进行压缩的目的。所以，变换后的系数仍然必须经过量化和编码才能达到数据压缩的目的。

2. JPEG2000 性能简介

1991 年，国际电话电报咨询委员会（CCITT）和国际标准化组织（ISO）联合组成的专家组，共同制定了静止图像的数码率压缩标准（1994 年正式通过），即 JPEG (the Joint Photographic Expert Group，联合摄影专家组)，它采用了 DCT 变换。随着多媒体应用领域的激增，传统 JPEG 压缩技术已无法满足人们对多媒体图像资料的要求。例如，低比特率压缩性能不高；不能在同一个压缩码流中同时提供很好的有损压缩和无损压缩；不支持大于 64 000 像素×64 000 像素的图像；没有统一的解码结构；抗误码性能不够强；不擅长对计算机合成图像的编码；复合文档压缩性能不佳等。针对这些不足，1996 年的瑞士日内瓦会议上提出制定新一代的 JPEG 格式标准——JPEG2000。它的目标是在一个统一的集成系统中，可以使用不同的成像模型（客户机服务器、实时传送、图像图书馆检索、有限缓存和宽带资源等），对不同类型（二值图像、灰度图像、彩色图像、多分量图像等）、不同性质（自然图像、计算机图像、医学图像、遥感图像、复合文本等）的静止图像进行压缩。该压缩编码系统在保证失真率和主观图像质量优于现有标准的条件下，能够提供对图像的低码率压缩。

因此，更高压缩率以及更多新功能的新一代静止图像压缩技术 JPEG2000 就诞生了。JPEG2000 正式名称为 ISO15444，同样是由 JPEG 组织负责制定。该标准是联合摄影专家组于 1997 年开始征集提案，把它作为 JPEG 标准的一个更新换代标准。

JPEG2000 是一种新的图像压缩算法。JPEG 2000 与传统 JPEG 最大的不同在于，它放弃了 JPEG 所采用的以离散余弦（DCT）变换为主的区块编码方式，而采用以小波变换为主的多解析编码方式。JPEG2000 作为一种全新的图像压缩算法有以下优点：

（1）良好的低比特率压缩性能：JPEG2000 标准较以往的静态图像压缩标准在低比特率下呈现更好的图像压缩质量（例如，在 0.25bpp（bits per pixel）以下的码率，以较好的质量压缩多细节的灰度图像），网络图像传输（尤其是带宽受限的网络）以及遥感技术都需要这种特性。

（2）无损和有损压缩：JPEG2000 可以在同一个码流中提供有损和无损压缩，这主要是由于 JPEG2000 标准采用嵌入式可分级码流。随着累进解码，所接收到的图像的质量会越来越好。例如，医学图像通常要求无失真，无失真对存储图像档案很关键，而显示图像档案时又往往不要求无失真等。这些例子都反映了这个特性的需求。JPEG2000无损压缩采用的是基于可逆的Daubechies5/3小波，有损压缩采用的是基于不可逆Daubechies9/7小波。

（3）实现渐进传输：这个特性是指随着接收到的码流长度增加，图像仍然是完整的图像，但质量（像素精度）和空间分辨率逐渐提高。这就允许接受者根据不同的重构图像质量需要随时截断码流。这是JPEG2000的一个非常重要的特性，它的应用范围非常广。

（4）用户感兴趣区域编码以及码流的随机访问和处理：图像中往往有些区域比其他区域重要得多。JPEG2000标准提出了可以让用户指定其感兴趣区域，然后令该区域的重构图像质量可以比剩下区域更好、失真更小的算法。并且运用随机访问和处理的特性，用户还可以在不完全解码的情况下获得该区域内图像。同样，随机码流处理还允许对感兴趣图像区域进行旋转、滤波、特征提取以及缩放等操作。

（5）对误码的鲁棒性：在设计码流的时候，考虑对误码的鲁棒性是很合理的。JPEG2000标准的一个运用就是在无线信道上传递图像信息，而无线信道上的误码干扰非常强。一部分码流在决定图像质量的时候比其他部分的码流更加重要，合适的码流设计能够帮助系统减少灾难性解码错误。

（6）连续色调和二值图像压缩：JPEG静止图像压缩标准对于自然图像具有很好的压缩性能，但往往不能很好地处理计算机图形和二值图像。JPEG2000编码系统在压缩连续色调和二值图像上都具有比较好的效果。

（7）嵌入式编码技术：JPEG2000另一个显著的特点是它采用当前最新的嵌入式编码技术，精确的比特率控制是该算法的一个显著特点。在这种编码方案中，其比特流是按照其重要性来组织的，因此编码器可以在任何时刻终止编码过程从而精确实现选定的比特率；同样，给定一个比特流，解码器也可以随时停止解码并且能够生成相应比特率下的重建图像。

以上是JPEG2000主要区别于以往的JPEG静止图像压缩标准的特性以及这些特性适用的领域。基于JPEG2000以上良好的压缩性能，所以在地理信息服务中对遥感以及其他图像数据进行压缩时采用JPEG2000压缩技术。

3. 基于渐进式传输的图像压缩模型

1）基于渐进式传输的图像压缩模型概述

实现渐进传输和支持"感兴趣区域"的技术是JPEG2000应用于网络传输的两个比较先进的技术。实现渐进传输，图像可以边传输边显示，这在一定程度上得到减少用户的响应时间，实现图像由朦胧到清晰的显示；支持"感兴趣区域"，可以指定图像上任意区域的压缩质量，且可选择指定区域先解压，利用这种技术，可以实现终端用户浏览地图图像由局部到全局的显示技术，这样同样可以减少终端用户的等待时间；但是针对地理信息服务系统的用户来说，这两种显示技术都不符合人们阅读地图由粗到细、由总体到局部、由概略到细微、由重要到次要的空间信息认知规律。

为了符合用户的习惯与人的认知规律，在减少用户的响应时间和网络数据流量的基础上，从整体至细节的显示地图图像，可以采用两种方法利用JPEG2000对原图像进行数据压缩。

一种是直接对原数据进行压缩，然后进行传输、显示，这样只能得到一种单一尺度的图像。另一种是采用小波变换与JPEG2000技术相结合的方法，对数据进行处理和压缩，然后分别传输和显示：首先对原数据进行小波变换，将原图像分为低频部分和高频部分；为了加快客户的响应，要对低频数据进行压缩处理并进行传输。由于JPEG2000的比特流是按照其重要性来组织的，其压缩的比特率是可以精确控制的，又由于低频部分数据集中了原数据绝大部分的能量，所以在选取比特率时，尽量保证解压数据与原数据间保持较高的峰值信噪比（衡量二者之间数据失真的参数）；当对高频部分进行压缩时，这部分主要反映原数据的特征，原数据变换比较平缓的部分在高频中几乎接近于零，存在大量的冗余，所以压缩时就可以选取较低的比特率，以减少数据传输的总量，用户接收完所有的高频和低频数据后，解压缩，并进行小波逆变换，显示数据图像，这样不但缩短了用户的响应时间，更重要的是为用户提供了多尺度的图像数据，使数据的传输总量得到了有效的控制。具体算法如下：

（1）利用提升型算法对原数据进行小波变换，将原数据分为低频数据LL和高频数据LH、HL和HH（图7.5）；

（2）应用JPEG2000对低频数据LL进行压缩，获得压缩数据D_{LL}；

（3）将D_{LL}传输给用户，用户接收到数据，进行解压，得到LL，进行显示；

（4）应用JPEG2000分别对高频数据LH、HL和HH进行压缩，获得压缩数据D_{LH}、D_{HL}、D_{HH}；

（5）将D_{LH}、D_{HL}、D_{HH}传输给用户，用户接收到数据，进行解压，得到LH、HL和HH；

（6）用户端对HH、HL、LH、LL实施小波逆变换，得到原始数据，根据用户需要进行显示。

2）算法实例分析

基于上述模型算法，利用图7.7中的郑州市部分市区图像数据进行实验。首先对原数据进行小波变换，将低频部分与高频部分分为四个图像数据文件，然后利用JPEG2000对低频部分LL进行压缩，比特率rate=0.1，结果数据文件大小为26 905byte，数据还原图像如图7.10所示；高频数据采用比特率rate=0.05，结果数据文件大小为13 496byte；总的数据量为13 496×3+26 905=67 393byte；以上数据解压后，进行小波逆变换，得到原始图像数据（图7.11）。对原始图像文件直接利用JPEG2000压缩，比特率rate=0.1，结果数据文件大小为107 932byte，数据还原图像如图7.12所示。网络传输的数据总量相比较前者为后者的62.44%。

4. 算法性能分析

1）图像质量的评价标准

在对一幅图像进行压缩处理的过程中，由于包括的环节很多，最终恢复出来的图像的性能到底如何，这就需要有一个对图像性能进行评判的标准，这个标准对图像压缩技术在各个方面的应用起着至关重要的作用，因为我们希望在传输码率尽量低的前提下，能尽量保证恢复的图像有相当高的图像质量，这对图像编码的发展具有很好的指导意义。

图 7.10　低频解压图　　　图 7.11　分层压缩解压图　　　图 7.12　直接压缩解压图

就我们目前所知，图像质量的含义最主要包含了两层意义。第一就是恢复出来的图像的逼真度，即被评价的图像与标准图像的偏离程度；第二就是图像的可读性，所谓可读性，指人们能从图像中所获得的信息。在能达到的压缩比与信息损失之间存在一个折中，一般情况下，人眼是图像信息丢失能否接收的最终裁判，但由于目前对人的视觉系统的性质的理解很有限，还不能对图像的逼真度和可读性作定量描述，所以在对图像质量的测度方法上，除了客观的评价方法外，还存在主观评价方法。

2) 图像的主观评价方法

图像的主观评价，就是以人作为图像的观察者，按照一定规则并根据自己的经验对图像的优劣作质量判断。在有些情况下，也可以提供一组标准图像作为参考，帮助观察者对图像质量作出合适的评价。由于图像最终的接受者通常是人的视觉，所以相比客观评价方法，主观评价方法是最可靠的。但是由于使用起来不够方便，对观察者的知识水平等有一定的要求，有时不同的观察者会得出截然不同的评价结论等，所以在大多数情况下还是以客观评价方法对图像质量进行评价。

3) 图像的客观评价方法

客观方法，就是定义一个数学公式，然后对待评价的图像进行运算，得到一个唯一的数字量作为测度结果，这种方法最常用于对图像的逼真度评价。客观评价标准常采用图像的信噪比（SNR）或峰值信噪比（PSNR）来衡量。给定一幅数字化的待评价图像 $f(x,y)$ 和参考图像 $f_0(x,y)$，它们之间的相似性通常用其均方误差或均方误差的各种变形表示。例如，当图像大小为 $M \times N$ 时，归一化的均方误差为

$$Q = \frac{\sum_{x=0}^{M-1}\sum_{y=0}^{N-1}[f(x,y)-f_0(x,y)]^2}{\sum_{x=0}^{M-1}\sum_{y=0}^{N-1}[f_0(x,y)]^2} \tag{7.29}$$

为了使图像的相似性具有灰度缩放和平移不变性，则可采用以下公式：

$$\rho = \frac{|F-\overline{F}| \times |F_0-\overline{F_0}|}{(F-\overline{F})^T(F_0-\overline{F_0})} \tag{7.30}$$

式（7.30）中，采用的是待评价图像 $f(x,y)$ 和参考图像 $f_0(x,y)$ 的矢量形式，加上划线表示其均值。

$$\text{SNR} = 10 \lg \frac{\sigma^2}{D} \tag{7.31}$$

$$\text{PSNR} = 10 \lg \frac{255^2}{D} \tag{7.32}$$

其中

$$\sigma^2 = \frac{1}{N \times M} \sum_{N=0}^{N-1} \sum_{M=0}^{M-1} (x_{n,m} - \overline{x})^2 \tag{7.33}$$

$$D = \frac{1}{N \times M} \sum_{N=0}^{N-1} \sum_{M=0}^{M-1} (x_{n,m} - \tilde{x}_{n,m})^2 \tag{7.34}$$

$$\overline{x} = \frac{1}{N \times M} \sum_{N=0}^{N-1} \sum_{M=0}^{M-1} (x_{n,m} - \tilde{x}_{n,m}) \tag{7.35}$$

对于 256 像素×256 像素的图像,式(7.32)便可成为如下公式:

$$\text{PSNR} = 10 \lg \frac{255^2 \times 256^2}{\sum_{n=0}^{255} \sum_{m=0}^{255} (x_{n,m} - \tilde{x}_{n,m})} \tag{7.36}$$

假设图像 $\{x_{n,m}\}$ 与重构图像 $\{\tilde{x}_{n,m}\}$ 仅有一个像素差 1,其余均相同,则此时 PSNR=96.30,若有第二个像素差 1,则 PSNR=93.30,若每个像素均差 1,则 PSNR =48.13,通过以上几个数据,我们对信噪比就有了一个直观的概念,但是还应该注意到,有时候对于同样的信噪比,视觉效果还是会有一定的差别,这主要是由于误差的均匀程度造成的。一般来讲,误差均匀时视觉效果较好,反之视觉效果相对较差。一般的情况下,对图像的质量测度都可以用峰值信噪比来评判,但有时在特殊的情况下,峰值信噪比对图像质量的评判的结果可能和主观上评判的结果不相符合。

4)基于渐进式传输的图像压缩质量评价

为了分析图像的压缩质量,采用图像的客观评价方法中的 PSNR 衡量图像的失真情况。由于实验图像为彩色图像,所以在进行评价时分别从红、绿、蓝三种色素的角度进行综合评价。

根据式(7.32)计算,图 7.12 的 PNSR 分别为:红色分量为 35.433 3,绿色分量为 46.561 6,蓝色分量为 42.741 5;图 7.11 的 PNSR 分别为:红色分量为 18.039 1,绿色分量为 20.369 9,蓝色分量为 18.819 4。从实验数据来看,本章采用的压缩算法还原的图像质量明显优于直接应用 JPEG2000 算法的图像。

为了对上述算法进行性能分析,我们采用不同的比特率对图像数据进行压缩、还原,然后采用峰值信噪比 PSNR 来衡量算法的失真情况。表 7.3 是对原数据进行小波变换后,低频数据 LL 和高频数据 HH 分别利用 JPEG2000 进行压缩、解压后图像的 PSNR(HL、LH 与 HH 的 PNSR 的规律基本一致)比较;表 7.4 是本算法与直接应用 JPEG2000 算法对图像进行压缩再解压后图像的 PSNR 比较。

表 7.3 低频数据与高频数据的 PSNR 比较

比特率/bpp	低频数据压缩			高频数据压缩		
	红色(PSNR)	绿色(PSNR)	蓝色(PSNR)	红色(PSNR)	绿色(PSNR)	蓝色(PSNR)
0.05	20.911 9	21.224 8	20.852 1			
0.1	48.062 9	49.469 6	47.682 8	17.717 2	18.754 6	19.863 8
0.15	56.893 9	59.973 0	56.222 9			
0.2	78.499 4	82.381 2	82.381 2	18.267 4	19.418 0	23.257 4
0.3	78.499 4	82.381 2	82.381 2	18.534 2	19.780 1	25.060 9
0.4	78.499 4	82.381 2	82.381 2	18.703 6	19.951 6	25.552 3
0.5	78.499 4	82.381 2	82.381 2	18.805 7	20.047 8	25.825 5
0.6	78.499 4	82.381 2	82.381 2	18.864 6	20.155 5	25.986 9
0.7	78.499 4	82.381 2	82.381 2	18.915 1	20.227 3	26.144 3
0.8	78.499 4	82.381 2	82.381 2	18.915 1	20.227 3	26.144 3
0.9	78.499 4	82.381 2	82.381 2	18.915 1	20.227 3	26.144 3
1.0	78.499 4	82.381 2	82.381 2	18.915 1	20.227 3	26.144 3

表 7.4 本算法与 JPEG2000 算法的 PNSR 比较

比特率/bpp	直接应用 JPEG2000			本算法		
	红色(PSNR)	绿色(PSNR)	蓝色(PSNR)	红色(PSNR)	绿色(PSNR)	蓝色(PSNR)
0.05*				35.433 3	46.561 6	42.741 5
0.1	18.039 1	20.369 9	18.819 4			
0.1*				52.564 7	54.472 5	52.485 7
0.2	22.618 9	26.215 7	22.654 6			
0.3	26.255 9	29.901 6	26.135 7			
0.4	29.621 2	32.675 6	29.681 9			
0.5	33.183 5	36.330 1	33.178 3			
0.6	37.178 3	41.741 3	37.673 1			
0.7	49.114 2	51.481 6	47.779 2			
0.8	62.094 9	62.091 3	57.234 9			
0.9	62.094 9	62.091 3	57.234 9			
1.0	62.094 9	62.091 3	57.234 9			

* 表示高频数据进行 JPEG2000 压缩时采用的比特率。

从表 7.3 可以看出，低频数据在采用较小的比特率（Bit-rate＝0.1）时，PNSR 就达到了较高的值，在 Bit-rate＝0.2 时就可得到无损压缩，高频数据的 PNSR 始终集中在一个较小的范围内，即 Bit-rate 的波动对高频图像的质量影响不是非常大。这是因为低频数据的数据大小虽然只有原数据的 1/4，但集中了原始数据绝大部分的能量；而 JPEG2000 算法的核心部分就是对数据进行多级小波变换，然后从低频数据开始按照比特流的重要性来组织编码。在模型算法中，将低频数据从原始数据中分离出来，进行单独编码，将大量的冗余数据留在了高频数据中，所以在采用了较低的比特率时就可以得到高质量的压缩数据，即 Bit-rate 在选取较小的值时，PNSR 就达到了较高的值。在高频数据中，反映原始数据特征部分的数据能量都比较大，而大量的其他数据的值都接近于零，属于冗余数据，在 JPEG2000 编码过程中选取的则是能量较大的特征数据，而这些特征数据在比特率较小的情况下就可以被选取，所以高频数据在编码过程中比特率的波动，对 PSNR 的大小影响较小，且 PNSR 的值也较小。但是在对数据的逆变换的过程中，高频数据中对原数据还原影响较大的部分也正好是这些特征数据，所以即使高频数据的 PNSR 值较小，只要低频数据保持较高的质量，还原的图像数据依旧保持较高的质量。表 7.4 中的实验结果数据也可以得出上述结论。

7.2.3 基于安全的图像数据渐进式传输的压缩模型

目前有关地理信息服务方面的技术研究多数集中在空间数据的组织与空间数据的共享等方面。事实上，空间数据无偿共享的往往是一些基础的空间信息数据，而一些特殊部门针对特殊应用的不同区域或不同专题的地理空间数据，共享往往是有偿的或者不同的用户具有不同的共享层次，并且即使是共享也不等于无限制的随意使用数据。恶意的个人或团体有可能在没有得到授权的情况下非法复制、传播版权保护的内容。因此，有效的版权保护（空间信息数据安全）是空间信息共享中需要考虑的一个重要问题。一般认为，空间信息的安全主要包括空间信息的访问安全、空间信息的传输安全及机密空间信息的隐藏等几个方面的内容，下面主要讨论的是地理信息服务中图像数据在传输过程中如何防止被非法截获、复制和修改，保证数据传输的安全性与保密性。

对于数字图像，有两种有效的保护技术。其一是近年来发展起来的数字水印技术。通过在数字图像中嵌入数字水印信息可以较为有效地实现数字图像版权保护，但这样的图像并不改变图像的可见性，这对娱乐业中涉及知识产权的鉴定或许是可行的，但对于特殊的通信场合，如军用卫星摄取的图片、DEM 数据、空间矢量等的传输以及娱乐业中产品的网络发送等，是不合适的。其二是图像加密技术。通过图像加密操作后，原来的数字图像变为类似于信道随机噪声的信息，这些信息对不知道密钥的网络窃听者是不可识别的，进而可以有效地保护传输中的图像数据。但是对于大数据量的地图数据来说，数据的加密和解密都将对数据的应用产生一定的延时，从而影响数据应用的实效性，即对系统的效率产生较大的影响。

因此，在这一节中，将在分析现有常用加密算法的基础上，从安全和效率两个方面因素考虑，选择合适的加密算法，结合 7.2 节中建立的基于渐进式传输的图像压缩模型，建立基于安全的图像数据渐进式传输的压缩模型。

1. 密码技术

密码技术是保护信息安全的重要手段之一。密码技术自古有之，到目前为止，已经从外交和军事领域走向公开。它是结合数学、计算机科学、电子与通信等诸多学科于一身的交叉学科，不仅具有保证信息机密性的信息加密功能，而且具有数字签名、身份验证、密钥分存、系统安全等功能。所以，使用密码技术不仅可以保证信息的机密性，而且可以保证信息的完整性和确证性，防止信息被篡改、伪造和假冒。

选择一个强壮的加密算法是至关重要的。此外，安全系统的结构和算法的实现以及通信协议也会影响到系统的安全性。为了防止密码分析，可以采取以下机制：

（1）强壮的加密算法。一个好的加密算法往往只有用穷举法才能得到密钥，所以只要密钥足够长就会很安全。建议至少为 64 位。

（2）动态会话密钥。每次会话的密钥不同，即使一次会话通信被破解，不会因本次密钥被破解而殃及其他通信。

（3）保护关键密钥，定期变换加密会话密钥的密钥；因为这些密钥是用来加密会话密钥的，泄漏会引起灾难性后果。

密码加密技术分为对称密钥密码技术和非对称密钥密码技术。

1) 对称密钥密码技术

对称密码体制是从传统的简单换位，代替密码发展而来的。自 1977 年美国颁布 DES 密码算法作为美国数据加密标准以来，对称密钥密码体制得到了迅猛的发展，在世界各国受到了关注和使用。对称密钥密码体制从加密模式上可分为序列密码和分组密码两大类。

（1）序列密码。序列密码一直是作为军事和外交场合使用的主要密码技术之一。它的主要原理是：通过有限状态机产生性能优良的伪随机序列，使用该序列加密信息流，（逐比特加密）得到密文序列。所以，序列密码算法的安全强度完全取决于它所产生的伪随机序列的好坏。衡量一个伪随机序列好坏的标准有多种，比较通用的有著名的 Golamb 的三个条件：Rueppel 的线性复杂度随机走动条件、线性逼近以及产生该序列的布尔函数满足的相关免疫条件等。

产生好的序列密码的主要途径之一是利用移位寄存器产生伪随机序列，典型方法有五种。①反馈移位寄存器，采用 n 阶非线性反馈函数产生大周期的非线性序列，如 M 序列，具有较好的密码学性质，只是反馈函数的选择有难度，如何产生全部的 M 序列至今仍是世界难题。②利用线性移位寄存器序列加非线性前馈函数，产生前馈序列，如何控制序列相位及非线性前馈函数也是想当困难的问题。Bent 序列就是其中一类好的序列，我国学者对反馈序列和前馈序列的研究都取得了相当多的成果。③钟控序列，利用一个寄存器序列作为时钟控制另一个寄存器序列（或自己控制）来产生钟控序列，这种序列具有大的时间复杂度。④组合网络及其他序列，通过组合运用以上方法，产生更复杂的网络，来实现复杂的序列，这种序列的密码性质理论上比较难控制。⑤利用混沌理论，细胞自动机等方法产生的伪随机序列。对序列密码攻击的主要手段有代数方法和概率统计方法，两者结合可以达到较好的效果。目前要求寄存器的阶数大于 100 阶，才能保证必要的安全。序列密码的优点是错误扩展小，速度快，利于同步，安全程度高。

（2）分组密码。分组密码的工作方式是将明文分成固定长度的组（块），如 64bit 一组，使用同一密钥和算法对每一块加密，输出也是固定长度的密文。例如，DES 密码算法的输入为 64bit 明文，密钥长度 56bit，密文长度 64bit。

设计分组密码算法的核心技术是在相信复杂函数可以通过简单函数迭代若干圈得到的原则下，利用简单圈函数及对合等运算，充分利用非线性运算。以 DES 算法为例，它采用美国国家安全局精心设计的 8 个 S-Box 和 P 置换，经过 16 圈迭代，最终产生 64bit 密文，每圈迭代使用的 48bit 子密钥是由原始的 56bit 产生的。

对称密码系统具有加解密速度快、安全强度高等优点，在军事、外交以及商业应用中使用越来越普遍。

2）非对称密钥密码技术

1976 年 Diffie 和 Hellman 以及 Merkle 分别提出了公开密钥密码体制的思想，这不同于传统的对称密钥密码体制，它要求密钥成对出现，一个为加密密钥，另一个为解密密钥，且不可能从其中一个推导出另一个。1976 年以来，已经提出了多种公开密钥密码算法，其中许多是不安全的，一些认为是安全的算法又有许多是不实用的，它们要么密钥太大，要么密文扩张十分严重。多数密码算法的安全基础是基于一些数学难题，这些难题专家们认为在短时间内不可能得到解决。因为一些问题（如因子分解问题）至今已有数千年的历史。

公钥加密算法也称非对称密钥算法，用两对密钥：公共密钥和专用密钥。用户要保障专用密钥的安全，公共密钥可以发布出去。公共密钥与专用密钥是有紧密关系的，用公共密钥加密的信息只能用专用密钥解密，反之亦然。由于公钥算法不需要联机密钥服务器，密钥分配协议简单，所以极大简化了密钥管理。除加密功能外，公钥系统还可以提供数字签名。公共密钥加密算法主要有 RSA、Fertezza、ElGama 等。

DSS、Diffie-Hellman 公钥加密方法支持彼此互不相识的两个实体间的安全通信，如信用卡交易，但缺乏对资源访问的授权能力（存取控制）。公钥加密算法中使用最广泛的是 RSA。RSA 使用两个密钥：一个公共密钥、一个专用密钥。如用其中一个加密，则可用另一个解密，密钥长度从 40～2048bit 可变，加密时也把明文分成块，块的大小可变，但不能超过密钥的长度。RSA 算法把每块明文转化成为与密钥长度相同的密文块。密钥越长，加密效果越好，但加解密的开销也大，所以要在安全与性能之间折中考虑，一般 64bits 是较合适的。RSA 一个比较知名的应用是安全套接层协议（SSL），在美国和加拿大 SSL 用 128bits RSA 算法，由于出口限制，在其他地区通用的则是 40 位版本。

公用密钥的优点在于：也许你并不认识某一实体，但只要你的服务器认为该实体的证书授权中心（CA）是可靠的，就可以进行安全通信，而这正是 Web 商务这样的业务所要求的，如信用卡购物。服务方对自己的资源可根据客户 CA 的发行机构的可靠程度来授权。目前国内外尚没有可以被广泛信赖的 CA。美国 Natescape 公司的产品支持公用密钥，但把 Natescape 公司作为 CA，由外国公司充当 CA 在我国是一件不可想象的事情。

公共密钥方案较保密密钥方案处理速度慢，因此，通常把公共密钥与专用密钥技术结合起来实现最佳性能，即用公共密钥技术在通信双方之间传送专用密钥，而且用专用密钥来对实际传送的数据加密解密。另外，公钥加密也用来对专用密钥加密。

在这些安全实用的算法中，有些适用于密钥分配，有些可作为加密算法，还有些仅用于数字签名。多数算法需要大数运算，所以实现速度很慢，不能用于快的数据加密。

目前无论是软件实现 RSA 还是硬件实现，速度都无法同对称密钥算法相比。由于因子分解问题得到了长足发展，1995 年人类成功地分解了 128bits 十进制数 RSA 密码算法，破译512bit长的RSA也指日可待。而大多数的非对称密码算法需要硬件实现，而且速度上无法同对称密码算法相比。

对称密钥密码系统中的分组密码具有加解密速度快、安全强度高的优点。序列密码在组合网络及其他序列时，通过组合运用的方法，产生更复杂的网络，来实现复杂的序列，这种序列的密码性质理论上比较难控制。

2. 图像数据渐进式传输的压缩算法

1) 压缩算法的选择

在地理数据网络传输过程中，传输的数据如：影像数据、地图数据、元数据、文本数据等都是海量数据，数据量由几百千字节到几百兆字节，数据加密的算法必须适合不同的数据类型与数据量，传输过程中在保证数据安全的情况下，也必须兼顾到加密速度。根据对上述算法的分析，从安全性和速度两方面的因素考虑，AES算法是比较适合进行空间数据的安全传输需要的。

AES是美国国家标准技术研究所NIST旨在取代DES的新一代的加密标准。NIST对AES候选算法的基本要求是：①对称分组密码体制；②密钥长度支持128bit、192bit、256bit；③明文分组长度128bit；④算法应易于各种硬件和软件实现。1998年NIST开始AES第一轮征集、分析、测试，共产生了15个候选算法。1999年3月完成了第二轮AES的分析、测试。1999年8月NIST公布了五种算法成为候选算法。最后Rijndael，这个由比利时人设计的算法与其他候选算法在成为AES的竞争中取得成功，于2000年10月被NIST宣布成为取代DES的新一代的数据加密标准，即AES。尽管人们对AES还有不同的看法，但总体来说，Rijndael作为新一代的数据加密标准汇聚了强安全性、高性能、高效率、易用和灵活等优点。AES设计有三个密钥长度是128bit、192bit和256bit，相对而言，AES的128bit密钥比DES的56bit密钥强1021倍。

对称密码算法根据对明文消息加密方式的不同可分为两大类，即分组密码和流密码。分组密码将消息分为固定长度的分组，输出的密文分组通常与输入的明文分组长度相同。AES算法属于分组密码算法，它的输入分组、输出分组以及加/解密过程中的中间分组都是128bit。密钥的长度为128bit、192bit或256bit。

2) 基于安全的图像数据渐进式传输的压缩模型

在图像数据的渐进式传输的压缩模型中，我们将图像数据分割为几部分，其中一块为低频数据，其他的为不同层次的高频数据，并且只有低频数据可以解压后直接显示，是原图像的概略图，其他高频数据只有解压后与低频数据进行反演变换才能用于显示，仅仅有高频数据是无法进行应用的，所以在进行数据加密的时候，仅仅对低频数据（原数据的1/4或是1/16等）进行加密即可实现数据（整个图像数据）的安全传输，同时也减少了服务器端数据的加密时间和客户端的解密时间，在保证数据安全的前提下，使用户的作业时间只受到了很少的影响。以图7.7和图7.11为例，如果对图7.7进行数据加密，数据大小为1.02MB，加密耗时为241ms，解密耗时为181ms；对图7.7进行一次小波变换，低频数据（图7.10）大小为263KB，加密耗时为40ms，解密耗时30ms。

综合上述，地理信息服务中基于安全的图像数据的渐进式传输压缩算法模型为：

(1) 利用提升型算法对原数据进行小波变换,将原数据分为低频数据 LL 和高频数据 LH、HL 和 HH;

(2) 应用 JPEG2000 对低频数据 LL 进行压缩,获得压缩数据 D_{LL};

(3) 利用 AES 加密算法对数据 D_{LL} 进行加密,获得加密低频压缩数据 D_{LLAES};

(4) 将 D_{LLAES} 传输给用户;用户接收到数据,经解密,得到压缩数据 D_{LL};

(5) 对 D_{LL} 进行解压,得到 LL,进行显示;

(6) 应用 JPEG2000 分别对高频数据 LH、HL 和 HH 进行压缩,获得压缩数据 D_{LH}、D_{HL}、D_{HH};

(7) 将 D_{LH}、D_{HL}、D_{HH} 传输给用户;

(8) 用户接收到数据,进行解压,得到 LH、HL 和 HH;

(9) 用户端对 HH、HL、LH、LL 实施小波逆变换,得到原始数据;

(10) 根据用户需要进行显示。

采用新型的提升型小波变换算法,对图像数据进行预处理,将数据分为低频和高频部分,然后利用 JPEG2000 压缩算法,采用不同的比特率分别对低频部分和高频部分进行压缩,在传输过程中对低频数据进行加密,然后再分别进行数据传输,用户不但可以得到多尺度的图像数据,很大程度上缩短了其作业的响应时间,而且总的数据传输量也得到了有效的控制,同时,以较小的时间代价,实现了数据的网络安全传输。

7.3 地理空间矢量数据传输策略

地理空间矢量数据主要用实体几何坐标数据、属性数据和实体对象之间拓扑关系数据表达地理实体对象。由于矢量数据可以通过几何坐标值来精确表示点、线、多边形等地理实体,较之栅格数据结构有着更高的表达精度,其数据结构紧凑,便于深层次分析,输出质量好、精度高,因此在地理信息服务中始终占有重要的地位。大范围、高精度的多尺度的地理空间矢量地图数据,所需的存储空间是非常大的。同时,由于网络带宽的限制,使得网络用户高效传输的需求难以满足,特别是实时地理信息服务更需要提高矢量地图数据的传输速度,同时保证数据的准确性与完整性。

矢量地图数据压缩同图像数据压缩一样,分为有损压缩和无损压缩两种。在地理信息服务系统中,这两种压缩技术有着各自不同的应用领域,对实现矢量数据的应用都起着非常重要的作用。其中,矢量地图数据的有损压缩主要应用于制图综合、地图数据优化、地理环境仿真、电子地图显示以及建立多尺度地图数据等领域;无损压缩主要应用于矢量地图数据的存储和网络传输等领域。

本节将从有损压缩和无损压缩两方面来讨论矢量地图数据的压缩;为了提高地理信息服务的质量,缩短用户服务作业的响应时间,在这一节主要讨论矢量数据中线状要素数据的有损压缩技术,建立基于小波分析算法、Douglas 算法以及曲率分析算法的线状要素压缩优化的自适应模型;基于文件的通用无损压缩技术,建立基于差分变换和均值变换的针对矢量地图数据特点的无损压缩模型;基于矢量地图数据的渐进式传输技术,建立基于小波分析的矢量地图数据的渐进式传输模型。

7.3.1 矢量数据的有损压缩

矢量数据的有损压缩包括各种图形要素的数据压缩。这一节主要讨论线状要素的有损压缩,其基本原理为:从组成曲线的点序集合 $A=\{a_1, a_2, a_3, \cdots, a_n\}$ 中抽取一个点序集合 $A'=\{a'_1, a'_2, a'_3, \cdots, a'_n\}$,其中 $m<n$,用这个子集 A' 作为一个新的信息源,在规定的精度范围内该子集从内容上尽可能地反映原子集 A,而在数量上则尽可能地精简。进行矢量数据压缩的指导思想是在不扰乱拓扑关系的前提下对原始采集数据进行合理地删减。

线状要素的有损压缩在地理环境仿真、制图综合、GIS 等研究中具有重要作用。线状要素主要包括等高线、道路、河流和境界等各种地形地物,特别是等高线的压缩和优化,在自动化的研究领域中起着决定性的作用,但由于地形地貌的多样性和复杂性,使其发展受到了很大的制约。

1. 线状要素有损压缩概述

线状要素的压缩方法在自动制图综合中研究得很多,基本方法都是通过减少数字化线划要素上点的数量,达到简化图形和数据压缩的目的,同时又设法保持线划的基本特征。其传统的常用算法可归结为以下三种:垂距限差法、角度限差法和曲率分析法。

1)垂距限差法

垂距限差法是从线状要素的一端点开始,然后利用三点合一的方式计算出第一点和三点合一的第三点间的直线,然后计算从直线到第二点的垂直距离 d。如果 d 小于预先指定的阈值 D,则第二点数据就要舍弃,否则,第二点数据保留,如图 7.13 所示。

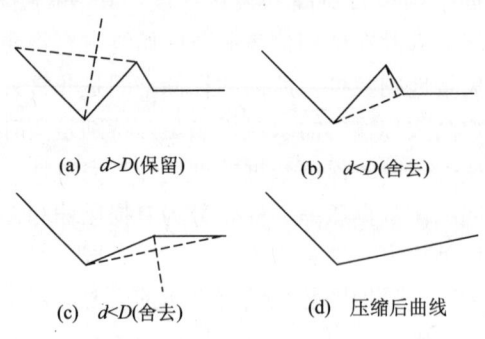

(a) $d>D$(保留)　　(b) $d<D$(舍去)

(c) $d<D$(舍去)　　(d) 压缩后曲线

图 7.13　垂距限值法

2)角度限差法

角度限差法也是从一端开始,运用三个点一组计算第一点、第二点之间的连线与第一点、第三点之间连线的夹角,若角度 α 大于预先指定的阈值 A,则第二点保留,否则剔除第二点,如图 7.14 所示。

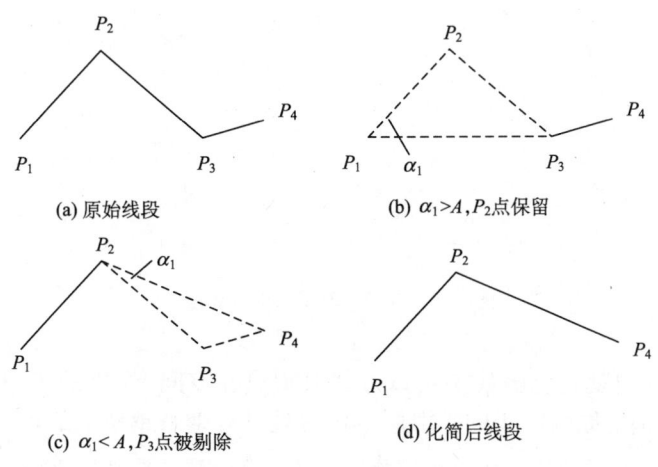

图 7.14 角度限差法

3) 曲率分析法

曲率分析法是根据每个数据点的曲率大小或曲率差分大小来决定该点的取舍。而曲率本身是连续函数的概念，对于离散的点集来说，要考察它的曲率，只能得到其近似曲率，而近似曲率只能根据该点和它周围点来计算得到，所以近似曲率受周围点的位置影响非常大，即如果该点周围点集过于密集或过于稀疏，则得到的曲率误差非常大，对压缩的结果就会产生很大的影响。如图 7.15 中，对同一点，因周围点的位置不同，曲率差别非常大，并且计算的曲率不能真实地反映点的特征。

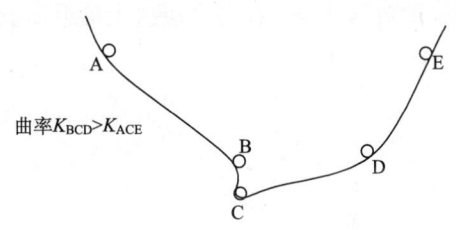

图 7.15 曲率分析

4) Douglas-Peucker 算法

Douglas-Peucker 算法是垂距限差法的改进，是一种常用的曲线矢量数据压缩方法和一种曲线多边形逼近算法。与垂距限值法不同的是，该算法同时考虑整个曲线，而不是把曲线数据分配给数据点的三点合一的形式，该算法的基本思想是：

设曲线由点序 P_1，P_2，…，P_n 构成。取 P_1、P_n 为起始点和终止点。计算所有内点 $P_i(i=2, …, n-1)$ 到 P_1P_n 的距离 D_i。选取其中距离最大的点 P_k，如果 D_k 小于给定精度限差，则剔除 P_1P_n 中间的全部内点，反之则点 P_k 为压缩后的保留点。利用保留点 P_k 将原曲线分为两段：P_1P_k 和 P_kP_n，用同样的方法对位于它们之间的曲线上的离散点进行检测，以确定下一批压缩后的保留点。依此方法反复进行，直至两端点之间的离散点与两端点连线的距离最大值小于给定的精度限差为止，见图 7.16。

2. 线状要素压缩优化的自适应模型

1) 基于小波变换的地图矢量数据压缩原理

根据小波分析理论，多分辨分析是在 $L^2(R)$ 函数空间内，将函数 f 描述为一系列

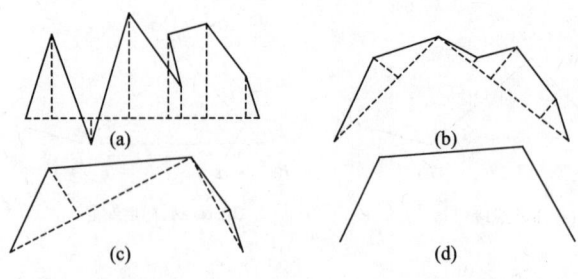

图 7.16 Douglas-Peucker 算法

近似函数的极限。也就是说函数 f 可以近似表示成在空间 V_j 里的 f_j 的极限,即 $f = \lim_{j \to \infty} f_j$,每个近似都是原函数 f 的平滑版本,而且具有越来越精细的近似函数,这些近似都是在不同尺度上得到的。所以可以将空间 $L^2(R)$ 看成是某地理空间在特定比例尺下的地图数据,$f(x)$ 是其上各图形要素(如线状要素 $y=f(x)$),那么 $\{V_m\}_{m \in z}$ 则可看成是基于此比例尺下原始数据的多级压缩模型。

在实际应用中,分辨率是有限的,所以可以认为 $L^2(R) = V_0$。这样,从 V_0 出发,应用尺度函数可以表示出 V_1、V_2、V_3、…、V_m。此过程可以看做是基于小波多尺度分析的由原始矢量地图数据 V_0 到矢量地图压缩数据 V_1、V_2、V_3、…、V_m 的压缩过程,即地图数据 $f(x)$ 在各个层次上的近似表示。具体如图 7.17 至图 7.20 所示。

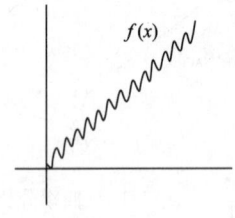

图 7.17 原始信号 $f(x)$

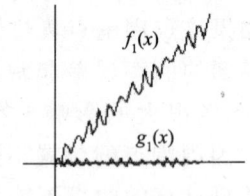

图 7.18 分解信号 $f_1(x)$、$g_1(x)$

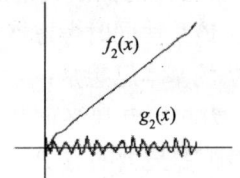

图 7.19 分解信号 $f_2(x)$、$g_2(x)$

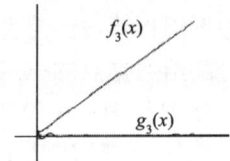

图 7.20 分解信号 $f_3(x)$、$g_3(x)$

实际中,线状要素 $y=f(x)$ 可以看做离散形式 $f(x_n)=c_n^0$,于是,根据小波分解公式

$$c_k^j = \frac{1}{\sqrt{2}} \sum_n h_{n-2k} c_n^{j-1}, \quad j=1,2,3 \tag{7.37}$$

$$d_k^j = \frac{1}{\sqrt{2}} \sum g_{n-2k} c_n^{j-1}$$

可以从 c_n^{j-1} 得到 c_n^j。为了提高运算速度，在进行小波变换时，可以采用提升型小波变换公式，代替式（7.37）。

$f_1(x)$、$g_1(x)$ 为 $f(x)$ 经小波分解得到的低分辨率部分和细节部分（图 7.17）；$f_2(x)$、$g_2(x)$ 为 $f_1(x)$ 经小波分解得到的低分辨率部分和细节部分（图 7.18）；$f_3(x)$、$g_3(x)$ 为 $f_2(x)$ 经小波分解得到的低分辨率部分和细节部分（图 7.19）；由此可见，低频部分 $f_1(x)$、$f_2(x)$、$f_3(x)$ 为原始数据 $f(x)$ 在各个层次上的近似表示，保留了 $f(x)$ 的总体轮廓特征。

2）基于小波分析的线状要素的有损压缩模型

对一线状要素 $f(x)$（其数据为 $L_0 = \{(x_m, y_m), m=0, 1, 2, \cdots, n\}$，图 7.17）进行小波分解，得到低分辨率部分 $f_1(x)$ 和细节部分（高频部分）$g_1(x)$。可以看出，低分辨率部分 $f_1(x)$ 保留了原曲线的总体轮廓特征，可以作为 $f(x)$ 的近似逼近，传统的方法就是将 $f_1(x)$ 作为 $f(x)$ 压缩数据，其弊端为：所有的点包括特征点都产生位移，误差较大，地形地貌遭到破坏。而高频部分 $g_1(x)$ 包含了 $f(x)$ 的主要特征信息：在高频部分的数据中，绝对值较大的部分对应着原数据中奇异性较大的数据点，即原曲线中曲率较大的部分，也就是线状要素中特征点所在的位置；相对应的，$g_1(x)$ 中接近于零的部分对应着原数据中奇异性非常小的数据点，即原曲线中曲率较小，比较平缓的部分，也就是线状要素中一些冗余数据点所在的位置，我们就可以将这些冗余点去掉，使原曲线达到压缩优化的目的。

基于上述分析，首先建立一个基本的基于小波分析的线状要素的压缩优化模型：

（1）对原数据 L_0 进行小波分解，得到低频数据 $f_1(x)$ 和高频数据 $g_1(x)$；

（2）选取一阈值 ω，对高频数据 $g_1(x)$ 进行筛选，如果 $|g_1(x)|<\omega$，则数据点为冗余点，否则为特征点，并将特征点插入到 $f_1(x)$（可以根据小波基的支集长度得到特征点在 $f_1(x)$ 中的正确位置）；

（3）将插入了特征点的低频数据 $f_1(x)$ 作为一次小波变换后的压缩数据 L_1。

3）基于小波分析的线状要素的有损压缩模型中阈值 ω 的选取

在对高频数据 $g_1(x)$ 进行分析的过程中，主要是选取阈值 ω。对于小于 ω 的数据点，这些数据对应着原曲线 L_0 中的平滑数据，大于 ω 的数据，则对应数据为原曲线 L_0 中的特征数据，由于低分辨率部分数据 $f_1(x)$ 本身就是原数据 $f(x)$ 的近似表示，且数据量只有原数据的 50%，所以插入了特征点的 $f_1(x)$，即 L_1 与原数据 $f(x)$ 相比较，其数据量明显减少，特征得到了很好的保留，且更加突出，使原数据达到压缩优化的目的。其阈值 ω 的选取与数据点的离散程度有着密切的关系。

对于复杂程度不同的地形地貌的阈值 ω，不能单靠人工试验去选取，要根据数据自身的性质去选取，严格地说要根据每条线或每组线自身的相关性、数据点的离散程度来选取。对于离散的曲线数据，对其进行优化，其中一个环节就是要去掉数据中冗余的部分，从频域分析的角度分析，就是要去掉高频部分绝对值较小的部分对应的数据。根据数学分析理论，这些数据对应着离散曲线数据中曲率较小的部分。但要计算离散数据的曲率，完全要靠该点周围的数据点来计算，所以计算出来的曲率直接与周围点的离散程度有关。而反映点集离散程度的数学概念一般有：方差 σ^2、标准差 σ、离差

$\sum |P_{i+1} - P_i|$、距离（$\sum \frac{d_i}{m} = \sum \frac{|p_{i+1} - p_i|}{m}$，$d_i$：相邻数据的距离，$m$：一条线中数据点的数目，$p_i$：一条线中的数据点）等。

阈值的适当选取不仅仅与地形地貌的复杂程度有关，而且与所要求的精度、比例尺的大小的关系也非常大，精度要求高，阈值的选取就要相对小，反之，就要相对的大些（但一般为 $\frac{\sigma}{20} \sim \frac{\sigma}{10}$，此乃经验数据，理论数据的确定有待进一步研究），下面的实验我们选取阈值为标准差 σ 的 $1/10$，即 $\sigma/10$，或距离的 $1/10$，即 $\sum \frac{|p_{i+1} - p_i|}{10 \times m}$。则在压缩和优化的过程中就不再需要人工干预。如图 7.21 所示，曲线数据（一组等高线的一部分）的平均距离为 76，数据点有 1015 个。图 7.22 所示小波分析后的数据曲线，数据点有 410 个，分析过程中采用 $\omega = 7$，压缩比为原数据的 40%。

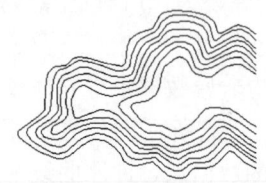
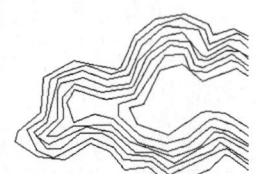

图 7.21　原图　　　　　　　图 7.22　压缩后的结果

4) 基于小波分析的线状要素有损压缩模型中特征点的修正

从 7.2 节实验中可以看出，上述变换后的曲线中，有些地形结构的特征遭到了破坏。由于离散数据的曲率直接与数据点周围点的密度有关。如果太密集，计算出来的曲率根本无法表达其固有的特性，完全是一个错误的特征。这样在频域分析中，就会得到错误的信号：本应是曲线中的特征所在，即奇异性较大的部分，但由于其周围点过于密集，所得到的信息却是平缓的信号，在特征点的选取中就会被丢失，使所得曲线失真，表现最为直接的现象就是原地形中的地性线遭到破坏，地貌形状结构特征被破坏。下面我们将频域分析、Douglas 算法以及曲率分析算法相结合进行研究，主要是利用 Douglas 算法和曲率分析算法，搜索间隔低频数据中的特征点，具体算法如下：

(1) 利用上述模型对原数据 L_0 进行小波变换，得到压缩的数据 L_1；

(2) 对 L_0 中的数据进行再处理。对介于 L_1 中的间隔数据 P_i、P_{i+2} 之间的 L_0 中的数据，利用 Douglas 算法求得 P_i、P_{i+2} 中的特征点 P_M（到直线 $P_i P_{i+2}$ 的距离最远的点；$i = 1, 2, 3, \cdots, n-2$；n 为 L_1 中数据之和）；

(3) 计算点 P_{i+1} 与 P_M 的近似曲率。

近似曲率计算方法如下（图 7.23）：

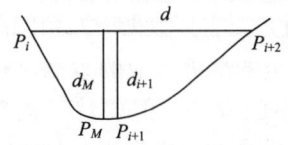

图 7.23　近似曲率

求得 P_{i+1}、P_M 到直线 $P_i P_{i+2}$ 的距离 d_{i+1}、d_M，$P_i P_{i+2}$ 的长度为 d，计算 P_{i+1} 与 P_M 的近似曲率 ρ_{i+1}、ρ_M。

$$\rho_{i+1} = \frac{d_{i+1}}{d}, \quad \rho_M = \frac{d_M}{d}, \quad d \text{ 为 } P_i P_{i+2} \text{ 的距离} \quad (7.38)$$

比较近似曲率 ρ_{i+1}、ρ_M 的大小。如果 $\rho_{i+1} < \rho_M$，则 P_M

是比 P_{i+1} 奇异性更大的点，L_1 中就用点 P_M 代替 P_{i+1}，($i=1, 2, 3, \cdots, n-2$，n 为 L_1 中数据之和)，或直接将 P_M 重新插入到 L_1 中，曲线形态就会得到更好的保持。

数据 L_1 经过上述处理后，就会去掉其中的非特征点，而补回原数据 L_0 中丢失掉的特征点，从而使压缩数据 L_1' 优化。图 7.24 为在图 7.21 的基础上经过修正后的数据曲线，数据点有 375 个。压缩比为原数据的 37%。

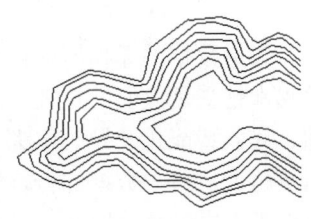

图 7.24　修正图

在实际应用过程中，数据的压缩优化模型算法中的数据的修正处理与小波分析是紧密联系、交替进行、重复循环的，而不是完全分离的步骤，具体过程为：小波分析、修正，小波分析、修正，小波分析和修正。

5) 线状要素压缩优化的自适应模型

综上所述，可以得到线状要素压缩优化的自适应模型。①对线状要素 $f(x)$，设为 $L_0=\{(x_m, y_m), m=0, 1, 2, \cdots, n\}$，求得其标准差或相邻点平均距离，以确定阈值 ω；②对原数据 L_0 进行小波分解，得到低频数据 $f_1(x)$ 和高频数据 $g_1(x)$；③对高频数据 $g_1(x)$ 进行分析，如果 $|g_1(x)|<\omega$，则数据点为平滑点，否则为特征点，并将特征点插入到 $f_1(x)$；④将插入了特征点的 $f_1(x)$ 作为一次小波变换后的压缩数据 L_1；⑤对数据集 L_1 中的数据进行修正处理；用数据 L_1 代替数据 L_0，重复步骤②、③、④、⑤，直到 $L_{i+1}=L_i$。

3. 实例分析

根据上述算法，下面我们对一组等高线数据进行实验。图 7.25 为原等高线数据，有 11 620 个数据点；图 7.26 为经小波分析后的压缩数据，有 4203 个数据，压缩比为 36.17%。

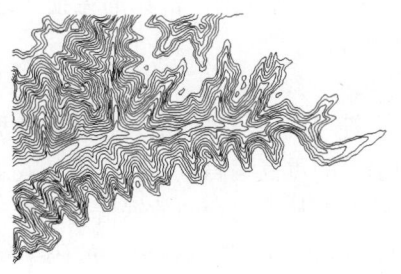 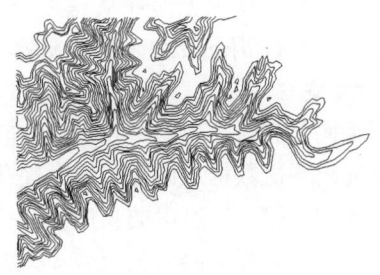

图 7.25　原等高线数据　　　　　图 7.26　压缩后的数据

在模型的建立过程中，由于去掉的数据的奇异性，即曲率都很小，所以压缩过的数据曲线之间的协调关系得到很好的保持，从上面的等高线试验中可以得到如下结论：压缩过的数据中，山体轮廓、山脊、山谷走向等地貌形态都得到了很好的保持。但是，在阈值的选取过程中，仍然有部分工作需要靠经验取值，还不能做到完全自动化。

7.3.2 矢量数据的无损压缩

矢量数据的无损压缩作为解决测绘领域对于矢量地图数据信息存储和传输的支持技术越来越受到人们的重视。目前矢量数据压缩在数据的网络传输、嵌入式设备的数据存储、武器智能化及导航中都有着广泛的应用。矢量数据描述物体特征越详细和准确，数据量越大，对于数据的传输、实时显示、存储管理和分析都带来很大困难。同时由于受数据不失真的严格要求，较低的压缩比和较慢的传输速度一直是困扰矢量数据传输的一个难题。因此，在存储空间和带宽有限的条件下，如何高质量、准确、有效地存储和传输矢量数据，是一个亟待解决的问题。矢量地图数据的无损压缩是有效解决这一问题的主要技术途径。

矢量地图数据无损压缩的目的是通过对其进行压缩，降低数据在计算机 I/O 器件的存取频率，以占用 CPU 来换取存储空间和传输时间，尽可能减少需要存储的数据量，节省存储空间，加快后续处理速度，提高系统的效率，并提高其在网络中的传输速度，同时保证压缩后矢量地图数据的精度不变。

与影像压缩不同，线状要素的每个数据都具有特定的空间含义，而通用的无损压缩算法，如 LZ77、LZ78、LZW 算法，虽然对于普通文件有着较好的压缩率，但因为未考虑线状要素的存储结构特征，使压缩后的数据仍然存在很大的冗余。在结构数据文件中，通常都会综合运用多种压缩技术实现其压缩目的。例如，李琦等使用整数存储坐标与坐标偏移转换相结合的方法，李青元等使用"数据映射"和"长边加点"的方法。这些方法都可以使线状要素数据达到较高的压缩率。

1. 无损压缩技术概述

无损压缩可以精确无误地从压缩数据中恢复出原始数据。常见的无损压缩技术包括：行程编码、Huffman 编码、字典编码和算术编码。

1) 行程编码

行程编码是相对简单的一种编码，它根据字符（或信号采样值）在原始数据信息中各字符重复出现次数构成游程长度，简化这种字符的重复编码，达到压缩的效果。如果给出了成串的字符、字符串的长度及其位置，就能恢复出原始的数据信息。行程编码适用于二值图像。行程编码的编码效率不如 Huffman 编码方法高，但它的码字结构相对简单。

2) Huffman 编码

无损压缩的编码方法中，Huffman 编码是一种较有效的编码方法。Huffman 编码是一种长度不均匀的、平均码率可以接近信息源熵值的一种编码。它的编码基本思想是：对于出现概率大的信息字符，采用较短的码字，对于出现概率小的信息字符，采用较长的码字，以达到缩短平均码长，从而实现数据的压缩。

Huffman 编码算法的优点：任何一个编码不会是其他编码的前缀。这一特性保证了对编码译码时的唯一性，且具有简单实用的特点。

Huffman 编码算法存在的问题有以下几个方面。

(1) 实际编码不一定为最优：Huffman 编码算法虽然原理简单，实现方便，但是它不是最优的算法。因为 Huffman 编码在实际中只对单一、完备性的信号进行编码，穷举源数据中所有可能的信号是很困难的，而且压缩时必须知道每个要压缩的字符在文本中出现的概率，这势必造成两次扫描输入。

(2) Huffman 码字必定是整数的比特长，这样就会产生问题：假如一个符号的概率是 1/3，则编码该符号的最优比特数大约是 1.6，那么 Huffman 不得不将其码字设为 1bit 或 2bit，并且每种选择都会产生比理论上可能的长度更长的压缩消息。

(3) 译码复杂度高：由于事先不知道码长，Huffman 码表实质上是一棵二进制树，解析每一码字的基本方法就是从树根开始，依次根据面临的每一位是 0 还是 1 来决定沿哪一半子树继续译码，直到端节点，这样在运算时就要对码字的每一位做出逻辑判断，加大了译码的复杂度。

(4) 没有错误保护功能：Huffman 编码没有错误保护功能。在译码时，如果码串中没有错误，那么它就能一个接一个地正确译出代码。但如果码串中有错误，哪怕仅仅是一位出现错误，不但这个码本身译错，下面的一连串都会出现错误，这种现象称为错误传播。计算机对这种错误也无能为力，说不出错在哪里，更谈不上去纠正它。

3) 字典编码

字典编码中所指的"字典"是指用以前处理过的数据来表示编码过程中遇到的重复部分，字典编码的基本原理是基于滑动窗口的压缩，根据数据本身包含有重复代码序列这个特性，用文本文件的码词表示字符，栅格数据的码词表示像素。基于字典的压缩方法设法将长度不同的符号串（短语）编码成一个个新单词，用其形成一本短语字典的索引。若单词的码长短于它所代替的短语，就实现了数据的无损压缩，而且该短语字典在收发双方都是自适应生成的。字典编码法分为两类：第一类字典编码算法和第二类字典编码算法。

(1) 第一类字典编码算法。

第一类字典编码算法是企图查找正在压缩的字符序列是否在以前输入的数据中出现过，然后输出仅指向早期出现过的字符串的指针。这类编码算法都是以 Abraham Lempel 和 Jakob Ziv 在 1977 年开发和发表的称为 LZ77 算法为基础的。1982 年由 Storer 和 Szymanski 改进后称为 LZSS 算法。LZSS 算法比 LZ77 算法可获得比较高的压缩比，而译码同样简单。这就是为什么这种算法成为开发新算法的基础，许多后来开发的文档压缩程序都使用了 LZSS 的思想的原因。LZSS 同样可以和熵编码联合使用。LZSS 算法以比较有效的方法改善了 LZ77 算法的不足，它进行了两个方面的改变。

首先是正文窗口维护方法的改变。在 LZ77 算法中，正文窗口中的短语以单个相邻的正文形式存储，而没有更高层的组织。LZSS 仍然将正文存储在相邻的窗口中，但它建立了另外一个数据结构，改进了短语的组织。当每个短语从前向缓冲存储器中出来并进入正文窗口的已编码部分时，LZSS 将该短语增加到一个树结构中。该树一般为二叉搜索树，通过对二叉搜索树中短语的排序，寻找树中最长的匹配短语所需要的时间不再与窗口大小和短语长度的乘积成正比，而是与窗口大小和短语长度乘积的 2 的对数值成正比。使用树结构所产生的节省，不仅使该算法在压缩方面更加有效，而且还使得采用更长的窗口大小成为可能，现在两倍的正文窗口大小可能只使压缩时间产生很小的增加，而在以前则是成倍的增加。

其次是在压缩算法实际输出的标记方面的改变。LZ77 算法的输出标记由一个短语偏移量、一个匹配长度和紧跟在短语后面的字符组成。而 LZSS 算法则允许指针和字符随意混合在一起。开始时，压缩算法对于开始的几十个输入符号可能找不到任何短语匹配来输出。在 LZ77 算法中，编码程序仍然不得不为每一个输出符号输出一个长度为 0 的虚构匹配。而 LZSS 算法则使用单独一位作为每个输出标记的前缀，指明输出的是偏移量/长度对，还是单独一个符号。当输出若干个连续的单个字符时，这个方法就减少了额外负担，从每个字符可能若干个字节降到每个字符一个字节。

LZSS 算法存在的问题有以下两方面：①小文件压缩效果不理想。LZSS 算法是基于字典模型的。在开始压缩时，由于其正文窗口不存在任何匹配的字符串，因此对于要压缩的小文件来说，编码的前几步都要直接输出原始码字，造成原文件与压缩后的文件的压缩比较小，影响其压缩效率。②匹配字符串长度的选取问题。对匹配字符串的长度编码时，需要考虑大多数情况下的字符串匹配。通常遇到的字符串匹配不会太大，只有少数时候会遇到大字符串的匹配。无论怎样确定匹配的长度，代码对的长度都是固定的，因此匹配串长度的固定对于小的文件来说，必然会产生一定冗余。若匹配字符串选得太小，进行的匹配操作的次数就会增多，结果会影响编码和译码的速度。

(2) 第二类字典编码算法。

第二类字典编码算法是企图从输入的数据中创建一个"短语字典（dictionary of the phrases）"，这种短语不一定是具有具体含义的短语，可以是任意字符的组合。编码过程中遇到已经在字典中出现的"短语"时，编码器就输出这个字典中的短语"索引号"，而不是短语本身。J. Ziv 和 A. Lempel 在 1978 年首次发展了介绍这种编码方法的文章，称之为 LZ78 算法。在他们的研究基础上，Terry A. Welch 在 1984 年发表了改进这种编码算法的文章，因此把这种编码方法称为 LZW（Lempel-Ziv Welch）压缩编码。

LZW 算法得到普遍采用，它的速度比 LZ78 算法快，对各种类型的计算机文件都有较好的压缩效果。表 7.5 是 Welch 的实验结果，可见除了浮点数组，LZW 算法对其他文件均有压缩。

表 7.5 Welch 实验结果

数据类型	压缩比
英语课文	1.8
Cobol 文件（8bits ASCII 码）	2.6
浮点数组	1.0
格式化的科学数据	2.1
系统登录数据	2.6
程序源代码	2.3
目标代码	1.5

LZW 算法的基本原理：提取原始文本文件数据中的不同字符，基于这些字符创建一个编译表，然后用编译表中的字符的索引来替代原始文本文件数据中的相应字符，减少原始数据大小。这看起来和调色板图像的实现原理差不多，但是应该注意的是，这里

的编译表不是事先创建好的,而是根据原始文件数据动态创建的,解码时还要从已编码的数据中还原出原来的编译表。

LZW算法的优点:LZW算法与其他算法相比具有自适应的特点,即可以根据压缩内容的不同建立不同的字典,以减少冗余度,提高压缩比;并且解压时这个字典不需要与压缩代码同时传送,而是在解压过程中逐步建立与压缩时完全相同的字典,从而完整、准确地恢复被压缩内容。因此,LZW算法是一种压缩、解压速度快,所占存储空间较小,解码速度与压缩性能综合指标相当好的压缩算法,可对不同类型文档进行压缩。

LZW算法存在的问题:字典容量的选取与计算机性能存在矛盾。传统LZW算法压缩的原理,在于用字典中词条的编码代替被压缩数据中的字符串。字典中的词条越长越多,压缩率就越高。所以,加大字典的容量可以提高压缩率。但字典的容量要受到计算机内存的限制,而且其字典也存在被填满的可能。这样当字典不能再加入新词条后,过老的字典就不能保证高的压缩率。

复杂匹配串的压缩效果受限。虽然从理论上来讲不论长匹配还是短匹配,LZW算法的压缩率都比较高,但实际上,LZW算法的字典中的匹配长度的增长由于各匹配互相打断,很难达到最大值。LZW算法的每个匹配都要从单字节开始增长,对于复杂的匹配,LZW算法的压缩效果并不理想。

LZW算法本身也有一定的局限性。例如,当输入流内容冗余较少或输入流尺寸太大时,将导致内部维护的字节串表很快被充满,致使它很快就会失去压缩能力。一旦字节表被充满,继续压缩则会引起反作用,并逐渐抵消已经得到的压缩率,更严重时则会使文件尺寸反而增大。另外,LZW算法没有对已识别并加入字典中的字符做出很强的分析,因此不能够判断出哪些字符序列在后来的编码中可能出现的概率比较大。LZW压缩率还依赖于位元数的设置,当输入任意类型的数据流时,压缩率不一定随位元数的增加而增加,也不一定随位元数的减少而减少,也就是说LZW压缩率与位元数的具体关系基本上是不确定的。

影响压缩效果的因素:在LZW压缩过程中,对于一段短语,它只输出一个数字,即字典中的序号。这个数字的位数决定了字典的最大容量,当它的位数取得太大时,如24bits以上,对于短匹配占多数的情况,压缩率可能很低。取得太小时,如8bits,字典的容量受到限制。所以对于字典大小需要考虑取舍。LZW算法通过串表识别输入字符序列,通过向串表中增加字符来更新并识别新的或更长的字符序列。但是由于前缀特性的约束,这种识别一般每次只能在原来的基础上增加一个字符,从这方面讲也影响了它的编码速度。

4)算术编码

算术编码与Huffman编码相似,都是利用比较短的代码取代图像数据中出现比较频繁的数据,利用比较长的代码取代图像数据中使用频率比较低的数据,从而达到数据压缩的目的。它同时采用了LZW压缩编码的思想,不仅压缩数据值,而且压缩数据序列,从而可以达到更加突出的压缩比例,尤其适合于大多数数据由相同的重复序列组成的图像文件。但是算术编码的实现比较复杂,其基本思想是将每个不同的序列按照出现频率映象到0和1之间的相应数字区域内,该区域表示成可以改变精度的二进制小数,其中，出现频率越低的数据利用精度越高的小数进行表示。算术编码中两个基本的要素为数据源出现的频率以及其对应的编码区间。其中，原始数据信息的出现频率决定该算法的压缩效果，同时也决定编码过程中原始数据信息对应的区间范围，而编码区间则决定算术编码最终的输出数据。

算术编码的编码效率较 Huffman 编码有了很大的提高，但是其难于实现，直到诸如 JBIG 和 JPEG 这样的标准采用了算术编码后，才有了很大的发展。

5）算法比较

由于行程编码算法仅适合二值图像压缩，算术编码难于实现，所以我们仅对 Huffman 编码和字典编码中几个性能相对优越的算法进行比较。综合压缩速度和压缩率两项指标，对于不同格式、不同大小的文件进行测试，Huffman 编码无论在速度上还是压缩率上都无法与 LZSS 算法和 LZW 算法相提并论。LZSS 算法在整体的压缩时间上优于 LZW 算法，而解压缩时间则是 LZW 算法占优。对于小文件，LZW 算法的压缩率较 LZSS 算法低，而 LZW 算法对稍大一些的文件压缩率要明显好于 LZSS 算法。综合压缩时间和压缩速度考虑，我们在后面的压缩过程中选择 LZW 算法对矢量地图数据进行二次压缩。

2. 矢量数据的无损压缩

目前空间矢量数据的压缩研究主要集中在有损压缩领域，针对空间矢量数据的无损压缩的研究相对来说还比较少，常用的算法有转换数据的存储格式、改变数据的存储结构。由于矢量空间数据通常采用浮点数或双精度数来存储位置坐标，因此占用的存储空间比较大，于是李琦等提出将数据的存储格式转换为占用空间比较小的整型数据，然后选取一个数据密集区中心为原点，进行偏移转换，将坐标数据转换为绝对值较小的数据，也在很大程度上压缩了数据的存储空间。

通用无损压缩就是无失真编码，在信息论中叫做熵编码。无损压缩是对文件本身的压缩，是对文件的数据存储方式进行优化，采用某种算法表示重复的数据信息，文件可以完全还原，不会影响文件内容。针对矢量地图数据，尤其是线状要素的数据集进行无损压缩时，只有将数据的能量相对集中，即重复的数据信息量越大，则压缩率就越高。

矢量地图数据是按坐标进行存储的，对按坐标存储的数据存在以下的压缩方法。

1）用整形数据表示

矢量地图存储的坐标数据一般都是浮点型或双精度型，因此占用的存储结构比较大，相对而言传输的速度也比较慢。有些文献中提到了通过改变数据存储格式（采用整型数据作为图形的坐标）来进行数据压缩的方法。例如，李琦等（2000）提到，在各种十进制数据类型中，整数是一种占用较少存储空间和具有较快运算速度的数据类型，而且它能表示到一定的精度，可以表示 0～2 147 483 647（采用 4 字节 32 位整数，对大多数数据存储和运算来说已经足够了）。根据这些特点，文中采用了以整数来存储空间数据的策略。这种存储方式能够减少约 1/2 的存储空间。

2）用相对坐标表示

对于由整数表示的坐标数据，由于坐标是相邻存储的，所以各个坐标之间的差别不大，如果以 4 字节整数表示，这些差别多数情况下只有几十、几百，也就是说，如果只存储这些差别，即用相对坐标来存储的话，那么就可以只用1个字节表示，这样存储量就减少为原来的1/3。

为减少存储空间将空间对象的坐标转换为整数，需要将空间数据小数点后部分变为整数，同时为减少存储量，取一个数据密集区中心为原点，进行偏移转换，再在此基础上进行压缩，如图7.27所示。

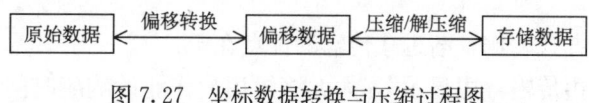

图7.27　坐标数据转换与压缩过程图

书中采用整数压缩转换算法，所运用的全部都是移位或比较运算，这两种处理是计算机运算速度最快的，因此完全可以保证压缩的速度。采用这种方法的优点是只需记录一个原点的原始坐标，其余点都可用相对坐标表示，节省了存储空间，缺点是由于几何数据点、线、多边形的存储方式不同，进行偏移量转换时中心点的选取原则不明确。

7.3.3　矢量空间数据的渐进式传输

与图像数据相类似，矢量空间数据可以将空间分辨率作为控制因素来进行多层次数据组织，进而实现从低分辨率到高分辨率逐级追加细节信息的渐进式传输。矢量空间数据的空间分辨率和尺度（比例尺）是密切相关的。"尺度"概念被认为是空间数据表达的一个重要特征。从认知科学的观点，它体现了人们对空间事物、空间现象认知的深度与广度。在地图学和GIS中常常出现"比例尺"的概念，它和"尺度"的实质是一致的，不过数量意义上的对应正好相反。大尺度数据对应小比例尺，空间分辨率和属性精度较低，而小尺度则对应大比例尺，空间分辨率和属性精度较高。

空间数据的渐进式传输是在网络环境下矢量空间数据多尺度表达的应用，是空间数据从小比例尺下的概略表达向大比例尺下的详细表达的转变过程，也就是地图综合的逆过程，需要地图综合技术作支撑，强调综合的过程性。

地图综合是一个传统经典的课题，也是一个GIS发展中的瓶颈问题，在网络环境下跨尺度、跨分辨率数据传输所涉及的综合问题，与传统的"地图缩编"相比，其理论方法与技术策略均需要发展，讲究综合的"过程性"（传统地图缩编主要强调结果状态）、"实时性"和"互动性"，对综合的对象、目的、方法等多方面需重新思考，建立新的对策。因此，矢量空间数据的渐进式传输不仅是网络技术的研究，也是对地图综合理论问题的发展。

矢量空间数据的渐进式传输是一种新型的数据传输方式，利用空间数据的多尺度特征，实现空间表达从粗糙到精细的渐进式传输与可视化。Bertolotto和Egenhofer最早提出矢量数据渐进式传输的概念，并建立了一种渐进式传输的形式化模型，运用综合算子及其组合定义了实现这一渐进式传输形式的几种操作。后来，Butterfield提出了服务器上对空间数据依据重要性的有序化组织策略，从数据层、目标、细部特征三个层次着手，其中，细部特征渐进化传输需要寻求有效的树结构描述细节的层次化。Han和Tao则从技术实现角度设计了渐进式传输的服务器终端概念框架，制定了数据流组织中如何按表达粒度对数据分割"打包"的原则。Mackness 对网上矢量数据传输的分辨率进行了讨论,建立了传输中数据综合抽象度与分辨率的函数关系,用于渐进式传输中的进程控制。在国内,对矢量空间数据的渐进式传输的直接研究非常少,其中,艾波建立了基于 Douglas-Peucker 算法的曲线渐进式传输模型。

1. 矢量空间数据渐进式传输的特点

与传统的传输方式相比,渐进式传输的优点在于:

(1) 实现了"边传输,边显示",大大缩短用户作业的响应时间。渐进式传输首先传输研究区域的概略表达数据,然后逐步叠加细节数据。和完整表达的数据量相比,概略表达的数据量是非常小的,在概略表达的数据被下载之后,客户端即可以进行显示,这样就大大缩短了用户作业的响应时间,提高了传输效率。

(2) 渐进式传输是自适应的传输。它可以根据客户端的比例尺和分辨率决定传输的数据量。例如,在小比例尺低分辨率下,只传输概略数据,如果用户进一步对某区域放大,再传输该区域的细节数据,在原概略数据的基础上叠加或变换,用户可以得到与比例尺相匹配的空间表达。

(3) 实现了传输过程与用户的交互。在传输过程中,一旦用户发现显示的数据已经可以满足自己的需求,可以随时停止传输。这样就避免了传输不必要的数据而浪费时间和网络资源。

(4) 尊重了由粗到细的空间信息认知规律,起到了信息导航的作用。人们对空间现象的认知表现为从总体到局部、从概略到细微、从重要到次要的层次顺序,在传统地图技术表达中,通常通过概略图、区位图、索引图等方式配于主地图内容,实现地物目标的搜索和空间信息的查询。渐进式传输展示了从大范围主体信息内容到局部区域细微信息内容的动态表达,从而引导用户对感兴趣的区域进行认知转移,辅助用户截取其感兴趣的局部区域,并沿着该路径深入到细节内容,具有信息导航的作用。

2. 基于渐进式传输的矢量空间数据组织模型

矢量空间数据渐进式传输是服务器/客户端机制下空间数据多尺度表达的应用,是空间数据从大尺度下的概略表达向小尺度下的详细表达的转变过程。假设尺度为 s,则与之对应的表达为 $f(s)$,由尺度 s 到 $s+i$ 的表达变化为 $\Delta f = f(s+i) - f(s)$,则多尺度表达的实现技术可总结为四种模型。

(1) 多级尺度显式存储模型,数据存储模型为

$$\{f(s_0), f(s_1), f(s_2), \cdots, f(s_n)\}$$

(2) 初级尺度变化累积模型,数据存储模型为 $\{f(s_0), \Delta f_1, \Delta f_2, \cdots, \Delta f_n\}$。

(3) 关键尺度函数演变模型,数据存储模型为

$$\{f(s_{k0}), f(s_{k1}), f(s_{k2}), \cdots, f(s_{kn})\}$$

其中,$s_{ki}(i=0, 1, 2, \cdots, n)$ 为关键尺度。

(4) 初级尺度自动综合模型,数据存储模型为 $f(s_0)$。

以上四种模型,从模型一到模型四自动化程度逐步提高,其中,第一种和第四种是

两种极端状态。第一种模型对各个尺度建立对应的数据表达并显式存储,存储的内容为处理好的结果,应用时提取某尺度对应的数据即可。它只是一个数据读取调用的操作,最大的缺点是需要传输的数据量非常大。这是目前在实际应用中普遍采用的方法,将同一区域的数据独立地建立多套比例尺数据,在不同比例尺下目标表达间通过目标匹配建立对应关系。第四种模型只存储初级尺度下的数据,由全自动化综合技术在初级尺度数据基础上,实时综合输出任意尺度的数据表达,其他尺度的数据在客户端通过自动综合来完成,需要传输的数据量最小,是一种理想状态。众所周知全自动化综合是地图学与GIS领域的瓶颈,目前地图综合研究所取得的成果距全自动化还相距甚远,因此,这种模型在目前技术水平下还不能达到实用水平。第二种模型是以存储相邻尺度间变化的部分来取代第一种模型中对各尺度数据的完全存储,这种模型在一定条件下传输的数据量可以接近模型四的数据量。第三种模型存储关键尺度数据,然后通过渐变函数导出相邻关键尺度间的任意尺度下的数据表达,其传输的数据量仅次于第一种模型。综合上述,第二种模型即初级尺度变化累积模型是目前比较实用的模型,下面重点介绍此模型的算法思想。

1) 初级尺度变化累积模型

艾廷华(2004)提出了建立多尺度空间数据的四种技术策略,其中"初级尺度变化累积模型"适用于矢量空间数据渐进式传输在服务器端的数据组织。

在尺度空间 $\{s_0, s_1, s_2, \cdots, s_i, \cdots\}$ 中,相邻尺度间的变化 $\Delta f_i = f(s+i) - f(s_i)$,则通过递推关系,可计算出任意尺度 s_i 下的表达为

$$f(s_i) = f(s_0) + \Delta f_1 + \Delta f_2 + \cdots + \Delta f_{i-1}$$

该公式表明任意尺度下的表达可通过变化的累积叠加来实现,因此把它称作"初级尺度变化累积模型",这是顾及尺度特征的空间表达的新型数据模型。这里的初级尺度对应小比例尺低分辨率下的粗糙表达状态。比例尺越大,累积的变化部分越多(上述表达式包含的项数越多),对目标的表达越完备、越真实。

该模型实现的关键技术包括:

(1) 相邻尺度表达间"变化"的提取;

(2) "变化"组合的线性结构的建立;

(3) "变化"绑定实现一定"粒度"的划分;

(4) "变化"累积后真实表达的恢复。

根据尺度变化粒度划分的层次,变化的内容可以是目标实体,也可以是几何细节单元。基于目标实体的变化累积,在地图综合算法现有成果中,基于层次结构的目标表达(如GAP-Tree)可以直接支持变化累积模型的建立。

实现基于目标实体的变化累积模型相对要简单一些,但变化的粒度太粗糙,基于几何细节的变化累积则要"细腻"一些,关键是寻找有效的在尺度特征影响下目标与几何细节间的层次分解与组合,分解的基本单元可看做是前一个尺度向下一个尺度的变化部分。艾波利用基于Douglas-Peucker化简算法的BLG-Tree对曲线数据进行层次化的数据组织,实现了几何细节层次上的曲线数据的渐进式传输。

"初级尺度变化累积模型"既能够在目标层,也能够在几何细节层建立空间数据的多尺度数据组织,在传输的粒度上满足了渐进式传输的要求;该模型仅仅存储各尺度表

达之间的增量数据以及相应的尺度信息,数据冗余度最小,可以满足传输数据量小的要求;增量数据以及相应的尺度信息全部以显式方式存储,只通过数据库的查询操作就可以取得需要的数据,响应速度快。通过以上三点分析可以发现,"初级尺度变化累积模型"在现阶段最适用于矢量数据的渐进式传输。

2) 基于 Douglas-Peucker 算法的渐进式传输模型

Douglas-Peucker 算法是曲线化简算法,将算法执行的中间结果按尺度特征记录下来,利用 BLG-Tree 进行组织,可以得到曲线的多尺度表达变化累积模型。在传输时,根据客户端的请求检索符合条件的曲线数据,组织为线性细节积累模型,分批打包传输,实现矢量曲线数据的流媒体传输。

Douglas-Peucker 算法具有保留最大信息量点和相对原图的最小位移的优点,是一个由概略到细微的逐步逼近原始曲线的过程,这个过程刚好符合流媒体传输的思想。对该算法稍加改进,用 BLG-Tree 将算法执行的中间过程按尺度特征记录下来,即可建立曲线多尺度表达的细节累积模型,实现曲线矢量数据的预处理。

首先定义 BLG-Tree 的结点的数据结构:

```
typedef struct tagBLGNODE {
int pointid;            //点序号
float excursion;        //偏移量
BLGNODE *left;          //左孩子结点指针
BLGNODE *right;         //右孩子结点指针
} BLGNODE;
```

预处理的过程如图 7.28 所示,选择原始曲线的起点和终点,即点 P_1 和点 P_9,然后找出位于这两个端点之间的曲线上的其他点与这两个端点的连线 P_1P_9 的最大距离点 P_4,将该点序号、坐标、偏移量及其他信息存入 BLG-Tree 的根结点; P_4 将 P_1 和 P_9 之间的曲线分为两段,用同样的方法,对点 P_1、P_4 之间的点进行检测得到点 P_3,将 P_3 作为 P_4 结点的左孩子记录;对点 P_4、P_9 之间的点进行检测得到点 P_6,将 P_6 作为 P_4 结点的右孩子记录。以此方法反复进行,直至两点相临。

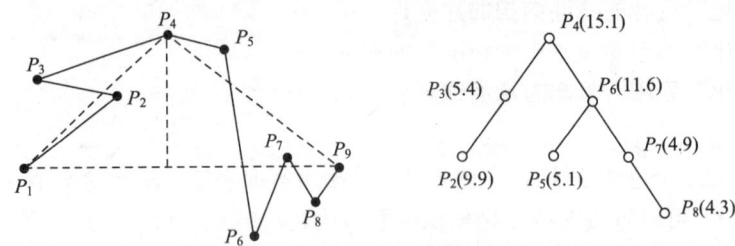

图 7.28 曲线的 Douglas-Peucker 算法剖分及 BLG-Tree 表达

图 7.28 所示的 BLG-Tree 中每个结点包括点的序号及偏移量,结点的层次和存储的偏移量隐含了该点表现曲线的弯曲特征的能力,层次越高则表现曲线弯曲特征的能力越大,偏移量越大则表现曲线弯曲特征的能力越大。一般地说,父亲结点的偏移量会比孩子结点的偏移量大。然而,观察图 7.28 中的 BLG-Tree,会发现 P_3 点是 P_2 点的父亲结点,其偏移量却比 P_2 点的偏移量小。这是由于 Douglas-Peucker 算法本身的缺陷

造成的，当虚连的直线和曲线本身相交时，就有可能发生这种情况。为了后期能够严格按照偏移量由大到小的顺序建立线性的累积模型，我们在这里对 BLG-Tree 进行了校正，即当孩子结点的偏移量比父亲结点的偏移量大时，将父亲结点的偏移量更新为孩子结点的偏移量，如图 7.29 所示。

利用 Douglas-Peucker 算法对曲线进行剖分，并使用 BLG-Tree 来组织数据的优点在于：BLG-Tree 中存储的都是原始曲线中的点，没有数据冗余。

由上至下的 BLG-Tree 的层次结构隐含了曲线的从粗到精的多尺度表达。将曲线化简的问题转化为在 BLG-Tree 上选取哪些结点的问题。根据不同的比例尺得到不同的选取阈值，如果结点的偏移量大于阈值则选取该点，如果偏移量小于阈值则舍去该点。选取阈值和比例尺之间的关系容易确定。

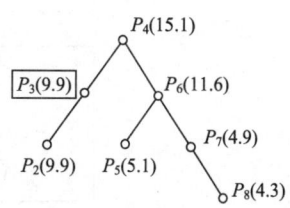

图 7.29 校正后的 BLG-Tree，P_3 点的偏移量被修改为 9.9

需要注意的是，原始曲线的起点和终点没有被 BLG-Tree 所记录，在构建新的曲线时，需要将这两个点加进去。在建立好的线性 BLG-Tree 中，从左到右的各结点的偏移量是严格按照从大到小的顺序排列的，左边结点的偏移量一定大于或等于右边结点的偏移量，因此，线性 BLG-Tree 隐含了各结点的层次关系，即父亲结点一定在孩子结点的左边。在线性 BLG-Tree 中，访问满足条件的结点数据就像使用滑动条一样方便，滑块的位置由与尺度相关的选取阈值确定，选取滑块左边的所有结点，即得到了原始曲线在该尺度下的表达。

服务器根据客户端的请求（包含尺度信息），检索符合条件的数据，并在服务器端组织为线性细节累积模型线性 BLG-Tree。

根据传输粒度的要求，我们既可以对数组单元按从左到右的顺序对每个符合要求的点单独打包传输，也可以预先按偏移量划分为几个等级，将不同等级内的点打包传输。

为了实现电子地图的自适应动态可视化，客户端必须提供在线综合的功能，因此，客户端也应具有多尺度数据组织。客户端利用缓冲区来接收数据，每隔一定时间对缓冲区进行扫描，如有数据到达，则将数据整理后加入线性 BLG-Tree 中，屏幕即刻刷新，显示最新的曲线表达。随着数据包的陆续到达，客户端的曲线表达就由概略到细微逐步转化，直到满足客户端当前尺度要求的曲线表达为止（图 7.30）。

3. 基于小波变换的矢量空间数据的渐进式传输

基于 Douglas-Peucker 算法的渐进式传输模型中，对数据进行分层以后，在记录数据时，不但要记录各层的数据，并且还要记录数据的位置以及每个数据的偏移量，这样就增加了数据的存储总量。

由于小波变换将数据分割为低频部分和细节部分，其中，低频部分是原数据的近似表示，针对空间矢量数据，可以看做是原数据源的概略表示，所以利用小波变换对矢量数据进行分层，也是符合矢量空间数据渐进式传输的理念的。

1) 基于小波变换的曲线的分层

利用提升型小波变换公式，对一曲线 $f(x)$（其数据为 $L=\{(x_m, y_m), m=0, 1,$

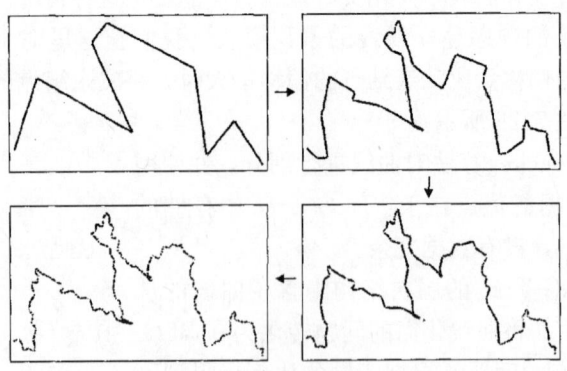

图 7.30 曲线的渐进式显示

$2, \cdots, n\}$)进行小波分解，得到低分辨率部分 $f_1(x)$ 和细节部分（高频部分）$g_1(x)$，如图 7.31 所示。低分辨率部分 $f_1(x)$ 保留了原曲线的总体轮廓特征，可以作为 $f(x)$ 的近似逼近；而高频部分 $g_1(x)$ 包含了 $f(x)$ 的主要特征信息。然后对 $f_1(x)$ 进行变换，得到 $f_2(x)$ 及 $g_2(x)$。于是得到分层数据：$f_n(x)$，$g_n(x)$，$g_{n-1}(x)$，$\cdots$，$g_2(x)$，$g_1(x)$，相当于初级尺度变化累积模型中 $f(s_0)$，$f(s_1)$，$f(s_2)$，$\cdots$，$f(s_n)$ 的数据层，如图 7.32 所示。

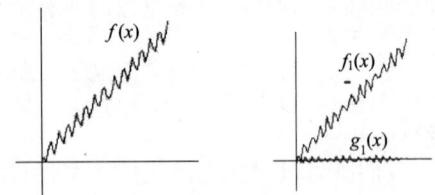

图 7.31 曲线分解图

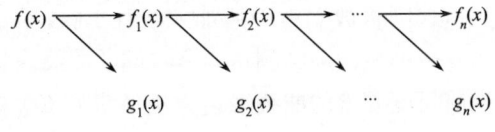

图 7.32 小波变换层次图

2) 基于小波变换的曲线的组织与传输

在数据的显示和传输过程中，根据人们的视觉空间认知规律，首先将数据的概略传输给用户，即将 $f_i(x)$ 传输给用户，数据量只有 $f(x)$ 的 $\frac{1}{2i}$，用户就可以在较短的时间里接收到并显示概略数据；在用户显示、浏览数据的同时，再将 $g_i(x)$，$g_{i-1}(x)$，$\cdots$，$g_2(x)$，$g_1(x)$ 传输给用户，然后对 $f_i(x)$，$g_i(x)$，$g_{i-1}(x)$，$\cdots$，$g_2(x)$，$g_1(x)$ 进行逆变换，得到 $f_{i-1}(x)$，$\cdots$，$f_1(x)$，$f(x)$，等待用户的放大操作，或是自动增加显示数据的细节部分；也可以根据用户的需求进行传输，即当用户需要进行放大操作的时候再进行数据传输,减少服务器端的数据流量。所以服务器端存储的数据为 $f_i(x)$, $g_i(x)$, $g_{i-1}(x)$, …, $g_2(x)$, $g_1(x)$, 而不是原始数据 $f(x)$, 根据用户作业的需求, 顺序传输上述数据, 数据传输的总量仍为 $f(x)$ 的大小, 如进行一些必要的边界处理, 则数据量略大于 $f(x)$ 的大小。

下面,我们对一曲线进行数据传输的实验:原始数据量为 96 个数据点,进行三次小波变换,得到的 $f_3(x)$ 与 $g_3(x)$ 为 19 个数据点, $g_2(x)$ 为 30 个数据, $g_1(x)$ 为 52 个数据。在数据变换过程中,为了保证曲线两个端点不发生位置的偏移,故对曲线的端点进行了必要的边界处理,对边界进行延拓,数据量为变换前的 $(n+8)/2$。在进行数据传输时,首先将 $f_3(x)$ 传输给用户,用户接收到概略数据 $f_3(x)$ 后就可以直接进行显示;同时顺序接收细节数据 $g_3(x)$、$g_2(x)$、$g_1(x)$, 然后对 $f_3(x)$ 和 $g_3(x)$ 进行逆变换得到更加精细的 $f_2(x)$ 并显示;接着对 $f_2(x)$、$g_2(x)$ 进行逆变换得到 $f_1(x)$, 对 $f_1(x)$、$g_1(x)$ 进行逆变换得到 $f(x)$, 各种概略数据显示如图 7.33 所示,总的数据量为 19+19+30+52=120。与原数据相比较,数据量有一定的增加,这是在对数据进行小波变换时进行边界处理造成的。

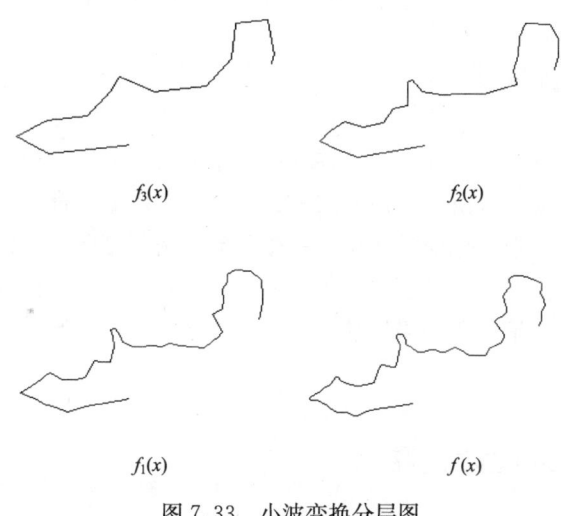

图 7.33 小波变换分层图

根据上述算法,对一组等高线数据进行实验。原图为 100 条等高线, 32 088 个数据点,分割后各数据集大小为 8622、8622、16 444。图 7.34 (a) 为接收到的概略图;图 7.34 (b) 为一次小波逆变换图;图 7.34 (c) 为二次小波逆变换图。

对矢量地图数据进行小波变换,将其分割成概略图和细节部分等具有不同性质的层次,在用户申请服务作业时,将这些图形按顺序分别传输给用户,使用户可以在很短的时间里就可以接受并显示图形的概略部分,然后根据用户的需要接收细节部分,在客户端进行小波逆变换,得到更加精细的图形,以满足客户浏览和进行数据分析的需求。这样不但缩短了客户的作业响应时间,同时还得到了多尺度的矢量数据。但是由于在客户端需要对数据进行小波逆变换,所以在一定程度上增加了客户机的负担,也因此可能影响客户浏览地图的速度。

采用小波变换算法,对矢量数据进行分层处理,将数据分割为一个概略图和几个高

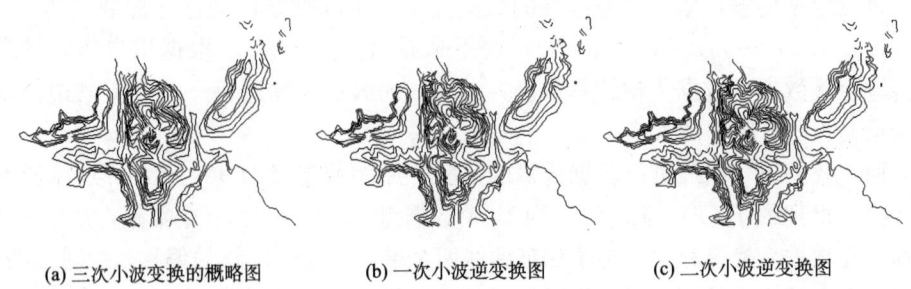

(a) 三次小波变换的概略图　　　(b) 一次小波逆变换图　　　(c) 二次小波逆变换图

图 7.34　基于小波变换的矢量空间数据的渐进式传输实验

频部分，然后按顺序进行网络传输。在客户端首先接收到小数据量的概略图后就可以进行显示，同时接收其他高频部分，然后根据用户需求进行小波逆变换，得到更加详细的图形数据。这样用户不但缩短了作业的响应时间，同时得到了多尺度的矢量数据。

7.4　地理空间数据传输策略

7.4.1　安全设计策略

　　为了加强数据的安全管理和应用，系统对数据的访问采用专用的数据库引擎，在数据代理服务器设置防火墙；所有用户的服务必须由应用服务器提交给资源管理器，由资源管理器将服务申请发布给相应的数据代理服务器申请数据服务，使用户与数据之间进行层层隔离，确保数据的安全管理和方便应用。在为用户提供服务时，需进行多级认证，所有数据在整个传输过程中采用加密方式，在客户端进行解密。数据服务结构及流程如图 7.1 所示。

7.4.2　数据冗余设计策略

　　数据库采用分布式数据库设计，对同一数据可同时存在多份数据实体，互为备份。在资源管理器的管理协调下，同类数据实体共同为用户提供服务，提高数据服务的性能、效率以及系统的容错机制。结构设计如图 7.35 所示。
　　说明：当为用户提供正常服务的数据库或数据服务代理系统出现故障时，资源管理器自动将服务发布给备份的数据服务代理，由备份的服务代理为用户提供服务。

7.4.3　系统管理冗余设计策略

　　资源管理器是整个系统的核心部分。为了增强系统运行的稳定性，提高系统的运行效率，系统资源管理器进行多级备份，各资源管理器之间相互协调、相互补充，共同完成系统的管理机制。结构设计如图 7.36 所示。
　　针对不同的应用（不同地区的相同应用视为不同的应用），有不同的资源管理器优

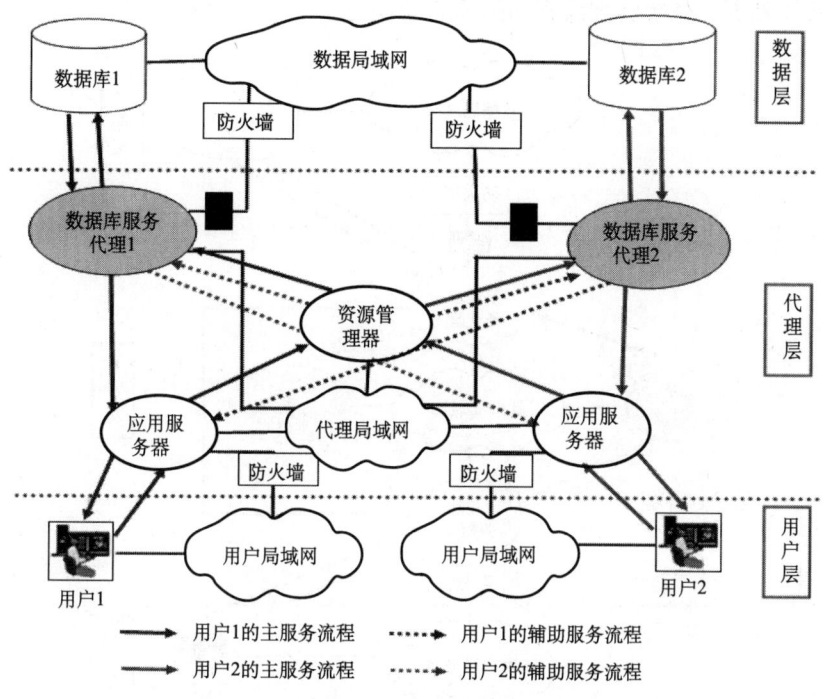

图 7.35 数据冗余结构图

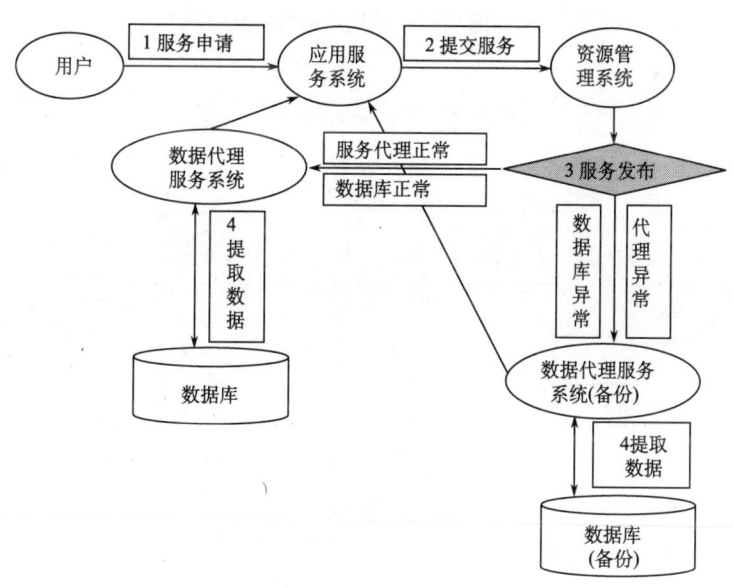

图 7.36 数据冗余流程图

先级列表（图 7.37）。当资源管理器 1（优先级高的资源管理器）出现故障，应用服务器自动将服务申请提交给资源管理器 2（优先级稍低的资源管理器），由资源管理器 2 接替资源管理器 1，完成用户的申请及服务调度工作，同时发出故障警告并调整资源管理器优先级列表。系统管理流程如图7.38所示。

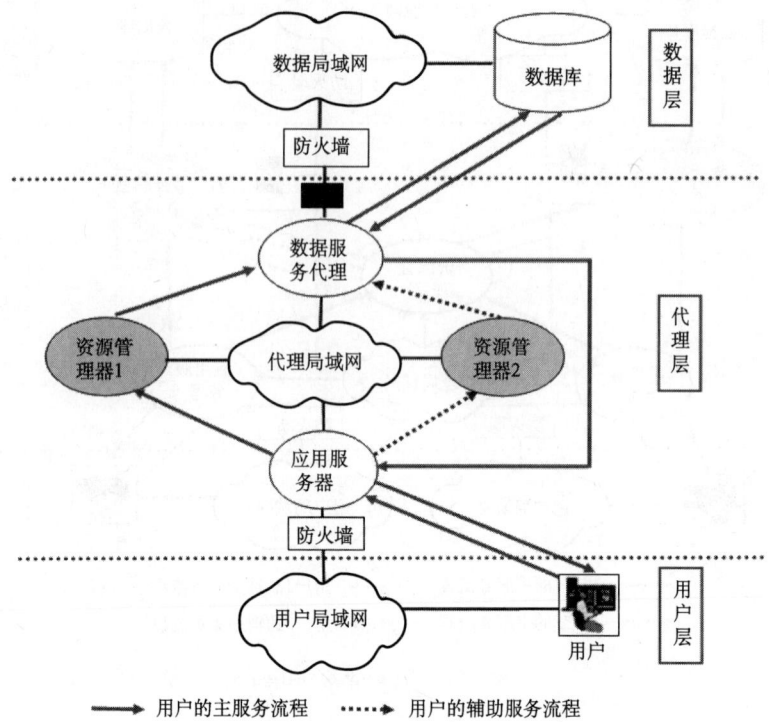

图 7.37　系统管理结构图

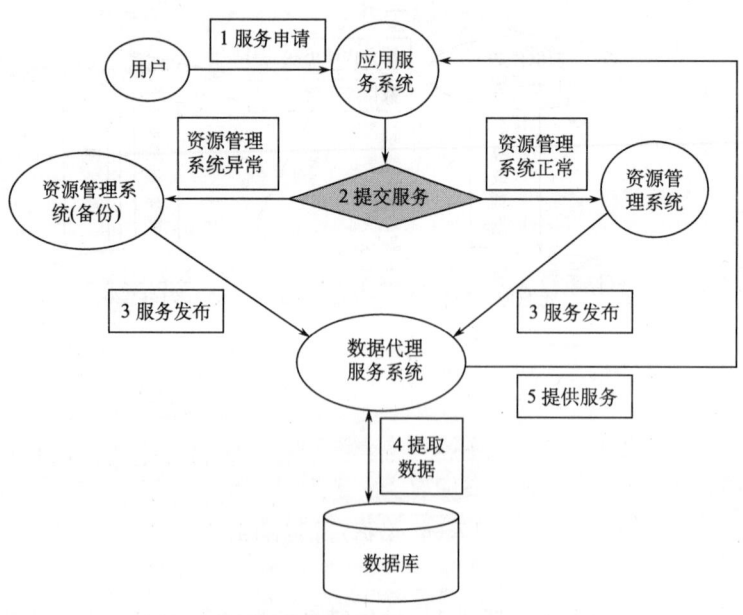

图 7.38　系统管理流程图

7.4.4 报警处理设计

系统运行过程中的非法操作及系统设备的故障处理都将自动报告系统管理员，方便系统管理员及时处理系统故障，查找非法用户的非法操作，同时按照调度策略尝试利用冗余资源进行自动恢复。系统结构及流程设计如图 7.39 所示。流程描述如下：

（1）用户多次登录不成功，即为非法用户，暂时予以锁定，需应用系统管理员予以恢复。应用服务器报告给资源管理器，资源管理器首先通过系统管理应用服务器将信息发送应用系统管理员，然后发送给数据代理服务器，将信息记录入库；

（2）若资源管理器出现故障，应用服务器将服务申请提交给冗余资源管理器，冗余资源管理器首先通过系统管理应用服务器将信息发送系统管理员，然后发送给数据代理服务器，将信息记录入库；

（3）若数据代理服务器或数据库服务器出现故障，资源管理器首先通过系统管理应用服务器将信息发送系统管理员，然后发送给冗余数据代理服务器，将信息记录入库。

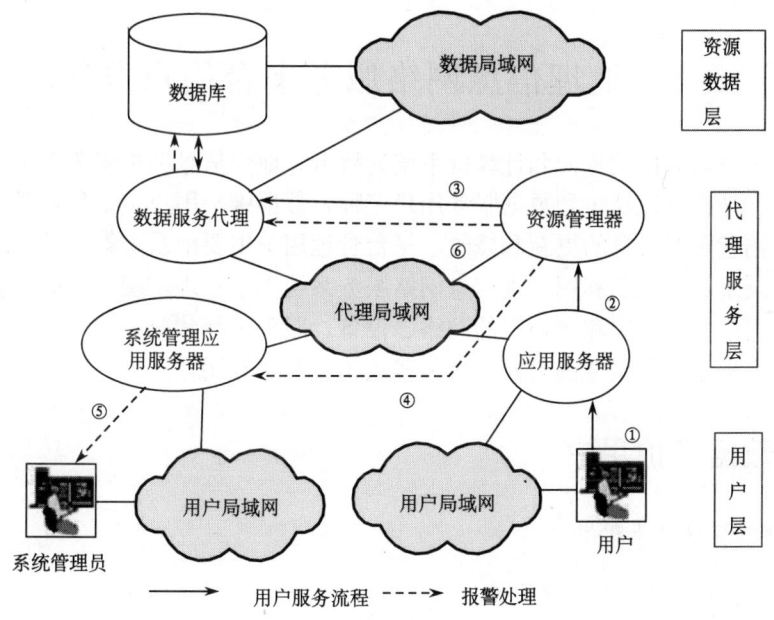

图 7.39 报警系统结构及流程设计图

第8章 地理信息网络服务平台

经过40多年的发展,地理信息系统已经迈出了坚实的步伐,在企业、行业和公众社会范围内得到了广泛的应用,并取得了良好的经济和社会效益。随着地理信息系统的广泛应用,各个学科和应用领域中对空间数据及其分析处理功能的需求日益增长,对地理空间数据的依赖程度也逐渐增大,地理空间数据费用占工程建设费用的比重增加,成为地理信息系统发展的瓶颈。地理信息网络服务平台是以网络为基础为广大地理信息用户提供地理空间数据和GIS功能服务,用户将地理空间数据和功能集成到所开发的专业信息系统中,解决传统GIS无法跨平台、无法实现异构空间数据互操作、开发调试困难以及资源共享等问题。

本章主要介绍地理信息服务平台用户群体、平台功能和地理信息网络服务平台组件三部分内容。

8.1 地理信息网络服务平台用户群体

根据地理空间数据的特征和计算机系统的特点,地理信息网络服务平台用户包括数据维护用户、平台管理用户和数据服务用户三种。数据维护用户主要负责对基础地理数据及专题数据各图层信息的更新和修改。平台管理用户主要由系统管理员、安全管理员和安全审计员组成。他们利用地理信息网络服务系统集中管理,统一注册、管理、监控整个系统数据层、代理层和用户层的网络、设备、服务运行状况,并记录运行日志。数据服务用户是地理信息服务的对象,分为普通用户和业务用户。

8.1.1 数据维护用户

1. 基础地理数据维护用户

1)基础地理空间数据库管理员

基础地理空间数据库是重要数据资源,因此有专门的数据管理员,负责全面地管理和控制空间数据库系统,其主要职责是:

(1)决定数据库中的信息内容和结构。空间数据库中要存放哪些信息,是由空间数据库管理员决定的。因此,空间数据库管理员必须参加空间数据库设计的全过程,并与用户、应用程序员、系统分析员密切合作共同协商,搞好数据库设计。

(2)决定数据库的存储结构和存取策略。空间数据库管理员要综合各用户的应用要求,和数据库设计人员共同决定数据的存储结构和存取策略以求获取较高的存取效率和存储空间利用率。

(3)定义数据的安全性要求和完整性约束条件。空间数据库管理员的重要职责是保护数据库的安全性和完整性。因此空间数据库管理员必须负责确定各个用户对数据库的存取权限、数据的保密级别和完整性约束条件。

（4）监控数据库的使用和运行。空间数据库管理员还有一个重要职责就是监视数据库系统的运行情况，及时处理运行过程中出现的问题。当系统发生各种故障时，数据库会因此遭到不同程度的破坏，空间数据库管理员必须在最短时间内将数据库恢复到某种一致状态，并尽可能不影响或少影响计算机系统其他部分的正常运行。为此，空间数据库管理员要定义和实施适当的后援和恢复策略，如周期性的转储数据，维护日志文件等。

（5）数据库的改进和重组。空间数据库管理员还负责在系统运行期间监视系统的空间利用率、处理效率等性能指标，对运行情况进行记录、统计分析，依靠工作实践并根据实际应用环境，不断改进数据库设计。不少数据库产品都提供了对数据库运行情况进行监视和分析的实用程序，空间数据库管理员可以方便地使用这些实用程序完成这项工作。

（6）数据访问授权。通过授予不同的权限，数据库管理员可以规定不同的用户各自可以访问的数据库内容。授权信息保存在一个特殊的系统结构中，一旦系统中有访问数据的要求，数据库系统就去查询这些信息。

（7）数据库的日常维护。在数据运行过程中，大量数据不断插入、删除、修改，时间一长，会影响系统的性能。因此，空间数据库管理员要定期对数据库进行重组织。当用户的需求增加和改变时，空间数据库管理员还要对数据库进行较大的改造，包括修改部分设计，即数据库的重新组织。数据库的日常维护活动有：定期备份数据库，或者在磁带上或在远程服务器上，以防止灾难发生时数据丢失；确保正常运转时所需的空余磁盘空间，并且在需要时升级磁盘空间。

2）地理空间数据编辑更新人员

地理空间数据编辑更新人员又称为空间数据采集人员，在空间数据库管理系统的支持下利用专用的空间数据编辑软件，负责基础地理空间数据的采集、编辑修改。更新人员需具有一定的专业知识，一般是测绘专业人员。

2. 业务专用数据维护员

与地学有关的不同专业部门，如林业、水利、环保、地质、土地、房产以及规划等，以基础地理信息为基础，加上本专业的专题信息构成本部门的信息系统。考虑到数据安全性和应用的专业性，对于各个部门内的专题数据的采集、管理和编辑更新工作，则需由部门内的专业人员负责，即业务专用数据维护员，针对专用数据不同的存储方式，采用不同的数据维护软件。

8.1.2　平台管理用户

地理信息网络服务平台管理用户负责系统管理、网络及数据调度、用户管理、安全管理和应用审计等职能。

1. 系统管理员

系统管理员职责有系统安装、调试,网络管理,设备、服务、数据注册,地图及基础数据加载,业务应用平台数据接口管理,运行状态监控,流量及负载分析,运行调度,数据备份(含审计数据备份),系统运行状态报告制作。其中最为关键的就是运行状态监控和服务资源调度工作,可采用静态分配与动态改变相结合的方式进行管理,首先设置一个调度表,各服务根据调度表静态地分配设备资源,随后可根据平台中实时的运行状态监控,动态的改变服务指向,使网络负载平衡,以满足服务资源利用的最大化。

2. 安全管理员

安全管理员职责有用户注册,用户授权,信息安全设备管理,安全策略维护,弥补安全漏洞,处理安全警报,系统安全报告制作。

安全管理员对信息安全设备的管理、安全策略维护和安全警报处理使用专门的安管平台,与应用系统相对独立。

3. 安全审计员

安全审计员职责有负责设备、服务、数据、用户注册及授权审计,运行调度审计,安全策略审计,用户操作审计,数据备份审计,业务应用平台数据接口授权审计,手工记录部分审计信息,系统审计报告制作。

审计工作中凡无法自动采集审计信息的操作,需由安全审计员共同参与并手工记录。相关功能的打开需设置相关管理员和安全审计员的双密码,以确保数据的安全审计。

8.1.3 数据服务用户

地理信息网络服务平台为具有服务权限的各类数据服务用户一方面提供地图浏览、信息查询、图层维护等基础服务功能和GIS分析处理功能;另一方面可将服务平台作为辅助工具,利用二次开发组件实现专业的服务系统。

1. 普通用户

普通用户利用地理信息网络服务平台可以浏览地理空间数据的地图及图层,并在许可的情况下查询图层中地理要素信息和调用GIS分析处理功能。

2. 二次开发用户

二次开发用户利用地理信息网络服务平台提供的开发组件,结合专业系统,将地理信息网络服务平台提供的空间数据和GIS功能集成到所开发的专业信息系统中,构成完整空间信息系统。

8.2 地理信息网络数据层功能

地理信息网络数据层负责管理整个服务平台中的底层数据,具体细分为基础地理信息数据、扩展业务专用数据、用户数据、审计数据和资源信息数据等。本节首先简要介绍各种数据的分类和所实现的功能,然后就数据层中的关键技术进行分析。

8.2.1 数据层的数据分类及功能

1. 基础地理信息数据

基础地理信息数据包括矢量数据、栅格数据、遥感影像数据、共享数据、空间元数据等,由空间数据库、空间数据文件和空间数据引擎构成。空间数据库建立在大型商用数据库管理系统基础之上,采用两种技术路线实现对空间数据的存储、管理、检索和维护,一种是直接基于关系建立空间数据库;另一种是利用某些数据库提供的空间对象,建立空间数据库。空间数据文件主要由现有的空间数据资料组成,包括大量的遥感影像数据和栅格数据。空间数据引擎建立适应海量数据存储管理的空间数据组织机制和空间索引机制,满足数据库和数据文件两种方式的自由调用。对基础地理信息数据应实现以下功能:

(1) 提供空间数据的更新;
(2) 提供空间数据的管理与一致性维护;
(3) 实现多源数据集成;
(4) 建立不同类型数据之间的关联关系,如空间元数据和空间数据之间的关系;
(5) 提供各种分析处理功能。

2. 扩展业务专用数据

扩展业务专用数据主要指各应用部门的内部数据,这些数据由各应用部门自行采集管理,有的还要求有很高的保密性,同时在使用上又需要在基础地理信息数据之上进行显示、分析和处理,如电信部门的固定电话数据、公安部门的人口户籍数据、林业部门的植被绿化数据等。考虑到安全性和适用性的要求,对于扩展业务专用数据的管理,交由各个应用部门自己完成,这里通过一个通用的接口将数据与代理层连接,完成用户对数据的调用。

3. 用户数据

用户数据主要记录的是一般用户的基本信息、登录信息和系统用户的权限信息,由专门的系统管理员进行管理和设置。

4. 审计数据

审计数据负责记录用户申请服务的申请审计信息和数据层提供数据服务的数据服务审计信息。

5. 资源信息数据

资源信息数据主要用于资源管理器对于整个系统资源的有效配置以及系统管理员进行资源在线检测管理。资源信息数据记录地理信息网络服务代理层中所有硬件的属性数据。

8.2.2 数据层的关键技术

1. 地理空间数据引擎

地理空间数据引擎（Spatial Database Engine，SDE）是基于专用的空间数据模型，在特定的数据存储、管理模式的基础上（包括文件管理模式和数据库管理模式，其中典型的是数据库管理模式），提供对空间数据的存储、检索等操作以及在此基础上二次开发的程序功能集合。从地理空间数据引擎体系结构（图8.1）看，相对于客户端来讲，地理空间数据引擎是服务器，提供空间数据服务的接口，接收所有空间数据服务请求；相对数据文件或者数据库服务器来讲，地理空间数据引擎则是客户机，提供数据文件和数据库的访问接口，用于获取数据文件、连接数据库和存取空间信息。

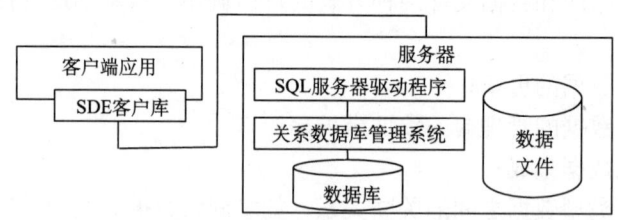

图 8.1 地理空间数据引擎体系结构示意图

地理信息网络服务中涉及的地理空间数据的数据类型多、来源多样（有外业测量、统计数据、文字资料，还有地图、遥感图像等图形图像数据）和数据操作复杂，地图的操作不但需要一般数据检索、增加、删除、修改等功能，而且还需要一些特有的检索方式，如定位检索、拓扑关系检索以及一些特有的操作方式，如图形编辑等，利用地理空间数据引擎可以高效地管理、存储和处理空间数据。

2. 多源数据集成技术

多源异构地理空间数据集成是地理信息服务关键技术，利用地理空间数据引擎可以把从不同数据库或者数据文件中读取到的空间数据通过传统数据集成方法，将不同的地理数据模型、不同的地理空间坐标和不同的地理要素编码统一到一致的地理信息服务标准中，以满足用户对多源数据的需求，具体的数据集成方法在第6章进行了专门讨论，读者可参阅相关内容。

8.3 地理信息网络代理层功能

代理层是服务层和数据层之间的桥梁，也是数据层与用户之间的安全屏障。用户的所有操作指令都通过代理层对数据层的数据进行操作，代理层并负责记录用户登录和操作的历史记录，以及数据层提供所有服务的历史记录，实现用户和数据的全程安全监督和管理。主要功能包括注册、管理、监控整个地理信息服务平台的数据库、数据代理、资源管理和应用服务的设备、网络、运行状况，并记录运行日志。

地理信息网络服务代理层由平台管理系统、数据代理系统、资源管理系统、应用服务系统组成。

8.3.1 平台管理系统

平台管理系统负责对整个地理信息网络服务平台进行管理，内容涉及服务数据、计算机软硬件和用户权限等。主要实现功能如下：

（1）数据库注册管理系统。对地图数据进行注册、管理，只有经过注册的数据才能在系统中为用户提供服务。

（2）硬件注册管理系统。注册和管理代理层中包括资源管理器、数据代理服务器和应用服务器在内的硬件资源。

（3）系统用户管理系统。设置和管理系统用户服务权限、数据服务优先顺序和访问资源管理器的优先顺序，以及系统使用各种服务的权限。

8.3.2 数据代理系统

数据代理系统主要功能是实现信息服务的调用以及服务结果数据的加密。系统采用分布式组件技术和高效空间数据压缩还原技术解决服务器负载均衡并减少信息传输量，同时支持栅格和矢量的信息发布模式，适应不同的应用需求。数据服务代理可根据授权向多个应用服务提供数据服务。主要实现功能如下：

（1）数据代理系统登录。启动数据代理系统，必须提供用户名、密码和资源管理器地址。

（2）数据代理服务器状态报告。定时向资源管理器报告在线状态。

（3）审计数据库代理。接收、记录应用服务器发送的安全审计员的审计服务申请，并向应用服务器提供审计数据库相关信息。

（4）资源数据库代理。接收、记录应用服务系统发送的硬件资源数据，并在数据代理服务系统启动时，向资源管理器传输已经注册的硬件资源。

（5）用户数据库代理。接收、记录应用服务系统发送的用户数据，并在当应用服务系统启动时，向应用服务系统提供已经注册且具有服务权限的用户资料。

（6）服务监听。监听由应用服务系统传输过来的数据的范围、比例尺、内容等信息。

(7) 空间数据操作。实现从数据层中提取所需的空间数据。
(8) 数据压缩。对所提取的空间数据进行压缩。
(9) 数据传输。将压缩数据发送给应用服务系统。

8.3.3 资源管理系统

资源管理系统主要功能包括系统资源的初始化并进行在线监测、数据服务调度等，管理、协调应用服务器和数据代理服务器共同完成用户的服务申请，收集在线的数据及资源信息，同时监控用户的服务申请及每个服务的完成情况。主要实现功能如下：

(1) 资源管理系统登录。启动资源管理系统，提供用户名、密码，进行系统资源的初始化，包括用户初始化、服务数据初始化以及系统硬件的初始化等。
(2) 资源监测。监测代理层硬件资源的在线状态。
(3) 服务调度。接收服务申请，将服务申请发送到具有服务能力的数据代理服务系统。

8.3.4 应用服务系统

在网络服务模式下应用服务系统负责不同保密级别的数据被不同访问权限的用户访问注册审计。主要实现功能如下：

(1) 应用服务系统登录。启动应用服务系统，提供用户名、密码、数据代理服务器地址和资源管理器地址。
(2) 用户登录验证。验证用户应用系统提供的注册用户名和登录密码。
(3) 应用服务系统在线状态报告。定时向资源管理器报告在线状态。
(4) 服务申请转发。将用户的服务申请转发给资源管理器。
(5) 服务监听。监听由数据代理系统传输过来的数据的范围、比例尺、内容等信息。
(6) 数据回传。将从数据代理系统获取的数据（空间数据和非空间数据）回传至服务层的用户端。
(7) 服务审计。按时间审计服务查询，并显示查询结果。

8.4 地理信息网络服务层功能

地理信息网络服务层中有三种用户，分别是系统管理员、基础地理信息用户和业务专用用户，其中既有使用者又有管理者，服务平台针对不同的用户实现不同的功能。

(1) 系统管理员利用系统集中管理平台以拓扑图的形式统一注册、管理、监控整个系统数据层、代理层和用户层的网络、设备、服务运行状况，并记录运行日志；能以图形方式直观体现各代理层对外服务的授权情况，记录其授权变动审计信息。

(2) 基础地理信息用户（普通用户）能够实现对基础地理信息数据的访问和操作，主要包括数据的浏览、服务的申请、解密来自数据代理服务器的加密数据等功能，运行于 Windows 系列操作系统。客户端可以通过协议或规范与代理层的应用服务器建立连接，发送服务请求，应用服务器将用户的需求报告资源管理器，资源管理器调度相应的数据代理服务器，由数据代理服务器与数据层连接，获取或更新数据库中的数据，并将数据通过应用服务器回传至用户，提供所需的服务。

（3）业务专用用户（包括特殊授权的普通用户和二次开发用户）在基础地理信息数据之上能够对本部门内部的专题数据进行访问操作，实现空间信息和非空间信息的联合分析。

本节主要介绍基础地理信息用户实现功能，对于系统管理员实现的功能可参阅本书相关章节，业务专用用户实现功能可参阅 8.5 节地理信息网络服务平台组件，地理信息网络服务平台的基础地理信息服务是传统的地理信息系统功能的延续，去掉了地理空间数据获取、处理和管理部分，保留了空间数据分析和可视化部分，主要功能如图 8.2 所示。

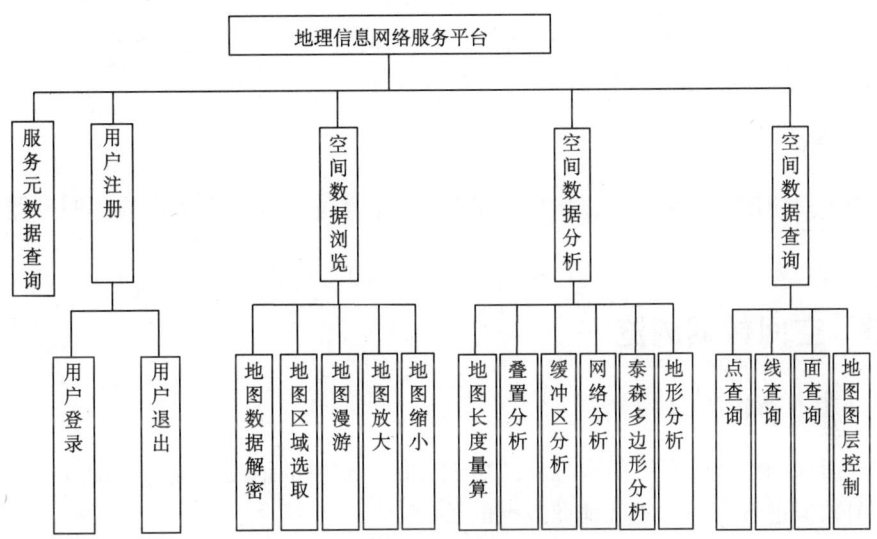

图 8.2　地理信息服务应用平台功能

8.4.1　地理信息服务元数据查询

地理信息服务元数据描述了服务平台中数据的内容、质量和状态等信息，元数据也是实现多源数据集成的关键内容，元数据的存在形式跟其他数据一样，可以以文件形式或者数据库形式（数据字典）存在，两种不同的存在形式具有各自的特点。文件元数据以文档形式提供给共享用户，内容相对较多，可以没有结构，适用于使用数据集的任何用户；数据字典以定位数据集和图内查询所需信息提供给用户，内容相对较少，具有一定的结构，只能在本系统内有意义，数据管理方便。

元数据中的空间数据的描述是一项重要的内容，通过描述信息用户可以方便地在不同比例尺的空间数据间切换，即实现空间数据索引，这里的元数据可以是一个索引文件，也可以是一个数据库表，记录了数据库或者数据文件中不同比例尺空间数据的基本信息。

当用户初始访问空间数据时，首先将索引信息返回给用户，并读入用户内存中，形成索引表，这样用户就可以直接通过索引信息获取所需的不同比例尺的空间数据；当用户对同一比例尺数据进行放大或缩小操作时，放大或缩小到一定程度，通常同一比例尺数据可放大和缩小两级，这时也读取内存中的索引表，得到下一级比例尺数据信息，并发出数据请求，这样就在纵向上实现了多比例尺数据的转换。

8.4.2 用户注册

用户注册负责用户的登录注册和退出。

1. 用户登录

用户终端登录注册地理信息服务平台，运行时需要输入应用服务器 IP 地址、用户名和密码。

2. 用户退出

终端用户使用系统完毕，退出应用平台系统，安全退出时需要向应用服务器提供用户名。

8.4.3 空间数据浏览

1. 地图数据解密

用户通过网络从数据层的数据库或数据文件中获取的地图数据为加密数据，在客户端对地图数据进行解密，实现地图数据的还原。

2. 地图区域及比例尺选取

用户可根据索引信息对不同的地图数据进行选择并显示，可以实现地图数据的快速调用。

3. 地图漫游

用户对所选择的地图数据中感兴趣内容的快速显示。

4. 地图放大

用户对于所显示地图数据的放大，可采用中心点放大或者矩形框放大两种形式，当矩形框长宽比例不一致时，将自动调整到最佳显示比例，对于某一比例尺数据放大到一定程度时（通常为 2 级，参数可设置），如果具有更大比例尺数据，将自动跳到更大比例尺数据，对于最大比例尺数据设置最大显示范围，当达到这一范围后将锁定显示范围，不再放大。

5. 地图缩小

用户对于所显示地图数据的缩小,可采用中心点缩小或者矩形框缩小两种形式,当矩形框长宽比例不一致时,将自动调整到最佳显示比例,对于某一比例尺数据缩小到一定程度时(通常为2级,参数可设置),如果具有更小比例尺数据,将自动跳到更小比例尺数据,对于中国1∶400万基础底图数据将设置最小显示范围,当达到这一范围后将锁定显示范围,不再缩小。

8.4.4 空间数据分析

1. 地图长度量算

用户在电子地图上对所显示地图数据的实地距离的量测。

2. 叠置分析

用户在电子地图上,将同一地区的两个地理对象的图层进行叠置,以产生空间区域的多重属性特征,或建立地理对象之间的空间对应关系。支持矢量数据和栅格数据的叠置分析,以及点、线、多边形之间的叠置分析。

3. 缓冲区分析

用户在电子地图上可选择点、线、面等实体为分析对象,通过设置一定的参数(通常是距离),自动建立它们周围一定距离的带状区,用以识别这些实体或主体对邻近对象的辐射范围和影响度,以便为某项分析或决策提供依据。

4. 网络分析

用户通过提供的网络分析工具,可以在电子地图上实现最短路径选取、网络流量分析和负荷估计,以及利用网络和相关数据进行资源的合理分配等。

5. 泰森多边形分析

用户通过在电子地图上选择分析的服务点类别,如银行网点、通信基站等,可以构建其对应的泰森多边形,用以满足相关的定性分析、统计分析和邻近分析等。

6. 地形分析

提供给用户专用的地形分析控制面板,利用底层的DEM数据,用户可在栅格的晕渲图上实现坡度量算、剖面分析和通视分析等。

8.4.5 空间数据查询

1. 点查询

用户在电子地图上,对所感兴趣的点状地物进行查询,了解其信息,如城市、服务点等。

2. 线查询

用户在电子地图上，对所感兴趣的线状地物进行查询，了解其信息，如道路、铁路等。

3. 面查询

用户在电子地图上，对所感兴趣的面状地物进行查询，了解其信息，如行政区域、居民地等。

4. 地图图层控制

用户通过提供的图层控制对话框，控制基础地理数据中不同图层的显示状态。

8.5 地理信息网络服务平台组件

在进行地理信息网络服务平台开发的过程中，考虑到用户对于服务功能的二次开发利用，我们运用组件开发思想，将基础平台上的功能分解为若干组件，每个组件完成不同的功能，各个组件之间可以根据用户的不同应用要求，通过可视界面和使用方便的接口进行自由、灵活的重组，从而在用户端实现 GIS 的基本功能，用户也可在组件之上开发其他的应用需求，形成用户自己的专用系统。所有组件中的核心内容是接口，通过接口不同组件可以相互连接。这样整个服务平台的开发运用了一个全新的框架模型，在框架中通过简单的定制就可将各个组件整合成一个有机的整体。

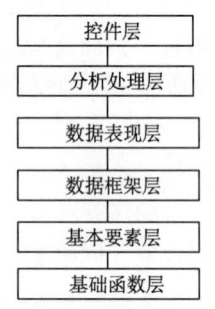

图 8.3 地理信息网络服务平台组件层次

根据服务平台的程序模块、功能和用户的需求，从软件功能和模块化的角度出发将服务平台组件具体划分为六个层次：基础函数层、基本要素层、数据框架层、数据表现层、分析处理层和控件层，如图 8.3 所示。

1. 基础函数层

基础函数层位于整个系统的最底层，是系统的核心，提供绘图基类和网络接口，实现服务平台用户注册、对空间数据进行数据处理、几何对象模型描述和空间参考变换等二次开发功能，包括了最基本的环境变量、网络协议和绘图函数。

基础函数层中的网络接口是组件的重要组成部分，是应用平台系统对外提供的接口，用于网络中用户与应用服务器进行连接，完成命令的发送与数据的接收，接收数据除基础地理空间数据外，还主要包括道路实景照片数据、社会基础信息数据和业务共享信息数据等。

2. 基本要素层

基本要素层实现对底层空间数据的组织，数据库读、写、查询及并发控制等功能，主要由点要素、线要素、面要素以及注记四部分组件组成，如图8.4所示，各个基本要素组件都继承于绘图基类，并添加相应的各要素编码、绘图函数以及一些分析函数。在这里可以实现基于文件形式或者基于数据库形式的基本要素处理，完成整个系统空间数据的基本要素绘制工作，而且提供函数进行分析、比较和提取空间数据。

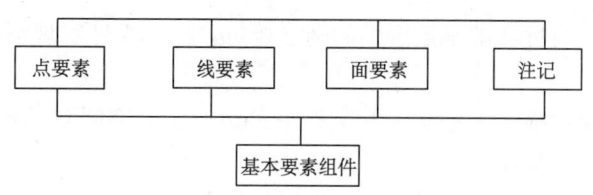

图8.4　基本要素层模块关系图

3. 数据框架层

数据框架层实现底层数据的组织，通过数据层、数据块和数据集将基本要素组合在一起构成完整地物，如图8.5所示。

数据层，即图层，根据用户的需求、数据的比例尺和空间实体间相互关系划分出不同的数据层，矢量图层由点要素、线要素、面要素以及注记组成，如道路层、水系层、境界层、注记层等。栅格图层是对影像数据库中影像数据集的一种封装，通过栅格图层组件可以调度影像数据库中的影像数据，并可和矢量数据进行互操作，数据层是地理信息网络服务平台中数据传输与处理的基本单位。

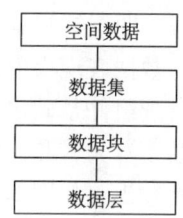

一个数据块由多个数据层构成，数据块即逻辑意义上的图幅，系统以数据块为基本的显示单位，一个数据块就是一幅地图。

图8.5　数据框架层模块关系图

一个数据集由多个数据块按照格网形式规则排列组合而成，其中，对于每个数据块通过网格索引的方式进行提取。数据集对应的是空间数据服务器中以数据库方式或文件方式存储的某一比例尺地图数据。

空间数据库中的一系列数据集（数据文件）共同构成了空间数据，用于描述整个地理空间世界。

基础函数层、基本要素层和数据框架层的组件负责整个服务平台中数据的管理和组织，他们可以组合在一起共同构成数据管理组件，如图8.6所示。

数据管理组件是服务平台的基础组件，处于平台最底层，是整个系统的基础和核心，主要进行空间数据和属性数据的存取和管理，并提供基本的数据交互功能。数据管理组件定义了系统的基本数据类型和数据结构，封装了对矢量数据提取、存储、设置、交换等的基本操作，如图8.7所示。其他组件功能都是基于数据管理组件构造

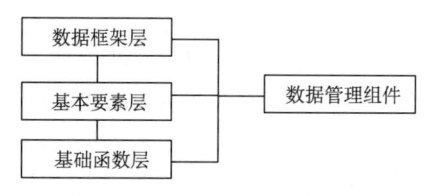

图8.6　数据管理组件模块图

而成,在此基础之上实现地理信息网络服务平台的 GIS 相关功能。

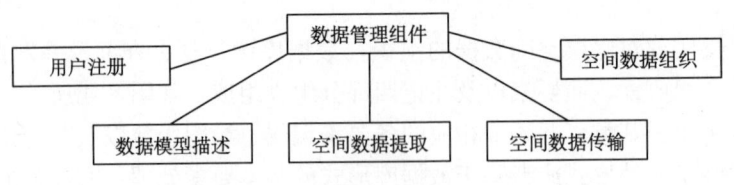

图 8.7 数据管理组件功能

(1) 用户注册。通过基础函数层中的网络接口,提供组件实现网络中服务平台用户的正常登录和退出。

(2) 空间对象模型描述。定义了本服务平台所采用的空间对象模型,包括点、线、面等基本的几何对象的描述。

(3) 空间数据的操作。提供了对空间数据的提取、传输和组织等操作,用户通过使用这个组件中的接口就可以访问远程服务器中的空间数据,调用相关接口可以实现数据的网络传输和组织。

4. 数据表现层

数据表现层实现空间数据可视化和地图输出,本层的组件提供用户对于地图颜色、符号、图层等视觉变量的设置。

数据表现层中的图形显示组件属于高级通用组件,由数据管理组件构造而成,在数据管理组件基础之上实现了空间数据在本地客户端的重组和显示。其中的图形显示对象封装了对矢量和栅格数据的基本显示操作,调用其中的接口即可实现矢量和栅格数据的显示输出,如图 8.8 所示。

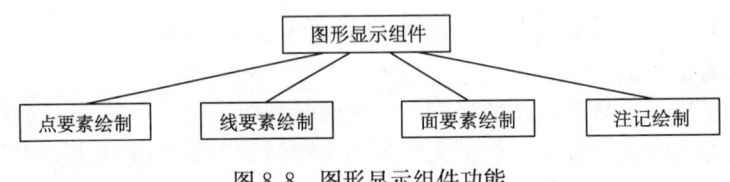

图 8.8 图形显示组件功能

数据表现层中的图层管理组件也属于高级通用组件,同样由数据管理组件构造而成,在图层管理组件中的图层对象里,封装了对地图矢量数据的各个图层数据的管理操作,通过调用其中的接口可以实现对地图图层的控制。

5. 分析处理层

通过基础函数层、基本要素层、数据框架层和数据表现层,可从数据库或数据文件中读取空间数据,组成地物并进行相应的显示输出,但用户使用地理信息服务主要的目的是作为辅助工具,对具有空间特征的要素进行数据处理分析以达到应用的需求,因此在分析处理层一方面提供了空间数据浏览、查询和分析等功能,另一方面通过网络接口提供与其他数据的连接,实现不同数据的联合分析,如图 8.9 所示,这些功能模块建立在空间数据之上，空间数据浏览主要由各点、线、面要素和注记中提供的绘制函数实现，空间数据查询和分析则是以点、线、面要素中的比较、提取函数为基础，根据不同的需要，添加相应的功能函数实现。综合数据分析以空间数据为基础，联合其他具有空间特征的专用数据进行分析以满足用户的专业需求。

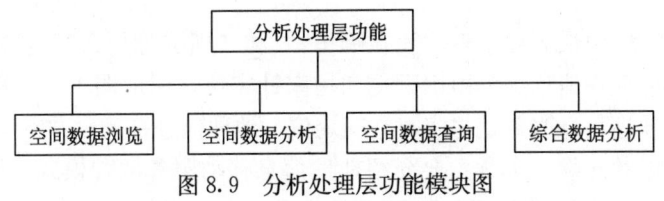

图 8.9　分析处理层功能模块图

6. 控件层

前面的内容描述了地理信息网络服务平台中的功能组件，通过这套组件可以实现比较完整的地理信息网络服务。用这套组件进行应用开发，优点是灵活而且可实现比较复杂的功能，缺点是开发的工作量和难度较大。因此，在这套组件的基础之上，有必要定义一套控件，基于这套控件实现一些常规的功能，便于用户二次开发使用。

在以上五个功能组件基础之上，建立地图操作控件，该控件提供用户对于地图的一系列简单操作的接口，用户可以自由选择，通过不同组合来满足自己的需要，主要包括地图对象和地图编辑对象，如图 8.10 和图 8.11 所示。其中，通过调用地图对象的接口可以实现所显示地图的漫游、放大、缩小等操作，地图编辑对象则提供所显示空间数据的基本信息查询和长度量算、路径分析等简单的空间分析功能。

图 8.10　地图对象　　　　　　　　图 8.11　地图编辑对象

系统提供的组件包含在一系列 Windows 动态连接库文件里，Active 控件则包含在一系列 OCX 文件中，用户可以通过使用这些组件（控件）包，把本系统的一些基本功能添加进其他系统中，也可以在基础服务平台上添加其他功能。组件如同一堆各式各样的具有不同功能的"零件"，根据需要把它们组装起来，就构成了一个应用系统。组件可以重复使用，这样，就大大提高了软件的安全性和重用性，提高了软件的生产率。

另外，为了便于用户进行二次开发，在单一的计算机上为用户创建模拟的使用环境，用户可在此环境中测试并添加应用需求。

第 9 章　地理信息移动服务平台

人们在移动环境中最需要了解"我在哪里？"和"周围是什么？"这两个基本问题。在传统的移动环境地理信息服务中用天文和指南针定位，用地图了解周围的地理环境。现代移动环境下地理信息服务是将实时空间定位、地理信息系统、微电子和移动通信等高新技术有机集成的产物。本章主要介绍地理信息移动服务两种模式，即基于 GPS 与通信的集成的监控模式和基于 GIS 与 GPS 的集成的自主定位导航模式。这两种模式不是彼此孤立，而是通过数据通信将两种模式紧紧的连接在一起，构成 GIS、GPS 和数据通信集成的地理信息移动服务平台，实现移动环境下移动目标的导航、监控、指挥和控制一体的地理信息服务。地理信息移动服务平台包括移动终端和服务中心两个部分，本章主要介绍移动终端部分，分为三节：9.1 介绍定位监控终端，9.2 介绍地理信息移动服务终端自主定位导航终端，9.3 探讨地理信息移动服务终端。

9.1　定位监控终端

移动目标监控系统是基于移动通信系统、全球卫星定位系统以及地理信息系统的一项地理信息服务系统。该系统涉及 GPS 全球定位、卫星通信、无线通信、地理信息系统及计算机图形显示、数据库信息管理等多方面的高新技术，成功地实现全球范围内无缝隙的通信及目标监控管理。利用现代通信技术将车载终端所获取的位置和其他信息送至监控中心，监控中心可对移动目标进行各种信息的监控和查询，对移动车辆进行实时动态跟踪。

移动目标监控系统为移动目标与监控中心之间以及移动目标与移动目标之间提供实时通信、定位跟踪、指挥调度、遇难救险等有效手段，从而可广泛应用于金融系统、公安系统、消防系统、邮政系统、公交系统、公路客货控系统，主要适用于对多种目标的通信、定位、监控、调度和管理。可在运输、船舶运输、出租车运营、医疗救护和城市交通综合监理等方面，完成对其关键目标的实时监控和调度，极大地提高其安全性及运行效率。

移动目标监控系统主要由三个部分构成：移动终端、通信子系统以及移动目标监控中心站。手持/车载定位监控终端是系统的一个主要部分。其他部分将在第 10 章介绍。

9.1.1　定位监控终端硬件组成

手持/车载定位监控终端硬件系统主要由定位单元、信息处理单元、显示单元和通信单元组成，如图 9.1 所示。根据用户需求可选择车辆状态传感器、主控单元、数字显示操作终端、带电子地图的自主通信导航系统、报警器、电子锁以及通话/监听线等配置。近几年来，随着微电子技术及计算机技术的迅猛发展，计算机 CPU 处理器、GPS

接收模块越来越小。它的最大优点是体积小、重量轻、耗电量小、携带方便，非常适合移动环境的需要。另外，车载定位导航系统是面向车辆使用的系统，硬件上要求适合车辆的环境。

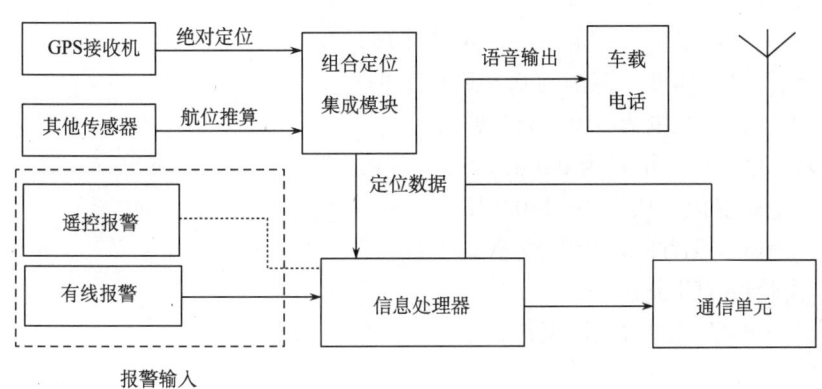

图 9.1 手持/车载定位监控终端硬件组成

1. 定位单元

1) GPS 数据处理部分

在车载终端中 GPS 接收机模块用的是日本光电 GSU-16 接收板，具有定位速度快、输出精确的速度/方向数据、差分接收、轻便、功耗低等特点；程序主要负责从串口将 GPS 接收机发出的数据读入内存，由负责处理 GPS 数据的 CPU 计算处理，从数据中解算出车辆所处的经纬度值、车速、方向、卫星数等实时定位信息，再将这些数据存入共享内存区，以备使用。（该程序存入 CPU 的 ROM 中），该部分的框图如图 9.2 所示。

图 9.2 GPS 数据处理框图

(1) GPS 数据格式。GPS 卫星输出数据采用 NMEA-0183 协议。大多数 GPS 接收机都能输出符合 NEMA-0183 标准的 ASCII 码形式的数据信息，NEMA-0183 格式定义了一系列的数据帧。根据数据帧的不同，主要有 $GPGGA、$GPGLL、$GPGSA、$GPGSV、$GPRMC、$GPVTG 等。$GPRMC 是 GPS 推荐的最短数据，通常系统需要的定位数据可以从中得到，其帧结构为：

$GPRMC, <1>, <2>, <3>, <4>, <5>, <6>, <7>, <8>, <9>, <10>, <11> * hh, <CR><LF>

其各字段释义如下：

$GPRMC 帧结构及各字段释义：GP 是信息源标识符；RMC 为句型标识符；

<1>当前位置的格林尼治时间（UTC Time），格式为 hhmmss；

<2>状态，A 为有效位置，V 为非有效接收警告，当前天线视野上方的卫星个数

少于三颗；

  <3>纬度，格式为 ddmm.Mmmm；

  <4>标明南北半球，N 为北半球、S 为南半球；

  <5>经度，格式为 dddmm.Mmmm；

  <6>标明东西半球，E 东半球、W 西半球；

  <7>地面上的速度，范围为 0.0 到 999.9；

  <8>方位角，范围为 0.0～359.9°；

  <9>UTC 日期，格式为 ddmmyy；

  <10>地磁变化，从 0.0～180.0°；

  <11>地磁变化方向，为 E 或 W；

  *hh 校验和（CheckSum）；

  <CR>该帧数据的结束标识符；

  <LF>。

（2）GPS 数据提取。GPS 接收机将 NMEA-0183 数据串通过串口传送到车载终端控制单元的缓存中，在没有进一步处理之前，缓存中是一长串字节流，这些信息在没有经过分类提取之前是无法加以利用的。因此，必须通过软件程序将各个字段的信息从缓存字节流中提取出来，将其转化成有实际意义的定位信息数据。对于通常的情况，我们所关心的定位数据如时间、经度、纬度、速度等均可以从"$GPRMC"帧中获取。至于其他帧格式，除了特殊用途外，平时并不常用，虽然接收机也在源源不断地向控制单元发送各种数据帧，但在处理时一般先通过对帧头的判断而只对"$GPRMC"帧进行数据的提取处理。在将"$GPRMC"帧提取出来后，车载终端控制单元应用软件对缓存中的数据进行解析处理，从这一长串字节流中提取出系统需要的经纬度、速度、时间等数据（这时的数据形式是包含这些有用数据的字符串）。

2) 北斗终端

北斗终端系统主要是负责导航数据的获取和报文数据的传输，如图 9.3 所示。北斗终端在进行自主导航同时，也可以与其他北斗终端之间进行通信。在本系统中北斗终端主要负责车载分中心与监控中心的通信任务。

2. 通信单元

通信单元完成移动终端和监控中心的信息传递，事实上它应该包括三部分：一部分是安装在移动终端的通信模块；一部分是安装在监控中心的数据接收模块；一部分为连接上述二者的通信平台。其工作方式为移动终端的 GPS 模块获得地理位置信息，连同报警信息以及状态信息经过一定的数据处理形成数据帧，然后通过无线通信网络传递到监控中心，位于监控中心的通信接口模块把接收到的数据帧提供给监控软件进行各类数据处理。

通信单元的覆盖范围决定了监控系统对移动单元的监控范围。良好的通信，包括大的通信覆盖面和较高的传输频率可使系统具有更大的应用前途。例如，为了实现在一个比较大的地区甚至是全国范围内对移动车辆的监控，手持/车载定位移动终端硬件具有整合多种通信平台的能力，使监控、管理、调度、报警和定位信息能方便地在监控网络

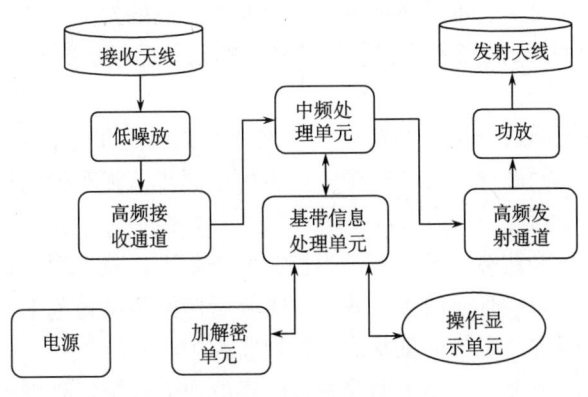

图 9.3 北斗终端

内共享。

针对地理信息移动服务要求的信号覆盖范围，我们可以选择上述一种或几种通信方式来组成地理信息移动服务终端的通信单元。

1) 短信

短信网关用来在 GPS 监控中心和 GSM 网络之间建立一个短信息快速通道，一般需要与移动通信营运商（如中国移动或中国联通）达成使用协议。系统的结构为双网关配置，即在短消息中心侧和增值业务营运中心侧分别配备网关软件，以保证短消息中心的系统安全。短消息中心侧的网关与短消息中心之间的接口协议按照 SMPP3.0 或 CMPP1.2 接口协议，网关与运营中心之间的协议采用内部协议。

SMSC 为电信的短消息中心；SMSC 短消息网关为电信端放置的与短消息中心的连接模块，运行于短消息网关接口机上。它调用短消息中心的接口软件包与短消息中心连接，同时通过网络与信息平台连接；监控中心短消息网关为监控中心内的短消息网关。其功能特点：①具备短消息进出流量检测功能，能指示并存储动态消息流量；②能自动检测与 SMSC 侧短消息网关的连接，具备断线警告功能；③具备中/英文短消息的收发功能；④网关作为 Server 端运行，增值信息服务作为 Client 端。

2) GPRS

GPRS 采用了与 GSM 同样的无线调制标准、带宽、调频规则和 TDMA 帧结构，这一切都昭示着现有的 GSM 网络可以很容易地提供 GPRS 业务。GPRS 在现有的 GSM 网络基础上叠加了一个新的网络，同时在网络上增加设备和软件升级，形成了一个新的网络逻辑实体，提供端到端的、广域的无线 IP 连接。使用 GPRS，数据实现分组发送和接收，用户永远在线且按流量、时间计费，迅速降低了服务成本。GPRS 存在以下问题：GPRS 占用 Internet 的 IP 资源，因 IP 资源有限，当长时间不用时，IP 连接将自动断开。

3) CDMA

与 GPRS 相比，CDMA 提供了在两个网络终端接口间的信息传递能力。与 GPRS 相同，CDMA 也占用 Internet 的 IP 资源，因 IP 资源有限，当长时间不用时，IP 连接将自动断开。

目前，随着无线通信技术的迅速发展及其覆盖范围的扩大，依托于中国电信或中国联通的 GSM 网，构建功能完善的移动监控系统的条件已经成熟。

4) 无线电通信专网

通过对无线电集群通信系统的扩展，使之成为具有卫星定位功能的 GPS 监控指挥调度系统，实现对车辆进行智能动态调度，也可以同步监视车辆的运行状况和同步接收车辆的监听信号。

（1）系统结构。单基站、大区制。为扩大服务范围，减少通信盲区，应适当提高中继站天线的高度。例如，有通信盲区或局部需要延伸网络覆盖范围，可采用网络延伸点设备将用户的报警信息、定位信息及话音传回监控中心。

（2）信道分配。系统是中心主动控制式的集群通信系统，有别于用户主动控制式的集群系统。网内的所有用户可以共享所有通信信道，用户平时处于话音封闭的守候状态，只能接收或发射数字信令，如需与调度中心或其他电台对讲，必须向中心发出申请并得到中心许可。为了保证有效的业务调度通话率，严格限制网内用户无意义的横向通话，系统设立专用报警信道，以保证报警优先，设立专用下行信道，以保证调度中心能随时对所有车辆进行调度监控。

（3）工作方式。

第一，集群模式

守候：用户均设置守候在控制信道；

申请：用户需要通话服务时，发出申请，在控制信道依次排队等候；

分配：中心自动分配（或人工调度）用户到空闲信道通话；

回守：通话结束用户自动返回控制信道；

报警：不管用户处于哪一个信道，只要发生报警，中心均可随时进行处理；

定位：中心随时分配信道对用户进行 GPS 定位或跟踪；

操作：中心采用计算机局域网技术，让所有操作员共享全部网络信息。每个操作员均可单独管理全部信道，不必随着信道的扩充而增加操作员。

第二，常规模式

中心可发出指令，遥控指挥下属用户退出集群模式进入"开放"式通信，即常规的"一呼百应"工作模式。

3. 信息处理单元

手持或车载终端的核心是一个信息处理器，它负责各种信息的处理，包括位置计算，电子地图显示，地图检索、查询等工作。从某种意义上说，它就是一个微型计算机系统。它将终端中 GPS 系统接收定位卫星发来的定位数据和其他定位系统获得的移动目标定位数据，经过数据融合后产生的地理位置坐标的数据，同时结合自身的状态数据，按信令协议处理后，通过数字通信设备发送至监控服务中心。信息处理器采用 89C52 单片机，在 MCS-51（汇编）开发环境下对单片机编程实现控制功能。软件是车载移动信息处理单元的核心，包含了主控程序、通信程序和报警处理程序。主控程序主要功能有：

（1）导航信息接收处理功能。GPS 车载终端产生的实时定位信息通过无线通信模块发回到移动分中心；

（2）通过车载电脑或者 LCD 显示器显示出电子地图及车辆的实时位置，提供自主导航的功能。报警模块将车辆的各种报警信号经过 A/D 转换，传送到 CPU 中，报警处理程序通过中断相应处理，生成相应的报警信息编码，通信处理程序将这些信息和 GPS 实时定位信息捆绑生成车载单元回传数据包，转成 GSM 短消息格式的数据再通过通信模块传送出去。

9.1.2 终端设备主要功能

终端设备主要功能可以面向不同行业提供不同的解决方案，也可依据用户需求进行灵活的设置：

（1）车辆识别：车载终端内设识别 ID 代码，同时可以识别监控中心的代码；
（2）自动定位：通过 GPS 接收单元，自动确定车辆的位置、速度、方向及时间等信息；
（3）数话兼容：移动终端支持通话功能，同时可以进行数据通信，互不影响；
（4）报警功能：具有手动和自动（点、线和区域设防）报警；
（5）功能指示：提供 GSM 数据和 GPS 数据通信的工作指示灯；
（6）车辆定位数据及状态数据（防盗传感器状态及求救状态）回送；
（7）固定报警按钮（报警、医疗求救、车辆故障等状态）；
（8）语音通话和监听（终端在中心授权条件下进行通话调度，在抢窃情况下用于监听）；
（9）遥控车门和遥控熄火；
（10）点、线和区域设防。

9.1.3 终端数据回传模式

（1）定时回转：定时间隔起始时刻由监控中心定时控制；
（2）点名查询：由监控中心的点名查询命令控制；
（3）紧急触发：由终端有线报警按钮触发报警；
（4）自动报警：当移动目标进入或超越由监控中心设置的点、线或区域后自动触发；
（5）终端产品形式。①普通型：具有报警功能、语音通话和监听功能；②物流型：具有语音通话、调度信息显示、油箱和温度监控、行使轨迹记录功能；③跟踪型：采用 GPS 内置式天线，带有内置 9A/h 连续可充锂电池，外置永久磁铁可吸附铁性物体上，安装方便。主要有跟踪和行使轨迹纪录功能。

9.1.4 终端有关技术指标

1. 监控型

车载终端技术指标：
(1) 数传/通话：数话兼容；
(2) 串行速率：9600bps；
(3) 通信方式：GSM 短消息、CDMA、GPRS、无线电专网、卫星；
(4) 定位精度：<25m；
(5) 输入电源：12V±20%；
(6) 报警平均响应时间：2～6s；
(7) 工作环境温度：-20～60℃；
(8) GPS 接收机性能指标：并行 8 通道或 12 通道、L1，1575.42MHz，C/A 码、码+载波跟踪；
(9) 功耗：供电电压 12V 时，待机电流小于 80mA，工作电流小于 200mA。

2. 跟踪型

跟踪型终端技术指标：
(1) 功耗：4W；
(2) 定位精度：<25m；
(3) 跟踪响应时间：<10s；
(4) 定位时间：冷启动<50s；
(5) GPS 接收机：并行 12 通道，接收频率 1575.42MHz±MHz，C/A 码；
(6) 工作电压：3.3V；
(7) 工作电流：平均 100mA，最大 200mA；
(8) 峰值电流：500mA，最大 1000mA（功率级别 5）；
(9) 工作温度：-30～60℃；
(10) 存储温度：-40～85℃；
(11) 频段：3 频，GSM900、GSM1800 和 PCS1900；
(12) 电池待机时间：120h；
(13) 电池规格：4 节 2300MA/h（型号 3825）可充锂电池；
(14) 通信方式：GSM 短信息，支持 GSM 07.05 和 GSM 07.07；
(15) 接口电平：RS232；
(16) 外形尺寸：110 mm×83 mm×40 mm。

3. 监控与导航型

监控与导航型终端技术指标：
(1) 输入电源：宽范围直流电压输入：DC10～25V；
(2) 功耗：供电电压 12V 时，待机电流小于 250mA，工作电流小于 1000mA；

(3) 工作环境温度：-30～85℃；

(4) 存储温度：-65～160℃；

(5) 通信方式：GSM 短消息/GPRS；

(6) 用户容量：同 GSM 网；

(7) 数据回传时间＜5s；

(8) 中央处理器：CPU：三星 S3C2410A，主频 203MHz；内存：64M 字节；NANDFlash：64M 字节；512M SD 卡；

(9) USB 接口：一个 USB HOST（USB1.1 规范）接口；一个 USB Device（USB1.1 规范）接口；

(10) 音频接口：一个音频输入接口；一个音频输出接口；

(11) LCD 和触摸屏接口：板上集成了 4 线电阻式触摸屏接口的相关电路；一个 50 芯 LCD 接口引出了 LCD 控制器的全部信号，并且这些信号引脚都加了 74LVTH162245 驱动，所以 LCD 输出更加稳定可靠；256K 色、5.7 寸真彩色 TFT 液晶屏，屏幕分辨率为 640×320 像素，带触摸屏；

(12) GPS 接收机性能指标：GPS 为美国 Trimble 哥白尼，并行 18 通道 L1 1575.42MHz C/A 码+载波跟踪，定位时间：冷启动，常温时 50s 内，热启动，常温时 30s 内，定位精度＜15m；

(13) 通信模块：Motorola G24 GSM/GPRS Module；

(14) 北斗卫星定位接口（串口）；

(15) 操作系统：WINCE。

9.2 自主定位导航终端

定位监控终端能够主动或被动获取移动目标的位置信息，向移动目标监控中心提供与终端位置相关的信息服务，但不能提供自身的地理环境服务。近几年，随着微电子技术及计算机技术的迅猛发展，出现了体积小、重量轻、耗电量小、携带方便的嵌入式移动计算终端，其移动计算能力可以处理 GIS 的地理空间数据。利用 GPS 接收机的实时空间定位技术，可以组成 GPS+GIS 的各种自主定位导航系统。GIS 计算复杂、数据量大，而在外业特定环境下的硬件资源受很多限制，必须对计算机硬件、操作系统和地理信息系统功能进行裁剪及对地理信息数据进行压缩处理并建立有效的空间索引机制。被裁剪的硬件、操作系统和地理信息系统软件称为嵌入式硬件、操作系统和嵌入式地理信息系统。

9.2.1 定位导航终端硬件环境

近几年来随着微电子技术的发展，计算机在体积、重量和成本方面都有很大程度的降低，数据处理能力越来越高，以至于能够实现大规模的空间信息处理，涌现了一批以手机、掌上电脑为代表的移动终端。特别是随着 GPS 接收机研制水平的提高，其重量、尺寸不断减小，功耗、价格不断降低，功能却在不断提高，其定位精度基本上满足了人们需要。利用 GPS 接收机的实时定位技术和移动终端处理空间地理信息能力,可以组成 GPS+GIS 的各种电子导航系统和空间地理数据的更新系统。硬件技术的发展日新月异,微处理器、存储介质、图形显示与输出等设备几乎每年都要更新换代。硬件系统主要由四大部分组成:定位单元、信息处理单元、显示单元、导航数字地图,如图 9.4 所示。

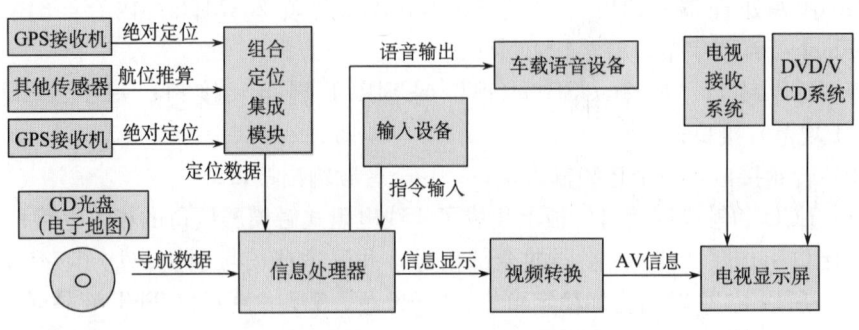

图 9.4 导航系统组成

1. 定位单元

地理信息移动服务终端要有一个安全、可靠、稳定和动态的实时定位平台,而且要设备终端小型化。最近几年来,利用卫星定位系统实时定位精度达到 15～25m 水平,基本上满足了汽车定位的精度要求。为了提高实时定位精度,削弱 GPS 定位系统误差的影响,可以采用差分 GPS 定位技术。许多 GPS 生产厂商,为了提高 GPS 接收机的使用性能和精度,都积极地研究 GPS 与 GLONAAS 相结合的双系统应用软件,已初见成效。

GPS 与航位推算系统相互补充,将 GPS 系统接收卫星的定位数据和其他定位手段所获得的移动目标定位数据进行数据融合,产生新的地理位置坐标的数据,形成一个较为稳定的汽车导航定位平台。

2. 信息处理器

在汽车自动导航系统中,系统的核心是一个汽车信息处理器,它负责各种信息的处理,包括检测车辆运行,输入输出控制,完成车辆位置计算,电子地图显示,地图检索、查询等工作,从某种意义上说,它就是一个微型计算机系统。出于使用环境的考虑,处理器对性能、可靠性、坚固性、兼容性、安全性等的要求很高,一般多采用嵌入式处理器。

嵌入式系统一般由嵌入式微处理器、外围硬件设备、嵌入式操作系统以及用户的应用程序四个部分组成,用于实现对其他设备的控制、监视或管理等功能。嵌入式系统的体系结构如图 9.5 所示。

与传统控制系统相比,嵌入式系统具有系统内核小、专业性强、系统精简、实时性高、多任

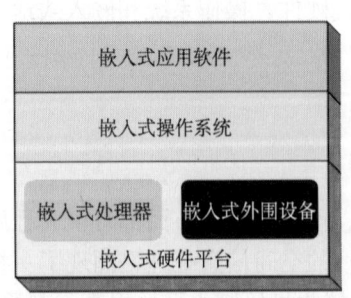

图 9.5 嵌入式系统的通用体系结构

务性、系统开发需要专门的开发工具和开发环境的特征，在工业控制、交通管理、信息家电、家庭智能管理系统、电子收款机系统、电子商务、环境检测、机器人等领域都有重要应用。

从20世纪70年代单片机的出现到今天各种嵌入式微处理器、微控制器的广泛应用，嵌入式系统的发展大致经历了以下三个阶段。

1) 无操作系统阶段

嵌入式系统最初的应用是基于单片机的，大多以可编程控制器的形式出现，具有监测、伺服、设备指示等功能，通常应用于各类工业控制和飞机、导弹等武器装备中，一般没有操作系统的支持，只能通过汇编语言对系统进行直接控制，运行结束后再清除内存。这些装置虽然已经初步具备了嵌入式的应用特点，但仅仅只是使用8位的CPU芯片来执行一些单线程的程序，因此严格地说还谈不上"系统"的概念。

这一阶段嵌入式系统的主要特点是：系统结构和功能相对单一，处理效率较低。由于这种嵌入式系统使用简便、价格低廉，因而曾经在工业控制领域中得到了非常广泛的应用，但却无法满足现今对执行效率、存储容量都有较高要求的信息家电等场合的需要。

2) 简单操作系统阶段

20世纪80年代，随着微电子工艺水平的提高，制造商开始把嵌入式应用中所需要的微处理器、I/O接口、串行接口以及RAM、ROM等部件集成到一起，制造出面向I/O设计的微控制器。与此同时，嵌入式系统的开发者也开始基于一些简单的操作系统开发嵌入式应用软件，大大缩短了开发周期、提高了开发效率。

这一阶段嵌入式系统的主要特点是：出现了大量高可靠、低功耗的嵌入式CPU（如Power PC等），各种简单的嵌入式操作系统开始出现并得到迅速发展。此时的嵌入式操作系统虽然还比较简单，但已经初步具有一定的兼容性和扩展性，内核精巧且效率高，主要用来控制系统负载以及监控应用程序的运行。

3) 实时操作系统阶段

20世纪90年代，在分布控制、柔性制造、数字化通信和信息家电等巨大需求的牵引下，嵌入式系统进一步飞速发展，而面向实时信号处理算法的DSP产品则向着高速度、高精度、低功耗的方向发展。随着硬件实时性要求的提高，嵌入式系统的软件规模也不断扩大，逐渐形成了实时多任务操作系统（RTOS），并开始成为嵌入式系统的主流。

这一阶段嵌入式系统的主要特点是：操作系统的实时性得到了很大改善，已经能够在各种不同类型的微处理器上运行，具有高度的模块化和扩展性。此时的嵌入式操作系统已经具备了文件和目录管理、设备管理、多任务、网络、图形用户界面等功能，并提供了大量的应用程序接口，从而使得应用软件的开发变得更加简单。

在这一阶段，嵌入式应用技术蓬勃发展，其产品已经深入到工业生产和人们生活的各个方面：制造工业、过程控制、通信、汽车、船舶、航空、航天、军事装备、消费类产品等。任何一个普通人都可能拥有各类形形色色运用了嵌入式技术的电子产品，小到MP3、PDA等微型数字化设备，大到信息家电、智能电器、车载GIS，各种新型嵌入式设备在数量上已经远远超过了通用计算机。难怪美国著名未来学家尼葛洛庞帝在

1999年1月访华时就预言，4～5年后嵌入式智能工具将成为继PC机和Internet之后计算机工业最伟大的发明。

嵌入式处理器的体系结构经历了从CISC（复杂指令集）至RISC（精简指令集）和Compact RISC的转变，位数则由4位、8位、16位、32位逐步发展到64位。目前常用的嵌入式处理器可分为低端的嵌入式微控制器（Micro Controller Unit，MCU）、中高端的嵌入式微处理器（Embedded Micro Processor Unit，EMPU）、用于计算机通信领域的嵌入式DSP处理器（Embedded Digital Signal Processor，EDSP）和高度集成的嵌入式片上系统（System On Chip，SOC）。

与通用处理器相比，嵌入式处理器最大的不同点在于，嵌入式CPU大多工作在为特定用户群所专门设计的系统中，它将通用CPU中许多由板卡完成的任务集成到芯片内部，从而使嵌入式系统在设计时趋于小型化，同时还具有很高的效率和可靠性。

目前几乎每个半导体制造商都生产嵌入式处理器，并且越来越多的公司开始拥有自主的处理器设计部门。据不完全统计，全世界嵌入式处理器已经超过1000多种，流行的体系结构有30多个系列，其中以ARM、PowerPC、MC 68000、MIPS等使用得最为广泛。

目前市面上有很多将CPU芯片、输入输出接口、显示卡、声卡、内部存储器等集成到一块的ALL_IN_ONE工控机主板，就比较符合导航仪的要求。

自主导航系统主要由嵌入式硬件环境、嵌入式操作系统、嵌入式地理信息系统和大区域多尺度空间地理数据组成。

3. 信息存储设备

存储设备主要用于各类数据的存储，系统中的外部存储器用于存储地理信息和其他辅助导航信息，要求容量大、成本低，具有良好的抗震、抗电磁、防潮湿等性能。常用的有静态易失型存储器（RAM、SRAM）、动态存储器（DRAM）和非易失型存储器（ROM、EPROM、EEPROM、FLASH）三种，其中，FLASH凭借其可擦写次数多、存储速度快、存储容量大、价格便宜等优点，在嵌入式领域内得到了广泛应用。在实用中一般采用PCMCIA卡、硬盘或CD-ROM等。相比之下CD-ROM用的较多，这主要出于对系统的多媒体特征、海量数据、数据安全、易于交换数据、娱乐等的考虑。

4. 信息输出

为了对用户的行为做出反应和输出导航系统的处理结果，还需要一定的输出设备。可视化显示设备可采用价格便宜的液晶TV（但需要一个视频转换卡），同时为了信息的多媒体输出，还可带有音响设备。

5. 信息输入

用户的指令输入设备使用遥控方式。

9.2.2 嵌入式操作系统

随着现代计算机技术的飞速发展和互联网技术的广泛应用，人类已从 PC 时代过渡到以个人数字助理、手持个人电脑和信息家电为代表的 3C（计算机、通信、消费电子）一体的后 PC 时代。后 PC 时代里，嵌入式系统扮演了越来越重要的角色，被广泛应用于信息电器、移动设备、网络设备和工控仿真等领域。嵌入式系统是以应用为中心，以计算机技术为基础，软硬件可裁减，适应应用系统对功能、可靠性、成本、体积、功耗有严格要求的专用计算机系统。嵌入式系统通常由嵌入式处理器、嵌入式外围设备、嵌入式操作系统和嵌入式应用软件等几大部分组成。

由于技术的不断改进，嵌入式 GIS 的复杂性和差异性正逐渐从硬件转移到软件上，因此对嵌入式操作系统的选择是非常重要的。操作系统决定了嵌入式系统适用的硬件，同时也决定了基于操作系统平台之上的开发工具等。

在桌面型计算机领域，虽然有 AMD 系列处理器和 Linux 操作系统的冲击，但是 Win_Tel（Windows + Intel）体系架构仍占据主导地位。而在嵌入式系统领域，由于嵌入式系统应用需求的多样性，嵌入式处理器和操作系统种类很多。仅用于信息电器的嵌入式操作系统就有 40 种左右。一种嵌入式操作系统往往支持一种或多种处理器。以 Palm OS 为例，它主要支持 Motorola 68EZ328 芯片。而 Windows CE 则支持多种 CPU，包括 ARM、SH3、MIPS 系列芯片。

早期的嵌入式系统很多都不用操作系统，它们只是为了实现某些特定功能，使用一个简单的循环控制对外界的控制请求进行处理，不具备现代操作系统的基本特征（如进程管理、存储管理、设备管理、网络通信等）。不可否认，这对一些简单的系统而言是足够的，但是随着所谓后 PC 时代的来临，嵌入式系统设计日趋复杂，为了使嵌入式开发更方便、快捷，就需要具备相应的管理存储器分配、中断管理、任务间通信和定时器响应，以及提供多任务处理等功能的稳定的、安全的软件模块集合，即嵌入式操作系统。嵌入式操作系统的引入大大提高了嵌入式系统的功能，方便了嵌入式应用软件的设计，但同时也占用了宝贵的嵌入式资源。一般在比较大型或需要多任务的应用场合才考虑使用嵌入式操作系统。

与通用操作系统相比，嵌入式操作系统具有体积小、实时性强、可裁减、易于扩展、稳定性强、接口统一等优点。嵌入式操作系统按实时性能可以分为两类。一类是面向控制、通信等领域的实时操作系统，如 WindRiver 公司的 VxWorks、ISI 的 pSOS、QNX 系统软件公司的 QNX、ATI 的 Nucleus 等，其中在国内市场中 VxWorks 和 pSOS 有较大影响。另一类是面向消费电子产品的非实时操作系统，这类产品包括个人数字助理（PDA）、移动电话、机顶盒、电子书、WebPhone 等，比较著名的有 Windows CE 和 Palm OS。从收费的方式和数量加以区分，又可以分为商品嵌入式操作系统和公开源码的嵌入式操作系统。

1. 商品嵌入式操作系统

从 20 世纪 80 年代起，国际上就有一些 IT 组织、公司开始进行商用嵌入式操作系统和专用操作系统的研发。这其中涌现了一些著名的嵌入式操作系统，Microsoft 公司的 Windows CE 和 WindRiver System 公司的 VxWorks 就分别是非实时和实时嵌入式操作系统的代表。采用商品嵌入式操作系统的好处是能得到比较好的技术支持。当然，作为商品，这些嵌入式操作系统一般都比较可靠，但是商用产品的造价都十分昂贵，用于一般用途会提高产品成本从而失去竞争力。下面介绍几种典型常用的商品嵌入式操作系统。

1) VxWorks

VxWorks 是目前嵌入式系统领域中使用最广泛、市场占有率最高的嵌入式实时操作系统。它是美国 WindRiver 公司的产品，以其良好的可靠性和卓越的实时性被广泛地应用在通信、军事、航空、航天等高精尖技术及实时性要求极高的领域中，如卫星通信、军事演习、导弹制导、飞机导航等。在美国的 F-16、FA-18 战斗机、B-2 隐形轰炸机和爱国者导弹上，甚至连 1997 年 4 月在火星表面登陆的火星探测器上也使用了 VxWorks。它具有以下特性：

(1) 微内核结构（最小体积<8KB）；

(2) 微秒级中断处理；

(3) 高效的任务管理；

(4) 多处理器支持；

(5) 灵活的任务间通信；

(6) 符合 POSIX 1003.1b 实时扩展标准；

(7) 支持 MS-DOS 和 RT-11 文件系统；

(8) 完全符合 ANSI C 标准；

(9) 支持多种体系结构的处理器，如 x86、i960、Sun Sparc、Motorola MC68xxx、Power PC、ARM 等。

2) pSOS

pSOS 是 ISI 公司研发的产品，现在 ISI 已经被 WinRiver 公司合并，pSOS 属于 WindRiver 公司的产品。它是世界上最早的实时系统之一，也是最早进入中国市场的实时操作系统。pSOS 是一个模块化、高性能、完全可扩展的实时操作系统，专为嵌入式微处理器设计，提供了一个完全多任务环境，在定制的或是商业化的硬件上提供高性能和高可靠性。它包含单处理器支持模块、多处理器支持模块、文件管理器模块、TCP/IP 通信包、流式通信模块、图形界面、Java、HTTP 等，可以让开发者根据操作系统的功能和内存需求定制成每个应用所需的系统。开发者可以利用它来实现从简单的单个独立设备到复杂的、网络化的多处理器系统。

3) QNX

QNX 是加拿大 QNX Software Systems 公司的产品，它是一个实时的、可扩充的、类似于 MACH 的微内核操作系统。它部分遵循 POSIX 相关标准，如 POSIX.1b 实时扩展。它提供了一个很小的微内核以及一些可选的配合进程。其内核仅提供四种服务：进程调度、进程间通信、底层网络通信和中断处理，其进程在独立的地址空间中运行。所有其他操作系统服务都实现为协作的用户进程，因此 QNX 内核非常小巧（QNX4.x 大约为 12KB），而且运行速度极快。这个灵活的结构可以使用户根据实际的需求，将系统配置成微小的嵌入式操作系统或包括几百个处理器的超级虚拟机操作系统。

4) Palm OS

Palm OS 是 Palm 公司研制的一种 32 位的嵌入式操作系统，它的操作界面采用触控式，差不多所有的控制选项都排列在屏幕上，使用触控笔便可进行所有操作。作为一套极具开放性的系统，开发商向用户免费提供 Palm 操作系统的开发工具，允许用户利用该工具在 Palm 操作系统的基础上编写、修改相关软件。Palm 操作系统最明显的优势还在于其本身是一套专门为掌上电脑编写的操作系统，在编写时充分考虑到了掌上电脑内存相对较小的情况，所以 Palm 操作系统本身所占的内存极小，基于 Palm 操作系统编写的应用程序所占的空间也很小，通常只有几十千字节。Palm OS 在掌上电脑和 PDA 市场上占有很大的市场份额，它有开放的操作系统应用程序接口，开发商可以根据需要自行开发所需要的应用程序。Palm 在其他方面还存在一些不足，如 Palm 操作系统本身不具有录音、MP3 播放功能等，如果你需要使用这些功能，就需要另外加入第三方软件或硬件设备方可实现。对于中国用户而言，另一个不足之处在于 Palm 操作系统起初在中国销售的产品仍然要使用中文外挂平台，有相当部分依然是以英文界面为主，在一定程度上影响了基于 Palm 操作系统的产品在中国市场的大面积进入。

5) Windows CE

Windows CE 是微软消费电子设备操作系统的总称。它是一个抢先式多任务并具有强大通信能力的嵌入式操作系统，是微软专门为信息设备、移动应用、消费类电子产品、嵌入式应用等非 PC 领域而精心设计的战略性操作系统产品。其中，CE 中的 C 代表袖珍（Compact）、消费（Consumer）、通信能力（Connectivity）和伴侣（Companion），E 代表电子产品（Electronics）。Windows CE 是 Windows 操作系统家族的最新成员，但它并不是 Windows NT 或 Windows 9x 的一部分或缩减版本。Windows CE 拥有它自己的系统结构，具备独立开发的内核和独一无二的设备驱动程序模型。Windows CE 的图形用户界面相当出色，它具有模块化、结构化和基于 Win32 应用程序接口以及与处理器无关等特点。Windows CE 不仅继承了传统的 Windows 图形界面，并且在 Windows CE 平台上可以使用 Windows 95/98 上的编程工具、函数和同样的界面风格，使绝大多数的应用软件只需简单的修改和移植就可以在 Windows CE 平台上继续使用。Windows CE 内核较小，其模块化设计允许它对于从掌上电脑到专用的工业控制器的用户电子设备进行定置。操作系统的基本内核需要至少 200KB。其优点在于便携性、提供对微处理器的选择以及非强行的电源管理功能。缺点是速度慢、效率低、价格偏高、开发应用程序相对较难、实时性不好，只能用于对实时性要求不高的场合。

2. 公开源码的嵌入式操作系统

以上介绍的都是商用的嵌入式操作系统，它们在系统可靠性和对用户的技术支持上都有自己的优势。但是，这些专用操作系统均属于商业化产品，其价格昂贵；而且，由于很多时候它们的核心源代码都是不公开的，这使得每个系统上的应用软件与其他系统都无法兼容。由于这种封闭性还导致商业嵌入式系统在对各种设备的支持方面存在很大的问题，使得它们的软件移植变得很困难。现在，公开源代码的嵌入式操作系统越来越受到大家的欢迎，越来越多的公司在一定程度上加入了公开源码软件的阵营。现在，有些公开源码软件既有强力的后盾，又有网上广泛的参与，这有利于这些软件的质量和可靠性。下面简要介绍一些公开源码的嵌入式操作系统。

1) uC/OS

就我们所知，在称得上是操作系统内核的软件中，微内核 uC/OS 可以说是最小的了。这里的 u，表示 micro，所以 uC 就是指微控制器。其作者 J. Labrosse 将第 1 版的源代码发表在 1992 年的"Embedded System Programming"杂志上，从而引起了人们的注意和采用。在此基础上，后来又推出了 uC/OS 的第 2 版，即 uC/OS-II。现在一般讲 uC/OS 都是指 uC/OS-II，但是仍在用 uC/OS 的也不少。目前，uC/OS 已经被移植到了几乎所有的微处理器/微控制器上。uC/OS 是一种免费公开源代码、结构小巧、具有可剥夺实时内核的实时操作系统。其内核提供任务调度与管理、时间管理、任务间同步与通信、内存管理和中断服务等功能。uC/OS 占用空间少、执行效率高、实时性能优良，且针对新处理器的移植相对简单。它特别适合于小型控制系统。

2) Mach

Mach 是由 Carnegie Mellon University 在 20 世纪 80 年代后期研制的微内核操作系统，在当时是很有代表性的。由于 CMU 的学术地位以及源代码的公开性，这个系统在很长一段时间里对后来的微内核操作系统有着重要的影响，Mach 与 Unix，特别是 BSD 有着传承的关系。从结构上看，Mach 将文件系统等内容从内核中移到了外部，但是仍把设备驱动留在内核中。跟 Unix 一样，Mach 的内核运行于系统空间，而应用程序则运行于用户空间。由于 Mach 是个微内核系统，其实时性虽比 Unix 有所改进，但仍不强。后来 CMU 又继续研制了实时的 RT-Mach。

3) 嵌入式 Linux

Linux 是一个类似于 Unix 的操作系统。它起源于芬兰一个名为 Linus Torvalds 的业余爱好，但是现在已经是最为流行的一款开放源代码的操作系统。很久以来，一直有人说 Linux 不适合用于嵌入式系统，可是事实上却有愈来愈多的嵌入式系统采用了 Linux。在作为通用系统的"个人计算机"PC 上，Linux 确实处于不利的位置，一方面是由于 Linux 曾一度缺乏像办公软件一类的热门应用软件，另一方面也是由于微软对市场的精心"培育"。而在嵌入式系统中，这些不利因素所起的作用则较小，因而 Linux 完全可以发挥其各方面的长处。不过，把 Linux 用于嵌入式系统，一般也不是原封不动地照搬，而是充分考虑各种具体嵌入式系统的特点，有针对性地对 Linux 内核加以裁减、修改和补充。

随着 Linux 的迅速发展，嵌入式 Linux 现在已经有许多的版本，包括强实时的嵌入式 Linux 和一般的嵌入式 Linux 版本。目前对嵌入式 Linux 的开发主要集中在两个方向。一种思路是通过裁减的途径。由于嵌入式设备资源有限，对软件的规模有比较苛刻的要求，因此可通过开发符合原 Linux 接口标准的精简的 Linux 内核，并加强其可裁减性和可配置性，以满足掌上电脑等方面的要求。另一条思路是在普通 Linux 操作系统的底层中加载一个非常精简的 RT-Kernel，处理实时任务，而原有的内核在运行时可以看做 RT-Kernel 的任务，而且相当于专用实时操作系统（RTOS）中优先级最低的任务，这可达到既兼容通常的 Linux 任务又保证强实时性能的目的。

uClinux 是一种优秀的嵌入式 Linux 版本，是 Micro-Control-Linux 的缩写，它针对

没有 MMU 的处理器而设计。同标准 Linux 相比，它集成了标准 Linux 操作系统的稳定性、强大网络功能和出色的文件系统等主要优点，其编译后目标文件可控制在几百千字节量级。uClinux 由于没有 MMU 管理存储器，其对内存的访问是直接的，所有程序中访问的地址都是实际的物理地址。操作系统对内存空间没有保护，各个进程实际上共享一个运行空间。这就需要在实现多进程时进行数据保护，也导致了用户程序使用的空间可能占用到系统内核空间。这些问题在编程时都需要多加注意，否则容易导致系统崩溃。

3. 嵌入式操作系统比较

由于目标系统的多样性，对嵌入式操作系统的要求也多变，所以往往难以找到与要求正好吻合、"量身订制"的嵌入式操作系统，而常常需要对现成的操作系统加以配置/裁减和修改。在这一方面，公开源码软件由于可以免费取得源码而明显优于商品软件。虽然一些商品的嵌入式操作系统也向应用软件开发商提供源码，但那一般是要额外付钱的，而且，商品软件的提供者大多反对用户修改其源码，用户一旦对其源码作出修改，就得不到技术支持了。相比之下，公开源码软件虽然一般都没有正式的技术支持，但是用户实际上往往仍可从相关的网上论坛得到帮助。所以，对于商品嵌入式操作系统，除厂商提供的配置手段之外，要对其源码作出修改往往是不现实的。而在公开源码的嵌入式操作系统中，uC/OS 和 uClinux 是研究实时操作系统和非实时操作系统的典范。uC/OS 适合小型控制系统，具有执行效率高、占用空间小、实时性能优良和可扩展性强等特点，最小内核可编译至 2KB。uClinux 则是继承标准 Linux 的优良特性，针对嵌入式处理器的特点设计的一种操作系统，具有内嵌网络协议，支持多种文件系统，开发者可利用标准 Linux 先验知识等优势，其编译后目标文件可控制在几百千字节量级。通过对 uC/OS 和 uClinux 的比较可以看出，这两种操作系统在应用方面各有优劣。uC/OS 内核是针对实时系统的要求设计实现的，相对简单，可以满足较高的实时性要求；而 uClinux 则在结构上继承了标准 Linux 的多任务实现方式，仅针对嵌入式处理器特点进行改良，其要实现实时性效果则需要使系统在实时内核的控制下运行。在复杂的需要较多文件处理的嵌入式系统中，uClinux 是一个不错的选择；而 uC/OS 则主要适合一些控制系统。此外，uC/OS 占用空间少、执行效率高、实时性能优良，且针对新处理器的移植相对简单；uClinux 则占用空间相对较大，实时性能一般，针对新处理器的移植相对复杂。但是，uClinux 具有对多种文件系统的支持能力，内嵌了 TCP/IP 协议，可以借鉴 Linux 丰富的资源，对一些复杂的应用具有相当优势。总之，操作系统的选择是由嵌入式系统的需求决定的。简单地说，小型控制系统可充分利用 uC/OS 小巧且实时性强的优势；如果开发 PDA 和互联网连接终端等较为复杂的系统，则 uClinux 是不错的选择。

全球嵌入式操作系统的发展空间正随着互联网、通信和计算机市场的飞速增长而不断扩大，许多国外公司也有对此类系统几十年的开发经验，但到目前为止，此类系统尚无一个统一的国际标准，因此，我们仍有机会在这个未成熟的市场上占有一席之地。随着嵌入式系统的发展，特别是嵌入式网络技术的出现，又出现了面向应用的、专用特制的嵌入式实时操作系统（Application Specific Operating System，ASOS）。总之，每种嵌入式操作系统都有自己的特点和应用领域，我们在选择时可根据实际需要进行选择。

9.2.3 嵌入式地理信息系统

1. 嵌入式 GIS 数据模型

由于受硬件环境的制约，同时也由于嵌入式 GIS 的开发与具体应用紧密相连，嵌入式 GIS 的数据模型呈现出许多与桌面型 GIS 的不同之处。最大的特点是嵌入式 GIS 采用了矢量数据分块的方式存储和管理数据，由于任意时刻屏幕显示的图形数据只是读入数据的一部分，因此适当减少非屏幕显示区域的数据，并不影响屏幕图形数据的显示。系统采用矢量数据分块的方法，将空间矢量数据分为 N 份，任意时刻 PDA 显示图形数据时候，只是读取部分图形数据以满足快速显示图形的要求和数据存储需要。

嵌入式 GIS 采用层次模型，模型把现实的地理空间（不管是连续的还是不连续的）映射为数据卷。在数据卷所对应的地理空间中，数据模型将连续的地理实体及相互关系进行离散和抽象，建立若干以地理区域为边界的认识地理空间的窗口，即数据集。一般说来，一个数据集对应的地理范围是一个图幅。一个图幅 F 是一个图形对象（object）集合，即

$$F = \sum_{i=1}^{n} \text{object} \quad (\text{object} \subset F) \tag{9.1}$$

用户在任意时刻只是浏览一幅图的一部分，即一幅图对象集合的一个子集，所以可以将一幅图按矩形分块方式划分成若干对象子集。每一数据块为一个格网，每个格网为一对象集合，可以含 0 至任意一个图形对象，第 2 行 2 列矩形格网包含一个线对象和一个面对象，所有格网组成一幅图。从整体来看空间数据是按矩形分块方式进行存储管理的，而每个数据块的内容均是矢量数据。数据块是数据存储和管理的基本单位。

每个数据块包含若干地理要素层，每一要素层包括一组在地理意义上相关的地理要素。在要素层中的几何目标构成一个平面，并建立目标之间的拓扑关系。每个要素层之间在数据组织和结构上相对独立，数据更新、查询、分析和显示等操作以要素层为基本单位。

数据集、数据块、要素层和地理目标构成一个层次地理数据模型框架。每个数据块建立自己独立的拓扑关系，数据块之间通过经纬度或矩形分块建立邻接相关关系。

2. 嵌入式 GIS 功能

用户利用导航软件可以有效地使用道路信息。导航软件设计时，要处理好庞大的道路信息和有限的计算机资源之间的矛盾。在具体设计中把自导航软件分为以下几个模块，如图 9.6 所示。

1）图幅数据的调度和管理

大区域、多图幅空间数据的调度、管理主要依据用户工作区的变化进行，其基本思想是根据用户工作的需要（如显示、空间查询等）和图幅的空间位置索引适时匹配，确定装载的图幅，为了获得系统较高的响应速度，图幅的装载与释放是动态进行的。按照

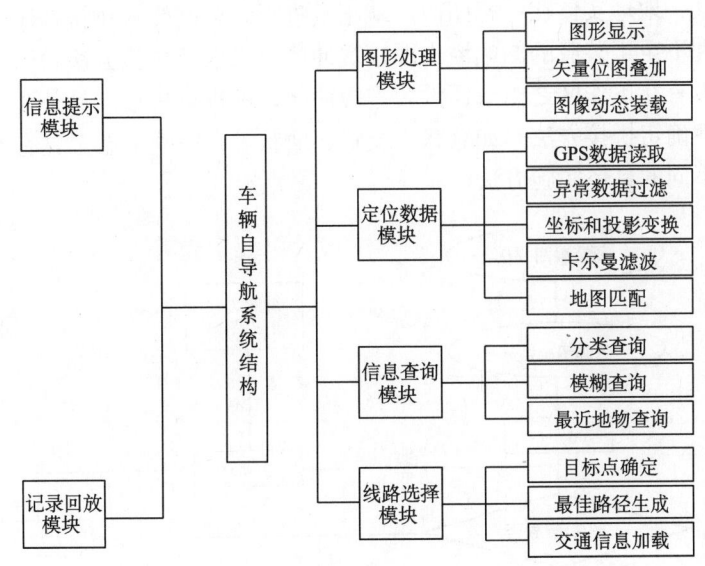

图 9.6 车辆自导航软件结构图

图幅、图层和空间目标进行不同层次的管理图幅装载的过程，如图 9.7 所示。

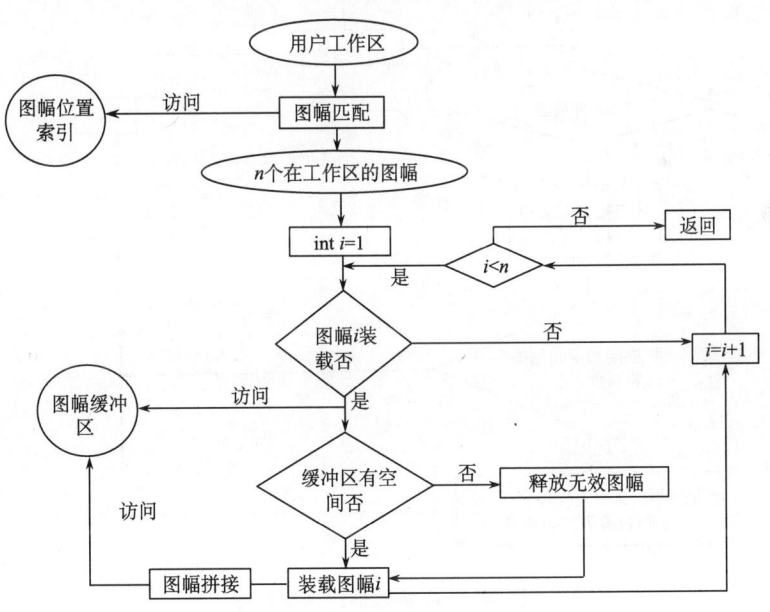

图 9.7 图幅装载流程图

图幅拼接时，分布于不同图幅的空间实体具有共同的几何特征，合并后其地理空间维数保持不变，几何特征参数进行累加，质量特征参数（要素属性）则保持不变，与其他地理实体的空间关系保持不变。具体拼接过程如图 9.8 所示。

在图幅装载的同时进行拼接，并不是所有的图层都需要拼接（如只有点要素的层），因此首先要确定要拼接的图层。根据要拼接图层的某种地理单元（线和面目标）的完整性，如果是某一地理实体在一幅图内，就正常进行，否则转入拼接程序。为了保证图幅拼接的顺序和不至于装载的图幅溢出图幅缓冲区，采取后拼接方法，即对于要拼接的相邻图幅如果没有在工作区之内或还没装进缓冲区，不进行拼接。另外要根据具体地理要素的不同特性确定拼接方法，如点状、线状、面状等在空间形态上具有不同的特征，在拼接上具有不同的具体实施方法。

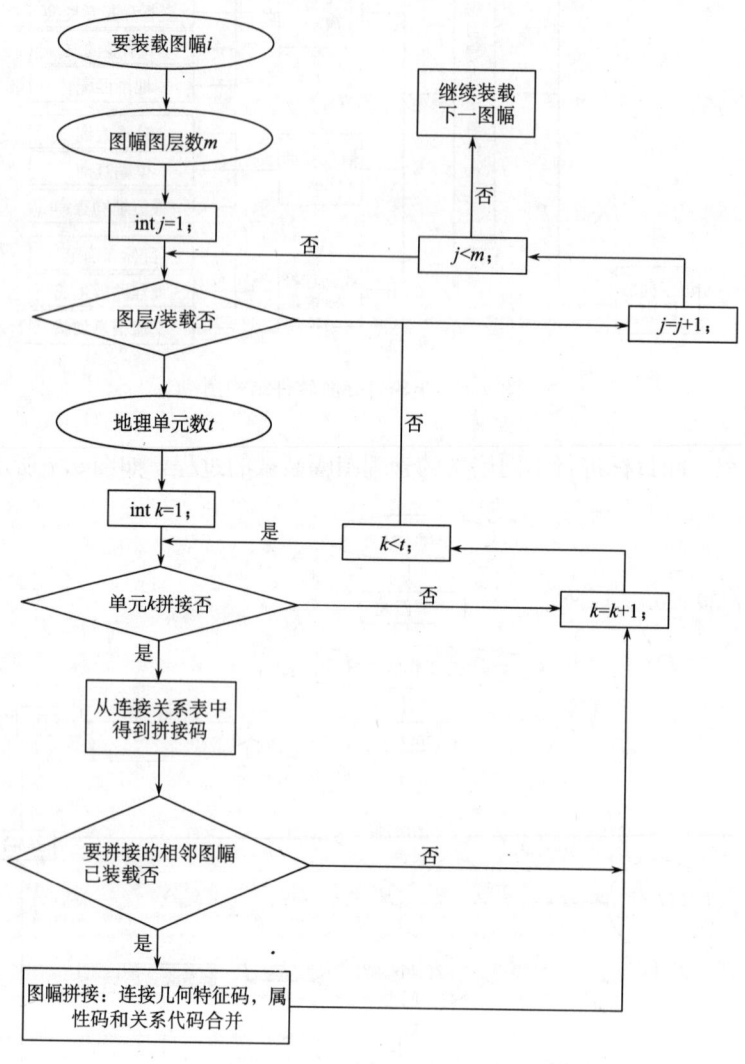

图 9.8 图幅数据拼接流程图

按照上述的方法对图幅数据进行组织和管理，保证了工作区内的数据完整性和对数据的有效操作。当对工作区内某个地理实体进行检索时，首先根据要素索引表确定地理实体位于某个图幅，然后只需在本图幅内根据图幅内部的目标查询表检索出某个地理实体。当对空间目标进行修改时，若仅仅是几何位置变化，而组成结构和连接关系不变，则只需重建图的空间索引，否则需重建本幅图的拼接索引和要素索引。

2）图形显示功能模块

图形显示模块提供了图形显示的基本功能，如图形的放大、缩小、漫游等功能。考虑到车辆行驶时图形显示的连续性，采取了栅格数据与矢量数据的混合方式，即屏幕显示时用位图显示，数据处理用矢量数据进行操作。这主要考虑到位图显示速度不受比例尺的影响，可以叠加其他信息且图形效果更加生动美观等，还克服了当比例尺较小时屏幕更新较慢等问题。另外，大容量的外部存储设备如 CD-ROM 等为位图大数据量的存储提供了必要条件。

3）信息查询功能模块

信息查询是车辆导航系统的一个重要功能，它是用户获得所需信息的一个必要手段。查询可分为分类别查询与不分类别查询、模糊匹配查询和精确匹配查询、分层查询等。分类别查询提供一种按照地理要素类别进行查询的手段，可以大大加快要素查询的速度。此外，在系统中还提供了模糊查询的功能，即把所有包含或被包含于用户输入数据的地名数据库的数据全部罗列出来，提供给用户自己选择。

对嵌入式 GIS 来说，查询功能是非常重要的。因为嵌入式设备屏幕较小，不可能像台式机一样显示大范围的地理要素。对于用户来说，要在图幅内漫游一圈来查找自己感兴趣的地理目标是非常费时费力的。而通过查询（包括对居民地、道路、服务设施的查询），用户可以迅速找到并将目标定位在屏幕地图上。因此，有必要对嵌入式 GIS 矢量数据建立索引以支持查询功能。

在系统中，我们建立了一种基于行政区划的索引机制。这是因为：目标，尤其是居民地目标是包含行政区划概念的，如河南省郑州市二七区下辖的小王庄。这种索引方式也是网上电子地图普遍采用的。

索引数据文件包括文件头和数据区。在文件头中，首先写入行政区的个数，每个行政区的名称以及它在数据区的入口地址。在每个行政区的开始处记录有所有目标图层的入口地址。对于 1∶10 000 或更大比例尺的电子地图，目标图层包括居民地、道路和服务设施；对于比例尺小于 1∶10 000 的，目标图层只包括居民地和道路。通过每一目标图层的入口地址，系统能找到行政区内这一图层包含的所有目标信息。

4）GPS 定位数据处理功能模块

在 AVLN 中，实时获得车辆的位置是其核心功能。车辆导航系统要有一个稳定的定位结果，需要满足以下条件：①具有较高精度与可靠性的车辆单点一次连续定位；②高质量的数字地图；③完善的地图匹配算法。导航系统的定位数据主要通过导航仪的定位传感器获得，以前以使用惯性导航手段为主，随着卫星定位技术的不断发展和硬件价格水平的迅速下降，目前定位传感器主要以 GPS 接收机为主，车辆位置是通过 GPS 接收机按照单机动态绝对定位方法得到的。绝对定位通常是指在地球坐标系中，直接确定观测站相对于坐标系原点（地球质心）的绝对坐标的一种定位方法。它的原理是以 GPS 卫星和用户接收机天线之间距离（距离差）为基础，并根据已知的卫星瞬时坐标，来确定用户接收机天线所对应的点位位置。单点绝对定位一般至少需要同时观测四个卫星。

绝对定位的优点是只需要一台接收机即可独立定位，数据处理相对简单，但是有定位精度较差、信号易受干扰等缺点，必须对得到的 GPS 定位数据进行加工处理，才能满足车辆导航的需要。

按照 GPS 定位数据与地理底图配准误差的产生及数据处理过程，可将误差分为五个部分：定位粗差、GPS 常规测量误差、GPS 定位测量结果坐标转换误差、投影变换误差以及 GIS 数字地图平面误差。其中，GIS 数字地图平面误差，主要是由数字化采集时带来的，这里就不再论述了。

(1) 定位粗差。定位粗差是完全错误的测量值，可能因为 GPS 卫星的失锁、瞬时错误的卫星导航电文及通信误码等造成误差由几百米到几千米不等。对于定位粗差可以在 GPS-OEM 板上设置合适的 DOP（几何精度衰减因子）滤波因子、速度滤波因子以及加速度滤波因子以探测此类粗差并予以剔除，也可以直接利用 GPS 接收机输出的定位误差估计值，通过设置估计误差最大允许值即误差阈值剔除这些数据异常点。对于因定位粗差造成的定位短时的不连续，在实践中可以利用已经获取的有效定位点及移动速率对无效定位数据进行短时的线性插值或采用曲线拟合方法来弥补。

(2) GPS 常规测量误差。GPS 常规测量误差包括 GPS 星钟误差、星历误差、电离层和对流层延迟误差、接收机噪声误差与通道间偏差等。此外，加上美国国防部实施的 SA 政策而导致的定位误差，使得单机定位精度只能达到 100m（平面，95% 置信度），这种精度为 GPS 系统精度，与 GPS 接收机无关。为了提高实时定位精度，一般采用差分定位技术，通过差分 GPS 可以得到米级甚至于亚米级的定位精度。

(3) GPS 测量结果坐标转换及投影变换误差。从 GPS 接收机中直接得到的定位数据是以 WGS-84 坐标系为基础的，而定位工作是在当地坐标系中进行的，系统所使用的电子地图也都是以当地坐标系作为数学基础的，它们之间存在着投影变换和直角坐标转换问题。在 GPS 导航定位中要求立即给出当地的坐标，这就使转换工作显得尤其重要。一般根据坐标系的实际情况和换算的精度要求等因素综合选定换算模型。在实际应用中多采用布尔莎（M. Bursa）模型，其转换模型为

$$\begin{bmatrix} x \\ y \\ z \end{bmatrix}_{新} = \begin{bmatrix} \Delta X_0 \\ \Delta Y_0 \\ \Delta Z_0 \end{bmatrix} + \begin{bmatrix} 0 & \varepsilon_Z & -\varepsilon_Y \\ -\varepsilon_Z & 0 & \varepsilon_X \\ \varepsilon_Y & -\varepsilon_X & 0 \end{bmatrix} \begin{bmatrix} X \\ Y \\ Z \end{bmatrix}_{老} + (1+m) \begin{bmatrix} X \\ Y \\ Z \end{bmatrix}_{老} \quad (9.2)$$

其中，x、y、z 为转换后的空间直角坐标，X、Y、Z 为转换前的空间直角坐标；ΔX_0、ΔY_0、ΔZ_0 为平移参数；ε_X、ε_Y、ε_Z 为欧勒角，即为旋转参数；m 为尺度变化参数（两个坐标系尺度之差）。

式中共有七个转换参数 ΔX_0、ΔY_0、ΔZ_0、ε_X、ε_Y、ε_Z、m，即所谓的布尔莎七参数变换公式。当 $\varepsilon_X = \varepsilon_Y = \varepsilon_Z = 0$，$m = 0$，即转换为三参数布尔莎公式。由于三参数公式没有考虑 3 个坐标轴转角及比例因子，会带来一定的舍入误差，根据实测结果，此误差可达到 10m。

大地直角坐标转换后，还需进行投影转换。这一般都有严密的公式，精度都比较高。值得说明的是，在实际应用中不宜利用仿射变换代替投影变换，否则的话，也会带来较大的误差（可达到 30m）。

(4) GPS 接收机动态定位性能的改善。将最优估计理论应用于 GPS 动态定位数据误差分析和估计，近几年来受到普遍关注，其中使用最广泛的估计理论是卡尔曼滤波方

法。20世纪60年代初,卡尔曼等提出了一种递推式滤波方法,它是一个不断地预测、修正的递推过程,由于它在求解时不需要存储大量的观测数据,可随时算得新的参数滤波值,便于适时地处理观测结果,因此卡尔曼滤波主要用于非线性动态数据的误差估计。随着定位技术的发展,它开始应用于GPS定位模型中,尤其在GPS绝对定位过程中显著地提高了GPS的定位精度。同时,当GPS接收机在短时间内接收不到信号或遇到信号异常时,还可以利用卡尔曼滤波预测这些时刻的位置。

卡尔曼滤波的基本思想是根据历史的有效GPS定位观测值$y(n)$($0 \leqslant n \leqslant t$),将误差建立一个随机方程来估计这些误差状态,以此来适时修正状态t时刻的状态向量$x(t)$。在这一技术的应用中,关键是解决卡尔曼滤波器的发散问题,一般多采用UDUT分解法来解决这个问题。实际应用表明,这种算法能够减小计算工作量,提高解算速度。

寻求有效的算法提高GPS的定位精度与定位效率,并最大限度地减少或消除GPS定位的不连续性问题是一个值得探讨的问题。

5) 数据处理功能模块

车辆定位数据的处理主要是指对GPS数据的坐标转换和投影变换,异常导航数据的过滤等。对于GPS定位数据处理主要分为以下几个模块:

(1) GPS数据获取模块。通过导航仪的串口(RS-232)与GPS板进行数据交换,包括GPS板的初始化、GPS板的打开和关闭、GPS板状态的获得、GPS机导航电文的获取和识别所需的信息等。

(2) 异常数据过滤模块。该模块的功能是综合利用各种手段过滤掉因为导航卫星失锁等而导致的异常电文。系统主要考虑了GPS板提供的DOP值(几何精度衰减因子,一般取HDOP>4)以及卡尔曼滤波对当前位置的误差估计值对异常值进行滤波。另外,为了加快过滤的速度和可靠性,预先给定一个车辆的行驶范围,当车辆定位位置超出预定范围时,即予以剔除。同时,在实际应用中,车辆的行驶速度是有一个上限值的。例如,在城市道路上车辆速度很少超过200km/h的(约相当于60m/s)。在考虑到GPS误差的情况下,如果在预定的时间间隔内,车辆的行驶距离超过理论最大可能行驶的距离,即可判定此定位数据异常。综合利用以上各种手段,基本上可以得到比较正确的数据。对于被剔除掉的当前定位数据,可以用线性插值或曲线拟合的办法来弥补。

(3) 坐标转换和投影转换模块。包括WGS-84到BJ-54坐标变换、高斯投影正反解变换等。

3. 地图匹配模块

1) 地图匹配基本原理

为了降低GPS的定位误差对导航的影响,系统还要使用地图匹配的算法对汽车位置进一步修正。一方面,地图匹配技术能够保证当定位系统输出的数据偏离了数字地图的道路链时,可以找到最近的道路路段并把汽车位置修正到相对正确的位置。另一方面,地图匹配也可以用来平滑定位传感器或定位系统的噪声和改善电子地图的屏幕显示效果。

无论采取单点GPS定位、差分GPS定位或是GPS与航位推断系统相集成的定位系统，得到的实时定位数据都具有一定的误差，仍将难以满足车辆导航的需要。它一方面影响导航系统的视觉效果，如车辆偏离道路行驶；另一方面影响空间直接定位的结果，如街道交叉点的定位或某一查找目标的定位。由于矢量化电子地图的道路对象的地理位置是相对精确的，利用电子地图的地理数据对得到的车辆定位数据进行配准纠正，是可以相对提高当前定位数据的精度的，结合历史数据的地图匹配方法就是这种思想的体现。

地图匹配的基本思想是通过车辆的GPS航迹与电子地图上矢量化的路段相近匹配，寻找当前行驶的道路，并将车辆当前的GPS定位点投影于道路上。这样既保证了不会因为定位误差使车辆定位点偏离车辆当前行驶的道路，而且通过投影使车辆定位数据仅残留了定位误差在车辆前进方向上的径向分量，从而提高车辆的定位精度。

2）地图匹配的算法

地图匹配的算法是曲线匹配原理和地理空间接近性分析方法的融合。曲线匹配算法的基本思想是：如果对一条曲线做任意数量的任意比例的分割，分割点都落在另一条曲线上，则两条曲线严格匹配。曲线匹配技术，就是计算一条曲线上相对均匀的某一数量分割点到参考曲线的距离的平均值作为其到参考曲线的平均距离，将两条曲线平均距离的倒数作为匹配优劣的度量。空间接近性分析方法就是在已知的可能正确的地理数据集中，按照空间最接近的方法匹配当前定位数据。

地图匹配算法从原理上可以分为两个相对独立的过程：①寻找车辆当前行驶的道路（如果当前道路为已知，则可以省略这一步骤）；②将当前定位点投影到车辆行驶的道路上，其中寻找车辆当前行驶的道路是问题的难点和关键所在。其基本办法是按照曲线匹配的思想在车辆航迹的邻近区内搜索所有道路路段及其组合，把这些组合路线分别与车辆航迹求取匹配度量值，将取得最大匹配度量值的组合路线作为车辆当前行驶路线。算法的具体步骤如下：

(1) 初始定位。①获得车辆的当前定位数据 Pg；②取出该车辆 N（$N \geq 10$）点最近期定位数据记录，按时间顺序连接成曲线 l；取所有与 l 距离为 e（e 为预先设定的定位数据误差的平均值）的邻近区 Buffer (l, e)；搜索所有在 buffer (l, e) 内的路段，载入集合 $S(r)$；③在 $S(r)$ 中搜索所有可能路线，与曲线 l 相匹配，求得最佳匹配路段作为当前运行路段 R；④记当前定位数据 Pg 在行车路线上的投影为当前定位点 P；

(2) 动态定位。①获得当前车辆定位数据 Pg，计算 Pg 与上一定位点的距离，作为车辆的行程 L；②从前一时刻定位点 P 开始，如果已知道路 R 的前进方向上的终止点在车辆行程距离 L 内，则当前行车路线不变，即 Pg 在 R 上的投影为 P，转入④；否则，说明前面有道路交叉，转入③；③作 Pg 到所有搜索到的路段的投影，记投影距离最短的路段为 R'；记 R' 为行车路线 R；考虑到车辆大角度转弯时必须减速的实际情况，当在前进方向上 R 与 R' 的夹角小于 30°时，记 Pg 到 R' 上的投影为 P，否则，记搜索到的距离 Pg 最近的路段交叉口为 P；④判断 P 是否在 Pg 的邻近区 Buffer (Pg, e) 内，是则转入①，否则转入⑤；⑤转入 (1) 的②。

初始定位主要用于系统开始启动时或当车辆方位失去控制时进行车辆的位置判断。动态定位一般用于车辆导航，在已知车辆行驶路线的情况下，此算法就比较简单。它省去了路段的搜索过程，主要进行路口的判断和当前定位点到已知导航路线的投影点的计算。

3) 地图匹配算法的误差分析

对于曲线匹配的误差率，在保证一定定位精度的情况下，与实际的道路状况有很大关系。对于城市市区内道路密集和路口较多的情况，对匹配的可靠性影响较大。当两条平行的路线非常接近，恰好定位点持续地落在这两条路中间时，可能会出现行车路线的误判。同时，对于数据量很大的道路网进行搜索，系统的运算量比较大。对这种问题可采取的有效方法是对道路网进行分级管理，因为市区内的交通干道是车辆行驶的主要路线，在实现车辆路径定位时可以对主干道优先搜索，计算匹配度量，只有当匹配度量值超过一定的经验误差阈值时，才去搜索较低等级的道路。这一方面有效减少了判断失误，另一方面也降低了地图搜索匹配的运算量。

对于定位点归结到已知道路路段的投影点，其实是对定位结果的实时校正，结果是消去了与道路垂线方向的误差分量，只遗留了沿道路路段方向的部分误差分量。在已知定位误差服从正态分布的前提下，可推导出沿道路路段方向的误差矢量分量的模的数学期望为 0.6366，即通过垂线改正，可进一步将 GPS 定位误差矢量分量减少为原误差矢量分量的 2/3 左右。

地图匹配模块分为初始位置定位匹配模块和导航时的匹配模块。初始定位模块采用曲线匹配的算法获得车辆的当前所行驶的道路和位置（当车辆不在道路上时不能采用此方法，可以用一定时间内当前位置数据的平均值作为当前的定位数据）。在线路确定以后，位置数据与地图的匹配主要任务是完成 GPS 数据对当前行驶道路的投影。问题的关键就是对路口的判断和确定所要投影的道路路段。由于 GPS 定位数据的误差呈现缓慢漂移的特征，也就是说在较短的时间内，由于误差的影响所引起的位置偏差相对稳定，两个位置点间的平面距离较之于绝对位置的误差相对较小。因此在实际应用中，在匹配 GPS 的位置数据时，采用了绝对投影与位置推算相结合的办法来确定车辆的当前位置。

4. 最佳线路的选择

线路确定是 VANS 的一个重要的子功能。该功能的主要任务可以这样描述：在一个由道路边线限制的交通网络中，从给定的两个道路节点对之间选取节点到节点的线路，这条线路应是根据用户的需要在满足一定条件下的道路路段的集合。最佳线路不仅仅是地理意义上的两点之间的距离最短，还可以有其他的度量方式，如时间、费用、线路容量等。在车辆导航系统中，线路的规划一般包括时间最少的线路、通行最简单的线路、收费最少的线路等，也可以是上述几种方式的组合，实际应用中考虑最多的还是行驶时间最短线路的选择问题。无论是距离最短还是时间最快，它们的核心算法都是最短路径的算法，其差别仅仅在于在进行线路选择时赋予交通网络的链段的权值不同而已。当然，在 VANS 中，最佳线路的确定绝不是一个最短线路的计算问题，还需要大量的辅助信息，包括道路网络拓扑数据和动态的交通信息等。

1) 最短路径算法概述

最短路径问题一直是计算机科学、运筹学、交通工程学、地理信息学等学科的一个研究热点，经典的图论与发展的计算机算法的有效结合使得新的最短路径算法不断涌现。据统计，目前提出的最短路径算法中，使用最多、计算速度较快，又比较适合于计算两点之间的最短路径问题的数学模型就是经典的 Dijkstra（迪杰斯特拉）算法。

经典 Dijkstra 算法的基本思想是：各种实际意义上的网络被抽象为一个图论中的有向或无向图，利用图的节点邻接矩阵记录点间的关联信息，同时认为两节点间的最短路径要么是两点之间直接相连，要么是通过其他已找到与原点的最佳路径的节点中转。其算法步骤为：定出源节点 P_0 后，一定能找出一个与之直接相连且路径长度最短的节点 P_1，P_0 到 P_1 就是它们之间的最短路径。把所有已经找到与源点 P_0 的最佳路径的所有节点都放入一个临时数组 L（中转点集）内，将 P_0、P_1 放入其中。再将其他各节点 P_k 与 P_0 直接相连的路径长度 P_1（若存在），与从此点经 P_1 中转后到 P_0 的路径长度 PP_1（若 L 中存在其他的点且与 P_k 直接相连，则同理设为 PP_2、PP_3…）作比较，取 P_1 与 PP_1（PP_2、PP_3…）之中长度最小的路径即为 P_k 到 P_0 的最短路径，将 P_k 加入数组 L 内。如此不断进行比较，最终把所有点都加入到临时数组 L 内，也就得到了各点到 P_0 点的最短路径。这里的路径长度不仅仅是通常意义上的地理概念上的距离，很可能是在具体应用中影响网络边的权值的多种因素的综合并数值化的结果。由于按上述的算法，还有很多不符合计算机运算和用户的实际需要的地方，实际应用中各种最短路径的算法大都是基于以上思想的改进。对传统的 Dijkstra 算法的优化方法主要集中在以下三个方面。

通过设计计算机数据结构和利用运筹学方法，减少运算的复杂度和实际的计算机资源占用率。传统的 Dijkstra 算法中应用关联矩阵和邻接矩阵存储交通网络的节点与边的权值，会有大量的无效的 0 元素或 ∞ 元素。在此基础上进行运算，当图的节点数较多时，将占有大量计算机资源，这对于算法的程序实现造成了很大的困难。为此很多人提出了新的数据结构并改进算法来实现自己的目的，如最大相关边数的概念、最大邻接节点的概念，减少了无效的 0 元素或 ∞ 元素，降低了运算的时间复杂度。相邻节点低值扩散的路径搜索方法，基于四叉堆优先级队列及逆邻接表改进型 Dijkstra 算法也有效地提高了算法实现的效率。

从交通网络空间分布特性和方向入手，限制网络的搜索区域（在保持一定置信度的基础上，达到减少实际装载的数据量和缩小路径搜索范围的目的）比较有效的方法之一就是采用角度优先的办法，也就是在进行计算时，首先是根据路径搜索的起始节点和终止节点的距离和方位，计算出最佳路径的最有可能区域，以缩减所涉及的边和节点，可大大减少运算的数据量。在实践中使用较多的另外一种方法是限制区域算法，区域可以是椭圆、矩形或多边形，从某种意义上说，这也是角度优先的一种变通或具体实现。交通网络越大，限制区域算法的优越性越明显。尤其在起始点或终止点之一位于网络中心区域，算法搜索范围可向多方向扩展时，更能体现出运算的效率。

从实际应用的角度出发，在路网数据库中考虑影响道路通行的各种因素，并据此改变路径搜索时的判断条件，可使得计算出的结果更符合客观状况。显然，在城市交通中时间最短路径更有意义，但它较之于距离最短路径要复杂得多。交通网络的最短路问题需要考虑的因素主要有：基本因素，即在一段时间内不会改变的道路状况和交通限制，如道路的宽度、车道数、方向、是否为单行道等；与时间相关的阶段性影响因素，如某条道路正在施工等；与时间相关的周期性影响因素，如上下班高峰期、节假日的主干线的拥挤程度，它与上一因素的主要区别在于它的周期性和特定的时间段；不定因素（适时交通信息），如前方发生了交通事故、天气状况等。在综合考虑以上各种因素的基础上，使最后确定的路线比较符合客观状况和人们的实际需要。由于不同的因素和同一因素在不同的条件下对交通的影响程度并不一样，而且很多交通信息难于进行量化，因此对道路通行能力因子的模糊综合评判问题是一个现实而又难于解决的问题，虽然提出了一些统计意义或经验上的评判公式，但仍然缺乏实际应用上的量化指标。

2) 路线选择的确定

在 AVLN 中的最佳路径选择中，考虑的仍然是时间最短路径问题，在实际操作中采取邻接节点算法。邻接节点算法的基本思想是：取交通网络的最大邻接节点数作为矩阵的列，网络的节点总数作为矩阵的行，构造邻接节点矩阵来描述网络结构。对照邻接节点矩阵，把邻接节点矩阵中各元素邻接关系对应的边的权值填在同一位置上，构造相应的初始判断矩阵，利用这种结构可以有效地提高计算机算法实现的运算速度和减少实际的存储空间。

(1) 弧段权值的确定。为了运算的方便，计算出路段的长度权值（单位既可以为 m，也可以为 s 或 min）。计算时，按照影响交通的因素的性质不同，计算长度权值的公式如下

$$L_i = S_i/V_i * Q_i$$

其中，L_i 为该路段以时间为度量单位的长度权值，V_i 为在考虑道路的基本因素后得到的该路段的平均速度，其值可以用模糊综合评判的方法，用统计学的理论或经验公式等得到，也可以在实际调绘的基础上人工指定；Q_i 为考虑到时间因素或突发因素时降低道路通行能力的因子，可称为阻尼系数，一般情况下 $Q_i \geqslant 1$。我们在实际应用中按照市政规定将道路分为不同的等级来描述道路的固有通畅程度，以此来确定道路的平均速度，市政规定的城市道路设计车速如表 9.1 所示。

表 9.1　城市道路设计车速规范

道路类别	快速路	主干路			次干道			支路		
道路级别	——	Ⅰ	Ⅱ	Ⅲ	Ⅰ	Ⅱ	Ⅲ	Ⅰ	Ⅱ	Ⅲ
设计车速/(km/h)	60～80	50～60	40～50	30～40	40～50	30～40	20～30	30～40	20～30	≤20

这些因素的具体权重一般按经验给出，通过把各种因素对行车时间的影响程度作比较，给出其对应长度权值的权重。按经验或实际实验对各种因素分类定权，并按其当时的影响程度分级，得到一固定初始数值。当这个因素得到满足时，就将这个因素所对应的权值动态装载进去。例如，正常情况下取 $Q_i=1$；轻微交通事故 $Q_i=1.2$；一般事故取 $Q_i=10$；严重事故时导致交通中断，$Q_i=$ MAX（程序内定的最大值）。另外对于上下班高峰期等特殊时间段比较敏感的路段也可在特定的时间段改变其权值。对于夜间行车、天气状况等因素对每条道路的影响都是相同的，可以不予考虑或乘以同一权值。

(2) 弧段属性表的确定。弧段属性表存储的是路段的与路径选取有关的属性值或判断标志，有些属性是在道路地理数据库中本来具有的，如道路的等级、方向、是否为单

行线等，有些是在程序运行时按照当时的交通状况临时加载的，如交通事故的等级或临时交通限制对交通的影响程度等。

（3）节点属性值的确定。不同的路口对行车的影响区别也很大。例如，路口是否有红绿灯，是否允许左或右转弯等。在行车过程中必须要考虑它的阻碍因素。一般也是按经验区别不同的情况给出一个权值。

（4）节点表中关联弧段的确定。在节点的数据结构中加入节点的关联弧数及其弧段的索引号使得在算法实现时可以避开大量的无效运算。在利用邻接矩阵的表示方法中，即使两节点不直接相连接，也要执行路径最小值判断（因为它认为是距离为$+\infty$的特殊连通）。利用节点的关联弧数来控制循环次数，虽然造成了一定的数据冗余（也都是一些整形的弧段索引号的冗余），但可以很有效地提高效率，这也是以空间换时间的一种手段。

在具体实现中，为了提高运算速度、降低存储空间，采取矩形区域限制搜索区域的方法。这主要是因为数据是以图幅为单位进行存储的，起点和终点确定以后，以起点和终点为对角线确定出一个矩形，只有与此矩形相交或被此矩形包容的图幅，其数据才被装载（若起点或终点位于搜索区域外侧图幅的外边缘附近时，可再多装载外侧相邻几幅图的数据）。这在保证路径搜索一定置信度的条件下，有效地提高了数据的装载速度和路径搜索的效率。

最佳路径分析是交通网络分析中一个非常重要的组成部分。目前，静态的最短路径分析已经比较完善，大都基于传统图论基础上的节点-弧段结构。显然，静态的最短路径算法因无法描述实时变化的交通信息，而越来越难于满足实际应用的需要，针对变化的交通特征，最短路径算法必须能够立即做出反应，适时地自动更新。同时，随着对反映交通信息的数据模型的研究，如何设计出更好地反映交通特征的数据结构并支持高效的最短路径算法，是以后交通网络分析中的一个重要方面。

5. 导航信息提示功能模块

系统导航信息提示功能是为帮助用户提供一个到达目的地的实用手段，主要提供在路口的转弯信息、道路附近的醒目标志物、目的地达到的信息等。为了方便用户的使用并且不影响车辆驾驶人员的正常工作，可以采用声音提示的办法。

导航系统能否广泛地得到推广取决于用户对其功能、可靠性、灵活性以及价格的评价。通过模拟人们在线路指南中的知识和经验，就有可能在行进过程中给车辆驾驶人员一个比较合理的信息提示，使得系统更有实用性和贴近人们的生活，这主要是通过建立关于特定用途的规则和事实作为系统的知识库来实现导航信息提示的自动化来实现。

车辆导航要求对行驶中的车辆进行连续定位，实时计算车辆在行驶路线上的平面位置坐标，这是进行导航信息提示的基础。导航信息提示也就是指示车辆驾驶人员从当前位置达到所期望的目的地的一组指令列表，这些指令信息随着车辆位置的更新适时地提示给用户，尽管由于定位误差或判断的失误会使这组指令有可能与实际状况不尽一致。

1）导航信息知识库概述

导航信息知识库主要用于在导航过程中任何给定的时刻提供给用户的信息指令的输出的类型、性质、方法等，它所需要的支持信息主要有：支持导航的地理数据库、道路的导航辅助信息、定位技术及其约束条件、行进的中转地与目的地等。要建立知识库，首先要决定知识库中的知识的类型和性质，这就需要一种方法对知识进行表达。知识的表达方法有很多种，经常使用的主要有：产生式规则（Production Rule）、逻辑（Logic）、语义网络（Semantic Network）、框架（Frame）、剧本（Script）、面向对象、神经网络等。具体运用何种知识表达方法取决于给定用途中所要表达知识的形式和对知识的利用方式，也就是说，特定领域的特性、要求和环境是决定表示方法类型的首要因素。

产生式规则把知识表示成"行为-动作"对，表示方式自然、简洁。它是一种基于演绎推理为基础的推理机制，在实践中的应用比较广泛。由于导航系统的每条知识可以利用单个规则在知识库中很好地表达，因此，产生式规则能够在实际应用中较好满足需要。一个产生系统包括三个部分：一个规则库、一个特别数据库、一个解释器，产生规则是对"如果满足这个条件，那么采取这个行动"方式的一个陈述。特别数据库是能够反映现实世界的因素的集合，但对于这些因素含义的解释很大程度上取决于它的特性。最后，还有一个解释器，用来完成决定下一步执行哪一个生成式的特殊任务。规则解释器的最简单形式是一个选择执行环，其一般形式是：

for（;;）｛if<规则前提满足> then <引发动作>；break;｝

它对照工作区的当前状况检核规则库中每个生产规则的"条件"部分。如果一个规则被采用，即工作区的当前内容满足其条件部分，则执行规则的行为部分——"引发"。选择工作通常是选取与当前数据库匹配的一条规则，因此该周期是一个认知-行为循环，或称为条件-行为循环。当采用的规则超过一条时，解释器选择其中之一执行。

总之，产生系统以循环方式运行。在每个周期中，解释器使用对照规则库中的规则考察工作存储区中内容的一种具体方法来寻找符合条件的一个行为加以引发。如果符合条件的行为不止一个，则选择其中一个。最后，引发这个产生式。

基于知识的产生式规则表达法建立导航信息知识库的步骤为：

（1）获取知识：理解与提取建立导航信息提示知识库所需要的知识；

（2）建立规则库：将获得的每条知识以一种规则的形式加以表达，采取一定的数据结构，分别实现规则的前提和结论部分；

（3）规则解释器：确定规则的分组与优先顺序；当规则满足条件时，执行规则的行为部分；决定当规则都不满足时或满足条件的规则不止一条时采取的解决办法等。

每条规则表示一个知识实体，利用面向对象的方法可以把规则定义成对象，把规则的结构以及属于规则的推理定义成规则类，规则类生成的每条规则对象成为规则链中的一个节点，一条完善的规则链组成一个知识库，对知识库的操作方法由规则类的成员函数提供。

要了解所需要的知识，必须知道具体用途的要求和性质。对于VANS，系统实现的一个非常重要的约束因素就是要求系统实现的适时性。在实际应用中可以按照规则的类型把规则分组处理。这样，在当系统需要对规则集进行查询时，只需要对符合特定状态的一组规则集进行查询，而不必扫描规则集中的每条规则来寻找符合条件的规则，可以节约系统大量查询规则的时间。

当系统运行需要进行导航信息的提示时，首先把知识库导入并进行初始化工作，然后扫描规则库寻找符合条件的规则，并置规则解释库于工作状态。当找到符合系统运行状态的规则时,规则解释器负责解释并引发相应的行为。因为导航系统是在适时动态环境下进行工作的,所以知识库的导入与导出也是动态进行的。当对知识库的操作完成后,还应该把知识库以及操作过程中所占用的存储空间进行清理。

2) 导航信息提示知识库的建立

VANS 的信息提示需要的知识一般包括以下几个方面:①道路两旁的标志物或具有特殊需要的地物是否需要提示,以及提示的时刻、方式、内容;②路口到达时信息的提示,是否转弯,路口周围是否有标志物以及其他的信息提示;③车辆是否偏离预定道路以及偏离道路时的信息提示;④目的地是否到达,目的地周围的标志物以及目的地即将到达以及到达时的信息提示。

根据以上的论述可以建立如下形式的规则:

(1) if 当前车辆位置距离某条道路最近点的直线距离小于 20m,then "现在车辆到达×××路";

(2) if 车辆在当前道路上,且距离下一交叉口的距离 500m(城市)时,then "到下一路口还有大约 500m";

(3) if 车辆在当前道路上,下一路口不需要转弯 and 距离 300m(城市)时,then "请在此路口直行";

(4) if 车辆在当前道路上,下一路口需要转弯 and 距离 400m(城市)时,then "请在此路口向左(右)转入×××路";

(5) if 目的地在当前道路上,then "请注意,目的地就在此路上";

(6) if 目的地在当前道路上,且差 30m 到达,then "到达目的地还有 30m"。

因此,知识库的顺利执行还必须得到地理数据库的支持,与地理数据库有关的内容包括:①当前道路的名称、长度;②当前道路的两边的标志物以及其他有关的地物;③下一路口的名称及其附近的标志物;④目的地的位置、名称(如果有)、附近的标志物(如果有);⑤距离交叉口、目的地、标志物的距离;……。

根据上述分析,建立如下的导航信息知识库的规则类结构:

```
class CRuleAviTipClass {
    char * ruleName;              //规则的名字
    int nPreConditionIndex;       //规则的前提条件索引号
    int nFactIndex;               //规则的行为事实索引号
public:
    RuleAviTipClass ();           //构造函数
    ~RuleAviTipClass ();          //析构函数
    bool Query (CfactClass * fact, CfactClass * ResultFact);   //查询规则
    char * GetName () {return ruleName;} //获得规则的信息内容
}
```

为了计算和存储的方便,把规则的条件和行为部分所涉及的概念(事实)分类存储在一起,用其内部的序号代替,事实的内部结构为:

```
class CfactClass {
public:
```

```
    int nNumber;              //事实的内部序号
    char * Name;              //事实的内容；
    bool blActive;            //事实是否激活；
    public：
    char * GetName ();        //得到事实的内容
    int GetNumber ();         //得到事实的内部序号
}
```

3）导航信息提示知识库的推理机制

规则对象是知识的实体，包括知识的存储和使用。系统在对 VANS 的导航信息提示知识库进行操作时，把推理机制与规则对象封装在一起，形成一个独立的知识单元。当然，在规则对象比较少的情况下，可以直接把事实放在规则集里，这样可以加快对知识库的操作过程。

随着微型嵌入式技术的迅猛发展，其产品也已经深入到人们生活的每个角落，制造工业、过程控制、通信、交通、航空航天、军事装备等都成为嵌入式技术的应用领域。在嵌入式技术的基础上，结合网络通信技术、移动计算技术、卫星定位技术及地理信息系统技术，嵌入式 GIS 的开发平台和运行平台得到了相应的发展，实现了对移动目标的监控、管理、调度、查询和信息传输等功能，嵌入式 GIS 在智能交通系统等领域开始得到较为广泛的应用。

9.3 地理信息移动服务终端

自主定位导航系统回答了地理信息服务中"我在哪里？"和"周围是什么？"两个基本问题。地理信息服务的核心是地理空间数据。随着我国国民经济建设快速发展，地理信息的变化日新月异。目前自主定位导航系统满足不了人们出行的需求，主要表现在：一是获取地理空间信息手段落后，使得地理信息内容陈旧；二是自主定位导航系统的地理空间数据装载导航仪内，地理空间数据不能实时更新。为了解决上述两个问题，我们将自主定位导航系统和定位监控系统集成，构建地理信息移动服务。通过 GPS、GIS 和数字通信的集成，可以把地理空间数据外业采集与地理服务中心数据库连接，地理信息移动服务平台的导航数据与地理信息服务平台连接，实现了地理信息服务的实时化。

9.3.1 地理信息移动服务终端硬件构成

与定位导航终端硬件相比，地理信息移动服务平台（图9.9）硬件增加了通信系统。硬件主要由四大部分组成：定位单元、信息处理单元、显示单元和通信单元。软件由嵌入式操作系统和嵌入式地理信息系统组成。嵌入式地理信息系统主要功能有地图多比例尺显示，图形放大、缩小、漫游，地名查询，道路查询，路径选取（从出发地到目的地按用户要求来计算最优路径和最短路径）和行驶导航（提示司机道路两侧信息、拐弯信息、目的距离等车辆行驶信息）。

地理信息移动服务终端要有一个安全、可靠、稳定和动态的实时定位平台，而且要

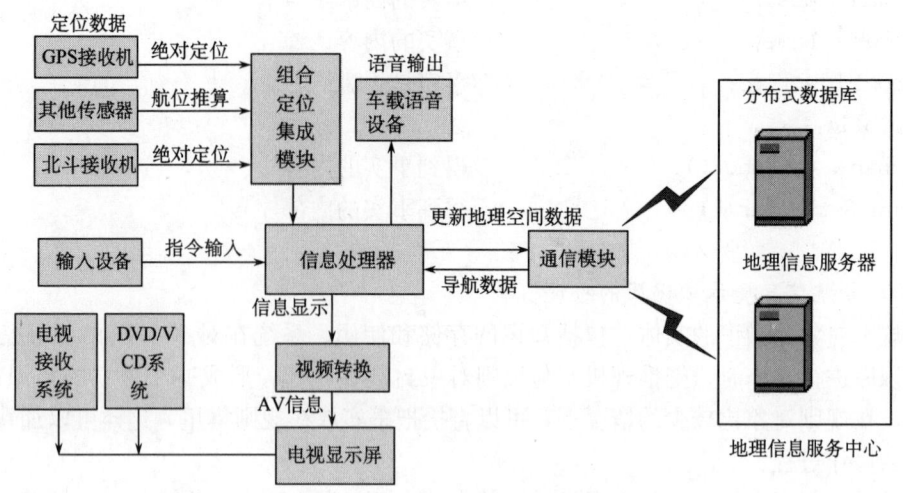

图 9.9 地理信息移动服务平台

设备终端小型化，一方面需要实时性、可靠性和稳定性较好的数据通信网络连接空间数据分发中心，实时传递地理数据，解决多种实时定位技术集成问题和多种现代通信技术集成问题；另一方面需要对计算机硬件、操作系统和对地理信息系统功能进行裁减和地理数据进行压缩处理并建立有效的空间索引机制，研究嵌入式硬件、操作系统和地理信息系统。

移动服务终端的核心是一个信息处理器，它负责各种信息的处理，包括检测移动目标运行，输入输出控制，完成移动目标位置计算，电子地图显示，地图检索、查询等工作。

对移动目标实施动态、实时和远距离控制与操作的关键是数字通信技术。要在地理数据服务中心和移动目标之间，高效而可靠地传递数据等实时信息，需要一套无缝的无线通信系统。地理信息服务中心通过通信系统实时传递地理数据。通信单元有两个作用：一是将定位单元获取的地理位置坐标的数据和移动目标自身的状态数据，按信令协议处理后，通过通信单元发送到监控服务中心，监控服务中心将移动服务终端的地理位置和状态数据与地理信息系统集成，实时掌握人们活动的位置和环境；二是解决地理信息移动服务终端的地理信息问题。移动服务终端体积小、存储量小，不可能存储海量的地理空间数据。为了解决这个矛盾，只有采用实时、可靠和稳定的数据通信网络连接空间数据分发中心。

因此，地理信息移动服务平台具有整合多种通信平台的能力，使监控、管理、调度、报警和定位信息能方便地在地理数据服务中心和移动目标之间传输。围绕着CDMA、GPRS等技术的逐渐成熟和逐步完善，多种通信技术的出现给地理信息移动服务平台中通信平台的选择以更多的余地。例如，GSM短消息，CDMA、GPRS数据传输，无线数传电台，北斗短信等公用和专用系统实现了空间数据的双向实时移动通信。在移动计算环境下选择通信手段时，要充分考虑以下五个特点。

（1）移动性。在移动环境中，移动终端不仅可以在不同的地方联通网络，而且在移动的同时也可以保持网络连接。这种计算平台的移动性可能导致系统访问布局的变化和资源的移动性。

（2）频繁断接性。移动终端在使用过程中，由于受使用方式、电源、无线通信费用、无线网络单元条件等因素的制约，一般不采用保持持续联网的工作方式，而是主动或被动地间歇性入网、断接。

（3）网络通信的非对称性。固定服务器节点一般拥有强大的发送设备，而移动终端的发送能力是非常有限的，所以下行链路（服务器—移动终端）和上行链路（移动终端—服务器）的通信带宽与代价相差很大。

（4）低可靠性。无线网络在不同的时间可用的网络条件（如带宽、费用、延迟以及服务质量等）是变化多端的，与固定网络相比更容易出现网络阻塞故障，计算平台的可靠性较低；同时，由于移动终端的工作环境及便携性特点，比较容易受到磁场的干扰；与网络的断接状态不可预测，也给移动计算带来潜在的不可靠性。

（5）对空间位置的依赖性。在移动环境中，网络所提供的信息服务与移动终端的空间位置有很大的相关性，移动终端需要随时向无线网络基站传送其位置数据，其地理位置是不透明的。

为了加强系统的可靠性，在其定位上采用 GPS 和北斗卫星双模结构，通信上采用北斗卫星短信和移动通信两条链路。在功能上移动终端既有移动目标监控、外业数据采集又有自主导航功能，实现地理信息网络服务和移动服务的一体化。

9.3.2 地理信息移动服务终端功能

地理信息移动服务终端主要有三种功能。

1. 监控功能

地理信息服务终端不仅为移动目标提供准确的定位信息和周围环境信息，而且通过通信系统为指挥调度中心提供移动目标的位置、动向，使指挥/调度员可及时了解实时变化的移动目标信息，大大提高指挥/调度自动化程度，减少了指挥/调度层次。（见 9.1 节定位监控终端）。

2. 自主导航功能

自主导航软件是一种运行于车载导航仪、便携式导航仪和智能手机等移动智能设备上的应用软件系统，它是利用 GPS 卫星信号接收器将移动智能设备位置进行精确自主定位，并显示在导航电子地图上，用户设定目的地后，系统会自动计算出一条最佳路径，同时在行进过程中会有自动语音提示，帮助用户安全、快捷地到达目的地，通过本系统还可以查询各类生活资讯。

嵌入式 GIS 是自主导航仪软件核心模块。在嵌入式 GIS 基础上开发自主导航仪软件，实现了地图显示、信息查询、路径规划、常用地址、航迹管理、标注量算、报文管理、系统设置八项功能。

1）地图显示

提供地图选择、图层控制、显示模式、显示方式和漫游方式五项功能。

2) 信息查询

提供地物查询、常用地址查询、周边设施查询和输入坐标查询四项功能。

3) 路径规划

路径规划提供了出发地和目的地之间的路径规划功能，以及出发地与目的地之间设置经由地和回避地的功能。提供目标选取、目标点管理和规划管理三项功能。

4) 常用地址

主要用于对常用地址进行各种操作。

5) 航迹管理

主要用于对航迹记录进行各种操作。

6) 标注量算

主要提供距离量算、面积量算、标注服务点、标注道路和标注面域五项功能。

7) 报文管理

提供新建、发信箱、收信箱、草稿箱、位置报文、目标位置、快捷报文和通讯地址本八项功能。

8) 系统设置

提供了显示设置、道路匹配设置、路径规划条件设置、模拟导航设置、语音服务、数据同步、报警参数设置和串口参数设置八项功能。

3. 地理信息外业采集功能

近几年，我国社会经济快速发展，带来了地理社会要素日新月异的变化。地理空间数据更新主要数据来源是遥感卫星图像和实地外野测量。大区域的地理空间数据生产与更新一般采用遥感卫星图像与航空测量；局部地区的交通信息更新最经济最有效的手段是差分 GPS 支持下的外业调查系统。地理信息移动服务平台可以作为外野采集系统，并通过通信单元将采集的数据实时传送到中心数据库，实现地理空间数据更新维护的实时化。

地理信息移动服务平台与地理空间数据管理平台和地理信息网络服务平台一起构成了地理空间信息收集、处理、存储、管理和分发网络化、一体化和实时化的地理信息服务体系。

地理信息外业采集主要功能有：

1) 增加点

实现用户向数据库中增加一个点目标：设置当前层可编辑，选择增加点菜单，移动鼠标在需要加入点的地方，按输入键，该点坐标就自动增加到数据库中。

2) 删除点

实现用户从数据库中删除一个点目标：设置当前层可编辑，选择删除点菜单，移动鼠标在需要删除点的地方，按输入键，该点就从数据库中删除。

3) 移动点

实现用户从数据库中移动一个点目标：设置当前层可编辑，选择移动点菜单，移动鼠标在地图上选中要移动的点目标并移动到需要的位置，数据库中该点坐标就变成新的坐标。

4) 增加边

实现用户向数据库中增加一个边目标：设置当前层为可编辑，选择增加边菜单，使用鼠标在图上依次点下，形成坐标点串，左键双击时边在鼠标点下处结束，右键点下时则强制形成一个闭合的边。该边坐标就自动增加到数据库中。

5) 删除边

实现用户从数据库中删除一个边目标：设置当前层为可编辑，选中要删除的边，选择删除边菜单，该边就从数据库中删除。

6) 增加面

实现用户向数据库中增加一个面目标：设置当前层为可编辑，选择增加面菜单，使用鼠标在图上依次点下，形成坐标点串，右键点下时则强制形成一个闭合的面。该边坐标就自动增加到数据库中。

7) 删除面

实现用户从数据库中删除一个面目标：设置当前层为可编辑，选中要删除的面，选择删除面菜单，该面就从数据库中删除。

8) 增加特征点

实现用户向数据库中一个边目标中增加一个节点：设置当前层可编辑，选中要修改的边，选择增加特征点菜单，在选中边上要加入内点的地方点下鼠标左键，该边坐标就自动存储到数据库中（图9.10）。

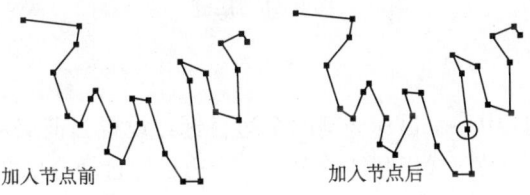

图 9.10 边的内点操作——加入内点

9) 删除特征点

实现用户从数据库中一个边目标中删除一个节点：设置当前层可编辑，选中要修改的边，选择删除特征点菜单，在选中边上要删除内点的地方点下鼠标左键，该边坐标就自动存储到数据库中（图 9.11）。

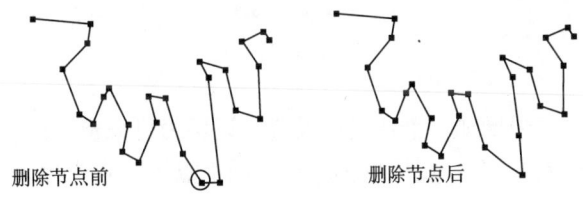

图 9.11 边的内点操作——删除内点

10) 移动特征点

实现用户从数据库中一个边目标中移动一个特征点：设置当前层可编辑，选中要修改的边,选择移动特征点菜单,在选中边上要移动内点的地方点下鼠标左键并拖动到合适的位置,该边坐标就自动存储到数据库中(图9.12)。

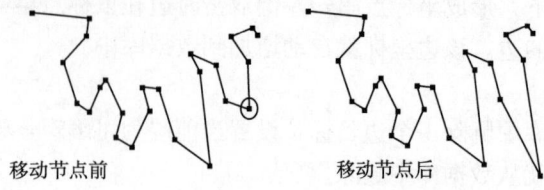

图 9.12 边的内点操作——移动内点

11) 接链

实现用户从数据库中两个边目标合并成一个目标:设置当前层可编辑,选中一条边,按下"shift"键选择另一条边,选择接链菜单,两个边自动合并成一个边目标,该边坐标就自动存储到数据库中(图9.13)。

图 9.13 接链

12) 断链

实现用户从数据库中一个目标分割两个边目标:设置当前层可编辑,选中一条边,在断开处用鼠标左键点击,选择断链菜单,一个边目标自动分割两个边目标,并自动存储到数据库中(图9.14)。

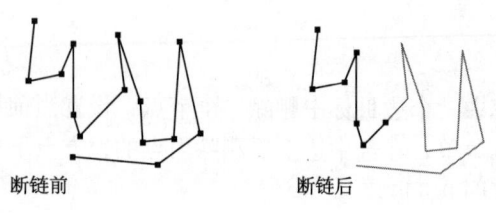

图 9.14 断链

13) 增加注记

实现用户向数据库中增加一个注记:设置注记层为可编辑,选择增加注记菜单,光标变成竖线(提示输入注记),使用鼠标左键在图上点下,在光标闪烁处输入注记内容,该注记就自动存储到数据库中。

14) 删除注记

实现用户从数据库中删除一个注记:设置注记层为可编辑,选中要删除的注记,选择删除注记菜单,该注记就从数据库中删除。

15）移动注记

实现用户从数据库中移动一个注记的位置：设置注记层可编辑，选中要移动的注记，移动鼠标在地图上选中要移动的注记位置，数据库中该注记坐标就变成新的坐标。

16）修改注记内容

实现用户从数据库中修改一个注记内容：设置注记层可编辑，选中要修改的注记，选择修改注记内容菜单，弹出注记相关信息项，包括注记大小、颜色以及具体内容等，可以修改相关信息，修改的相关信息自动写入数据库中。

17）修改属性

实现用户修改数据库中目标的属性：设置当前层可编辑，选择修改属性菜单，移动鼠标在地图上选择修改属性的对象（除注记），弹出被选中对象的相关属性对话框，修改相关属性信息，修改的相关信息自动写入数据库中。

第 10 章 移动目标位置服务平台

移动目标位置服务是地理信息服务的重要模式之一。它不再是回答"我在哪里?"和"周围是什么?",而是解决所关心的对象在哪里和周围是什么的问题。实时空间定位技术(第 2 章)确定移动目标的位置,移动服务终端(第 19 章)将所获取移动目标的位置轨迹坐标通过通信平台(第 3 章)传送到指挥监控中心,与地理信息网络服务平台(第 8 章)集成,构成了移动目标的位置服务平台。移动目标位置服务平台的主要功能是对移动目标进行实时动态地跟踪,利用现代通信技术将目标的位置和其他信息传送至移动目标位置服务中心,在移动目标位置服务中心数据库的支持下,解释获得的数据信息,进行事务性处理,在地理信息网络服务中心进行地理信息匹配后显示在监视器上,还能够对移动目标的准确位置、速度和状态等必要的参数进行查询。同时,系统是双向工作的,移动目标位置服务中心可将命令信息通过数字通信发往终端接收设备,必要时移动目标位置服务中心可遥控终端接收设备,甚至直接操纵移动目标,从而有效地进行调度和管理,应答服务请求等。通过该系统人们可以全面、实时和动态掌握移动目标的位置信息和环境信息等态势,对国民经济建设的应急调度尤为重要。本章分为四节:10.1 节主要介绍移动目标位置服务平台框架结构;10.2 节探讨位置轨迹数据时空存储和查询;10.3 节介绍移动目标监控指挥平台;10.4 节介绍移动目标位置服务通信协议。

10.1 移动目标位置服务平台框架结构

实时掌握人们活动的位置信息和环境信息,这就需将地理信息技术、实时定位技术和通信技术进行集成。移动目标位置服务平台是将以定位导航卫星为代表的实时动态定位技术、移动数字无线通信和 Internet 有线通信技术和地理信息系统等现代高新技术有机地结合在一起,实现对移动目标进行实时动态跟踪监控和随时随地更新地理信息,为移动或固定终端用户提供连续的、实时的和高精度的位置和周围环境信息。移动目标位置服务平台主要两种模式:单机模式和网络模式。

10.1.1 移动目标位置服务单机平台结构

单机模式移动目标位置服务平台包括实时空间定位系统、移动服务终端、数字通信系统、数据库、移动目标监控平台五大部分。图 10.1 说明了系统的结构框架。

1. 移动目标位置服务单机平台通信模式

目标位置服务平台要具有整合多种通信平台的能力。移动定位终端定位数据获取后,由移动单元通过无线通信网(GSM、专网、GPRS、CDMA 等)发送到监控平台,如图 10.2 所示。

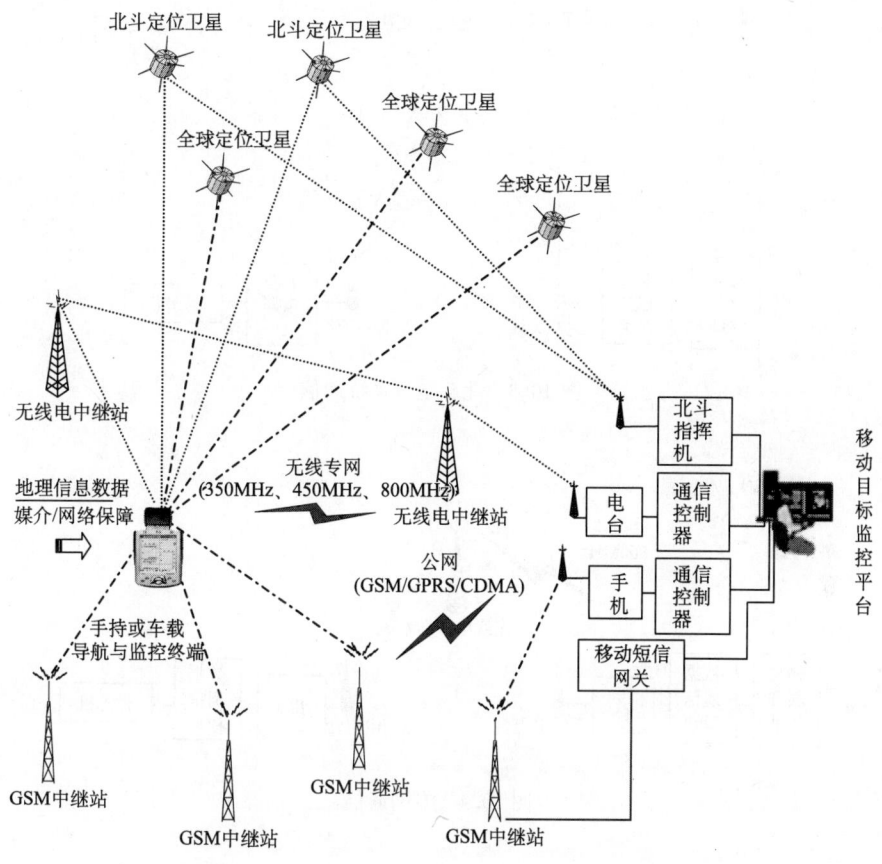

图 10.1 单机模式移动目标位置服务平台框架

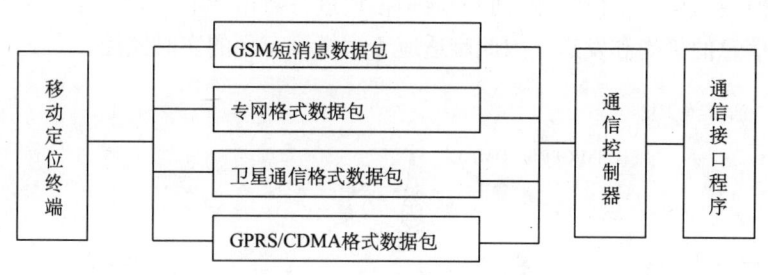

图 10.2 多平台无线通信系统

1) 卫星通信

卫星通信目前采用北斗卫星短信通信方式，如图 10.3 所示。

2) 专网通信

专网通信利用专网电台的数据通信模块进行数据传送，如图 10.4 所示。

3) GSM 通信

移动通信的 GSM 方式有两种运行模式：点对点通信模式和短信网关模式。

点对点通信模式（图 10.5）以移动定位终端和移动目标监控平台之间的手机短信

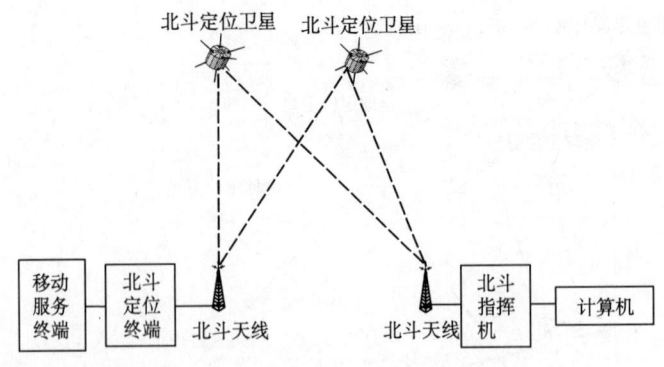

图 10.3 北斗定位系统通信

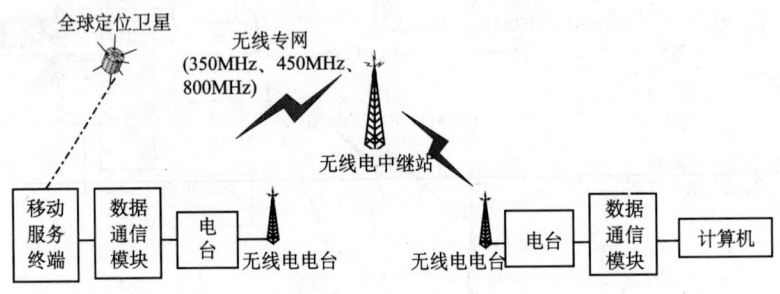

图 10.4 专网通信

方式连接。连接监控平台计算机的通信控制器由一部或多部手机通信模块组成。这种模式系统结构简单，使用方便，投资规模小，适用于车辆规模的小单位使用。由于直接通过手机通信模块与移动定位终端之间的通信模块进行数据传输，时间延误较大，不便于连续地进行信息的接受和发送，因此难适应于大批量车辆的实时监控。

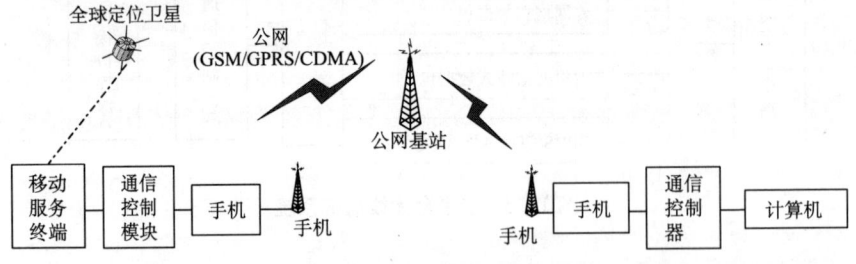

图 10.5 公网点对点通信

为了克服点对点通信模式的不足，在监控平台端可以采用短信网关与计算机连接（图 10.6）。短信网关用来在目标监控平台和移动定位终端之间建立一个 GSM 网络短信息快速通道，缩短了点对点通信模式的监控平台接收和发射短信的时间。网关系统的结构一般采用双网关配置，即在短消息中心侧和增值业务营运中心侧分别配备网关软件，以保证短消息中心的系统安全。短消息中心侧的网关与短消息中心之间的接口协议按照

SMPP3.0 或 CMPP1.2 接口协议，网关与运营中心之间的协议采用内部协议。图 10.6 中 SMSC 为电信的短消息中心。SMSC 短消息网关为电信端放置的与短消息中心的连接模块，运行于短消息网关接口机上。它调用短消息中心的接口软件包与短消息中心连接，同时通过网络 Internet、DDN 或 ISDN 与移动目标监控平台连接。短信网关软件功能特点：

(1) 具备短消息进出流量检测功能，能指示并存储动态消息流量。
(2) 能自动检测与 SMSC 侧短消息网关的连接，具备断线警告功能。
(3) 具备中/英文短消息的收发功能。
(4) 网关作为 Server 端运行，增值信息服务作为 Client 端。通信协议采用 TCP/IP 的有连接 TCP。
(5) 具备错误或异常的日志功能。

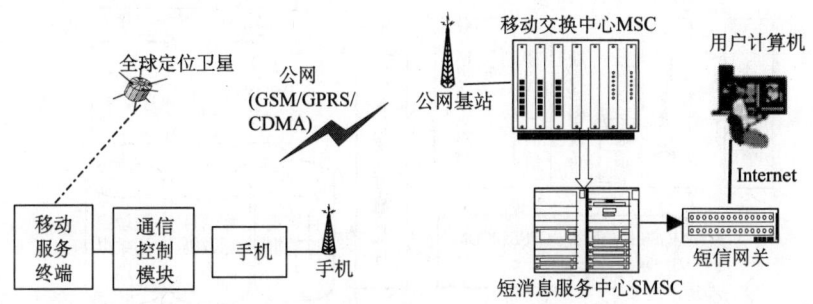

图 10.6　短信网关通信

短信网关通信方式增加的系统复杂性，同时移动通信公司往往收取一定的网关和网络费用，一般需要与移动通信营运商（如中国移通或中国联通）达成使用协议。

4) GPRS 和 CDMA 通信模式

GPRS 和 CDMA 都是基于 Internet 网络传输数据，在监控平台端既可以选择手机与计算机连接，也可以通过 Internet 网络与计算机连接（图 10.7）。

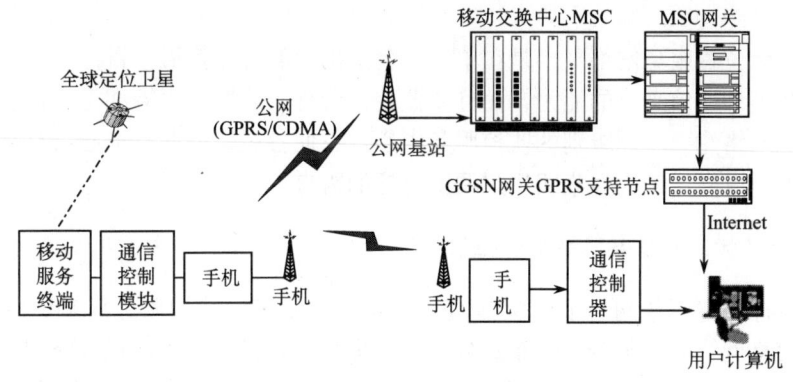

图 10.7　GPRS 和 CDMA 通信模式

2. 移动目标位置服务单机平台软件

移动定位终端把从 GPS 卫星接收到的 GPS 数据以各个通信方式的格式打包，通过无线通信网络的无线信道传到通信控制设备，由通信控制器（GSM 通信控制器、专网通信控制器等）接收到计算机，然后再由（GSM 或专网）点对点通信服务程序从串口或是网卡读取 GPS 数据包（或者通过网络端口接受由 GSM 网关、GPRS 和 CDMA 网络通信传输的 GPS 数据包）。通过融合处理形成标准移动目标位置轨迹数据格式，并通过数据库管理系统写入移动目标位置轨迹数据库，最后与 GIS 集成在电子地图上显示出移动目标的位置信息和运行状态。移动目标位置服务单机平台软件结构如图 10.8 所示。

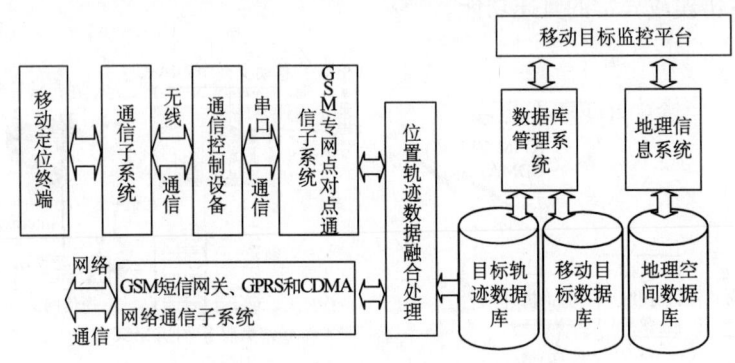

图 10.8　移动目标位置服务单机平台软件框架

3. 位置轨迹数据融合处理

系统接收来自各种通信平台的各种实时动态的空间定位系统所获取的移动目标的定位信息，每种通信平台通过独立的控制器进行指令的分发和数据的接收（包括位置数据以及其他指令应答数据），对于接收到的各种格式的数据，在控制器端将这些数据进行格式转换，然后提交给位置服务器，形成统一的移动目标位置轨迹数据。

10.1.2　移动目标位置服务网络平台结构

移动目标位置服务网络平台是在单机平台基础上的升级拓展。目标位置服务平台不仅具有整合多种通信平台的能力，而且使监控、管理、调度、报警和定位信息能方便地通过计算机网络建立不同级别的监控服务中心，并使各级监控服务中心具有与其相对应的管理权限，以满足于大型集团用户调度指挥的需求。

1. 移动目标位置服务网络平台框架

移动目标位置服务网络平台包括实时空间定位系统、移动服务终端、数字通信系统、地理信息网络服务平台、分布式数据库管理系统、移动目标位置服务中心和移动目标监控平台七大部分。图 10.9 说明了系统的结构框架。移动目标位置服务网络平台与单机平台的区别是增加了移动目标位置服务中心。该中心整合多种通信平台统一管理使用，建立中心不仅节省了用户开支，也减少了用户的系统维护费用。移动目标位置服务中心有三个部分。

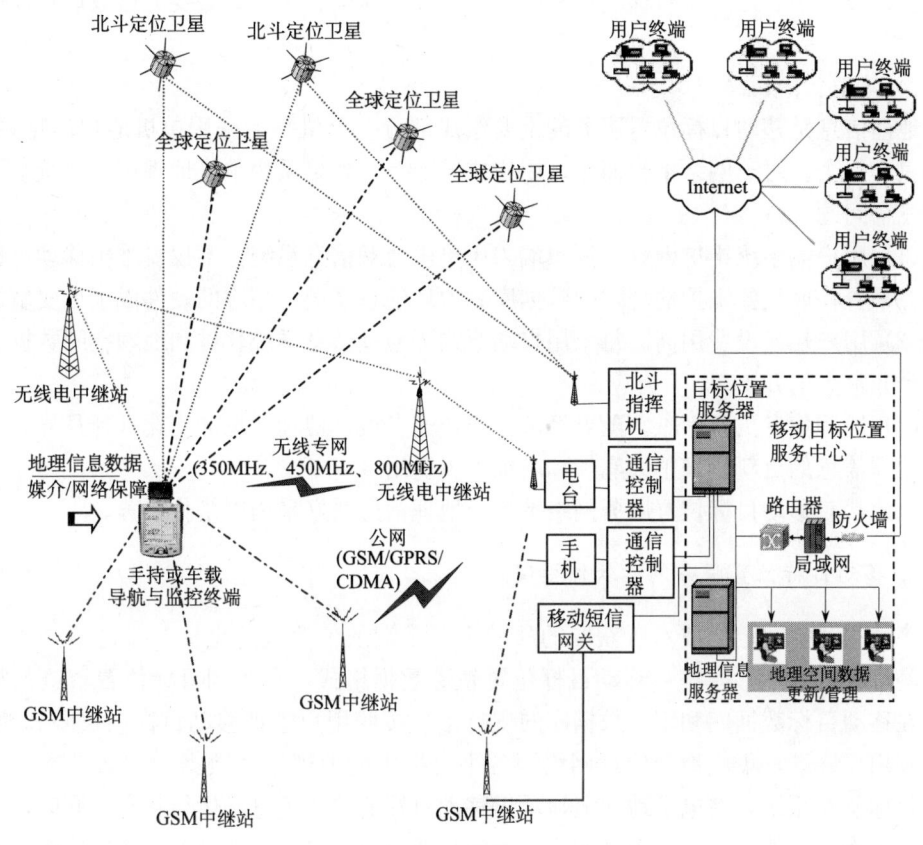

图 10.9　移动目标位置服务网络平台框架

1）数据库管理系统

单机平台的数据库管理系统升级为分布式数据库管理系统，由于数据库管理系统的管理对象除了单机平台的移动目标位置轨迹数据库和移动目标数据库之外，还增加了用户数据库。

2）目标位置服务器

移动目标位置轨迹数据库面对的不是一个用户，而是多个不同等级的用户。位置服务器除了获取多源空间信息和管理位置轨迹数据之外，更重要的功能是用户级别所辖权的移动目标位置轨迹数据的发布。系统接收来自各种通信传输采用各种动态空间定位系统所获取的移动目标的定位信息，并通过逐级处理和融合，形成共享的统一的移动目标实时动态的跟踪数据，在分布式数据库管理系统的支持下，解释获得的数据信息，根据用户的级别和权限进行裁减，发送给各级用户，在数字地图上可视化表达，使用户形成移动目标态势感知。

系统通过 Internet 将用户按不同级别授权建立服务中心与服务分中心，组成一个多级的、分布的和网络结构的管理和服务系统，实现对所有移动目标信息资料管理、存储、查询、实时采集和显示运行状态及位置信息，管理和控制移动目标的运行路线和到达地点，存储和回放历史轨迹，接收应急救助信息并及时进行救援等服务。

位置服务中心还能够对移动目标的准确位置、速度和状态等必要的参数进行监控和查询。

3) 地理信息网络服务

地理信息是移动目标位置服务的重要组成部分。单机平台采用单机地理信息系统，用户只有一个。对于网络平台而言，用户成千上万，如果采用单机地理信息系统会面临以下三个问题。

(1) 用户端系统维护困难。用户端采用单机地理信息系统，不仅要维护移动目标位置服务平台，而且要维护地理空间数据库和地理信息系统，相应的硬件成本也要增加。

(2) 用户端建设费用高。每个用户端要购买地理信息系统软件和地理空间数据，这是一个非常大的开支。

(3) 地理信息更新困难。随着经济社会快速发展，地理信息的变化日新月异。这给单机地理信息的更新带来很大麻烦和增加不少费用。

因此，对移动目标位置服务网络平台，地理信息最好采用网络化服务。

2. 移动目标位置服务网络软件框架

多种实时空间定位技术所获取的移动定位终端的位置轨迹坐标，通过不同通信平台，经过融合处理形成统一移动目标位置轨迹数据格式，存入到目标位置轨迹数据库中，在移动目标数据库和用户数据库的支持下，按照用户管理移动目标的权限和地址，分发到用户终端，集成地理信息网络服务平台提供的地理空间数据和 GIS 功能，构成移动目标监控系统，在电子地图上显示出移动目标的位置信息和运行状态。同时，系统是双向工作的，移动目标监控系统将服务信息通过数字通信发往服务对象的终端接收设备，必要时移动目标监控系统可遥控终端接收设备，甚至直接操纵移动目标，从而有效地进行调度和管理。移动目标位置服务网络平台结构如图 10.10 所示。

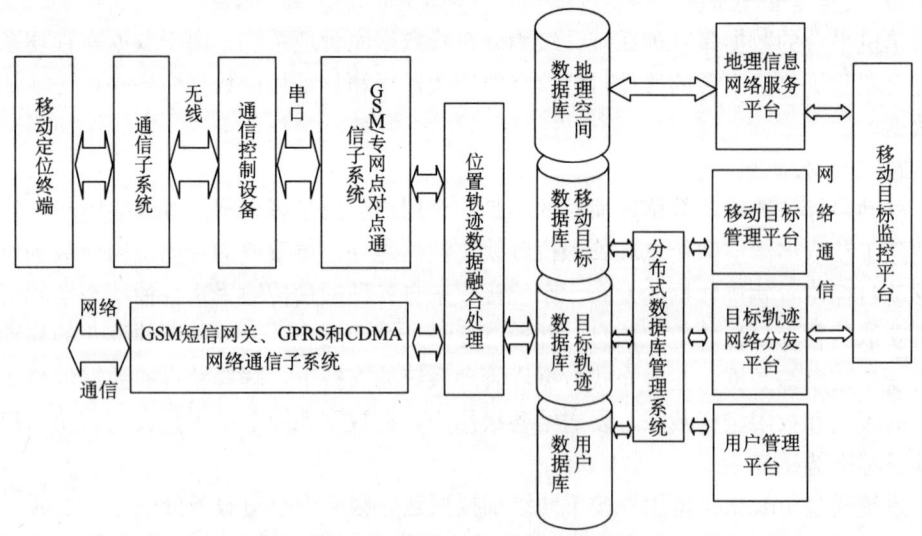

图 10.10 移动目标位置服务网络平台结构

3. 位置轨迹数据多级用户的分发

平台通过 Internet 将移动目标位置服务中心与各个分中心连接，按不同级别授权建立分级分发机制。根据用户的级别和需求，实现对所有移动目标信息资料查询、回放历史轨迹、实时采集和通过在数字地图上可视化表达形成统一的移动目标运动态势，接收应急救助信息并及时进行服务等。

10.2 位置轨迹数据时空管理

移动目标监控系统，通过移动服务终端所获取的多源位置轨迹数据进行有效的管理和发布。位置轨迹数据除了具有空间特征外，还具有时间特征。在时态数据库管理系统的支持下，能够对移动目标的准确位置、时间、速度和状态等移动目标参数进行查询。

10.2.1 位置轨迹数据时空特征

1. 移动目标

移动目标是指在所研究时间范围内其空间属性（位置或形状）和状态随时间发生变化的空间对象。通常情况下，这些对象的变化有离散的和连续的。当仅关注移动目标的空间位置变化时，可用运动点和线来抽象表示；当其自身空间范围的发展变化也需要考虑时，便可用移动区域来抽象表示。该移动区域中"移动"包含三种可能的变化：一种是空间位置的变化；一种是自身空间范围大小形状的变化；一种是目标状态属性的变化。例如，空中飞行的飞机可用离散的点来表示，行驶路线的变化可以用线来表示，而台风的影响区域则要用移动区域来表示。

移动目标的空间属性随时间变化可以分为三类。

（1）不变化，在空间对象的生存期内不发生变化，即相对静止目标，如机场。

（2）突变，如部队的防御区域边界的变更，从一般的时间角度考虑，它在维持相当长一段时间后发生一次变化，变化后又维持一段时间，这种变化又称为阶梯常量变化。

（3）连续地变化，如正在飞行的导弹，其位置随时间在持续地变化。

移动目标对象的空间类型有点、线和面三种。

2. 轨迹

轨迹是通过传感器或其他方式获取移动目标的位置或其他特征变化的图文表达。可见，该定义侧重于目标位置和属性特征的可视化结果呈现。狭义的轨迹是移动目标随时间变化所经过的一系列空间位置，简单讲，可以看做是所经空间位置的连线。广义的轨迹定义为移动目标随时间除了包括空间位置或范围变化之外，与之相关的其他属性的变化。时间和空间特征是轨迹定义中必不可少的语义参数。所以，轨迹数据是典型的时空数据。

3. 位置轨迹计算机表达

移动目标的位置轨迹计算机表达有三个视图。
(1) 基于对象特征的矢量数据表达，所有存储的信息与特定的对象有关。
(2) 基于位置的栅格数据表达，所有存储的信息与特定的位置有关。
(3) 基于时间的表达，与特定"时间位置"的信息被存储有关。

基于特征的表达对于查询和检索空间特征或实体更有效；栅格表达则对于查询和检索特定位置的信息更有效；时间表达对于查询和检索特定时间的信息或随时间变化的信息更为有效。因此，在移动目标监控系统中，基于特征、位置和时间的表达都必须考虑。

综合上述，移动目标对象三种类型表达的视图就是 TRIAD，又称为时空三域模型。TRIAD 的目标是以一种统一的、相互支持的方式综合空间维、时间维和特征维，不仅使用户可以访问所有维的数据，而且可以使用户在一种表达下（TRIAD）进行各种视角的观察与分析。

在 TRIAD 模型中（图 10.11）有三个相互关联和依赖的视图：特征视图、位置视图和时间视图。特征视图的基本对象是实体（如道路），也可以是概念事物（如历史分区），并且

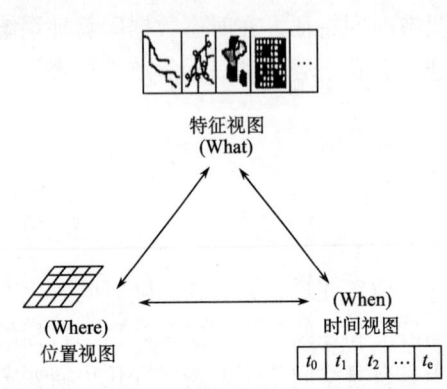

图 10.11 TRIAD 数据模型的三视图关系图

都具有时间和位置属性。位置视图的基本对象是离散的、二维或三维空间的网格或像元，并且与时间和特征相关联。时间视图的基本对象是发生在时间轴上某一时刻的事件。每一事件都会导致特定时刻属性的变化。属性变化有两种类型。
(1) 某个特征或特征集在该时刻的变化。
(2) 某特定位置或位置集上，该时刻发生的变化。

10.2.2 位置轨迹数据时空检索

移动目标位置服务系统中，对移动目标的检索主要有按移动目标检索、按时间或时间范围检索和按位置范围检索三种方式。

1. 按移动目标检索

移动目标检索根据移动目标代码和时间范围，提取移动目标在时间范围内的位置轨迹坐标。

2. 按时间或时间范围检索

按时间检索是指给定一个特定时间，提取在这个特定时间的所有移动目标的位置坐标。

按时间范围检索是指给定一个特定时间范围,提取在这个特定时间范围内所有移动目标的位置轨迹坐标。

3. 按位置范围检索

按位置范围检索主要包括三种形式。
（1）给定一个点的位置坐标、点缓冲区范围和时间范围,查询在点位置范围和时间范围内的移动目标。
（2）给定一个线坐标、线缓冲区范围和时间范围,查询在线缓冲区范围和时间范围内的移动目标。
（3）给定一个区域范围坐标和时间范围,查询在区域范围和时间范围内的移动目标。

10.2.3 位置轨迹时空数据模型

科学合理的时空数据模型设计必须综合考虑时空语义、存取速度、存储空间和系统实现等因素。时空语义包括空间实体的空间结构、有效时间结构、空间关系、时态关系和时空关系。存取速度是用户访问和存储效率的重要指标。存储空间随着大容量磁盘的降价已经不再像以前那么重要。系统实现就是在成熟（商业或开源）数据库系统中实现的可行性。

1. 位置轨迹时空数据模型要求

具体的应用需求决定移动目标时空数据模型的形式。移动目标对时空数据模型具体的要求：
（1）能够表示和查询三维空间移动目标,其中移动目标包括点、线和区域目标；
（2）能够表示目标的空间信息和时间信息,其中空间信息包括空间位置/形状信息和动态属性信息；
（3）能够表示三维空间移动目标的连续变化和离散变化,即这里所说的"移动"包括连续移动和离散移动；
（4）能够表示和查询属性级和对象级时空变化及目标间的时空关系,即支持单个目标的进化、存亡变化和多个目标间时空拓扑关系的表示和查询。

2. 位置轨迹时空数据模型研究方法

一个移动目标全部运动过程的时空数据生成一个完整移动对象。移动对象的初始值记录该移动目标的时间属性、空间属性和动态属性,运动过程的每个记录点只记录发生变化的动态属性,即时间、空间和动态属性。第 k 个移动对象的数据模型可以表示为

$$Moving - Object(k) = \{Obj_0, Obj_1, \cdots, Obj_i\}$$

其中,$Obj_i = \{OID, S_i, DA_i, F_i, T_i\}$ 为 T_i 时刻移动目标 OID 的快照；$T_i \in [T_s, T_e]$；S_i 为空间信息；DA_i 为动态属性；F_i 为移动函数。动态属性用基本数据类型表示,空间信息用空间数据类型表示,时间信息用时态数据类型表示。

目前，对移动目标时空数据模型普遍的研究方法是将移动目标抽象成空间运动的点，忽略目标的形状、大小、外观等因素，只关注目标空间位置及其状态变化。针对不同的应用需求，人们提出了多种运动目标时空数据模型。它们可以分为两类：快照模型和函数模型。

1) 快照模型

快照模型是一种简单而直观的处理目标位置的方法，常用于简单的车、船定位管理系统等。对于每个移动目标周期性的采集时空信息 (p, t)，为目标在 t 时刻空间属性 p，其中 p 在二维平面上可以是坐标对 (x, y)。

显然，快照模型在简化问题的同时也牺牲了表达复杂现象的能力。其一，它不支持内插与外推，在 $\{(p_0, t_0), (p_1, t_1), \cdots, (p_n, t_n)\}$ 中查询只能返回采样点的位置信息，在两个连续的采样点之间 $t_i \leqslant t \leqslant t_{i+1}$，$0 \leqslant i \leqslant n-1$ 和监控时段之外 ($t_0 \geqslant t$ 或 $t \geqslant t_n$) 是"盲区"。其二，采用离散点表示运动目标的轨迹，要面临表示精度与资源之间的矛盾。如果更精确地表达运动目标的轨迹，则需要采样的点更多，消耗更多资源，这将受到计算能力、存储空间和通信资源等限制，使得位置和时间精度不可能很高。所以，快照模型适用于对位置和时间精度要求不高或者只关心采样点的移动目标信息的应用领域。

快照模型还有一种扩展模型，它是在离散的采样点上增加了有效时间的概念，说明了所记录的位置和状态等信息在多长的时间内有效。Masunaga（1999）提出的运动目标时空建模方法（Spatio-Temporal Modeling of Moving Objects）就是这种扩展了的快照模型。该模型通过观测到的原始数据导出运动目标的三个基本关系，即位置 POSI (OBJ, X, Y, Z, TINT)、方向 ORI (OBJ, ORIENTATION, TINT) 和倾角 GRAD (OBJ, GRADIENT, TINT)，其中 TINT 为有效时间段，可以分解为 STP 和 ETP，分别代表起始时间点和终止时间点。由基本关系进一步可以导出其他空间关系。这就使得对运动目标的描述消除了采样点之间的"盲区"，扩展到了全时间区间的任意时刻。这种数据模型适宜于以下两种应用：一类是运动目标在不同时间段内相对静止，且运动过程呈现阶跃特征；另一类是对运动目标轨迹数据精度要求不高的应用，可以通过较粗的粒度、较少的离散点数据表达连续的运动。因为快照模型不存在插值运算，而且各种基本关系表现为适合使用关系数据表达的关系特征，因此在实现上比较简单，可以较好地利用现有的关系数据库管理系统。

2) 函数模型

函数模型是将运动目标的轨迹表达成时间的函数，通过计算某一时刻的函数值来得到目标的位置。所以，函数模型支持内插和外推，可以实现连续查询。

折线模型是一种简单的函数模型。它将运动轨迹简化为折线，用记录和处理折线中线段的方式来管理目标运动的数据。Wolfson 等（1998）提出的轨迹位置管理模型是这种方法的代表。它首先获取运动目标的出发点和目的地，然后利用 GIS 中每个路段的距离和所用时间等信息形成一条运动轨迹。运动目标的路径由起点、出发时间、终点和结束时间决定。沿着由 GIS 选取的以折线表示的路径，可以计算出目标到达每条线段起点处的时间，形成三维折线 (x_1, y_1, t_1)、(x_2, y_2, t_2)、$\cdots$、(x_n, y_n, t_n)。这些数据存储在数据库中，在时刻 t_i 和 t_{i-1} 之间的任何时刻 t，用内插的方法计算出目标的位置，对当前时刻之后的位置信息则可以用外推的方法计算。

函数模型没有规定函数的类型，从理论上讲，任何复杂的函数都可以应用在函数模型中，另外，任何运动形式也可以在一定的精度范围内用一定的函数形式来描述。但是，从各国学者发表的文献来看，一般的，目前大家在函数模型中所使用的函数都采用线性的形式。基于模型的操作，包括数据组织、内插、外推、分析等都以线性函数作为假定。Saltenis 和 Jensen（2002）则直接使用线性模型来描述目标的运动，假设目标在时刻 t 的位置为 $X(t)=(x_1(t),x_2(t),\cdots,x_n(t))$，并以两个参数来确定模型，一个是目标在参照时刻 t_{ref} 的位置 $X(t_{\text{ref}})$，另一个是目标的速度向量 $V=(v_1,v_2,\cdots,v_n)$，由此可以确定时刻 t 的目标位置 $X(t)=X(t_{\text{ref}})+V(t-t_{\text{ref}})$。该模型可以看做是 MOST（Moving Objects Spatio-Temporal）的具体化，实际上其他研究者所采用的模型也与之大同小异。其实，线性化的函数模型也可以看做是折线模型的另一种表现形式。

基于快照和函数的面向对象运动目标时空数据模型，除了模型简单和支持全过程查询的特点外，最大优点是可以和对象关系数据库管理系统（ORDBMS）以及 SQL 语言无缝结合。ORDBMS 提供了数据类型和操作的扩展能力，而且扩展的类型和操作可以直接在 SQL 中使用，因此基于快照和函数的面向对象运动目标时空数据模型的实现具有很好的前景。目前，ORDBMS 已逐渐取代了关系型数据库成为支持对象的主流技术，并得到了 Oracle、DB2、Informix 等数据库厂商的支持。所以，从实际应用的角度看，基于快照和函数的面向对象运动目标时空数据模型更接近实际应用。

基于快照和函数的面向对象运动目标时空数据模型就是在快照数据的基础上增加目标的运动函数，这样就可以支持连续运动目标的建模和查询。离散变化的目标只需快照数据就可以表达，无需记录运动函数。所以，基于快照和函数的面向对象运动目标时空数据模型可以满足建模离散和连续运动目标的需要。

10.3 移动目标监控平台

10.3.1 移动目标监控平台数据流程

位置轨迹数据分发系统一方面把从通信系统传来的 GPS 定位数据及报警信息存入数据库，另一方面把 GPS 定位数据和报警信息分发到各个移动目标监控系统；同时，移动目标监控系统如果要点名查询或监控或遥控某个移动目标就要把监控命令通过 GPS 数据分发子系统传送出去。GIS 监控台子系统在作为客户端登录系统时，首先是通过位置轨迹数据分发系统连接 Oracle 数据库服务器中的移动目标数据库读取移动目标信息。在移动目标位置服务平台中位置轨迹数据分发系统是作为一个操作 Oracle 数据库的前台程序而运行的，它的作用就是向 Oracle 数据库中存入相关数据和从 Oracle 数据库中读取相关数据。移动目标监控平台的数据流图如图 10.12 所示。

移动目标监控平台主要是对移动定位终端传来的 GPS 位置信息和报警信息进行处理并对移动目标进行监控、调度和管理。

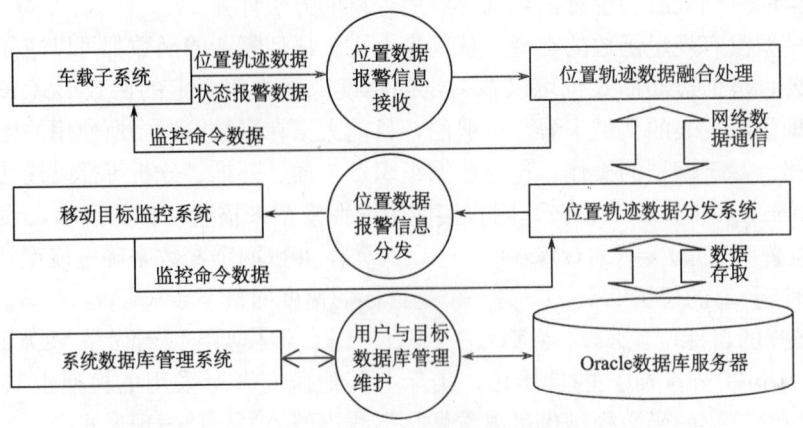

图 10.12 移动目标监控数据流图

10.3.2 移动目标监控系统功能

移动目标监控系统的主要功能有以下六个方面。

1. 地图显示功能

移动目标监控中心有配置完备的系列比例尺的地图,分别为1∶1万(地形图)、1∶2.5万、1∶5万、1∶10万、1∶25万、1∶100万(覆盖全国),并可根据显示需要实时切换。

(1) 放大与缩小:点击工具条上的放大与缩小按钮,在地图显示区域单击鼠标左键,地图在一定范围内可以进行逐级放大与缩小。

(2) 漫游:点击工具条上的漫游按钮,按住左键拖动,即可实现快速而平滑的地图漫游。

2. 长度量算功能

在地图显示窗口移动鼠标并点击鼠标,地图上显示鼠标移动的轨迹,在最下边的状态条的右下部分显示鼠标移动的图上总距离以及当前折线段的距离。当按下鼠标右键时,取消距离量测,消去地图上鼠标的移动轨迹,并在状态条上显示鼠标移动的实际地理距离。

3. 信息查询功能

点击工具条上的信息查询按钮和地图上相应的要素,即可显示出相应要素的地域名称。

4. 移动目标数据库功能

用来显示当前监控台操作员具有管理权限的所有移动目标信息,如图 10.13 所示。

车辆列表 | 监控面板 | 车辆轨迹 | 系统信息

标示码	手机号	司机姓名	性别	车辆牌号	车型	品牌	颜色
2	1383...	朱涛	男	豫G14136	轿车	红旗	蓝色
3	1383...	崔	男	陕A56668	轿车	奔驰	黑色
5	1383...	淄博	男	豫A54556	卡车	奥地	褐色
9	1393...	张	男	豫G14136	小轿车	奥迪	红色
11	1360...	崔	男	豫A88888	小轿车	桑塔纳	红色
22	1360...	崔	男	豫A54556	卡车	奥地	褐色
2001	1357...	NULL	NULL	NULL	NULL	NULL	NULL

就绪 | 请点击相应按扭. | 比例尺 1:67999000 | X=88.904000度 | Y=51.367996度

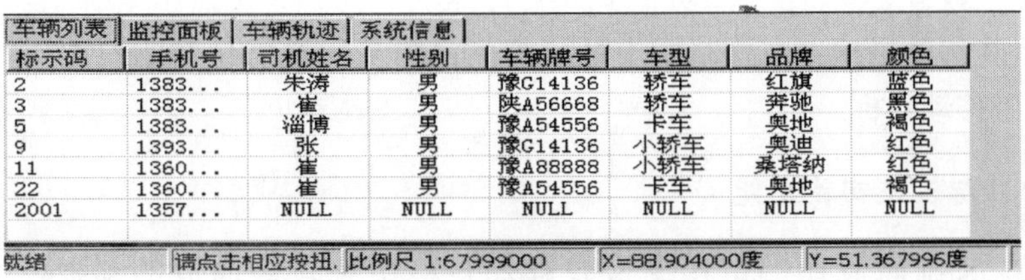

图 10.13　移动目标数据库

5. *移动目标监控功能*

活动移动目标列表能显示当前所有可以控制的车台。在对车辆进行操作时，必须首先选定某一个车台，如图 10.14 所示。

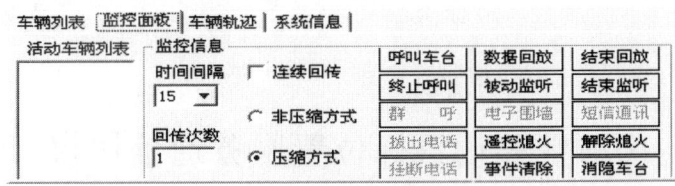

图 10.14　监控车辆功能

（1）时间间隔：回传数据时的时间间隔。

（2）回传次数：要求移动目标回传数据的次数。

（3）连续回传：当需要对移动目标进行连续跟踪时打开此开关。

（4）压缩方式：当采用压缩方式时，在同一回传数据间隔内回传四组数据，非压缩方式只能回传一组数据。

（5）呼叫移动目标：在监控面板上的活动移动目标列表里选择需要呼出的移动目标，并且设置相应的参数，如时间间隔（s）、回传次数（在连续回传时不起作用）、是否连续回传、是否压缩等，点击呼叫按钮即可。

（6）终止呼叫：在监控面板上的活动移动目标列表里选择相应的移动目标，点击终止呼叫。

（7）事件清除：当报警过来不处理时，选择相应的移动目标按此按钮。此功能在接警处理对话框出现时选择不处理按钮也可以代替此项功能。

（8）被动监听：当移动目标出现警情时，选择相应的移动目标按此按钮，可以监听移动目标内部人员的通话。

（9）结束监听：对选定的已经开始进行监听的移动目标结束监听。

（10）遥控熄火：此项功能必须与相应移动目标的硬件设备相连接。

（11）解除熄火：此项功能必须与相应移动目标的硬件设备相连接。

（12）数据回放：选择相应的移动目标按此按钮，弹出一个时间选择的对话框，调整相应的起始与结束时间，可以对以前移动目标行进的历史轨迹进行回放。

(13) 结束回放：选择相应的移动目标按此按钮，可以对当前回放的移动目标结束其回放状态。

(14) 消隐移动目标：在网络版中释放监控台对某一移动目标的控制权，使其他监控台能控制该移动目标。

6. 移动目标轨迹回放功能

移动目标轨迹回放功能可用来设置移动目标历史轨迹回放的参数，如图 10.15 所示。

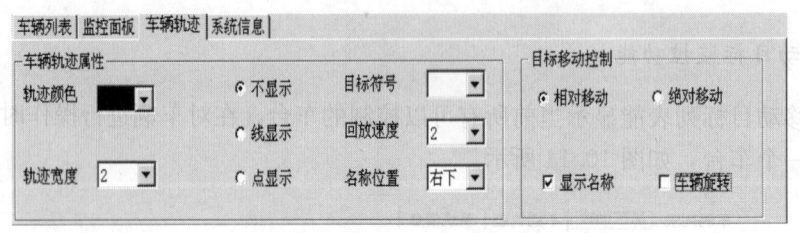

图 10.15 车辆轨迹回放

10.4 移动目标位置服务通信协议

移动目标位置服务通信协议是负责其内部数据通信的一种约定方式，在移动目标位置服务网络平台中服务中心设有通信服务器、位置轨迹数据分发服务器和数据库管理服务器，服务中心采用 C/S（客户机/服务器）模式，其客户端是移动目标监控系统，在客户端和服务器之间的数据通信必须有一个通信协议来规范。

系统利用 Windows Socket（套接字）编程接口技术来定义一套客户机和服务器之间的通信协议。套接字在通俗意义上讲就是通信的一端，是一种抽象意义上的说法，包含了进行网络通信必需的五种信息：连接使用的协议、本地主机的 IP 地址、本地进程的协议端口、远地主机的 IP 地址、远地进程的协议端口。在套接字类型的选择上，我们选择了数据包类型的 Socket，也就是选择用户数据报协议作为底层数据传输的协议，由于其速度快、效率高、系统开销小，比 TCP 更直接有效而且无并发连接数目限制。

端口是操作系统可分配的一种资源，是网络中可以被命名和寻址的通信端口，用于标识通信进程。按照 OSI 七层协议的描述，传输层与网络层在功能上的最大区别是传输层提供进程通信能力，而网络层不提供进程通信能力。网络通信的最终地址就不仅仅是主机地址，还包括可以描述进程的某种标识符。为此，TCP/IP 协议提出了协议端口（Protocol Port）的概念。

这样，进程就可以通过系统调用与某端口建立连接后，接收数据链路层传给该端口的数据，还可以把应用程序发给传输层的数据通过相应的端口进行输出。在 TCP/IP 协议的实现中，端口操作类似于一般的 I/O 操作，进程获取一个端口，相当于获取本地唯一的 I/O 文件，可以用一般的读写原语访问。

服务中心的通信协议是自己定义的一套数据通信规范，在通信协议中包括数据的流向、数据流出端的端口号、数据流入端的端口号以及数据体的格式。通信服务器通过读取计算机串口获得 GPS 定位数据和报警信息数据包并作预处理，然后通过网络数据通信把数据发送至位置轨迹数据分发服务器，位置轨迹数据分发服务器一方面把数据信息存入数据库，同时把位置轨迹数据和报警信息通过网络分发到各个移动目标监控系统。数据库管理服务器直接操作 Oracle 数据库，对监控系统数据库进行维护和管理。通信服务器、位置轨迹数据分发服务器、数据库管理服务器以及移动目标监控系统之间的数据流向关系如图 10.16 所示。

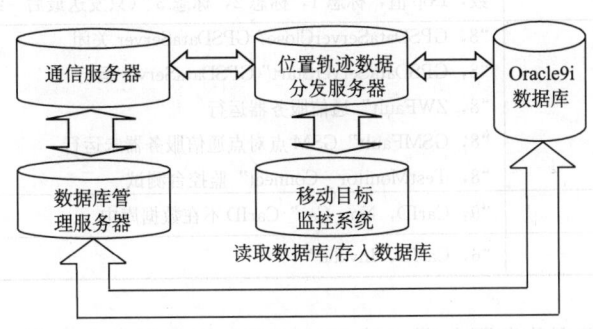

图 10.16 移动目标位置服务通信协议流向关系图

监控中心通信的数据命令体的格式为："数据类型、数据体"。其具体协议如下：

（1）移动目标监控系统（端口号为 5060）流向位置轨迹数据分发服务器（端口号 5050），见表 10.1。

表 10.1 监控终端流向位置服务器通信协议

数据类型	数据命令体
0：网络测试	"0，Test_Net_Connect" 监控台发出
1：监控命令	"1，CarID，命令类型，命令体" "1，CarID，P" 拨电话 "1，CarID，Q" 接电话 "1，CarID，O" 挂电话
4：发送 110	"4，CarID，1"
4：取消 110	"4，CarID，0"
6：清 IP 关系	"6，CarID"
7：IP 注册	"7，Login" 监控台登录 "7，Logout" 监控台退出
8：测试回传	"8，GPSDataServer_OK"

（2）位置轨迹数据分发服务器（端口号 5050）流向移动目标监控系统（端口号 5060），见表 10.2。

表 10.2 位置服务流向监控终端通信协议

数据类型	数据命令体
0：网络测试	"0，TestGSM_Net_OK" 监控台发出的测试 "0，TestGSM_OK" 或 "0，TestZW_OK" GPS 数据分发服务器发出
2：回传数据（GSM）	"2，CarID，Send_OK" 发送成功 "2，CarID，Send_Fault" 发送失败 "2，ID，经度，纬度，时，分，秒，命令类型，高度，速度，方位角，卫星数，Dop 值，标志 1，标志 2，标志 3"（只发送最后一组坐标序号 = 1）
8：系统命令	"8，GPSDataServerClose" GPSDataServer 关闭 "8，GPSDataServerStart" GPSDataServer 运行 "8，ZWFault" 通信服务器运行 "8，GSMFault" GSM 点对点通信服务器未运行 "8，TestMonitor_Connect" 监控台测试
9：回传数据	"9，CarID，No_Car" CarID 不在数据库中
6：监控命令非法	"6，CarID，Invalid"

（3）位置轨迹数据分发服务器（端口号 5050）流向通信服务器（端口号 5060），见表 10.3。

表 10.3 位置服务器流向通信服务器通信协议

数据类型	数据命令体
0：网络测试	"0，TestGSM_Net_Connect" 监控台发出 "0，TestGSM_Connect" GPS 数据服务器发出
1：监控命令（GSM）	"1，GSM 号，CarID，命令类型，PASSWORD，命令体"
8：系统命令	"8，GPS 数据服务器 IP" 初始化专网 "8，短消息服务中心号码，GPS 数据服务器 IP" 初始化公网

（4）通信服务器（端口号 5060）流向位置轨迹数据分发服务器（端口号 5050），见表 10.4。

表 10.4 通信服务器流向位置服务器通信协议

数据类型	数据命令体
0：网络测试	"0，TestGSM_Net_OK" 监控台发出的 "0，TestGSM_OK" GPS 服务器发出
2：回传数据（GSM）	"2，CarID，Send_OK" 发送成功 "2，CarID，Send_Fault" 发送失败 "2，ID，经度，纬度，时，分，秒，命令，高度，速度，方位角，卫星数，Dop 值，标志 1，标志 2，标志 3，序号" 序号：4-1
8：系统命令	"8，InitGSM_OK" GSM 初始化成功 "8，InitGSM_Fault" GSM 初始化失败 "8，GSM_Inited" GSM 已初始化 "8，GSMStart" GSM 启动 "8，GSMClose" GSM 关闭

(5) 数据库管理服务器（端口号 5900）流向通信服务器（端口号 5950），见表 10.5。

表 10.5 数据库服务器流向通信服务器通信协议

数据类型	数据命令体
1：初始化监控中心号码命令	"1，CarID，3，监控中心号码"

(6) 通信服务器（端口号 5950）流向数据库管理服务器（端口号 5900），见表 10.6。

表 10.6 通信服务器流向库服务器通信协议

数据类型	数据命令体
2：回传数据	"2，CarID，Send_OK" 命令发送成功 "2，CarID，Send_Fault" 命令发送失败 "2，CarID，InitOK" 初始化成功

在移动目标位置服务平台中，在网络上传输的数据分为移动目标定位数据和监控指令数据，这些数据量都很小，一般只有几十到几百个字节，这么小的数据量用 UDP 协议进行传输，既节省了系统开销、网络资源，又提高了数据传输的速度，不过需要确认数据传输的可靠性，如"确认重传"技术。相对于 TCP 来说，使用 UDP 协议能更好地增强系统的稳定性和高效性。

第 11 章　地理信息服务应用

　　地理信息服务广泛应用于国民经济建设和国防建设。在国民经济中主要应用领域是：城乡规划与动态监管，土地利用和动态监管，能源和矿产资源的监测，矿产资源勘查及其开发管理，水文水资源动态监测，水资源开发优化配置与管理，水环境、水生态监测和预测，水土流失监测预报，气象预报和重大自然灾害监测，风险评估、预警预报与灾情评估，森林资源、湿地资源、野生动植物资源、荒漠化沙化土地监测与评价，林业重点建设和生态保护工程的监测与管理，重大森林灾害预警与预报、监测和评估，大气环境监测和预测，国家生态环境动态监测与评价，海岸带及海洋资源探测、开发与管理，海洋生态环境保护与管理，海洋灾害监测与预警预报，农业和农村资源环境动态监测，突发性环境污染事故应急监测，沙尘暴监测，区域资源开发环境效应监测与评估，城市环境监测，智能交通与交通信息服务，社会公众服务，电子商务、电子政务、城市管理与数字化城市等各领域。本章分四节，主要介绍地理信息服务在公安信息化、城市管网管理信息化、物流信息化和智能交通等领域的应用。

11.1　公安信息系统

　　地理信息服务在公安信息化中的应用是把反映公安的各类空间数据以及描述这些空间数据特征的属性数据通过计算机进行输入、存储、查询、统计、分析、输出的一门综合性空间信息系统，是现代化公安建设中一项重要的组成部分。它具有把公安各类信息置于其客观的空间分布中进行管理和综合分析的能力，集成现代通信技术、多媒体技术和空间定位技术，组成一个实用性的应用系统。为治安管理手段的现代化奠定了技术基础。现代通信技术保证了公安部门有效、快速地接警和处警；多媒体技术使对重点目标和部位的监控成为现实；空间定位技术能够对移动目标如银行运钞车进行跟踪和监视。它们共同的特点就是为公安统一协调、管理和监控建立一个支撑平台。公安地理信息系统是公安部门应用地理信息系统技术提高治安管理水平和能力的一门新的技术。具体地讲，它就是在计算机软件和硬件的支持下，运用系统论、信息论的理论和方法，结合计算机科学、软件工程、计算机图形学、公安信息学、多媒体技术、数据库技术、现代通信技术、网络技术和空间定位技术产生的能够科学管理和综合分析具有空间内涵的公安信息的一种软件系统。它能够提供公安业务上的数据处理、统计、警力调度、监控决策以及控制显示、报警实时处理等功能，能够提高公安部门监控决策的现代化水平，提高公安整体作战能力和对突发事件的快速决策反应能力。

11.1.1 公安地理信息系统任务和特点

1. 公安地理信息系统的任务

近年来,社会经济建设快速发展,交通运输进步,社会治安的动态性特征日趋明显。主要表现在:一是刑事案件的总量增多,犯罪手段不断升级,流窜作案增幅较大,有组织犯罪、团伙犯罪猛增;二是暴力化、智能化的趋势越来越明显;三是突发性犯罪越来越多;四是现场处置的时机稍纵即逝,一些案件由于反应迟缓而延误战机,甚至成为死案。在这种形势下,利用现代科学技术,建立公安地理信息系统,实现快速反应机制,以动制动,以快制快,以快取胜,满足治安形势发展的需要是非常必要的。公安地理信息系统的任务大致可以分为以下几个方面。

1) 在应付各种突发事件中,为监控员辅助决策提供各种信息咨询

突发事件,从一般含义上讲,是指在一定范围内突然发生的,对国家政治、经济和社会治安造成重大影响和危害的事件,或规模较大的妨碍社会管理秩序的违法活动。通常包括:政治动乱、骚乱、团伙暴力犯罪、严重的社会治安事件、重大的自然灾害事故等。

突发事件因其事件突发,而且规模大、情况复杂、危害严重,因而要求公安干警要进行快速、有效的处理。为了保证公安行动做到快速反应、先发制敌、速战速决,必须首先要保证提供所需要的所有信息。这样才能辅助监控员进行决策,这是建立公安地理信息系统的主要任务。

2) 完成正常情况下公安行动的信息保障

正常情况下的公安行动,如巡逻执勤,需要系统能够提供沿线的信息,尤其是需要重点保卫的地区和目标的信息,这样便于巡逻分队确定最佳的巡逻路线,从而更有效地完成巡逻任务。又如大的集会的保卫工作,则需要了解集会地区的地理信息,如出口、通道、制高点以及附近的空地和防护救护单位,这些信息都能保证集会的顺利进行。

3) 为公安、消防、交通的总体规划提供依据

公安局、分局、派出所以及消防中队、交警支队,其分布、位置及管辖范围的确定受各种各样的地理要素的影响。如何确定最佳的分布、位置及管理范围,将直接影响它们的工作效能。公安地理信息系统通过一定的分析功能,能够帮助用户做出最佳的选择。

2. 公安地理信息系统的特点

根据公安任务的特殊需要,在设计公安地理信息系统时应注意系统所具有的如下特点。

1) 社会治安的动态性要求公安地理信息系统具有实时性

实时,是公安地理信息系统最主要和最突出的特点。公安地理信息系统的实时性,主要集中体现在系统的自动化程度上。自动化程度高,系统的实时性就强。以接警为例,一种是电话接警,操作员根据接警系统所显示的主叫号码或报案位置从公安地理信息系统中查询获取案发地点的有关信息;另一种是将公安地理信息系统与接警系统结

合，使二者有机融为一体，在操作员接警的同时，公安地理信息系统自动显示报警点的各种信息。这两种方式获取的信息虽然并无两样，但它们反映出系统的实时性却差异明显。提高基本系统的自动化程度，就需要系统能够友好地与新技术结合，如与现代通信技术、多媒体技术、网络技术和空间定位技术的结合，使系统真正具有开放的特点。

2) 公安业务的实际性要求公安地理信息系统具有实用性

系统的实用性在一定程度上影响了系统的实时性，但实时的系统并不意味着它就是实用的。公安地理信息系统的实用性主要表现在系统突出公安业务的特点上。一是信息的选取，系统要根据公安的需要进行信息的选取，对公安行动影响大的信息，系统要着重表示，如警力的分布情况、街道的通行能力、重点目标和部位、高层建筑等；二是数据的组织，一定要保证用户的特殊需求，在公安地理信息系统中，为了既满足用户对地理环境宏观研究上的需要，又要考虑到他们有观察局部细节微观上的要求，在建设系统时，一般都要采用多比例尺的地理数据库，如何有效、协调地对它们进行组织，是提高系统实用性的关键；三是功能的设计，要保证系统的功能是为了公安部门应付突发事件的需要而设计，系统的某一功能一定对应于公安部门的某一需要，这样才能有的放矢，达到系统的真正实用。

3) 公安行动的快速性要求公安地理信息系统具有操作的简便性

可操作性包括界面友好、操作简单和简便易学，决定着用户工作的效率。良好的可操作性是任何系统都追求的目标，而在公安地理信息系统中这一点更为突出和明显，因为它可以为公安部门赢得宝贵的时间，为应付突发事件争取到主动权。在设计公安地理信息系统时，应尽可能少地让用户干预与他们本人业务无关的内容。在功能模块的设计中，应提高模块的自动化程度，减少用户的干预次数。

4) 公安业务的特殊性要求公安地理信息系统具有很强的可维护性

公安地理信息系统的可维护性包括系统软硬件的可维护性和系统数据的可维护性。

公安地理信息系统硬件的可维护性主要指计算机系统、通信系统（包括无线和有线，无线又包括无线专网、公网和卫星通信）和网络系统的可维护性和可扩展性。

软件的可维护性是保证系统的可靠性的前提，同时又为系统的进一步扩充奠定了基础。影响软件可维护性的因素主要有三个：可理解性、可测试性和可修改性。通过选用良好软件设计工具，提高软件的模块化和结构化设计程度，填写详细的设计文档来改进软件的可维护性。

数据的可维护性可以保证系统数据的现实性，从而保证了公安监控部门在监控决策时可以获取有效和准确的信息。提高数据可维护性的方法主要包括数据源的考虑与强有力的数据修改与编辑功能。数据源的考虑应该是在系统设计的开始，对于采集的空间数据，其资料的比例尺是否合适、是否满足用户的需要、资料的现势性如何等，应该在数据采集之前就明确。对于专题数据，在建立专题数据库时应该考虑数据来源和更新手段，尽可能将不同部门提供的数据对应于数据库中的不同基表，以提高更新速度和数据质量，提高数据的共享程度。

11.1.2 系统总体框架

公安信息化是一项大型的、综合性的、内容丰富的系统工程，又称"金盾工程"。其内容涵盖公安局的各个职能部门及其相关业务，涉及政工办、行政办（包括指挥中心）、人事财务科、法制科、外事科、国保大队、治安管理大队、内保大队、刑事侦察大队、交通警察大队、看守所、行政拘留所、派出所、消防科十四个科室部门。业务包括服务与110、治安管理、户政管理、交通管理、消防管理、出入境管理、生产保卫、刑事和物证鉴定、网络监察等业务，基本覆盖了一个城市与广大市民生活息息相关的各类"安全"问题。系统以提高公安指挥中心接、处警的快速响应能力，实现业务数据的统一协调、信息资源充分共享、高效的决策指挥为目标。公安信息系统结构如图11.1所示。

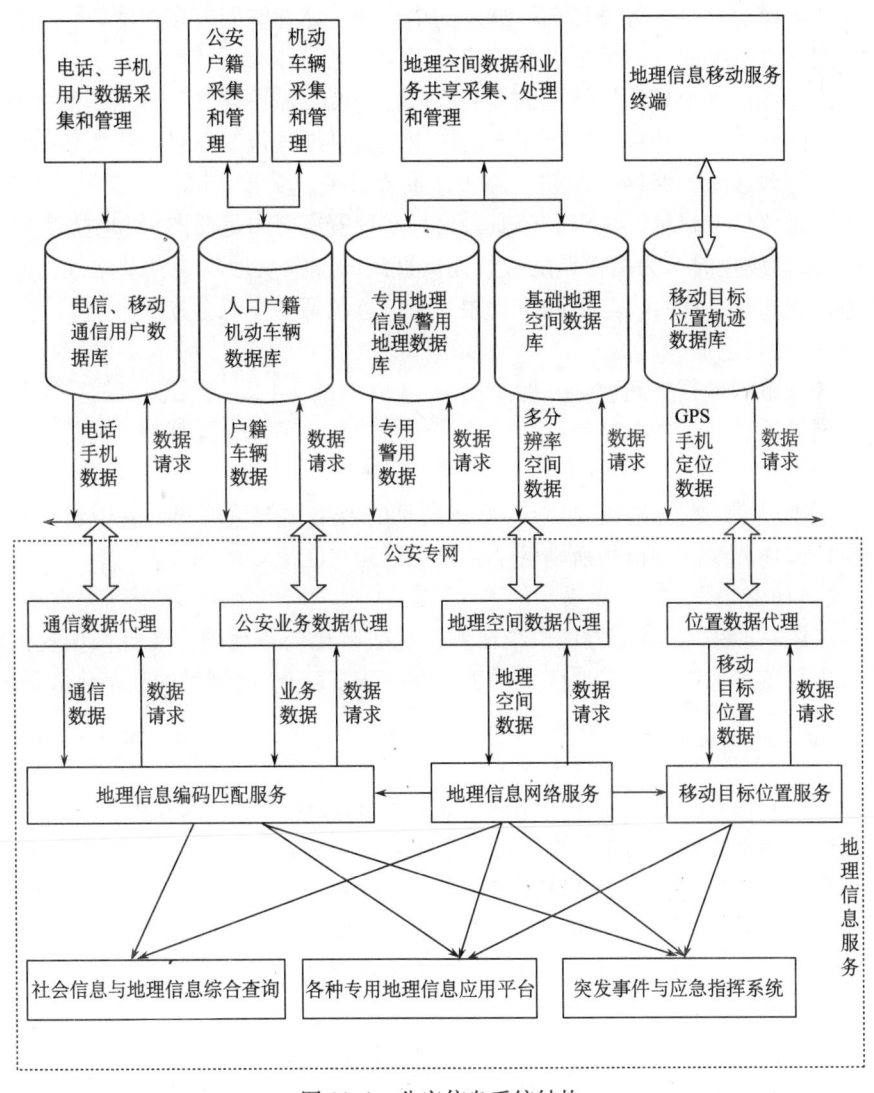

图 11.1　公安信息系统结构

公安信息系统数据主要包括基础地理信息数据、专题地理信息数据、警用地理信息数据、社会数据与公安有关联的人口户籍数据和机动车辆数据、公安业务数据及与公安业务有联系的数据有电话用户数据、公共电话数据和移动电话用户数据等。这些数据资源分散在社会不同的单位，信息的利用需要单位授权。

在服务层主要包括地理信息网络服务、移动目标位置服务、公安业务数据服务和通信数据服务等。

在应用层主要包括突发事件与应急指挥系统、各种专用地理信息应用和社会信息与地理信息综合应用等。

11.1.3 公安信息数据库

1. 基础地理信息数据

公安业务覆盖社会的方方面面，涉及的单位和实体在空间分布广泛。公安行业在建立地理空间基础框架时，不但要考虑公安部门对辖区整体宏观认识的需求，还要考虑微观的对局部范围详细地理环境认识的客观要求，因此，需要建立一套从小到大不同比例尺的地理空间数据库。地理空间数据库的作用是提供地理位置信息，主要包括全区的地形、地貌、行政区域、路网、车站、码头、重要机关、学校、医院、宾馆、收费站点、文体场所、重要保卫目标、关卡、公安警力、武装警察警力等的图形和附加数据，以便在重大案/事件发生时，为指挥调度人员提供直观的发案点地理位置及附加信息显示和拟调警力位置与状态指示。与空间位置相关的信息包括以下三个方面。

1) 全国区域范围

全国区域范围地理空间数据一般采用1：100万或1：25万比例尺的数字化矢量地图。其中包括境界线、省会城市，并且具有详细的县、镇信息及其相关的注记要素。

2) 省级公安部门

省级范围公安部门一般需要1：5万比例尺的数字化矢量地图。其中包括省地级城市、地市行政境界线，各市和所辖各个县市的填充与注记要素等。

3) 城市区图

城市区图一般采用1：1万地市级比例尺的数字化矢量地图，并且调用叠加相应比例尺的卫星遥感影像图。重点地区采用1：2000或1：500比例尺的数字化矢量地图。

2. 专题地理信息数据

在指挥中心地理信息系统中，系统主要反映的是那些对公安作战有影响的地理要素，而那些影响不大和不明显的要素，可不作重点表示。

城市作为地理环境的一个特殊部分，在公安地理信息系统中，街区、街道构成了反映城市地理环境特点的最主要的因素。组成城市的地理要素多种多样，从公安用户的要求考虑，对公安行动影响比较大的要素主要有以下部分。

1) 交通

主要包括铁路、公路、航空和水运。它是突发事件中疏散群众和集结、开进部队的主要通道。车站、码头和机场又是公安人员堵截罪犯、防止外逃的最有效的地区。

(1) 桥梁。桥梁有横跨河流的铁路、公路桥墩，有铁路公路的立交桥，还有市内分流车辆的公路/公路立交桥和以通行人流为主的人行天桥等。桥梁是一个地域或一个地段交通的汇集点和枢纽，平时为解决城市交通拥挤、合理分流车辆起着良好的作用。在突发事件中，它是用以封锁道路的"瓶颈"地区。在大的政治和社会、民族动乱中，桥梁是一小部分人破坏的主要目标。桥梁被破坏，不仅会造成严重的交通混乱，而且容易引起公众心理上的恐慌，甚至会引起整个城市失控。

(2) 路口。路口是街道和街道以及街道和道路的交叉口。在平时，路口是维护交通安全的关键点，一般在上下班高峰期，容易出现交通堵塞现象。在发生突发事件后，路口是需要封锁和疏通的主要地区。路口容易出现交通事故和其他事故，因此在主要街道的交叉口一般设有信号灯，有些更重要的路口甚至还设有警亭，用以方便处理路口事故和附近出现突发事件后快速到达事发现场，起到以点制面，用少量的警力控制更大区域的作用。

(3) 街道。影响城市公安行动最重要的要素是街道。街道按其宽度和长度分为主干道、次干道、支路和街坊路四种。主干道是连接城市主要分区的主要交通干道，担负着城市的主要货运和客运任务，是市区的交通动脉。贯穿全市各区的主要街道，是联系大型工厂、企业、仓库、车站的重要通道，而且通常还连接市外的重要公路。次干道是城市道路网中的区域性干道，是城市主干道与支路间的交通集散通道，主要担负着城市的客运任务。次干道两侧布置较多的服务性设施，有大的商场和金融单位，多通行公共汽车和小汽车。而支路和街坊路由于窄而且短主要用于主、次干道与居住区、工业区、商业区的联结。

街道在城市还用于定位，一般用街道路牌号进行定位，便于人们识别和寻找，而且大的主次干道还是城市各行政分区的界线。

街道对公安行动最大的影响在于它影响了公安行动的快速机动。如何快速到达出事地点，不仅取决于距离事发现场的远近，而且还要顾及通往现场的街道类型和它的通行状况。一般就街道的类型而言，主要街道通行能力强，次干道和支路则相对较差；更进一步考虑，涉及时间变化对街道通行状况的影响，则是街道晚上的通行能力最强，而在白天，上下班交通高峰期和非高峰期街道的通行能力又不相同。

2) 街区

街区是人们生活、工作、学习的主要场所，是由街道围成的。街区对公安行动的影响在于街区的功能性质，一般街区按功能可以分为八类。

(1) 生活区。生活区一般由住宅群、粮站、小商品供应网点、储蓄所、消防队、停车场以及其他服务设施组成，由居委会和派出所共同管理。对居住区的水、电、气、暖和粮食等生活必需物质的供应，直接关系到城市社会的稳定。在多民族混住区，还要保持各民族和睦团结，谨防产生民族矛盾。

(2) 商业娱乐区。常以一个或数个百货大楼（或超级市场）和金融设施为主，由众多中小型商店以及影剧院、文化宫、公园、游乐场之类的娱乐设施汇集而成，这是市区最热闹的聚集地区，是反映城市生活正常与否的"温度计"。由于这里人流密集且成分复杂，所以极易发生抢劫银行、哄抢、骚乱等事件，是城市治安的难点。另外，还应制定应付一些重大的、突发的自然灾害等的紧急措施。

(3) 文化区。它是指科研院所和中高等教学机构较为集中的区域。该区由于文化交流频繁，思想活跃，加上学生容易冲动和激进，是潜在的不稳定地区，易发生激进的学潮、骚乱等活动。

(4) 工业区。常分布于内城地区和郊外交通干线、河流两侧。工业是稳定城市的关键，也是城市赖以生存的基础。加强工业区各企业、厂矿的保卫工作，有利于城市经济的发展和稳定人民生活，一些具有连锁破坏效应的化工厂，应加强消防工作。此外，在发生自然性突发事件后，应制定如何疏散居民和抢救重要厂矿的相应措施。

(5) 仓储区。往往处于港口、码头、火车货运站等地区，部分重要仓库常有铁路专线，一些危险物资仓库常分布在空旷地区，因而离城市主要消防力量较远，如何快速到达这些地区，是城市消防关心的问题。

(6) 行政区。每个城市都有相应的各级政府机构和军事监控机构，它们多各自相对集中分布，是城市及其所辖地区的神经中枢，担负着组织和管理国家或地区的主要使命。它们也是群众请愿、上访和游行示威的主要场所，而且常为发生恐怖活动、城市骚乱的主要区域。

(7) 高层建筑。高层建筑一般是指被列为消防和防护的重点目标的建筑。在处理恐怖活动和其他事件中，占领高层建筑，有利于封锁附近的通道和街区。

(8) 广场绿地。广场绿地是发生自然性突发事件时群众转移的主要地区。另外，该区还常有大型的庆祝活动和集会，也是动乱、骚乱时人群容易集中的区域。

3) 水系

河流、沟渠在公安行动中，一方面影响了公安人员的快速机动，另一方面便于对罪犯分割包围。另外，河流和沟渠还有利于消防就近取水。

3. 警用专题信息数据

警用专题信息数据包括：公安机关及国家机关地理信息，如机构名称、通信地址、联系方式等，具体到派出所一级；全省警力和应急储备信息；全省专业防暴、反恐队伍及装备配置信息；全省卡点配置信息；党政机关、水、电、气、暖等重点部位信息；反恐重点部位三维结构模拟图等。

(1) 警用专题图层：公安辖区、派出所分布、固定点报警分布、联防单位、治安卡口、重点防范区域；

(2) 交警专题图层：交警辖区、中队分布、岗点分布、视频监视分布、电子警察分布、信号灯分布、卡口分布、单行和禁行道路分布等；

(3) 消防专题图层：消防辖区、消防中队、联动单位、消防设施、消防水源分布、重点消防单位、重点消防区域、危险品分布、消防监控设施、消防通道等；

(4) 接处警动态图层：报警电话自动定位点、报警事件准确定位点、旅馆报警点、警标标注等。

4. 公安业务数据

根据公安业务特点和功能需求，公安部门在日常工作中必须建立健全业务数据库，其中首先要包括公安部规定的八大专业技术数据库：①人口信息库；②违法犯罪信息库；③警员管理信息库；④在逃人员信息库；⑤被盗抢机动车信息库；⑥机动车驾驶人员信息库；⑦安全重点单位信息库；⑧出入境人员-证件信息库。

除此之外，还必须建立各部门的专业业务数据，具体介绍如下。

1) 办公自动化数据

办公自动化系统中涉及的数据主要有：业务管理（待办文件、办公事务、压文情况、固定条件查询、快速查询、自由查询、工作催办、事务督办、授权管理、最新文件、公文流转）、公共信息（警务讨论区、公告、资源下载、电子书库、视频点播、万年历、航班时刻、列车时刻、单位电子簿、网上通讯簿、全国区号及邮编、天气预报）、个人办公（个人信息修改、个人基本信息、个人名片夹、共享名片夹、个人日程、个人工作日志、便笺、接收消息、发送消息）、辅助办公（会议室管理、部门会议室管理、会议申请、车务管理、领导日程、部门工作日志、工作日志查询）、专题栏目（科技强警建设动态、信息报送）等。

2) 刑侦综合业务数据

刑侦综合业务数据主要包括：警情（接警、处警）、行政案件办理（受案调查、裁决处罚、处罚执行、行政复议、行政诉讼）、刑事案件办理（受理、立案侦查、不立案、刑事撤案、刑事破案、破获外地案件）、涉案信息（人员、物品、组织、案件等）、网络审批、呈请报告、法律文书、案件移交和移送、现场勘查、现场分析、现场照片、检验鉴定、痕迹物证、线索、阵地控制、刑嫌调控、特情管理、串并案件、组合查询、制式统计报表、自定义报表、每日简报、公安信息系统接口（常住人口、暂住人口、重点人口、110接警中心）。例如，人员信息包括：报案人，受害人，违法嫌疑人，犯罪嫌疑人，留置盘问人员，吸毒人员，可疑人员，刑嫌人员，无名尸体，失踪人员，在逃人员，人员的年龄、性别、种族、身高、体重、身体特征（如有无文身等）、眼睛颜色、失踪日期或尸体发现日期、面部图像、甚至DNA信息等。物品信息包括损失物品（损失枪支、损失机动车、损失有价证券、损失其他物品）、可疑物品（可疑枪支、可疑机动车、可疑有价证券、可疑其他物品）、管理物品（扣押物品、收缴物品、发还物品、销毁物品、没收物品）。

3) 交警业务信息管理系统

交警业务信息主要包括：①车辆信息管理数据库；②驾驶员信息管理数据库；③违章信息管理数据库；④被拖机动车管理数据库；⑤事故信息管理数据库；⑥交通监控管理数据库。具体内容包括车辆的基本信息（如车辆牌号、型号、颜色、发动机号等）、驾驶人员的基本信息（如姓名、性别、年龄、领证时间、扣分情况等）、违法车辆信息（如登记号、车主姓名、违法车辆、违法车型、违法时间、违法地点、违法情况、操作员等）。交通监控管理数据库主要包括交通站点监控设备的编号、位置、焦距、角度等不同信息，同时包括违章机动车信息，即车牌号码、车牌种类、车辆类型、违法时间、违法地点、违法行为、处理标记及违法证据等。

4) 治安业务信息管理系统

对人口户籍管理方面，主要包括常住人口数据库、流动人口数据库和实有人口数据库，因此系统中应建立人口信息的数据库，另外，还包括爆破工程审批，剧毒化学品准购证核发，安全技术防范系统竣工验收，技防产品受理、登记、生产和销售管理，典当业审批、公章刻制业管理、旅馆业审批等各个环节涉及的数据和信息。

5）看守所在押人员管理信息系统

主要是对现有在押人员的姓名、性别、年龄、在押时间等进行管理。

6）派出所综合业务管理信息

（1）人口户籍管理信息。系统建立中需要建立各类人口数据库（如常住人口数据库、实有人口数据库和暂住人口数据库等）。

（2）旅馆业信息。主要包括旅馆的名称、性质、位置、分布、房间数、消防条件等相关信息。

（3）特殊行业信息。主要包括特殊行业的名称、性质、位置、分布、规模、消防条件等相关信息。

7）消防处警与决策指挥调度地理信息

消防信息主要包括：消防重点单位，消防设施的位置、型号、状态，水源的位置、水量等，消防地理、气象、水源，消防车辆、队伍实力、灭火技术，典型灭火案例、火灾档案等有关消防信息。

8）外事业务综合管理信息

（1）境外人员管理。包括姓名、性别、出生年月、工作单位、工作部门、文化程度、职务、联系电话、单位地址、其他联系方式、个人简历、填表人、填表时间等信息。

（2）出入境业务管理。包括出入境人员的详细信息数据，包括人员本身特征信息、对外关系信息、出入境事由等相关信息，具体参见公安统一的数据格式信息。

（3）应急联动指挥调度与决策支持。该系统中涉及的数据类型多样，主要包括各类公安设施与设备，各类警力管辖区，各联动单位电话、负责人等信息，各类电话库，各公安部门的警力信息，预案库，以及前面介绍的公用信息等。

11.1.4 系统组成

1. 信息中心应用系统

信息中心作为系统的主要管理维护单位，将建立完善的系统管理、安全和数据更新与维护机制以及信息分类与编码体系，主要实现用户管理、数据权限与系统权限的控制以及对基础信息管理维护等功能。

2. 交警应用系统

交警应用系统是利用高科技手段对现有交通设备设施和交通事故进行科学管理，提高交通通行能力，降低交通事故发生率。系统将监控视频、交通控制信号、警车定位、交通事故管理等的实时动态信息及警力分布、交通标志、停车场位置及容量等各种警务数据采集起来进行集中管理、分析，为交警部门等提供实时的城市各主要道路的交通流量、车速、交通密度、事故发生情况等的可视化辅助决策。系统主要实现交通专题信息查询检索、主要交通要道实时路况监控、道路与交通管理设施监管、线路管理、网络分析及辅助交通预案制作等功能。

(1) 交通122指挥调度系统。①及时接收、处理交通事故及紧急事件报警，实时科学合理地调度管辖区域内的警力、紧急救援、路障清理力量，快速处置紧急交通事故、交通突发事件及社会治安事件。②对突发交通事故进行管理，组织指挥调度。对管辖区内的交通状况实时检测、监视，有效地组织调度交通流，提高管辖区内的行车速度，减少停车次数和延误时间，缩短平均行程时间。③交通设备管理。通过系统实现对交通设备信息的有效管理。④网络路径分析。建立最短路径和最佳路径分析模型，便于出警车辆快速准确地到达指定事发现场，提高处警效率。⑤交通事故、设备与设施故障分布分析。采集、处理和存储各类历史交通数据信息，合理使用、分配信息资源，实现信息与资源共享，并为今后的交通规划和管理提供有效的参考依据。⑥故障影响范围分析。通过对事故和故障分析，基于电子地图将故障影响范围进行有效的统计和分析，以指导警力的调度和布置。⑦交通预案管理。该部分是交通指挥调度的重要组成部分，主要是预先将一些重大的交通事故处置方案进行制定，应急时可直接调用，以提高工作效率。⑧移动目标管理，实现对警务移动目标的指挥调度与管理。

(2) 车辆、驾驶员管理子系统。主要包括用户管理、车辆基本信息管理、驾驶员基本信息管理、申请管理、车辆维护保养管理和数据查询功能。

(3) 违章、事故及被拖机动车管理子系统。

(4) 交通监控管理系统。该系统主要实现对重点部位测速或闯红灯行为记录的信息管理与处罚工作，具体可分为以下步骤：①测速和闯红灯行为记录。将测速点车辆的行驶状态信息及十字路口闯红灯的相关记录信息进行登记建档。②数据传输功能：根据闯红灯自动记录系统的不同分类，实现联网传输和数据下载功能。③数据录入：根据闯红灯记录系统不同的分类，将机动车闯红灯信息数据录入软件，录入数据的数据库表名、表结构、字段信息等。

3. 消防应用系统

消防应用系统的建设能够更有效地利用警力、信息、资源等，实现消防指挥和管理的现代化和自动化，提高消防作战能力，最大可能地减少火灾造成的直接和间接损失，保护国家和人民生命财产的安全。主要实现重点单位管理、消防资源管理、预案制作与显示、案件统计分析等功能。

(1) 对报警位置和火灾地点进行快速定位、辅助处警等；
(2) 与接警系统接口，以便于接警系统与地理信息系统进行联动；
(3) 与火灾发生点数据库的接口，具有在地图上标注火灾点的功能；
(4) 火灾分布分析；
(5) 消防预案管理；
(6) 网络分析：实现最短和最佳路径分析；
(7) 消防警力的查询与统计；
(8) 消防历史案件的统计与分析；
(9) 火灾影响范围的录入；
(10) 消防设备与装备的管理；
(11) 消防重点单位管理；

（12）水源信息管理；
（13）消防设施管理信息；
（14）消防检查综合业务。

4．刑侦应用系统

刑侦应用系统是将案件进行空间定位并将历史作案手法等有利于案情分析的资料入库，建立数据仓库机制，然后可以根据作案特征如作案工具、作案手法、案发地点等，提高计算机辅助分析的能力。主要实现案件查询统计、案件定位显示及案件预警分析等功能。

1）刑事案件办理子系统

内容主要有：呈请报告、法律文书、案件流程管理（受理、立案侦查、不立案、刑事撤案、刑事破案、破获外地案件）和案件资料。

案件处理时的业务流转过程为：案件审批、案件移交、案件移送、案件接受、现场勘察（现场勘察笔录、现场痕迹物证、现场分析信息、现场图、照片等）。

2）涉案信息管理子系统

系统主要包括三部分：一部分是失踪人口数据库，包括各地上报的失踪人口；一部分是不明身份人口数据库，主要是各地发现的无名尸体；一部分是物品信息，包括失踪的、现场遗留等物品的相关信息管理。系统应具备各类信息数据的输入、修改、删除等数据维护更新功能，信息查询和统计功能，打印和报表功能，另外可将该功能对社会开放，不需要注册，用户可通过数据库查找失踪的亲人，也可通过报案，将失散亲人的信息输入数据库中，便于寻找。

5．治安应用系统

治安应用系统是为满足维护社会治安、动态了解案件高发区、实现治安防范管理的需求，提高治安工作的效率，主要实现治安专题信息管理、历史案件查询统计、人口信息管理、治安案件预警分析及治安预案制作等功能。

（1）人口户籍信息管理系统。人口管理工作由派出所完成，包括常住人口、实有人口和暂住人口的管理。主要办理业务有：办证、延期、迁移、注销，查询人口信息，在本所范围内进行统计分析。派出所的管理常常是将本派出所辖区分为若干个片，每一个片由一个警员负责。查询和统计，及打印人口清单时经常按片作为单位进行。

（2）特种行业信息管理。主要完成对爆破工程、剧毒化学品、安全技术防范系统、技防产品、典当业受理、公章刻制业、旅馆业等不同行业信息的管理、审批以及相关产品的受理、登记、生产和销售管理。主要包括信息的录入、信息的查询、行业的分布、相关信息的统计分析等功能。

（3）危险源监测。能通过视频终端对危险源实施监测。

6．内保应用系统

内保应用系统是为了适应内保局各种业务相关信息的可视化查询、统计及空间分布表达的需求，实现辅助决策分析支持。主要实现金融运钞与固定网点报警信息联动、银行卡信息及全市 ATM 机管理、全市一级要害技防设施运行情况动态监控和金融犯罪预警分析等功能。

7. 外管应用系统

外管应用系统是利用现代的计算机技术、网络技术、通信技术及地理信息系统技术，实现对外管对象的高效监视、快速跟踪、有效保护和相关警力的高效指挥。主要实现：涉外信息管理、涉外案件查询统计及涉外案件辅助分析等功能。公安厅外管部门开发时应具有查询显示、住宿登记、接收监控、户口登记、团队登记、申报等统计功能。

8. 禁毒应用系统

禁毒应用系统为缉毒工作提供信息服务，并为打击毒贩提供决策支持。主要实现：贩（吸）毒信息管理、贩吸毒案件查询统计和案件预案分析等功能。

9. 公交分局应用系统

公交分局应用系统主要实现公交专题信息管理、营运车辆与从业人员信息管理及历史案件查询与统计。公安分局应用系统主要分为公交信息查询统计、公交线路管理、网络分析及公交预案制度等模块。

10. 公安分局系统

公安分局系统是公安地理信息应用系统的一个子集。该系统集综合业务功能和信息查询、统计、分析和管理等功能于一身，充分应用了系统提供的信息资源和分析决策等功能，实现区域性公安警务工作的现代化。

11. 看守所在押人员管理信息系统

主要完成在押人员的信息管理和查询分析，主要包括在押人员的信息录入（如姓名、性别、年龄、进入时间等信息）、查询、统计分析，并对人员的分布特征进行分析，以便为公安部门提供必要的辅助决策信息，并提供信息的打印报表等功能。

12. 派出所综合业务管理信息系统

（1）查询统计：对专题业务信息（人口、犯罪、出入境、监管人员、禁毒等）进行查询统计、分析和分布显示；

（2）制高点查询；

（3）历史案件统计；

（4）警力分布与查询；

（5）案件定位；

（6）网络分析：实现逃逸方向及控制区域的确定；

（7）警区管理：对治安、巡特警辖区等进行管理；

13. 应急联动指挥调度与决策支持

(1) 基础信息查询。基础地图数据包括：道路、桥梁、公共汽车站、电话亭、火车站、加油站、栅栏、政府机关、公安机关、居民住宅。可随时打开和关闭各类数据层。

(2) 警力查询。当案件发生时，GIS 迅速在图上定位案发现场，标识控制区；可根据需要自动搜索 50m/100m/500m 范围内公安机关、警务亭、派出所，并在地图上进行标识，同时以列表的方式显示搜寻到的机关、警务亭以及派出所名称。

(3) 人口管理。有权限的公安人员可以随时在公安网上查找某个人的基本信息如姓名、籍贯、性别、年龄、文化程度、户口所在地和照片等。

将人口/户籍系统与 GIS 系统进行集成，可以在地图上直观地得到某人或具有某类特点的一群人的具体居住地点，并查询其派出所辖区等多种信息。

(4) 影像背景。将警务数据（预案、发案地点等）直接以影像图为背景显示，可以不必了解地图的显示规则就能够直接看出预案路线要通过哪个路口、哪个区域近期盗抢案最多。

(5) 建筑结构。重点建筑需要知道楼房的平面图、每个楼层的平面图、整个楼层的立体布局图，将这些数据与警务信息、电子地图全部由 GIS 集成到数据库中管理，随时调用查看。在地图上看到某个建筑，鼠标点击马上可以看到平面/三维布置图。

(6) 警力部署分析。将现有案件分布数据和警力部署数据在地图上进行综合分析，找出警力部署漏洞，调整警力分布，且警力部署应该是动态的，随着发案的规律随时变化。

(7) 路径分析。从 A 点到 B 点，哪条路最近？通过的路口，当设置路障时，最短路线又是哪条？该功能不但在图上标出路径和路口、路障位置，同时给出详细的文字列表。

(8) 信息整合。输入案发现场的地址/路口名称等参考定位信息，即可利用 GIS 中心立即放大显示其地理位置。

(9) 案情统计分析。将近期发案情况在地图上做出一个统计，并以饼图、柱状图、折线图等统计结构根据数据变化、用户要求的形式实时生成等。以达到案情分析的目的，便于公安机关向群众发出预警信息。例如，某时间段内，入民宅盗抢案件，按城市行政区域显示的案件分布图，要求系统会按照预先设置好的案件的数量，自动用不同的颜色区分显示，同时以表格的方式显示准确的统计数字。

(10) 方案预案。案件发生后，通过报警电话信息确定出事地点并自动在地图上形成位置闪烁显示。从预案库中调出预案或自动标出最小包围圈/控制区域，根据需要标出扇形围堵区。采用标图方式，通过 GIS 生成的作战指挥方案及各种统计报告绝对是图文并茂的。

(11) 实时路况监测。GIS 用不同的颜色表示交通网络中每条道路的交通状况是拥堵还是正常及车速范围。在交通管理系统中，GIS 与交通流采集系统相结合，可以实时显示道路交通流。

(12) GPS 实时监控。可以在地图上实时监视安装 GPS 设备的警车的空间位置。可以划定任意范围查询其中 GPS 警力实时分布情况，并予以标识，同时显示每辆警车的车号、通信设备号等信息；能对车辆进行实时的 GPS 导航。

（13）三维模拟。在三维环境中，可以三维立体布警、巡视路线周边环境分析、通视分析、信号覆盖分析等。还可以将做好的三维预案进行多角度、全方位的三维立体浏览。

（14）警用综合应用。能够通过点击地图相关的位置，根据需要查询公安八大信息资源库的信息，以更好地服务于公安工作。

（15）应急指挥系统。出现紧急情况可以从数据库中调出现有可利用资源，以便指挥现场。

11.2 物流信息系统

现代物流作为一种先进的组织方式和管理技术，已经被认为是企业在降低物资消耗、提高劳动生产率以外重要的"第三利润源"。它通过一系列信息技术手段、先进的管理办法和供应链一体化的运作方式，可以降低流通费用，缩短流通时间，整合企业价值链，延伸企业的控制能力，提高客运的满意度，加快企业资金周转，为企业创造新的利润。作为现代物流的重要组成部分，物流的信息化对物流产业乃至整个国民经济的推动作用已经毋庸置疑。

基于地理信息服务的物流信息平台是将全球定位系统、地理信息系统、无线移动通信技术、有线 Internet 网络技术、分布式数据库技术、射频技术、条码扫描等先进技术有机融合，是一个对物流工具进行连续、实时、全天候、高精度的位置运营跟踪并实现远程调度，实现对货物进行全程、动态跟踪，对物流的各个环节及整个企业进行智能化管理，提高客户管理水平和领导决策能力，融物流、信息流、资金流为一体的综合性管理系统（戚铭尧，2006）。

11.2.1 现代物流的基本概念

1. 现代物流

1999 年，联合国物流委员会对物流作了新的界定，指出"物流"是为了满足消费者需要而进行的从起点到终点的原材料、中间过程库存、最终产品和相关信息有效流动和存储计划、实现和控制管理的过程。这个定义强调了从起点到终点的过程。2001 年 4月国家颁布的《物流术语标准》对物流下了这样的定义：物流是"物品从供应地向接收地的实体流动过程。根据需要，将运输、储运、搬运、包装、流通加工、配送、信息处理等基本功能实施有机结合"。物流流程如图 11.2 所示。

传统的物流概念仅仅是指物料或商品在空间上和时间上的位移，它分为社会物流和企业物流两大类。社会物流即社会再生产各过程之间、国民经济各部门之间以及国与国之间的实物流通，直接影响到国民经济的效益；企业物流则影响到整个企业的经营业绩和经济效益，包括供应物流、生产物流、销售物流、回收物流和废弃物流等。现代物流是相对于传统物流而言的。现代物流管理是指将信息、运输、库存、仓库、搬运以及包装等物流活动综合起来的一种新型的集成式管理，它的任务是以尽可能低的成本为顾客

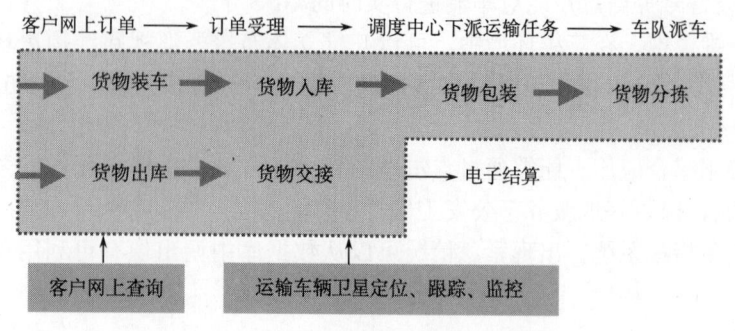

图 11.2 物流信息系统作业过程

提供最好的服务。

现代物流管理不仅仅是对实物流通的管理,也包含了对服务这种重要的无形商品的管理。物流管理涉及所有类型的组织和机构,包括政府、工厂、医院、学校、金融机构、批发商、零售商等。物流管理的一大特点是强调对各项物流活动进行集成化的管理,贯穿产品价值形成和实现的全过程。

本章所提的现代物流概念是指在传统物流的基础上,引入全球定位系统、地理信息系统、计算机与互联网、条码扫描、RFID 等高科技手段对物流信息进行科学管理,从而使物流速度加快、准确率提高、库存减少、成本降低,它延伸并扩大了传统的物流功能。

2. 物流系统

系统是相互作用和相互依赖的若干组成部分结合而成的,具有特定功能的有机整体,而且这个整体又是它从属的更大系统的组成部分。物流系统是指在一定的时间和空间里,由所需位移的物资、包装设备、装卸搬运机械、运输工具、仓储设施、人员和通信联系等若干相互制约的动态要素所构成的具有特定功能的有机整体。物流系统的目的是实现物资的空间效益和时间效益,在保证社会再生产顺利进行的前提条件下,实现各种物流环节的合理衔接,并取得最佳的经济效益。物流系统是社会经济大系统的一个子系统或组成部分。物流系统和一般系统一样,具有输入、转换及输出三大功能,通过输入和输出使系统与社会环境进行交换,使系统和环境相依存。物流系统是由人、财、物、设备、信息和任务目标等要素组成的有机整体,其目标是获得宏观和微观两个效益。建立和运行物流系统时,要有意识的以两个效益为目的。

3. 第三方物流

目前,由第三方物流供应商接手一家公司部分或全部物流职能的做法变得更加普遍。简单地讲,第三方物流是指由物流的需求方(第一方)和物流的供应方(第二方)之外的第三方所进行的物流。第三方物流是指专业化的物流中间人(或称为物流代理人)以签订合同的方式为其委托人提供全部或部分物料管理和产品配送职能。第三方物流在物流领域扮演的是客户的战略同盟者角色,在一定意义上等同于客户的一个专职物流部门，远远超越了一般意义上的买卖关系。现代的第三方物流供应商通常整合一个以上的物流功能，根据客户要求，提供各种特殊服务，如采购原料、存货管理、生产准备、组装、包装和运输等。

现在，更多的企业意识到利用物流合作伙伴可以获得战略和操作的优势。其一，可以使企业集中于自己的核心能力，避免追求面面俱到带来的高成本，减少企业的资本投入。其二，企业往往没有太多精力用在其自身物流部门的技术更新上，由此可能造成企业服务能力下降而蒙受损失，专业的物流供应商则能迅速、高效地利用物流新技术，不断满足客户的需求。其三，第三方物流供应商对物流的管理更有经验，有利于提高企业的客户服务质量。其四，第三方物流供应商与企业是战略联盟，通过其市场运作将大大提高企业的竞争优势，加强企业的市场反应能力，同时，第三方物流供应商可能已经具备满足一家企业的潜在客户需求的能力，从而使该企业能够接洽到某些零售商，反之，则是不可能或者是缺乏成本有效性的。其五，第三方物流供应商还能为企业提供其他方面的优势，如减少风险、地理分布的灵活性等。

第三方物流供应商应具备以下的特征，这对于合作协议的成功是极为关键的。首先，也是最重要的，是物流供应商的客户化，也就是说，第三方物流供应商应理解企业的要求并使其服务适应企业特殊需要；其次重要的是可靠性；再次，供应商的灵活性或者他对企业及其客户不断变化的需求的反应能力；最后才是成本节约的问题。第三方物流供应商为企业提供服务，作为合作者，互惠互利、风险共担、回报共享。

4. 供应链管理

供应链，也称为物流网络，包括供应商、制造中心、仓库、配送中心、零售点，以及在各机构之间流动的原材料、半成品和产成品。现代物流的管理实际意义上就是对供应链的管理。供应链管理是一个复杂的系统问题。管理信息系统模型经历了近半个世纪的发展历程，也是一个不断积累、演进和成熟的过程。20世纪60年代中期以后，物料需求计划（Material Requirements Planning，MRP）系统的成功推出是一个标志性的里程碑。从MRP到以物料需求计划为核心，既能适应产品生产机会的改变，又能适应生产现场情况变化的闭环MRP，再到70~80年代的制造资源计划（Manufacturing Resources Planning，MRP-11），直到90年代企业资源计划（Enterprise Resources Planning，ERP）系统的提出、形成和发展。在ERP基础上产生了两个重要分支：客户关系管理（Customer Relationship Management，CRM）和供应链管理（Supply Chain Management，SCM）。供应链管理是在满足服务水平需要的同时，为了使得系统成本最小而采用的把供应商、制造商、仓库和商店有效地结合成一体来生产商品，并把正确数量的商品在正确的时间配送到正确地点的一套方法。供应链管理应用是把公司的制造过程、库存系统和供应商产生的数据合并在一起，从一个统一的视角展示产品建造过程的各种影响因素。这种解决方案是随着Internet和电子商务地发展应运而生的一种新型的管理系统。虽然ERP首先使用了供应链管理思想，但供应链并不依赖于ERP而存在。供应链管理基于Internet构筑与客户、供应商的互动系统，可以简单快捷地向电子商务扩充。供应链管理的目的在于追求效率和整个系统的费用有效性，使企业系统总成本达到最小，这个成本包括从运输和配送成本到原材料、在制品和产成品的库存成本。

因此供应链管理的重点不在于简单地使运输成本达到最小或减少库存,而在于采用系统方法来进行供应链管理。

11.2.2 物流对空间信息服务的需求

物流领域对空间信息的需求日益紧迫。据初步统计,大型物流企业,特别是运输型物流企业,实施过 GIS/GPS 相关系统的占到 80% 以上,几乎没有企业的 IT 部门没有了解或接触过 GIS/GPS,对于空间信息技术能为企业带来经济效益这一点他们有着深刻的切身体会。例如,中国远洋运输集团、中国海洋运输集团、安吉天地汽车物流有限公司、东风汽车股份有限公司等大型物流企业或制造企业中的物流部门,均在 5 年前就开始尝试 GPS 车辆监控系统,据安吉天地汽车物流有限公司统计,自从其 2003 年成功实施完 GPS 系统之后,运输成本下降了 10% 以上。除了企业之外,政府行业管理部门、行业协会等服务性单位也在构建基于 GIS/GPS 技术的物流资源公共信息平台。例如,清华大学深圳研究生院现代物流研究中心与深圳福田区政府合作,斥资 500 万元建设基于 GIS/GPS 的公共物流信息平台;浙江衢州物流行业协会首开先河,建设衢州物流网,提供公共的车辆定位服务,已经取得了良好的社会效益和一定的经济效益。

虽然目前物流领域对空间信息的应用已经成熟,但在功能上主要局限在地图显示和简单路径分析上,还远没有挖掘出空间信息科学在空间数据分析、处理与可视化表达上的深层次价值。根据运作层次,物流可以划分为业务层、管理层、决策层(也有的学者称为操作层、战术层和战略层),空间信息服务可应用于物流的不同层次,如表 11.1 所示。从表中可以看出,空间信息服务主要可应用于以下物流领域:车辆监控与调度、物流运输、物流设施规划、物流公共信息平台、联机分析与专题制图、数据挖掘、物流系统仿真等。

表 11.1 空间信息服务用于物流的不同层次

项目	物流业务层	物流管理层	物流决策层
车辆监控与调度	√		
运输管理系统	√		
物流专题制图		√	√
物流设施规划		√	√
物流系统仿真			√
物流公共信息平台	√	√	√

1. 车辆监控与调度

车辆监控与调度系统,是采用全球定位系统技术、地理信息技术、无线数据通信技术和网络技术,对移动车辆进行实时监控和调度的指挥管理系统。安装在移动目标上的定位仪可以实时确定移动目标的位置信息,并通过移动数据通信系统将移动目标定位信息传送到指挥监控中心,显示在电子地图上,实现对移动目标的监控。同样通过无线数据通信系统也可将指挥中心的命令传送至移动目标，完成对移动目标的指挥调度。移动目标监控系统在系统结构上主要包括移动端和监控端两个部分。移动端主要包括车载移动单元（Auto Vehicle Location，AVL）硬件部分以及固化在其内的控制软件和处理软件部分；监控端主要包括对于移动端上传定位数据和状态数据的处理和系统管理部分。从功能上来看，移动目标监控系统主要实现定位跟踪、报警处警、调度指挥、双向通信、设备保障、系统管理等功能。

实施车辆监控与调度系统可以带来如下好处：

（1）可直观进行车辆调度，由于车辆位置可在地图上直观显示，调度人员可就近调度车辆；

（2）降低空载率，车辆空载行驶是造成物流成本居高不下的最主要原因，通过实施这种系统，可将车辆空载状态和当前位置实时发送回调度中心，调度人员根据当地货源情况安排车辆就近配载，避免了返程空载；

（3）提高车辆行驶安全，由于 GPS 可计算速度，因此一旦车辆超速行驶，就会产生报警信息到监控中心，司机就会有不良驾驶记录，因此促使司机按照规章行驶；

（4）提高准点率和运输效率，系统可在电子地图上绘制固定线路，规定司机按照规定的路线行驶，不得为省高速公路收费而擅自改道低级别公路，保证按时抵达目的地；

（5）提高货主满意度，系统可设计为 B/S 结构，一目了然，为物流企业的客户即货主开放监控权限，货主对货物的运输进度-满意度自然提高。

2. 运输管理系统

在物流活动中，运输始终处于核心地位。运输承担了物品在空间各个环节的位置转移任务，解决了供给者和需求者之间场所分离的问题，是物流创造"空间效应"的主要功能要素，具有以时间效用（速度）换取空间效用的特殊功能。没有运输，就没有物流。为了适应物流的需要，要求具有一个四通八达、畅行无阻的运输线路网系统作为支持。

将空间信息服务应用于物流运输，除了可实现车辆实时调度外，主要是利用 GIS 强大的空间分析功能来辅助运输路径的规划设计，通过一系列物流配送优化算法模型，为物流配送管理者提供科学的决策依据。从运输管理的角度，完整的物流管理系统软件应集成车辆路线模型、最短路径模型、网络物流模型、分配集合模型和设施定位模型等。

车辆路线模型用于解决一个起始点、多个终点的货物运输问题，在一定的时间范围内，如何安排合理的运输线路和顺序，以便降低物流作业费用，并保证服务质量。网络物流模型用于解决寻求最有效的分配货物路径问题，也就是物流网点布局问题。如将货物从 N 个仓库运往到 M 个商店，每个商店都有固定的需求量，因此需要确定由哪个仓库提货送给哪个商店，所耗的运输代价最小。另外，还需要决定使用多少辆车、每辆车的路线等。

分配集合模型是根据各个要素的相似点把同一层上的所有或部分要素分为几个组，用以解决确定服务范围和销售市场范围等问题。如某一公司要设立 X 个分销点，要求这些分销点要覆盖某一地区，而且要使每个分销点的顾客数目大致相等。

3. 物流设施规划

据统计，目前我国物流设施的空置率高达 60%，仓库利用率不足 60%。名不符实、重复建设、资源浪费的现象十分严重,这在全球物流业是绝无仅有的。利用地理信息技术可以提高仓库等物流设施的布局规划,提高物流的运作水平。物流网络中的各个节点(如工厂、仓库、零售/服务中心等)的选址是一个十分重要的决策问题,决定了整个物流系统的模式、结构和形状。早期的选址模型研究通常把运输成本作为重要的因素。从供应链最优的角度考虑,设施选址不仅要考虑运输成本、库存战略决策,还要考虑上游提供服务的供应商以及下游接受服务的客户,因此十分复杂。其中的供应商/客户位置定位、配送中心的位置、仓库的布局、运输的最佳路径规划都是空间信息的基本应用。

4. 物流专题地图

物流专题地图是指根据物流的相应指标(仓库容量、车辆数量、年产值等),对统计区域或物流从业单位以不同的符号和颜色在地图上进行专题渲染,这样可非常直观地展示物流的分布、态势、对比等信息。专题图服务可提供多种样式,主要有:

(1) 分区统计图(直方图、饼图)法:用统计符号表示区域内一定的数量指标,及其数量构成,如各地市物流企业年总收入统计对比图。

(2) 定位符号(等级符号)法:通过符号的大小来表示点状要素的数量特征及数量构成,如各物流企业总资产对比。

(3) 色级(分级)统计图法:根据统计区域制图要素数量的变化,设计渐变色,并均匀涂布在相应的区域中。通过色彩的渐变,反映统计区域数量的变化。该表示法通常用于表示相对数量指标。

(4) 点密度法:用形状相同、大小相等的点的多少及其分布密度来反映区域内某要素的数量特征及其分布。

(5) 质量底色法:以不同的颜色或不同的晕线为底色填充各区域,从而显示区域间的质量差异,简称质底法。

(6) 色级统计图法与质底法:都是通过填充底色来反映区域属性的变化。两者本质的区别在于前者反映的是量变,后者反映的是质变。因此前者要求采用渐变色,而后者则应采用适当的对比色。

(7) 比例柱状图,应用于多种属性的空间表达,如员工数及年产值专题图;

(8) 比例饼状图,应用于多种属性的空间表达,如物流企业各分公司产值段占公司总产值比率;

(9) 比例标志图,应用于单一属性的空间表达,如城市各区县物流业产值比例专题图;

(10) 唯一值表示图,应用于单一属性的空间表达,如企业管理区域划分专题图;

(11) 归类表示图,应用于单一属性的空间表达,如物流企业各分公司指标完成状况(优、良、差)分类专题图。

5. 物流系统仿真

现代物流是一个多因素、多目标的复杂系统,需要运用系统分析的方法对其进行分析研究,传统的经验分析和人工调度已不能适应复杂系统和现代管理的要求。过去一个企业有十几、几十辆车负责运输,车辆的调度完全依靠管理人员、调度人员的已有经验。今后，随着竞争加剧，对物流管理提出了更高的要求，不仅仅是满足车辆的调配，更需要合理选择运输路线、合理配载、返程货物搭载等。而且由于生产的逐渐多样化，服务的客户化，不再有一成不变的计划生产，需要管理人员动态调整计划。人工的、经验式的管理必须用科学的控制管理方式替代。物流系统仿真正适应了物流系统的复杂化、物流目标的多样化的发展需要。

物流系统仿真可分为以下几类：

（1）物流过程的仿真，如运输、仓储、装卸、包装等；

（2）物流管理的仿真，如交通运输网络的布局规划、物流园区规划等；

（3）物流成本的仿真，即在物流系统模拟运行中动态记录其物流成本的消耗，最终准确统计各项物流作业的成本。

物流系统仿真软件充分吸收了仿真方法学、计算机、网络、多媒体、软件工程、人工智能自动控制等技术的新成果，同时，地理信息系统、虚拟现实以及分布式虚拟现实等技术也得到了广泛应用。例如，德国 PTV 公司的交通仿真软件 VISSIM 提供了图形化界面，用 2D 和 3D 动画向用户直观显示交通场景；美国 Brooks Automation 公司研制的 AutoMod 仿真软件具有 3D 图形生成模块，可以实现精确的三维建模和虚拟动画显示，由于它采用了进程交互策略，在模拟的过程中可实现人机交互。

6. 物流公共信息平台

物流公共信息平台是运用现代的信息技术、计算机技术、通信技术，整合行业内外、区域的信息资源，系统化地采集、加工、传送、存储、交换企业内外的物流信息，从而达到对供应链的计划、协同、执行、监控的有效和同步管理。从本质来说，它是为不同政府部门、不同企业提供不同层次的信息服务。

物流公共信息平台可以支撑现代物流企业发展对信息的综合要求，发挥信息技术和电子商务在物流企业中的应用，促进信息流与物流的结合，整合物流资源，促进协同经营机制的建立，强化政府对市场的宏观管理与调控能力，支撑物流市场的规范化管理，提供多样化的物流信息服务。物流公共信息平台的建设是区域物流中心建设的关键工程，通过建立城市现代物流公共信息平台，使商流、物流和信息流在物流信息系统的支持下实现互动，从而提供准确和及时的物流信息服务，提高社会物流运作效率，为企业竞争提供平等发展机遇和空间，降低产品运营成本和提高市场竞争力，并为政府调控物流业提供信息通道和支持信息环境。

作为物流信息查询、交易的门户，物流公共信息平台综合了物流资源平台、物流交易大盘、运输、仓储、车辆监控等一系列物流信息系统服务和其他辅助服务功能。空间信息除了可以提供上述各种服务之外，特别提供了基于空间算子的物流资源查询、检索功能，使得车主能够在第一时间找到最近的货物，货主能在最近的地方找到适合运输的车辆。

11.2.3 系统流程分析

物流信息系统流程分析以物流作业的各环节为主线，以实现对车辆和货物进行监控和管理为目的，通过灵活、快速、准确地数据信息交换和数据查询来提高运输作业的管理水平、车辆运输的作业效率、运输作业质量及客户的服务水平。而系统的主线流程为物流作业流程；辅线流程为车辆技术状态流程。

1. 物流作业流程

物流作业流程反映了从卖方货主的货运订单到买方货主的提货单（包括财务结算）整个作业过程，其中包括了运输过程中的物流业务流程、货物流程和信息流程等。

1）物流业务流程

物流业务流程主要包括订单处理、采购、货物质检、货物仓储、装卸搬运、货物运输、货物包装、流通加工、货物分拣、配货、货物交接、结算、客户管理、调度、意外处理、投诉处理等作业环节，流程如图11.3所示。

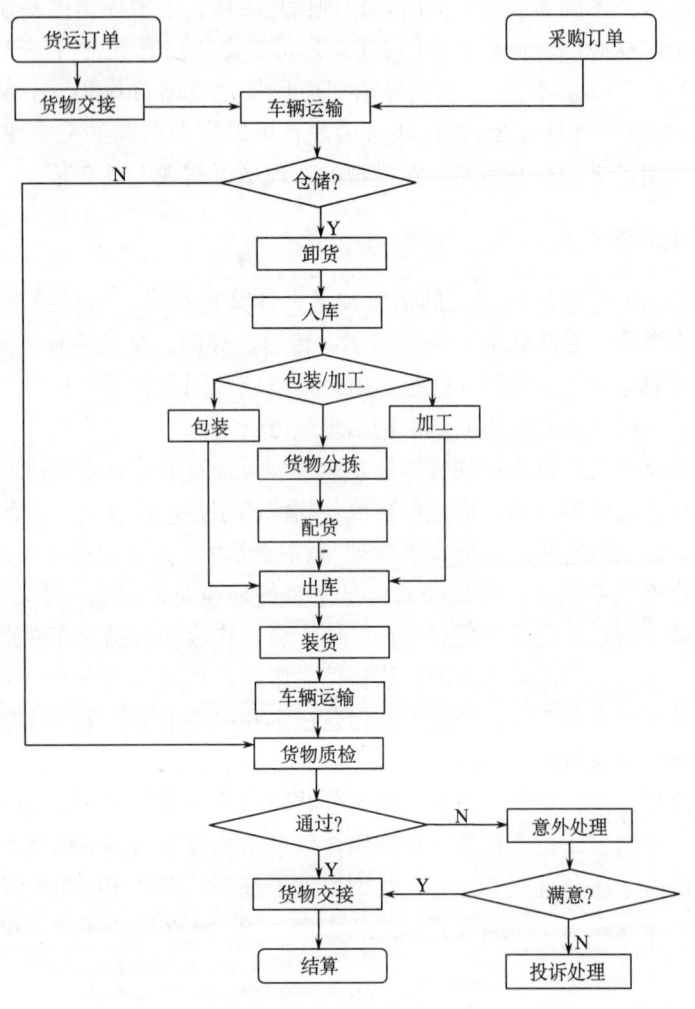

图 11.3 物流作业流程图

（1）订单处理：响应客户的订单要求；

(2) 采购：为采购客户代理货物采购；

(3) 货物质检：在货物交接时是否发生货物损坏现象；

(4) 货物仓储：包括货物入库、出库时进行管理以及库存管理；

(5) 货物包装：对货物进行拆包后重新包装或直接包装；

(6) 流通加工：对货物进行加工；

(7) 货物分拣：对货物进行分类入库；

(8) 配货：根据客户要求提货；

(9) 货物交接：交货货主与物流企业、物流企业与提货货主之间的货物交接；

(10) 结算：交货货主向物流企业支付费用以及物流环节各个部门与货代企业的资金结算。

2) 物流流程图

(1) 信息流程：呼叫中心受理卖方货主的物流服务要求，然后将相关信息传递给调度中心，由调度中心组织车辆运输、仓储、装卸搬运、流通加工各个环节，统计各个环节的物流费用并通知结算中心，结算中心将物流费用统计报告给决策中心，以便企业领导了解企业运营情况，做出正确、科学的决策。

(2) 货物流程：①呼叫中心受理卖方货主的物流服务要求，记录卖方货主姓名、身份证号码、货主住址、单位名称、货物位置、货物类型、货物规格（重量和体积）、货物的目的地、货主要求货物送达目的地的时间限制、提货人的姓名和身份证号码等数据；②呼叫中心将所获取的货运订单信息传递给调度中心，形成"货运单"；③调度中心通知汽车车队接受运输任务，查询得到数据：货主姓名、身份证号码、货物位置、货物类型、发车时间、发车型号、发车数量，并确定运输车辆及司机；④调度中心通知装卸中心，所需数据：装卸搬运车辆型号、车辆数量、装卸工人数量、装卸地点、到达装卸地点的时间等；⑤调度中心通知仓库，所需数据：货物标识、货物类型、货物规格和数量、到达时间等；⑥调度中心通知结算中心，统计各个环节的物流费用，形成"物流费用明细表"；⑦调度中心通知呼叫中心，本单货到达目的地，通知买方货主进行货物交接；⑧呼叫中心通知买方货主进行货物交接。其流程如图11.4所示。

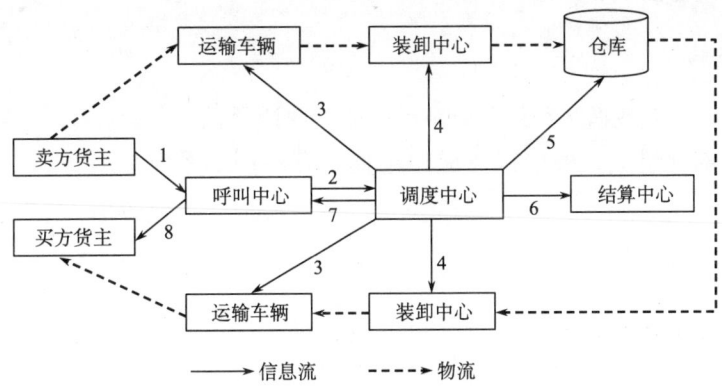

图 11.4 物流/信息流流程图

2. 车辆技术状态流程

为保证运输车辆安全稳定进行作业，须定期对运输车辆进行车辆检点，并记录各运输车辆的检点信息。车辆进行检点后，根据车辆技术状态分为状态良好和待检修两种车辆；车辆技术状态处于良好，则该车辆可继续营运；车辆状态处于待检修状态的，则运输公司要制定该车辆的检修计划，并存入数据库，对车辆进行维修；车辆经过维修后，状态变更为技术状态良好，则要记录"维修登记"，更新数据库，方便查询和进行调度（图11.5）。

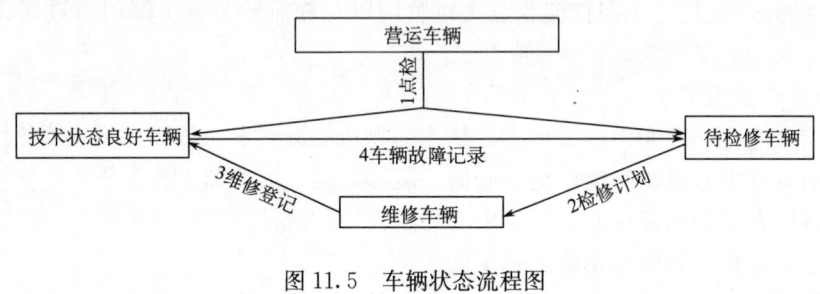

图 11.5 车辆状态流程图

11.2.4 物流信息系统结构

物流信息系统由数据库服务器、网络服务器、GPS通信服务器、Web服务器、呼叫中心、GPS/GIS监控台、调度中心、决策中心、网络交换机等部分构成，其结构如图11.6所示。物流信息系统具有整合多种通信平台能力，使监控、管理、调度、报警和定位信息能方便地在监控网络内共享。网络服务器负责整合多种通信平台的数据，为各监控坐席提供数据交换服务，并且协调各监控台的登录、注销和交互。通信服务器可支持多达255路监控坐席或分中心，支持客户监控终端通过Internet、DDN、ISDN或普通电话线访问监控中心。

1. 移动终端

移动终端由车载数据终端、车载显示终端、通话手柄及免提、GSM天线、GPS天线、连接线等部分组成。根据行业应用不同，有不同的系统组合方式，主要功能见9.1.2节。

2. 调度监控中心

调度监控中心主要功能包括：客户关系管理、订单管理、分运单管理、主运单管理、进港作业、出港作业、作业交流、财务管理、统计与分析、用户管理、基于GIS的运输规划管理和基于GPS的跟踪服务，从而全面地管理物流服务的各个工作层面。

车辆监控系统是整个物流信息系统的核心技术，是集全球卫星定位系统、移动通信

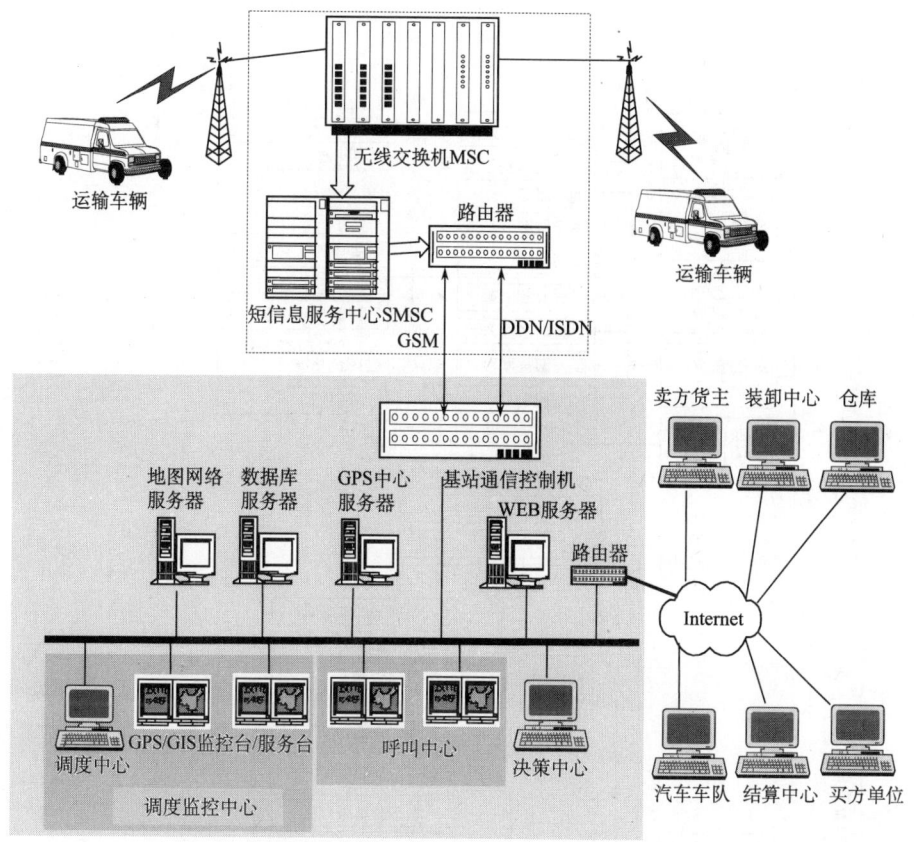

图 11.6 物流信息系统结构

技术、地理信息系统和计算机网络技术为一体的综合性高科技应用系统。它的主要技术就是利用 GPS 的定位数据,通过移动通信技术,利用 GIS 技术动态显示并进行实时控制。能够对运输车辆实现实时、动态地监控、跟踪、调度(主要是远程调度)、实时状态管理等功能。它使用 GPS 系统来确定车的位置;利用移动通信技术,监控管理中心能够确定运输车辆的状态、位置信息,并通过 GIS 地图监控系统显示车辆的准确位置或回放车辆行驶的路线轨迹。

11.2.5 物流信息系统功能概述

物流信息系统包含呼叫中心信息管理子系统、调度中心信息管理子系统、仓储管理子系统、车辆管理子系统、装卸中心信息管理子系统、货物交接管理子系统、财务结算子系统、系统管理子系统、移动终端软件子系统、客户服务子系统、决策分析子系统等,如图 11.7 所示。

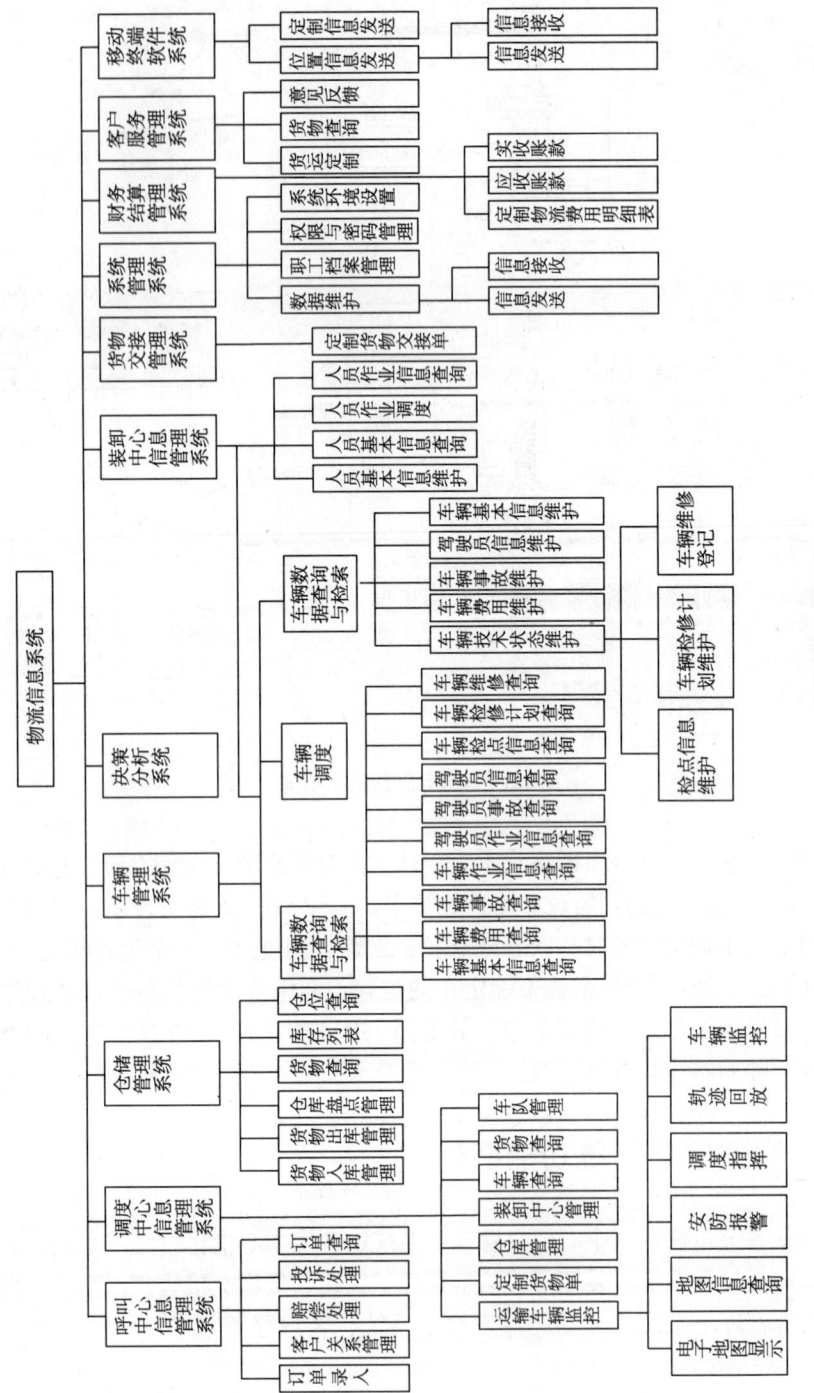

图 11.7 系统功能全图

1. 呼叫中心信息管理系统

呼叫中心信息管理系统由呼叫中心使用，其主要功能有：办公自动化、紧急救援、信息查询、订单录入、客户关系管理、赔偿处理、投诉处理、订单查询等，如图11.8所示。

（1）办公自动化：物流信息平台完整规划了物流网络各网点之间的进港出港作业，可以达到完全的无纸化操作，无须传真电话的确认，所有信息通过Internet就可以准确及时地到达对方的手中。到达、中转、派送、签收等作业过程通过该系统流转完成，并可以在授权用户之间达到完全的透明。各网点之间的交流沟通及财务结算，通过该系统可以快速准确地实现。

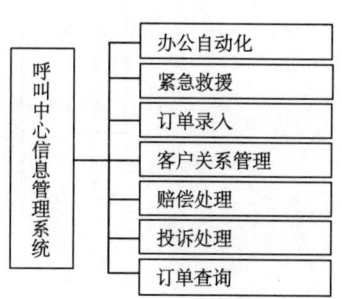

图11.8 呼叫中心信息管理系统功能

（2）紧急救援：通过GPS定位和监控管理系统对遇有险情或发生事故的配送车辆进行紧急援助，监控台的电子地图可显示求助信息和报警目标，规划出最优援助方案，通过声、光警示值班员实施紧急处理。

（3）信息查询：在电子地图上根据需要进行查询，被查询目标在电子地图上显示其位置，指挥中心可利用监测控制台对区域内任何目标的所在位置进行查询，车辆信息以数字形式在控制中心的电子地图上显示。

（4）订单录入：订单录入主要通过以下三种方式完成：通过与客户系统的接口，可以实现自动接单，并直接转化为货运订单或发货单；通过网站在网上下单；客服人员可以通过传统方式接单然后录入系统。订单录入的数据有：卖方货主姓名、身份证号码、货主住址、单位名称、货物位置、货物类型、货物规格（重量和体积）、货物的目的地、货主要求货物送达目的地的时间限制、提货人的姓名和身份证号码。

（5）客户关系管理：呼叫中心在接收客户的订单时，录入客户的信息，方便查询客户与呼叫中心的交易记录，确定客户的重要程度等；

（6）赔偿处理：由呼叫中心处理当客户的货物丢失或损坏时的赔偿问题。

（7）投诉处理：由呼叫中心处理客户的投诉，并记录相应的责任人，为人员考核提供依据。

（8）订单查询：实现根据订单编号或卖方货主或买方货主查询运输订单的执行情况。

2. 调度中心信息管理子系统

调度中心信息管理子系统由调度中心使用，其功能有：车辆指派、运输路径选择、人员调派、货运单的制定等；根据呼叫中心提供的货源信息，指派汽车车队调度相应的车辆进行运输、指派装卸中心调度相应的设备和人员进行装卸、指派相应的仓库预备仓位或货物等，调度中心还负责运输车辆的GPS监控功能，如图11.9所示。

1）定制货运单

根据呼叫中心提供的货源信息：卖方货主姓名、身份证号码、货主住址、单位名

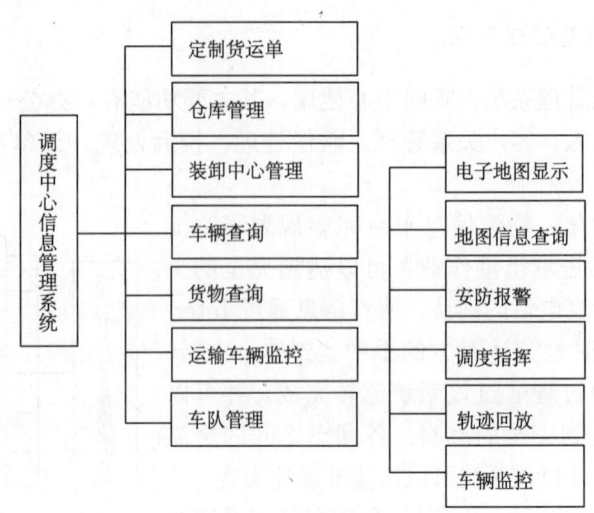

图 11.9 调度中心信息管理子系统功能

称、货物位置、货物类型、货物规格（重量和体积）、货物的目的地、货主要求货物送达目的地的时间限制、提货人的姓名和身份证号码等数据，查询汽车车队运输车辆的信息和装卸中心的装卸车辆和装卸工人的信息，确定汽车车队调度运输车辆型号、数量、发车时间、到达目的地的时间，确定装卸中心指派装卸车辆型号、数量、装卸工人数量、装卸地点、到达装卸地点的时间，形成完整的货物单。

2）仓库管理

查询物流企业的仓库信息，包括仓库的位置、大小以及仓库库存货物信息等。

3）车队管理

查询物流企业的车队信息，包括车队所在的位置、车队中各种运输车辆的型号及其数量、车队中司机的数量等。

4）装卸中心管理

查询装卸中心的位置、装卸车辆信息、装卸人员信息。

5）车辆查询

查询汽车车队中运输车辆的信息、司机信息等。

6）货物查询

根据货物名称查询各个仓库中的货物信息。

7）运输车辆监控

车辆监控主要功能为：

（1）电子地图显示：主要是实现地图的放大、缩小、漫游等功能。

（2）地图信息查询：主要是实现地名、道路、用户信息查询等功能。

（3）安防报警：当车辆遇劫、被盗或发生事故需要医疗救护时，可以通过人工和自动报警，主控中心接到信号后，可以对目标进行各种信息的监控和查询，并对车辆实施远距离控制等。

（4）调度指挥：监控中心通过向运输车辆发送信息达到对移动车辆进行调度、指挥的目的。

(5) 轨迹存放：可以记录和回放运输车辆行驶路线的轨迹和相应的状态。

(6) 车辆监控：通过接收运输车辆的位置信息和其他信息，监控中心监控运输车辆的实时位置，并能在监控中心的电子地图准确地显示车辆当时的状态（如事故）。

3. 仓储管理系统

仓储管理系统由仓库管理员使用，融合了多种先进的信息技术，包括条码技术、无线射频技术、数据库技术、决策支持技术等方法构建的智能仓储管理系统，如图11.10所示。

(1) 仓库管理：查询物流企业的仓库信息，包括仓库的位置、大小以及仓库库存货物信息等。

(2) 货物入库管理：主要实现货物入库时的数据信息采集功能，并自动或与人工相结合来安排货物的存放位置；需要录入的数据：货物名称、货物规格、货物重量（数量）、货物体积、存放位置、存放时间、承办人等。

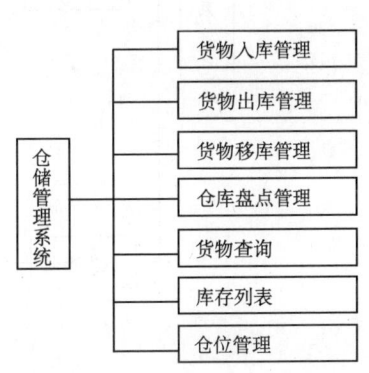

图 11.10　仓储管理系统功能

(3) 货物出库管理：按照先进先出的提货原则，对出库货物进行数据信息的采集；需要录入的数据：货物名称、货物规格、货物重量（数量）、货物体积、存放位置、存放时间、出库时间、提货人、货物去向（货运单号）、承运人等。

(4) 货物移库管理：实现货物在仓库间或仓库内进行移动的管理功能；涉及的数据：货物名称、货物规格、货物重量（数量）、货物体积、存放时间、移动前的仓库名、仓库中的位置、当前的仓库名、仓库中的位置、承办人等；

(5) 仓库盘点管理：实现仓库的盘点功能，并记录仓库盘点的结果信息；

(6) 货物查询：根据货物名称、入库时间、承办人查询库存货物的信息；或根据货物的名称、出库时间、提货人、货运单查询出库货物的信息；

(7) 库存列表：按照货物名称、存放位置查询所有库存货物的信息；

(8) 仓位管理：按照仓库的空间位置来查询仓库的使用信息。

4. 车辆管理系统

车辆管理系统由汽车车队和装卸中心使用，其主要功能包含：车辆（包括运输车辆和装载车辆）和驾驶员的数据维护、数据查询及车辆、司机调度等；根据登录的汽车车队管理员的身份，只能查询本车队的相关信息，包括车队所在的位置、车队中各种运输车辆的型号及其数量、车队中司机的数量等，而无权查询其他车队的信息、查询物流企业的车队信息。功能框图如图11.11所示。

(1) 车辆跟踪：利用GPS和电子地图可实时显示出车辆的实际位置，对配送车辆和货物进行有效的跟踪。

(2) 路线的规划和导航：分自动和手动两种。自动路线规划是由驾驶员确定起点和

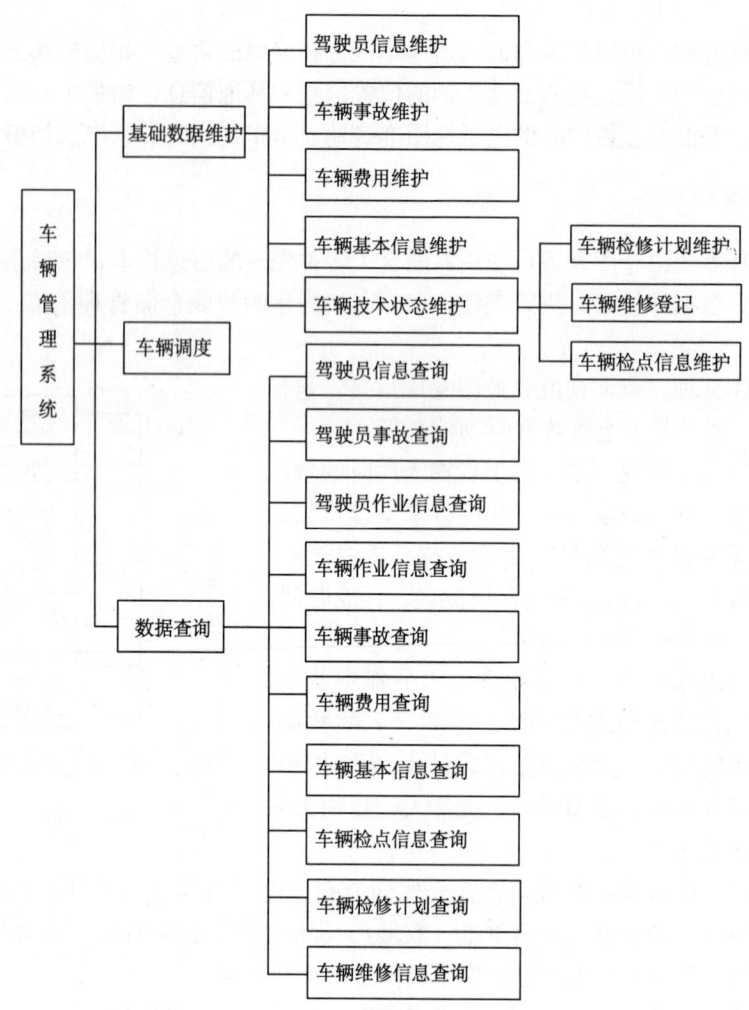

图 11.11 车辆管理系统功能

终点,由计算机软件按照要求自动设计最佳行驶路线,包括最快的路线、最简单的路线、通过高速公路路段次数最少的路线等。手工路线规划是驾驶员根据自己的目的地设计起点、终点和途经点等,自己建立路线库,路线规划完毕后,系统能够在电子地图上设计路线,同时显示车辆运行途径和方向。

(3) 车辆调度:根据调度中心的货运单,指派相应车型、相应数量的运输车辆,并确定相应的司机进行作业;指挥中心可监测区域内车辆的运行状况,对被测车辆进行合理调度。指挥中心还可随时与被跟踪目标通话,实行远程管理。

(4) 车辆基本信息维护:完成本公司车辆基础信息的录入、删除、修改等工作。

(5) 驾驶员信息维护:完成本公司驾驶员信息的录入、删除、修改等工作。

(6) 车辆费用维护:记录本公司所有车辆费用的使用情况。

(7) 车辆事故维护:记录本公司所有车辆的事故情况。

(8) 车辆技术状态维护:车辆技术状态维护包括车辆检点信息维护、车辆检修计划维护、车辆维修登记三个功能模块。①车辆检点信息维护：负责记录每辆机动车辆的检点结果，并根据车辆技术状况更新服务器数据库中车辆的基本信息（车辆的技术状态数据）。②车辆检修计划维护：在查询车辆检点信息基础上，编制并记录车辆检修计划。③车辆维修登记：对维修情况数据进行登记存储，并更新服务器数据库中车辆的基本信息（车辆的技术状态数据）和对维修费用进行存储。

（9）车辆作业信息查询：根据车辆牌照、作业时间、货运单查询该车辆的作业信息。

（10）驾驶员作业信息查询：根据驾驶员编号（身份证）、作业时间、货运单查询该驾驶员的作业信息。

（11）车辆费用查询与统计：根据车辆牌照、作业时间、货运单、费用种类从车辆费用数据库中查询该车辆的费用情况。

（12）车辆基本信息查询：根据车辆牌照或技术状态或所属单位查询车辆的相关信息。

（13）车辆事故查询：根据车辆牌照、时间或单位查询车辆的事故情况。

（14）驾驶员事故查询：根据驾驶员编号（身份证）、时间或单位从车辆事故数据库中查询驾驶员的事故情况。

（15）驾驶员信息查询：根据驾驶员编号（身份证）、运输公司管理中心查询驾驶员的基本信息。

（16）车辆检点信息查询：根据车辆牌照查询车辆的检点信息或单位所有车辆的检点信息。

（17）车辆检修计划查询：根据车辆牌照查询车辆的检修计划或单位所有车辆的检修计划。

（18）车辆维修查询：根据车辆牌照查询车辆的维修信息或单位所有车辆的维修信息。

5. 装卸中心信息管理系统

装卸中心信息管理系统由装卸中心使用，其包括车辆管理系统和人员管理系统。车辆管理系统如前所述；人员管理系统主要是指装卸工人的管理。系统查询装卸中心的位置、装卸车辆信息、装卸人员信息。系统功能如图11.12所示。

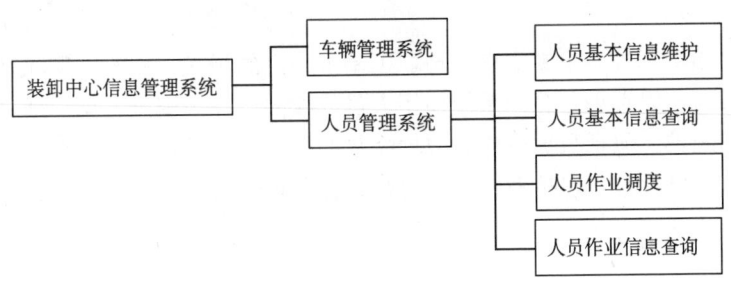

图 11.12 装卸中心信息管理系统功能

(1) 人员基本信息维护：完成本公司装卸员工基本信息的录入、删除、修改等工作。

(2) 人员基本信息查询：根据员工的证件、所属单位、工作状态查询员工的基本信息。

(3) 人员作业调度：根据调度中心的调度指派相应数量的装卸员工到指定的装卸场地进行装卸作业。

(4) 人员作业信息查询：根据员工的证件、所属单位查询员工在指定的时间段内的作业工作信息。

6. 货物交接管理系统

货物交接管理系统对货物交接的各个环节的信息进行管理，主要是货物交接的双方填写交接单。定制货物交接单内容主要包括货物名称、货物类型、货物重量（数量）、交接日期、货物损坏情况、交接甲方和交接乙方。

7. 财务结算系统

财务结算系统由财务结算中心使用，主要是统计各个物流环节的费用、统计分析物流成本的分布、定制"物流费用明细表"。

8. 系统管理系统

系统管理系统完成系统相关信息的维护和设置。其中包括系统初始化、基础数据的维护、数据库的备份和恢复以及系统通用参数的设置，如图 11.13 所示。

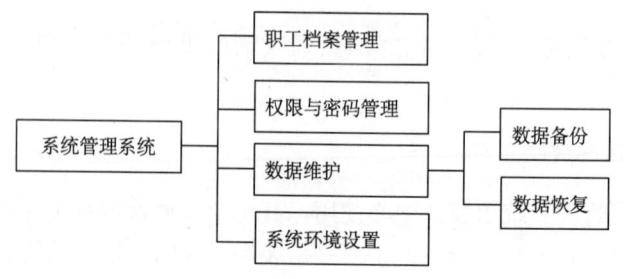

图 11.13　系统管理功能

(1) 职工档案管理：主要实现公司职工基本信息的录入、修改、删除等功能；

(2) 权限与密码管理：管理系统使用人员的权限、登录密码、用户增减等；

(3) 数据维护：包括数据备份和数据恢复的功能，增强系统的安全性；

(4) 系统环境设置：包括系统运行时初始化和环境参数的设置。

9. 移动终端软件系统

移动终端软件系统由运输车辆司机使用，其主要功能包括信息的接收和发送，信息的发送分位置信息发送和定制信息发送两种，如图 11.14 所示。

(1) 信息接收：用于接收运输管理监控中心的调度信息、远程控制信息、各种服务

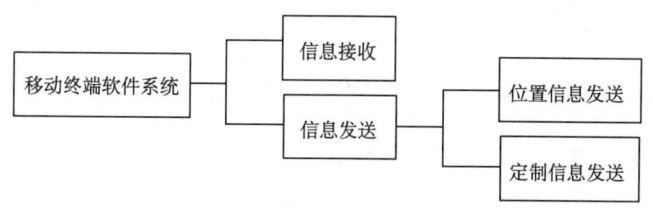

图 11.14　移动终端软件系统功能

信息等；

（2）位置信息发送：用于发送车辆的实时位置信息，使监控中心可以实时掌握运输车辆的位置；

（3）定制信息发送：用于发送除位置信息以外的其他信息，如车辆状态信息、事故信息等。

10. 客户服务系统

客户服务系统由远程客户使用，其主要功能包括货运定制、货物查询、意见反馈等。

（1）货运定制：通过网络定制货运任务，客户需填写货运单并提交给呼叫中心；

（2）货物查询：根据货运单编号在线查询货物的状态和实时位置；

（3）意见反馈：反映客户对每单货运的意见，由呼叫中心来处理。

11. 决策分析系统

决策部门及时掌握货物、资金、企业信息并对所产生的信息加以科学利用，对历史数据进行多角度、立体分析，实现对企业中的人力、物力、财力、各种作业信息等资源的综合管理，为企业管理、客户管理、市场管理、资金管理提供科学决策的依据。决策分析系统功能包括全局或局部物流优化、各级客户地理分析、运输能力模型分析、交通物流资源优化、配送中心能力分析、配送网络方案分析、联运优化方案分析、代理网点设置优化、物流仿真分析模型、仓储能力分析、仓库选址模型、中转仓库优化方案等。

11.2.6　物流信息系统数据库

1. 货运单数据库

货运单数据库包括货运单编号、卖方货主姓名、卖方货主身份证号码、卖方货主住址、卖方货主单位名称、货物位置、货物类型、货物规格（重量和体积）、货物的目的地、货主要求货物送达目的地的时间限制、提货人的姓名、提货人身份证号码、运输车辆型号、运输车辆数量、运输车辆发车时间、运输车辆装货时间、运输车辆型号、到达目的地的时间、装卸车辆型号、装卸车辆数量、装卸工人数量、装卸地点等数据。

2. 赔偿事件数据库

赔偿事件数据库包括货运单编号、责任人、赔偿原因等数据。

3. 投诉事件数据库

投诉事件数据库包括货运单编号、责任人、投诉原因等数据。

4. 车辆基本信息数据库

车辆基本信息数据库包括牌照、车型、颜色、燃油类型、额定载重、汽车车队、购买日期（使用年限）、运营状态（空车、营运中、暂停）、技术状态、运输性质（长途、市区、其他专用）等数据。

5. 车辆费用管理数据库

车辆费用管理数据库包括费用编号、牌照、费用名称（1加油、2路桥、3装卸、4加水、5盗险、6自然险、7维修费、8养路费、9运管费、10安管费、11折旧费，其中，1、2、3、4为车辆行驶费用，其他为营运费用）、时间、单价、总费用和备注等数据。

6. 车辆维修信息数据库

车辆维修信息数据库包括车辆维修计划、车辆维修、车辆事故等数据。

7. 司机信息数据库

司机信息数据库包括姓名、性别、出生年、身份证号码、考取驾照时间、住址、联系电话（手机）等数据。

8. 工作人员信息数据库

工作人员信息数据库包括人员编号、姓名、性别、出生年、单位、职务、联系电话或手机和登录密码等数据。

9. 车辆位置信息数据库

车辆位置信息数据库包括位置编号（索引）、运输作业任务单编号、位置经度、位置纬度和位置时间等数据。

10. 仓库数据库

仓库数据库包括仓库编号、仓库位置、仓库体积、仓库租金、使用体积等数据。

11. 车队数据库

车队数据库包括车队编号、车队位置、车辆总数、司机人数等数据。

12. 装卸中心数据库

装卸中心数据库包括装卸中心编号、装卸中心位置、装卸中心装卸车辆总数、装卸中心装卸人员人数、装卸中心司机总数等数据。

13. 货物数据库

货物数据库包括货物编号、货物名称、货物规格（重量或数量）、货物体积（包括包装体积）、所在仓库、所在位置、入库时间、入库承办人、出库时间、出库承办人、货物损坏程度、货物所属货运单、货物状态（1 在库待运、2 提货中、3 在途位置、4 已经交货）等数据。

14. 货物交接单数据库

货物交接单数据库包括货物交接单编号、交接地点、货物名称、货物规格（重量或数量）、货物损坏程度、交接甲方、交接乙方、交接时间等数据。

15. 装卸车辆基本信息数据库

装卸车辆基本信息数据库包括牌照（或编号）、车型、颜色、燃油类型、装载重量、装卸中心、购买日期（使用年限）、车辆状态（正在作业、空闲、维修）等数据。

11.2.7　面向物流的空间信息服务内容

面向物流的空间信息服务体系的空间信息服务层，共计十一大类服务，此处重点阐述服务的内容和方式。

1. 地图服务

地图服务是大部分物流信息系统对空间信息服务的需求。地图服务的功能类似于 OGC 定义的 WMS（Web Map Service），这里的地图是一个具有地理参考的栅格地图图片，是矢量数字地图的可视化表达。物流信息系统中，需要大量嵌入电子地图，采用栅格图片而不是矢量数据，主要是由于：

（1）传输数据量少，对网络带宽要求低；

（2）物流系统一般不需要在客户端对地图进行进一步处理，因而在客户端不需要矢量数据；

（3）矢量数据需要客户端显示控件，不像栅格图片一样便于显示。

以显示一个物流企业的所有物流网点分布图为例，对物流系统开发者而言，通过关系型数据库，可以查询获得所有物流网点的 ID 和名称，但是要指定地图名称和经纬度范围却并非易事，因为这些信息需要得到空间数据库的支持，在调用服务之前是无法获取的。地图服务的调用方式一般是通过指定物流资源 ID、地图名称、某一点经纬度坐标和任意地物名称来获取地图。

2. 影像服务

目前，卫星影像和航空摄影影像获取技术正突飞猛进的发展，正射影像获取成本逐步降低，正射影像获取时间较之传统的矢量地图成图周期大大缩短，因此当目标地区矢量图没有及时更新时，正射影像成为一种新的、应用潜力非常巨大的空间数据类型。影像服务用于向物流信息系统提供正射影像，或以正射影像为背景，上面叠加矢量图，形成正射影像图。影像服务的调用方式与地图服务相似，不再赘述，二者不同之处在于服务的后台处理过程。影像服务处理器往往需要根据目标的覆盖范围自动选择相应的影像金字塔等级，以保证传输的数据在合适的大小范围内。

3. 三维模型服务

三维模型服务用于获取物流设施的三维模型，如仓库、堆场、物流园等。空间数据库中，需要存储大量物流设施的三维模型，这些模型有些是政府共享的，如一些公共设施，有些是企业自建的，如企业自由的物流资源，为了便于三维模型在互联网上的传输，它们的存储格式通常采用 VRML 或者 X3D 格式。

4. 专题地图服务

专题地图能直观展示空间对象的某一单项或多项专题属性的分布和对比情况，较之图表方式更能直观反映事物的发展规律，因而深受企业经营决策者的喜爱。使用专题地图服务，需要经过以下三个步骤：

第一步，根据应用需要，选择专题地图的类型，目前设计了六种专题图类型，如表 11.2 所示。

表 11.2　专题图类型

类型	说明	应用示例
01	分区统计专题图（柱状）	区域物流产业收入对比
02	分区统计专题图（饼状）	
03	定位符号图（柱状）	企业各物流网点运力对比
04	定位符号图（饼状）	
05	色级统计图	区域物流运力对比
06	点密度图	区域物流收入占 GDP 比例对比

第二步，与联机分析处理和数据挖掘一样，要使用专题地图服务，用户需要事先对专题数据项进行抽取、统计、分类等处理工作。数据处理通常有三种方法：

(1) 从本表中某字段获取数据；

(2) 从其他相关的表中获取数据；

(3) 从本表或相关表中获取派生数据。

第三步，调用专题地图服务，将专题图类型和专题属性数据作为参数传入空间信息服务器。空间数据库根据请求生成地图图片和图例图片，返回调用者。

5. 物流资源管理服务

物流资源管理服务用于对物流资源空间信息的增、删、改。在物流信息系统中，往往具有物流资源管理功能,但其实现的是对物流资源属性数据的管理,如修改仓库的面积、容量等。为了实现属性与空间数据的关联,需要在添加、修改或删除物流资源属性数据的同时,利用物流资源管理服务,在空间数据库中做同样的添加、删除、修改操作。物流系统的数据库和空间数据库可以部署在不同的数据库运行环境中,他们之间采用一个相同的 ID 值来关联。物流资源管理服务的实现过程为:

(1)用户在地图上点击物流资源所在位置;

(2)调用物流资源管理服务,将该位置的地图屏幕坐标、物流资源 ID、名称和 SessionID 作为参数传递到空间服务器;

(3)空间服务器将该位置屏幕坐标转换为经纬度坐标,并在空间数据库相应图层上增加一个点目标。

6. 空间查询服务

空间查询服务用于实现基于空间算子的物流资源查询。例如,采用点缓冲区、线缓冲区和面缓冲区技术,回答诸如离某物流公司 5km 范围内有哪些其他物流公司,广深高速沿线有哪些加油站,某某物流公司在什么地方等问题。从大类上分,空间查询服务分为由属性查空间和由空间查属性两种。由属性查空间是指根据名称查找位置,由空间查属性是指根据地物之间的空间关系来查找。

7. 定位服务

物流最直观的效果就是物资在空间位置上的移动,因此货物、车辆以及相关人员的位置信息对于物流管理而言至关重要。目前定位的手段有很多种,最为典型的是 GPS 定位。近年来随着通信技术的发展,又涌现了一些新的定位技术,如手机定位、地面感应定位等。定位服务就是综合采用这些定位技术,以一种简单、通用的方式为用户提供移动目标的当前位置。

由于运输中货物、车辆或司机都是在途的,他们的位置信息一般是通过无线通信的手段传输回调度中心。早期的传输手段多种多样,如电台、集群等专网技术,现在主要以中国移动或中国联通提供的通信公网技术为主。这样,每个移动目标都对应了一个无线通信的 ID 号,即 SIM 卡号(或联通 CDMA 网络用的 UIM 卡号)。在服务调用中,只需要事先将目标跟 SIM 卡或 UIM 卡号绑定,然后提供目标名称(如车牌号)作为参数,就可以获取其位置。

8. 最短路径服务

路径选择是事关物流运输中运输成本、运输效率的重要环节。在没有空间信息支持的情况下,调度人员或司机往往只能根据经验来进行选择,在复杂的路网情况下,往往会出现绕路的问题。最短路径服务提供两类服务,一类是最短路径计算,另一类是拓扑关系的导出。后者主要用于复杂运输优化问题的进一步计算。

最短路径服务可以用于计算三种最短路径的情形:两点之间、一点到多点之间以及有途经点的两点之间最短路径,这三种情形是物流应用的主要形式。计算结果中除了给出最短路径的距离之外,还会依次给出每一段道路的名称、距离。

拓扑关系在物流运输路径优化、设施选址中得到广泛应用。需要指出的是，运输优化、设施选址等算法，并不是仅仅 GIS 自身理论和方法能解决的问题，而需要物流学与运筹学、应用数学、图论与网络分析、神经网络等学科与技术的综合运用。GIS 起到的作用只不过表现在两方面：其一是在计算中提供拓扑关系，以便得出网络中任意两点之间的距离；其二是在计算结束后实现计算结果的可视化，具体的算法则需要用户利用其他的数学工具去设计和实现。

9. 地名解析服务

地名解析服务是指根据经纬度坐标来得到地址描述，或者反之，根据地址来获取经纬度坐标。目前，越来越多的物流公司开始使用手机定位、GPS 定位等手段来获取车辆、人员的当前位置，但是这些位置通常是用经纬度数字表示的，需要将其转化成地名描述，如"北京市朝阳区大屯路劳动大厦东 500m"。地名解析服务的另一个功能是根据地址描述来获取经纬度坐标。在美国，地名数据库比较发达，通过州、城市、街道和门牌号地址，就可以通过地址匹配确定其地理位置。例如，在网站 http：//geocoder.us 上，输入"1600 PennsylvaniaAve，Washington，DC"，可以免费获取其经纬度坐标"N38°53′55.5″/W77°2′15.7″"。中国的地理编码工作还不完善，目前的地名数据库还没有达到这样详细的程度，但是可以根据地名给定一个坐标范围。例如，请求"深圳市深南中路"的坐标，返回深南中路的外接矩形左下角和右上角的坐标。

10. 注册服务

注册服务用于对服务使用者进行登记和身份认证，以保证服务被许可的人所访问。

11. 配置服务

配置服务用于对用户的特定参数进行设置，如会话超时时间设置等。

11.2.8 面向物流的空间信息服务保障

空间信息服务体系的建立，不同于企业内部信息化系统的建设，是一个多个单位参与的协同工程，在建设的过程中，需要遵循统一的数据标准与规范，需要得到基础空间数据的共享，更需要得到政府主管部门和物流行业协会的主导和支持。否则，如果各个企业各自建立一套空间信息系统，那么不仅在技术力量上得不到有效保障，而且在基础空间数据、GIS 软件上的重复投资浪费也是惊人的。

1. 政府和行业协会主导

物流行业对空间信息的需求具有一定的共性。建立面向物流的空间信息服务平台，既是物流企业自身发展的需要，也是政府主管部门和物流行业协会的义务和本职工作。政府的物流行业主管部门，必须真正树立为企业服务的思想，敏锐地捕捉到物流企业的这个新的需求，把空间信息服务平台作为一项基础设施来主抓。物流行业协会作为物流企业的代言人，对内要加强与物流企业的沟通，了解物流企业的共性需求，对外要与政府的物流行业主管部门加强沟通，真正反映企业的需求，敦促政府协调各种资源，打通基础数据共享的各个障碍关节。同时，以政府和行业协会为主导，有助于从地区的长期物流发展规划着手，照顾大多数企业的空间信息需求，站在高起点上建设一个功能齐全、性能稳定的公共服务平台。

2. 空间信息共享

空间数据是实现空间信息服务的基础。物流需要的空间数据包括全国（或服务区域内）道路数据库、地形图数据库、地名数据库、服务设施数据库、影像数据库、物流设施三维模型数据库等。同时，还要对各物流资源数据进行空间化，使之成为具有空间位置的数据。这些空间数据一般由不同的政府部门建设。建立空间信息服务平台，必须要实现不同部门之间的数据共享。过去由于技术、机制等原因导致部门之间各自为政、信息壁垒，随着"数字城市"建设的深入展开，基础空间数据共享已经成为一种共识，共享的门槛将越来越低。

11.3　城市综合管网信息系统

11.3.1　需求背景

城市管网作为城市运转的神经网络，是城市的"生命线"。近年来，随着我国城市功能的不断拓展，地下管网在城市建设和发展中发挥着越来越重要的作用。城市管网作为重要的基础设施，是建设现代化城市必不可少的条件，对加速实现城市现代化具有重要意义。但由于历史和现实的种种原因，地下管网管理仍滞后于城市建设发展水平，城市地下管网传统管理方式主要存在以下问题：

（1）重建设，轻管理。在我国城市建设特别是地下管网的规划与建设中，长期以来因历史和现实多种因素的影响，存在重地上、轻地下、重审批、轻监管、重建设、轻养护的倾向，已不能满足城市现代化管理的需要。

（2）地下管网缺乏统一管理。城市地下管网资料以图纸、图表等纸介质记录保存和管理，资料不全、查询不便、更新速度慢，造成信息与现状不符；地下管网信息分类存放，很难以直观的形式表达管网的综合状况，不能满足规划、管理和施工的需求；管网种类繁多，产权投资分属管理，各部门缺乏统一协调，造成重复开挖，"拉链式道路"不断出现，影响道路使用寿命，造成大量的施工事故和经济损失。

（3）地下管网有效监管力度不够。市政主管部门缺乏有效手段要求各管网施工单位按规定移交相关资料，形成不了统一的城市地下管网信息的档案系统；特别是年代比较悠久的大量管网数据丢失，很多管网资料无处可查，在进行道路工程施工时，屡屡出现地下煤气、电信等管网被挖断的情况，而当发生自来水管爆裂、煤气管泄露等紧急情况时，往往因缺乏准确的资料而不能迅速确定需关闭的位置，以致影响了事故的及时排除。统计数字显示，全国每年因施工发生的地下管网事故造成的直接经济损失约50亿元，间接经济损失约400亿元。这既给国家造成了巨大的经济损失，也给百姓生活带来不必要的麻烦，为城市地下管网管理敲响了警钟，如何规避事故的发生已经迫在眉睫。

因此，我们必须借助现代科技手段来提高地下管网的管理水平，建立一套实用、先进的综合管网系统，来有效管理管网数据。

(4) 城市管网涉及城市许多职能部门，如规划、房产、电信、电力、热力和自来水等。根据目前我国大部分城市管网建设、管理和维护的运行机制，城市各个职能部门都有明确的分工。城市各专业管网数据分别由各权属单位负责日常的管理和维护。近年来地理信息技术的发展，为实现城市地下管网的现代化管理提供了有效手段，各管网专业部门各自建立独立的管网信息系统，负责获取、处理、设计、维护和管理。有的部门还没有建立本部门的信息系统。各专业管网系统的建设年代和开发单位各不相同，彼此之间没有统一的数据标准，不能进行数据共享和交换。随着城市建设的发展，各管网之间经常会有交叉碰撞的情况发生，由于没有综合管网的共享交换平台，各专业管网之间不能进行数据叠加分析，在管网施工过程中经常会造成其他管网的次生灾害。

然而，种类繁多、数量庞大和错综复杂的地下管网如同巨大的地下迷宫，部门之间由于资料不全、情况不明，信息无法共享，无法形成城市综合地下管网信息系统，不能为城市规划、建设和管理提供有效的地下空间信息保障，难以对现有的信息进行深层次的综合统计和分析，不能给城市建设决策部门提供全面的决策信息。这些长期埋于地下的管网的运行状况得不到及时跟踪，管网成为城市管理的"盲点"。

我国城市地下管网传统管理方式不能适应城市发展的需要，已成为制约我国城市建设和国民经济发展的瓶颈之一。采用高新技术和方法来高效管理地下各类专业管网，满足决策、管理部门和施工单位的需要已成为当务之急。利用地理信息服务进行城市地下管网的综合管理，可将城市地下管网的所有信息有序地存入计算机中，实时更新数据、分享数据和分析数据，从而提高城市管理的效率，实现各部门之间的资源共享，减少基建、市政施工中由于地下管网分布信息不明而造成的不必要的损坏和浪费，真正实现城市地下管网的现代化管理。

11.3.2 城市综合管网信息系统框架

城市综合管网信息系统建设理念是：在现有的系统基础上，利用空间信息服务技术，建立城市综合管网信息共享平台（图 11.15），实现城市管网信息的共享，根据实际需求，通过多种因素综合分析，适时提供多种空间和动态的地理信息，满足人们对管网信息的要求，并借助特有的空间分析功能和可视化表达，进行各种辅助决策、动态模拟和统计分析等服务。

目前我国城市管网的建设、管理和维护由不同的专业部门分工负责。各专业部门根据本部门业务建设发展的需要，有的已经建立了专业管网系统，对专业管网的空间坐标数据、属性数据和各种管网相互关系数据进行统一管理和分析处理，实现了专业管网数据获取、处理、设计、维护和管理等功能。这些系统在建设过程中，有些信息是共同的。为了使各个部门之间信息共享，避免不必要的重复建设、造成资金的浪费，采用空间信息网络服务技术，建立城市管网信息服务共享平台。通过城市管网信息服务共享平台，各个部门将本部门的信息经过授权提供给其他部门使用。也就是说，各个部门不仅要建设、维护和管理本部门的专业信息数据库，而且还要将一些可以向其他部门通过城

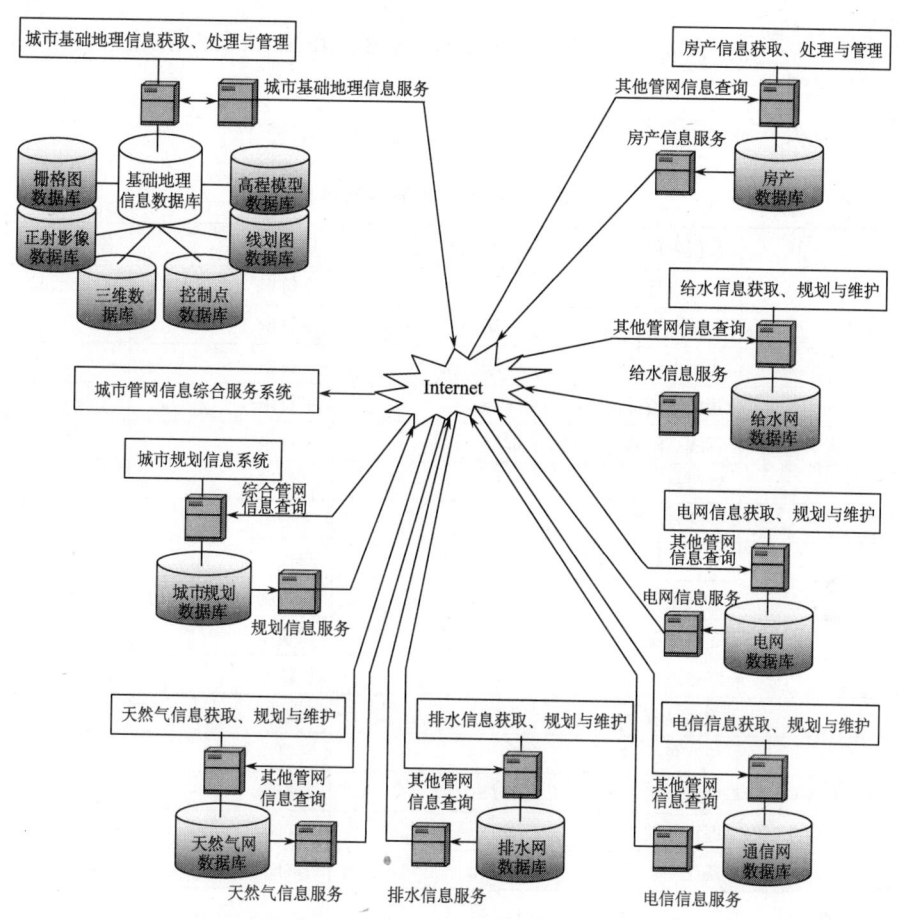

图 11.15　城市综合管网信息共享平台

市管网信息服务共享平台提供信息服务，同时在建立本部门的信息系统时，根据需要将其他部门地理和管网的信息集成到所开发的专业信息系统中，从而解决传统系统无法跨平台、无法实现异构空间数据互操作、开发调试困难以及资源共享等问题。

11.3.3　综合管网数据库

对于城市地下管网信息管理来说，如何获取管网数据生成管网图并以可视的方法提供给用户是其最基本的要求。城市管网数据有以下几个方面。

1. 基础城市地理数据库

基础城市地理数据主要载体是城市 1∶500、1∶1000、1∶2000 和 1∶5000 地形图。这些数据的生产和管理往往归属城市规划部门，在城市管网信息系统中主要作为管网定位依据和管网可视化背景的地图数据。

2. 专业管网数据

专业地下管网数据主要包括给水、雨水、污水、天然气、电力、路灯、交通信号、电信、网通、移动、联通、铁通、有线电视、军用、电通、工业等,这些数据归属城市各个职能部门。

(1) 给水数据。其数据库结构见表 11.3。

表 11.3 给水数据库表结构

序号	数据名称	宽度	字段类型	备注
1	图上点号	5.00	字符串	
2	物探点号	6.50	字符串	
3	连接点号	6.50	字符串	
4	管线点特征	5.75	字符串	
5	管线点附属物	5.75	字符串	
6	管线材质	4.50	字符串	
7	管线规格	8.50	字符串	
8	平面坐标 x	9.50	双精度	小数位 3 位
9	平面坐标 y	9.50	双精度	小数位 3 位
10	起点埋深/cm	4.25	长整型	
11	终点埋深/cm	4.25	长整型	
12	地面高程/m	7.50	双精度	小数位 3 位
13	权属单位	10.00	字符串	
14	埋设方式	4.75	字符串	
15	埋设年代	4.75	字符串	
16	备注	13.50	字符串	

(2) 排水数据。其数据库结构见表 11.4。

表 11.4 排水数据库表结构

序号	数据名称	宽度	字段类型	备注
1	图上点号	4.50	字符串	
2	物探点号	6.00	字符串	
3	连接点号	6.00	字符串	
4	管线点特征	5.25	字符串	
5	管线点附属物	5.25	字符串	
6	管线材质	4.00	字符串	
7	管线规格	8.00	字符串	
8	流向	6.00	字符串	
9	平面坐标 x	9.00	双精度	小数位 3 位
10	平面坐标 y	9.00	双精度	小数位 3 位
11	起点埋深/cm	4.00	长整型	
12	终点埋深/cm	4.00	长整型	
13	地面高程/m	7.00	双精度	小数位 3 位
14	权属单位	10.00	字符串	

续表

序号	数据名称	宽度	字段类型	备注
15	埋设方式	4.50	字符串	
16	埋设年代	4.50	字符串	
17	备注	13.00	字符串	

（3）天然气数据。其数据库结构见表11.5。

表11.5 天然气数据库表结构

序号	数据名称	宽度	字段类型	备注
1	图上点号	4.50	字符串	
2	物探点号	6.00	字符串	
3	连接点号	6.00	字符串	
4	管线点特征	5.25	字符串	
5	管线点附属物	5.25	字符串	
6	管线材质	4.00	字符串	
7	管线规格	8.00	字符串	
8	压力机制	6.00	字符串	
9	平面坐标x	9.00	双精度	小数位3位
10	平面坐标y	9.00	双精度	小数位3位
11	起点埋深/cm	4.00	长整型	
12	终点埋深/cm	4.00	长整型	
13	地面高程/m	7.00	双精度	小数位3位
14	权属单位	10.00	字符串	
15	埋设方式	4.50	字符串	
16	埋设年代	4.50	字符串	
17	备注	13.00	字符串	

（4）电力数据。其数据库结构见表11.6。

表11.6 电力数据库表结构

序号	数据名称	宽度	字段类型	备注
1	图上点号	4.50	字符串	
2	物探点号	6.00	字符串	
3	连接点号	6.00	字符串	
4	管线点特征	5.25	字符串	
5	管线点附属物	5.25	字符串	
6	管线材质	4.00	字符串	
7	管线规格	8.00	字符串	
8	电压/V	4.00	字符串	

续表

序号	数据名称	宽度	字段类型	备注
9	电缆条数	5.00	字符串	
10	平面坐标 x	9.00	双精度	小数位3位
11	平面坐标 y	9.00	双精度	小数位3位
12	起点埋深/cm	3.50	长整型	
13	终点埋深/cm	3.50	长整型	
14	地面高程/m	7.00	双精度	小数位3位
15	权属单位	9.50	字符串	
16	埋设方式	4.00	字符串	
17	埋设年代	4.00	字符串	
18	备注	12.00	字符串	

（5）电信成果表。其数据库结构见表11.7。

表11.7 电信成果数据库表结构

序号	数据名称	宽度	字段类型	备注
1	图上点号	4.50	字符串	
2	物探点号	6.00	字符串	
3	连接点号	6.00	字符串	
4	管线点特征	5.25	字符串	
5	管线点附属物	5.25	字符串	
6	管线材质	4.00	字符串	
7	管线规格	8.00	字符串	
8	管块（总孔数）	4.00	长整型	
9	电缆条数	5.00	字符串	
10	平面坐标 x	9.00	双精度	小数位3位
11	平面坐标 y	9.00	双精度	小数位3位
12	起点埋深/cm	3.50	长整型	
13	终点埋深/cm	3.50	长整型	
14	地面高程/m	7.00	双精度	小数位3位
15	权属单位	9.50	字符串	
16	埋设方式	4.00	字符串	
17	埋设年代	4.00	字符串	
18	备注	12.00	字符串	

地下管网数据的输入包括在背景地图数据控制下管线管点空间位置数据和管线管点属性数据两个部分。

管网数据处理不但要满足本部门管线管理的需要，还要为城市其他职能部门和城市紧急事务处理提供支撑数据。

11.3.4 综合管网共享服务平台

建立城市综合管网共享服务平台（图 11.16）与建立专业管网 GIS 有所不同：前者是把数据的获取管理与数据的应用按地理信息服务的思想设计，在统一的标准下，各专业管网信息在分布式空间数据库管理下在各自部门进行管理，通过管网数据服务系统对其他部门提供服务，完成对管网信息的查询、分析和各种决策服务；后者侧重对某一专业管网的日常管理和维护，建立专业管网数据库，用户是本部门专业管网管理部门。

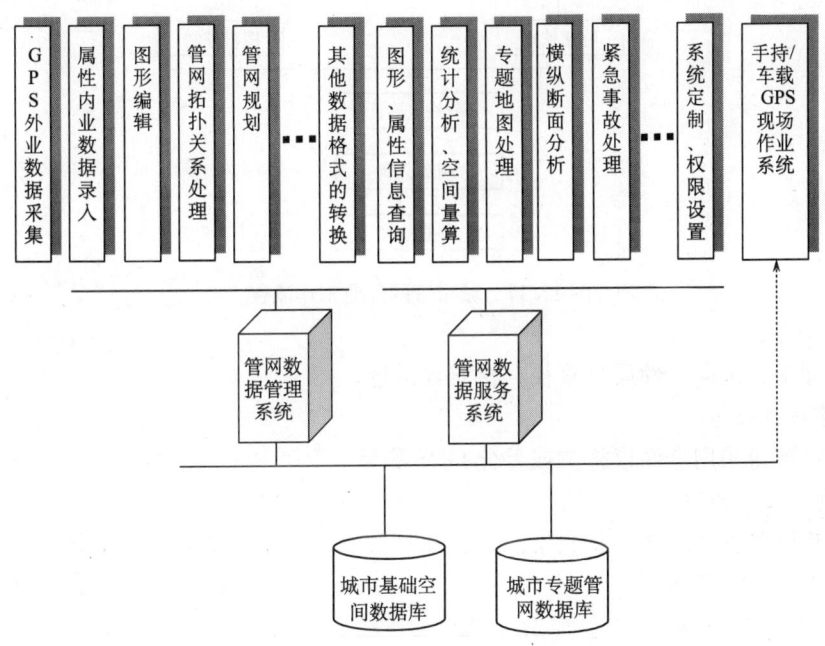

图 11.16　综合管网共享服务平台总体结构

1. 数据获取功能

城市管网往往埋设在地下，看不见、摸不着，如果没有精确的平面坐标和埋深数据，在实地寻找起来非常困难。城市管网获取以收集资料为主，将已有的管线成果如竣工图、设计图、示意图等整编入库，对没有资料记载或资料不完整的重要管线进行外业探测。

1) 外业工作流程

外业生产施工分为测量和物探两个部分，其工作流程如图 11.17 所示。

2) 管线调查与探查

对现有的资料尽可能收集与整理，内容包括管道的设计图、施工图、竣工图、技术资料以及有关人员的记录、记忆资料。

利用雷达管线探测仪对要查明的隐蔽管道进行探测，并在地面上做好标记，同时查

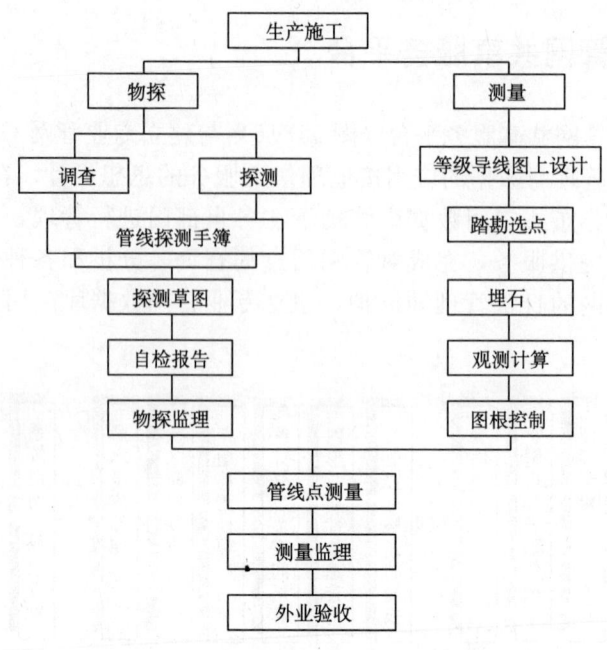

图 11.17 城市管网外业工作流程

明管道的埋深、走向、性质、管径、材质等信息。

3）管线点测量

管线点测量采用全站仪施测或差分 GPS 测量。

4）内业工作流程

城市管网数据获取主要将收集的资料和测量成果输入计算机，建立管网数据库，其工作流程如图 11.18 所示。

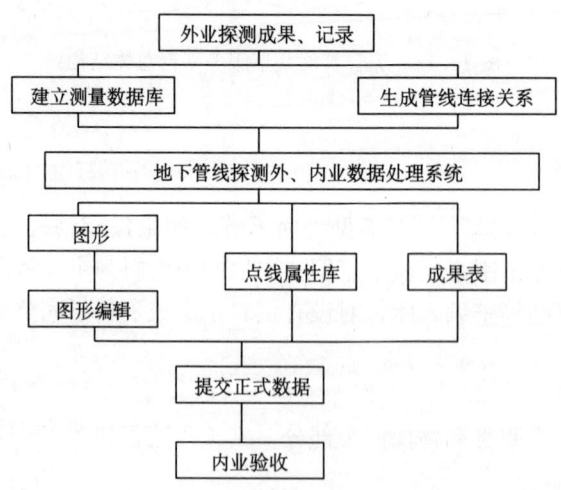

图 11.18 城市管网内业工作流程

2. 管线编辑管理

在实际生产过程中，综合管网经常发生变更。各种专业管线时增时减，有的甚至还要改道。管线的这种复杂程度和经常变更在其他行业是不多见的，这是管线行业的一个特点，所以在系统设计时，必须充分考虑管线行业的特殊性，以最大限度地表现好这些复杂的管线，同时还要有极强的编辑功能，如设备维修记录添加、删除、修改、查询、过滤显示，管网检测（如数据孤立点检测、排水管道落差合理性分析）等，实现图形（包括地形图和管线专题图）数据和属性数据的编辑。

附属设备管理主要提供对各管线上阀门、计量设备、各种和管线相关的仪器的增加、删除、查询及附属信息的添加等功能。附加信息管理可添加图片、多媒体等多种类型的文档，并进行浏览。管网维护主要维护管网拓扑完整性和数据一致性，管理管件维修记录，根据管网设施的更新周期及时发出管件更换预警。

3. 管线数据可视化

1) 图形显示与图层控制功能

图形显示与图层控制功能包括以下几方面：

(1) 矢量地形图、地下管网目标分层显示或隐藏；
(2) 放大、缩小、漫游；
(3) 地图导航；
(4) 多级图层显示方式；
(5) 图层的显示顺序调整；
(6) 遥感影像。

2) 管网三维显示功能

管网三维显示功能包括以下几方面：

(1) 管网三维显示；
(2) 三维实时交互和可控浏览；
(3) 基于数据库的三维查询功能；
(4) 三维环境下的基本分析功能；
(5) 基本管网部件的三维模型可视化；
(6) 地面建筑物三维目标。

3) 符号库

符号库包括：不同专题节点、管线符号库等。

4) 报表输出与制图输出

报表输出与制图输出包括以下几方面：

(1) 基本报表打印输出；
(2) 统计分析报表打印输出；
(3) 查询式图文报表打印输出；
(4) 各种比例尺的地图输出；
(5) 报表可以打印也可导出（如 pdf 格式、excel 格式、jpg 格式等），输出形式多种，如饼图、直方图等。

4. 统计功能

系统统计报表管理功能是管网管理人员使用频率最高的一个功能模块。统计结果可以图表的形式显示，如表格数据、饼状图、柱状图、曲线图等，以便生产管理人员直观、形象地了解生产情况。统计功能主要包括长度统计、状态统计、腐蚀统计、次数统计、穿跨统计、附属设施统计和统计分析等。统计结果输出方式有多种，如饼图、直方图等，统计报表可以打印也可导出（如 pdf 格式、excel 格式、jpg 格式等）。

(1) 长度统计。管网长度统计是最常用的一种统计功能。管网长度可以区域、道路名称，管线类型，管径类型，材质，建设时间和权属单位等方式统计。

(2) 井、消火栓、阀门等其他构件的统计。井、消火栓、阀门等其他构件的数量也可以按区域、道路、类型、建设时间和权属单位等方式统计。

5. 分析查询功能

(1) 管网分析。管网分析工具主要包括管线数据检查、查找最短路径、管点连通检查、管线碰撞检测、单管追踪、三维观察和断面浏览、横剖面分析、纵剖面分析、爆管分析（关闭哪些阀门，影响哪些区域）、各种类型缓冲区分析、阻断分析、碰撞分析、净值分析（根据不同的管线工程，显示其管线净值、原值、残值竣工图）、流向分析、连通性分析、等压线自动绘制与分析和预警分析等功能，还能实现对管线水平净距、垂直净距和埋深进行检查，对管线施工区域的状况进行分析。

(2) 管网事故处理。当管网突发爆管等事故时，用户只需指定爆管处，系统将能够制定出合理的处理方案，以便及时排除故障。具体包括：自动选择最优关阀方案，列出需关阀门；浏览并打印阀门的位置和属性；不同管道的应急方案等。

(3) 量算、标注和坐标显示功能。具体包括：距离量测、面积量测、自动标注、手动标注、批量自动标注和显示坐标等。

(4) 查询功能。具体包括：鼠标移动查询、图文查询、属性查询、自定义 SQL 查询和其他查询方式。

6. 权限管理功能

(1) 不同用户授权。不同的用户有不同的图层浏览权限、功能使用权限、数据存储权限。例如，可对生产指挥中心授权，其工作人员只能浏览管网图层及属性数据，不能使用编辑功能、统计功能等。系统管理员利用该功能可随心所欲控制用户的访问权限。

(2) 身份认证、角色认证、数据权限认证。

7. 信息发布

用户利用通用的网页浏览器可以直接访问综合管网管理信息系统的主页，实现图形/属性信息的显示、查询、简单分析、统计等功能。该子系统用于生产日常管理工作，它的操作是事务性的和连续性的。它的主要功能有基础地理数据的显示、综合管网数据的显示、定位、综合管网属性查询、综合管网属性数据的录入和编辑、封闭区域面积和周长的量测、线段长度和方位的量测、综合管网属性信息统计和报表输出等。

11.4 智能交通与交通信息服务

11.4.1 智能交通概述

1. 智能交通

智能交通（Intelligent Transportation System，ITS）是利用先进的电子技术、信息技术、传感器技术和系统工程技术对传统的运输系统进行改造而形成的一种信息化、智能化、社会化的新型运输系统。随着城市化的进展和汽车的普及，交通拥挤加剧，交通事故频发，交通环境恶化，这成为长期以来困扰各国的严重问题。解决此问题的直接方法是提高路网的通行能力。但修建公路的空间有限，而且建设资金筹措困难，因此这一方法并不是"放之四海而皆准"。交通系统是复杂的大系统，我们应从系统论的观点出发，把车辆和道路综合起来考虑，运用各种高新技术系统解决交通问题的 ITS 应运而生。ITS 就是以缓和道路堵塞和减少交通事故，提高利用者的方便、舒适为目的，利用尖端的信息通信技术等创新的交通系统的总称。它通过传播实时的交通信息使出行者对即将面对的环境有足够的了解，并据此作出正确的选择；通过消除道路堵塞等交通隐患，建设良好的交通管制系统，减轻对环境的污染；通过对智能交叉路口和自动驾驶技术的开发，提高行驶安全，减少行驶时间。智能交通管理系统是信息时代交通运输业的一场变革。它将先进的全球卫星定位、地理信息系统、遥感、现代通信、电子遥控、远程图像监控、计算机处理及其他与信息传输有关的技术与现代化的行政管理手段结合起来，使其有效地综合运用于交通运输事业。采用智能交通管理系统，可以取得巨大的经济和社会效益，可以减缓交通拥挤，提高交通量，改善交通安全状况，快速实现交通信息的采集和传递，在人、车、路之间构造最优的时空模型，从而合理分配交通资源，改善环境质量，促进经济可持续发展和不断提高人们的生活质量。

2. 智能交通系统的内容

智能交通系统包含两个方面的内容：交通网络的信息化和汽车的信息化。

（1）交通网络信息化的任务是把所有交通网络，包括街道、公路都装备上信息采集设备，组成一个巨大的信息网，为交通系统提供一个完善的信息基础设施。因此，交通系统的建设不仅意味着钢筋水泥的建设，同时也必须有大量的信息基础设施的建设。

（2）在交通网络信息化的同时，汽车的信息化和智能化是智能交通的另一个重要内容。汽车信息系统一方面为人们驾驶汽车提供完善的信息和智能化服务，另一方面配合交通管理部门实行有效的交通管理。事实上，汽车的信息化已经成为汽车工业发展的最重要内容之一，尤其是 GPS 汽车导航仪，不但在发达国家已经成为高档轿车的必要配置，其国内市场也即将启动。可以预见，GPS 汽车导航仪在 21 世纪将成为汽车的标准配置，作为未来汽车信息系统的平台，它将发展成为未来汽车最重要的设备之一，并且将形成一个巨大的市场。

3. 智能交通系统的服务

智能交通系统提供的服务主要有以下五个方面。

（1）道路交通信息：提供实时交通信息，如交通拥堵状况、交通事故、交通管制、停车坪位置和相关信息等。

（2）信息媒体服务：为汽车提供各种类型的信息服务，如休闲娱乐、新闻、天气预报等。

（3）紧急救援服务：在遇到突发疾病、交通事故、抢劫、盗窃等事故时，能够自动报警、发送求救信号，以便救援机构能够尽快实行救援工作。

（4）智能调度管理：如在高速公路收费站的不停车电子收费、交警的电子化罚款、违章记录以及公交车和各类专用车辆的智能调度等。

（5）智能停车坪：可以提供停车坪的空位信息，进行停车位置导引，自动付款等服务。

4. 智能交通系统的功效

智能交通系统的效果大体上体现在以下四个方面。

（1）安全功效：ITS 的广泛应用，能大大地减少交通事故的发生，从而大大地减少交通事故造成的人员伤亡。

（2）消堵功效：可以及时提供交通信息，加强管理疏导，各自分流，能明显地降低道路拥堵现象。

（3）环保功效：由于车流顺畅，平均车速提高，从而节省行车时间和降低燃料消耗，据报道，智能交通系统能够减少释放二氧化碳的 15%，减少释放一氧化氮的 30%。

（4）经济功效：智能交通系统的建设将形成新的经济增长点，以日本为例，估计在 20 年内智能交通产业能达到 5000 亿美元的产值。

11.4.2 汽车的信息化的功能

1. GPS 智能导航

GPS 智能导航主要是指自主导航仪的功能，当开车到一个陌生的地方，凭借导航仪，可以很方便地知道自己目前在什么位置，周围环境中有哪些道路、建筑以及其他地理信息。导航系统还可以主动为你规划最合理的行车路线，并且在岔道和拐弯的时候，能够主动预先提醒你应该向哪个方向行驶。当汽车的车速过快，或者在一些交通状况不好、容易出事故的路段，它也会主动提醒你注意车速。在国外，这样的导航技术已经非常成熟，并得到了广泛的应用。

2. 自动驾驶

自动控制在现代的汽车中已经应用得非常普遍。例如，油路、刹车、转向等系统都离不了自动控制系统。今后的自动控制系统将会更加完善，甚至会逐渐地向飞机的控制系统靠拢。其中一个令人感兴趣的话题就是自动驾驶，尤其是在高速公路上，你可以设为自动驾驶模式，汽车会依靠自身的智能控制车速和方向，就像空中客车的自动巡航一样。在实验系统中，科学家已经实现了无人驾驶汽车在高速公路上安全地自动驾驶。

3. 智能汽车仪表

现在的汽车仪表，尤其是高级轿车的仪表已经越来越完善，也越来越复杂，未来的仪表系统将向智能化的方向发展，当汽车的油箱不满，或者电量不足的时候，它会自动地提示你注意，甚至油箱漏油或水箱漏水的时候，它也能够自动地检测出来并报告给你。

4. 保安监控功能

保安监控一般有两方面的内容。其一是防盗。例如，在汽车上应用电子锁，没有正确的电子钥匙就无法启动汽车，在这样的系统面前，任何撬锁都是无效的，除非小偷能够破译密码。现在有些高级轿车，如奔驰已经配备这种系统，相信这种技术将得到更为广泛的应用。其二就是移动监控。利用这种技术，监控中心可以实时地查询和监视目标汽车的行踪，目标汽车的位置能够在电子地图上很形象地表示出来，并且当汽车在遇险、遇劫的时候，能够自动向监控中心报警，监控中心可以及时地对报警车辆定位，并且了解有关的情况，自动向有关人员告警，以便及时地处理。如果有必要，甚至可以实行遥控熄火或切断油路功能，使汽车瘫痪。移动监控系统在我国的公安、金融保安、邮政等系统有较为广泛的应用，目前正向出租车等一般民用车辆发展。

5. 信息服务

未来社会是一个完全信息化的社会，人们每时每刻都离不开信息服务，在汽车上也不例外。现在的汽车一般只能提供车载电话服务和收音机，根本不能满足未来的需求。未来的车载信息服务系统将提供人们日常用的所有信息服务，如新闻、天气预报、寻呼、电子邮件、因特网、甚至配合便携式电脑充当移动办公室。可以预见，未来的汽车可以提供和家庭类似的信息服务环境。

11.4.3 交通网络的信息化

1. 道路交通网络信息采集与处理

道路交通网络收集信息的来源是政府交通公路管理部门、公安交通警察和高速公路管理部门。来自政府交通公路管理部门的信息主要是道路状况信息（如修路），来自交通警察的信息主要是交通管制信息（如交通事故），来自高速公路管理部门的信息主要是高速公路的交通信息。交通信息采集以多种手段相结合，采集的手段一般有：

（1）道路监视可视化系统。在主要交通要道或主要路口设立"电子眼"（可视图像监控传输系统），监控交通流量和车辆违章现象，坐在显示屏前即可监控城市交通状况，有关机构及用户也可透过互联网随时获取现场交通情况。

（2）自动车辆识别系统。在主要交通要道或主要路口设立车辆识别系统。车辆识别系统主要包括测速雷达、自动摄像机和自动车牌辨识系统，可以自动查处交通违章车辆,实现交通执法电子化。

(3) 道路信息采集员。交通公路管理部门、公安交通警察和高速公路管理部门工作人员将交通信息实时传送信息处理中心。信息处理中心对收集上来的信息通过计算机组成的处理系统自动进行后台处理,根据道路交通流量的状态,并将交通流量、车辆行驶速度、路段的堵塞程度、道路行驶时间、交通事故、道路施工等信息通过不同的方式向社会进行发布。

2. 交通信息发布系统

系统通过现代通信的综合手段,将路况、交通堵塞、气象、导航等交通服务信息,根据需要随时传递给有关部门和车辆驾驶员。通过无线广播电台、交通信号控制系统和手机向用户提供实时的交通信息,包括高速公路、一般道路的堵车、交通事故、车辆通行限制、交通管制时间等情况。

3. 智能综合信息服务系统

智能交通系统是用于移动的目标,而智能综合信息服务系统主要用于固定的场合,如宾馆、饭店、火车站、汽车站、机场、书店、购物中心、超市、体育场馆、娱乐场所、图书馆、美术馆、银行、证券交易所、医院、学校等公共场所。在上述各类公共场所建立智能综合信息服务系统,提供如下服务:

(1) 位置咨询服务。利用手机定位技术,确定手机的地理位置,或者与电信服务机构合作,通过电话号码自动地理编码匹配,确定电话具体地理位置,可解决目前打电话最普遍问的"你在哪?"的问题。

(2) 路况咨询服务。根据出行地点、出行目的地和乘车工具,查询出行路线,解决最普遍问的"到那里怎样走?"的问题。

(3) 交通咨询服务。可提供到某个地方的几种不同的路线、交通工具的时间、票价等相关信息。

(4) 旅游信息服务。为旅游者提供包括各类交通、住宿、用餐、医疗、旅游点、旅行社以及紧急救援的一系列服务。

参 考 文 献

艾廷华.2004.多尺度空间数据库建立中的关键技术与对策.科技导报,(12):4~8
陈华斌.2005.面向服务体系结构的地理信息服务研究.中国科学院研究生院博士学位论文
陈荦.2005.分布式地理空间数据服务集成技术研究.国防科学技术大学研究生院工学博士学位论文
陈克强,高振家,赵洪伟.2001.关于数字地质图元数据编制方法若干问题的讨论.中国区域地质,20(4):434~443
陈应东,崔铁军,郭黎等.2007.基于本体的空间信息智能服务传输机理研究进展.测绘科学,32(6):8,9
程娟,平西建.2006.集成GPRS服务的嵌入式车载地理信息系统.计算机工程,32(17):244~245,285
崔铁军.2007a.地理空间数据库原理.北京:科学出版社
崔铁军.2007b.地理空间信息服务体系探索与实践.地理信息世界,5(6):30~35
崔铁军,郭黎.2007a.多源地理空间矢量数据集成与融合方法探讨.测绘科学技术学报,24(1):1~4
崔铁军,郭黎.2007b.基于网格的地理空间信息服务关键技术研究.测绘科学技术学报,24(5):324~327
董燕,高建国,周新忠.2004.空间元数据应用的技术探讨.测绘信息与工程,29(6):22~24
符海月,赵军,李满春.2006.从Google Maps看我国全球化地理信息服务面临的挑战和对策.地理与地理信息科学,22(2):113~115
高升,陈能成,龚健雅等.2006.基于多协议的地理信息服务集成.测绘信息与工程,31(6):16~18
龚健雅.2002.论地理信息系统的发展趋势.地理信息系统协会第二次团体会员代表大会论文集
郭黎.2003.空间矢量数据融合问题的研究.解放军信息工程大学硕士学位论文
胡郁葱,曾悦,徐建闽.2004.车辆定位系统中的信息融合方法.华南理工大学学报(自然科学版),32(1):75~79
华一新,王飞,郭星华等.2007.通用作战图原理与技术.北京:解放军出版社
黄裕霞,Kottman C,柯正谊等.2001.可互操作的GIS研究.中国图象图形学报,(9):925~931
黄智刚.2007.无线电导航原理与系统.北京:北京航空航天大学出版社
霍亮,李欣.2003.3G技术与现代物流管理技术的集成模式研究.测绘科学,28(3):59~61,86
李滨.2003.地理数据库引擎的设计与实现.解放军信息工程大学硕士学位论文
李德仁,关泽群.2002.空间信息系统的集成与实现.武汉:武汉大学出版社
李德仁,朱欣焰,龚健雅.2003.从数字地图到空间信息网格——空间信息多级网格理论思考.武汉大学学报(信息科学版),28(6):642~650
李飞雪,李满春,梁健.2006.网络地理信息服务构建初步研究.遥感信息,(1):46~49
李军,川云.2000.地球空间数据集成研究概况.地理科学进展,19(3):203~211
李军,景宁,孙茂印.2002.多比例尺下细节层次可视化的实现机制.软件学报,13(10)
李军,周成虎.2000.地球空间数据集成多尺度问题基础研究.地球科学进展,15(1):48~52
李军虎.2005.基于网络的基础地理信息服务系统的内容和关键技术.测绘技术装备.7(4):32,38
李琦,黄晓斌.2002.基于GeoAgent的地理信息服务.测绘通报,(6):44~47
李琦,杨超伟,陈爱军.2000.WebGIS中的地理关系数据库模型研究.中国图象图形学报,5(2):33~37
李善平,胡玉杰,郭鸣.2004.本体论研究综述.计算机研究与发展,41(7):1041~1052
李云岭,靳奉祥,季民等.2003.GIS多比例尺空间数据组织体系构建研究,地理与地理信息科学,(6):7~10
廖邦固.2005.基于矢量结构的空间数据转换模型构建与实现.上海华东师范大学硕士学位论文
刘岳峰.2004.地理信息服务概述.地理信息世界,02(6):27~29
吕华新,李霖,翟亮.2005.电子地图中多尺度地图数据显示的研究.测绘信息与工程,30(6):22~24
马晓霞.2006.地理格网参照下的空间数据集成方法研究.长安大学硕士学位论文
戚铭尧.2006.面向物流的空间信息服务及其关键技术研究.中国科学院遥感应用研究所博士后研究工作报告

邱冬炜.2005.GPS 坐标系统转换模型的研究.北京交通大学硕士学位论文

沈方伟.2005.面向 UGIS 的地形图数据集成方法研究.南京师范大学硕士学位论文

沈明明.2006.GPS WGS84 坐标与地方独立坐标系转换的研究.北京交通大学硕士学位论文

石善斌,吕志平,陈华远等.2006.车载 GPS 道路测量数据处理技术.测绘科学技术学报,23(4):275~283

宋国民.2006.地理信息共享的理论研究框架.测绘科学技术学报,23(6):404~407

孙晓生,何凤良.2006.地理信息服务网格及其技术构架的探讨.测绘与空间地理信息,29(6):28~30

田鹏.2007.浅析多源空间数据的集成.数字图书馆论坛,(7):15,16

汪小林,罗英伟,丛升日.2001.空间元数据研究及应用.计算机研究与发展,38(3):321~327

王家耀.2000.空间信息系统原理.北京:科学出版社

王家耀,孙群,王光霞等.2006.地图学与原理与方法.北京:科学出版社

王建涛.2005.基于 Web 的地理信息服务的研究与实践.解放军信息工程大学博士学位论文

王涛,毋河海.2003.多比例尺空间数据库的层次对象模型.地球信息科学,5(2):46~50

王玉海,崔铁军.2007.地理信息服务系统结构体系的研究.测绘科学,32(6):54,55

邬群勇.2006.面向服务的空间信息组织与应用集成研究.中国科学院研究生院博士学位论文

吴功和.2006.分布式地理信息服务研究与实践.解放军信息工程大学博士学位论文

吴金华.2002.地理空间元数据的探讨.西安工程学院学报,24(2):59~61

吴小芳,蔡忠亮,邬国锋等.2003.基于数据引擎思想的 GIS 数据集成与共享.测绘工程,12(3):14~17

杨崇俊.2003.网格及其对地理信息服务的影响.地理信息世界,1(1):20~22

杨建宇.2005.基于组件式地理信息服务研究.中国科学院研究生院博士学位论文

杨铁利,许惠平.2006.网格技术在地理信息服务的应用研究.微电子学与计算机,23(10):141~143

张加龙,赵俊三,饶智文.2006.基于 GIS/GPS/GPRS 的物流车辆监控系统.测绘与空间地理信息,29(5):72~75

张晓林.2002.元数据研究与应用.北京:北京图书馆出版社

张新.2004.面向电子政务的地理信息服务研究.中国科学院研究生院博士学位论文

郑祖辉,鲍智良,经明等.2002.数字移动通讯系统.北京:电子工业出版社

周成虎,李军.2000.地球空间元数研究.中国地质大学学报,25(6):579~584

周新忠,余木良,陶亮等.2007.关于地理空间元数据技术发展趋势的理论探讨.测绘科学,32(2):172~175

朱雅音.2003.具有不确定性空间数据的关联挖掘研究.武汉大学硕士学位论文

Ashrafi N.1995.The information repository:a tool for metadata management.Journal of Database Management,6(2):3~11

Cen/TC287Secretariar.1996.CEN/TC287 Geographic information

Claramunt C,Theriault M.1996.Toward semantics for modeling spatio-temporal processes within GIS.Symposium on Spatial Data Handling(SDH'96).Netherlands

FGDC.1997.Content standards for DIGITAL geospatial metadada.Federal Geographic Data Committee

ISO/TC211.1997.Geographic Information-metadata.ISO Standard 15046-15 Metadata.Version 2.0

Kapetanios E,Kramer R.1995.A knowledge-based system approach for scientific data analysis and the Notion of metadata.Proceeding of the Fourteenth IEEE Symposium on Mass Storage Systems.IEEE[EB/OL]

Masunaga Y.1999.New generation database technologies for collaborative work support and spatio-temporal data management.IEICE Transaction on Information and Systems,E82-D(1):45~53

OGC.1998.The OpenGIS Specification[DB/OL].http://www.opengis.org/1998

Peuquet D.1994.It'a about time:a conceptual framework for the representation of temporal dynamics in GIS.Annals of the American Association of Geographers,84(3):441~461

Peuquet D J,Duan N.1995.An event-based spatiotemporal data model(ESTDM)for temporal analysis of geographical data.International Journal of Geographical Information Systems,9(1):7~24

Peuquet D,Qian L.1996.An integrated database design for temporal GIS.Proceedings of the 7th International Symposium on Spatial Data Handling.Delft.The Netherlands.International Geographical Union.I:2.1~2.11

Salteniss S, Jensen C. 2002. Indexing of moving objects for location-based services. Procedings of the International Conference on Database Engineering, ICDE (Feb): 463~472

Wolfson O, Xu B, Chamberlain S et al. 1998. Moving objects databases: issues and solutions. Proceedings of the 10th Int. Conference on Scientific and Statistical Database Management. Capri. Italy. 111~122